科学出版社"十四五"普通高等教育本科规划教材

江苏省高等学校重点教材
（NO. 2021-1-073）

高等数学

（下册）

（第二版）

主　编　马树建　陈晓龙
副主编　吕学斌　刘　浩　许丙胜

科学出版社
北京

内 容 简 介

本书是根据最新的《工科类本科数学基础课程教学基本要求》编写的高等学校教材,是江苏省高等学校重点教材.

本书分上、下两册出版,上册包括一元函数微积分和常微分方程,下册包括空间解析几何、多元函数微积分和无穷级数.为使读者尽早接触数学软件并了解其应用,本书附录还编写了 Mathematica 简介及其简单应用.

本书选材力求少而精,注重微积分的数学思想及其实际背景的介绍,注意与目前中学课程改革的衔接;为适应分层次教学的需要,对有关内容和习题进行了分类处理;在每一章的结尾附有小结和复习练习题,帮助读者进一步复习巩固所学知识.本书还配有丰富的数字化教学资源,涵盖电子课件、微视频、习题课和自测题等资源,起到对纸质教材内容巩固、补充和拓展的作用.读者扫描二维码即可学习各个知识点的重难点讲解的视频.

本书说理浅显、通俗易懂,并有较好的系统性与完整性,可作为高等院校理(非数学专业)、工、农各类本科专业学生学习高等数学课程的教材,也可供社会读者阅读.

图书在版编目(CIP)数据

高等数学.下册 / 马树建,陈晓龙主编. —2 版. —北京:科学出版社,2023.8

科学出版社"十四五"普通高等教育本科规划教材
江苏省高等学校重点教材
ISBN 978-7-03-076071-5

Ⅰ.①高… Ⅱ.①马… ②陈… Ⅲ.①高等数学-高等学校-教材 Ⅳ.①O13

中国国家版本馆 CIP 数据核字(2023)第 141307 号

责任编辑:张中兴　梁　清 / 责任校对:张凤琴
责任印制:师艳茹 / 封面设计:无极书装

科学出版社 出版
北京东黄城根北街 16 号
邮政编码:100717
http://www.sciencep.com

三河市骏杰印刷有限公司印刷
科学出版社发行　各地新华书店经销
＊

2017 年 6 月第 一 版　开本:720×1000 1/16
2023 年 8 月第 二 版　印张:47 1/2
2024 年 8 月第十次印刷　字数:958 000

定价:129.00 元(上下册)
(如有印装质量问题,我社负责调换)

《高等数学》编委会

主　编　马树建　施庆生　陈晓龙
副主编　焦军彩　赵　剑　张小平
　　　　吕学斌　刘　浩　许丙胜

目 录

第8章 向量代数与空间解析几何 … 1

8.1 向量及其线性运算 … 1
一、向量的有关概念 … 1
二、向量的线性运算 … 2
三、向量的坐标表示 … 4
四、向量的模和方向余弦的坐标表示式 … 10

8.2 向量的数量积、向量积、混合积 … 13
一、两向量的数量积 … 13
二、两向量的向量积 … 15
三、向量的混合积 … 18

8.3 平面及其方程 … 20
一、曲面方程的概念 … 20
二、平面及其方程 … 22

8.4 空间直线及其方程 … 27
一、空间直线的对称式方程与参数方程 … 27
二、直线的一般式方程 … 28
三、两直线的夹角 … 29
四、直线与平面的夹角 … 30
五、平面束 … 32
六、点到直线的距离 … 34

8.5 几种常见的二次曲面 … 35
一、旋转曲面 … 36
二、柱面 … 38
三、椭球面 … 40
四、抛物面 … 41
五、双曲面 … 42

8.6 空间曲线及其方程 … 45
一、空间曲线的一般方程 … 45

二、参数方程 …………………………………………………………… 46
三、空间曲线在坐标面上的投影 ………………………………………… 47
小结 …………………………………………………………………………… 50
复习练习题 8 ………………………………………………………………… 51

第 9 章 多元函数微分学 …………………………………………………… 53

9.1 多元函数的概念 ……………………………………………………… 53
一、平面点集和区域 …………………………………………………… 53
二、多元函数的概念 …………………………………………………… 56
三、多元函数的极限 …………………………………………………… 59
四、多元函数的连续性 ………………………………………………… 61

9.2 偏导数 ………………………………………………………………… 64
一、偏导数的定义及其求法 …………………………………………… 64
二、二元函数偏导数的几何意义 ……………………………………… 67
三、高阶导数 …………………………………………………………… 67

9.3 全微分 ………………………………………………………………… 70
一、全微分的定义 ……………………………………………………… 70
二、函数可微的条件 …………………………………………………… 71
*三、全微分在近似计算中的应用 ……………………………………… 74

9.4 多元复合函数求导法则 ……………………………………………… 76
一、复合函数的全导数 ………………………………………………… 77
二、复合函数的偏导数 ………………………………………………… 78
三、一阶全微分形式不变性 …………………………………………… 81

9.5 隐函数的求导公式 …………………………………………………… 83
一、一个方程的情形 …………………………………………………… 83
二、方程组的情形 ……………………………………………………… 86

9.6 多元函数微分学的几何应用 ………………………………………… 90
一、空间曲线的切线与法平面 ………………………………………… 90
二、曲面的切平面与法线 ……………………………………………… 93

9.7 方向导数与梯度 ……………………………………………………… 96
一、方向导数 …………………………………………………………… 96
二、梯度 ………………………………………………………………… 99

9.8 多元函数的极值及应用 ……………………………………………… 103
一、多元函数的极值 …………………………………………………… 103
二、多元函数的最大值、最小值 ……………………………………… 106
三、条件极值 …………………………………………………………… 107

*9.9 二元函数的泰勒公式 …………………………………………………… 111
　一、二元函数的泰勒公式 ……………………………………………… 111
　二、二元函数极值存在的充分条件证明 ……………………………… 114
小结 ……………………………………………………………………………… 116
复习练习题 9 …………………………………………………………………… 118

第 10 章　重积分 …………………………………………………………… 119

10.1　二重积分的概念与性质 ……………………………………………… 119
　一、引例 ………………………………………………………………… 119
　二、二重积分的定义 …………………………………………………… 121
　三、二重积分的性质 …………………………………………………… 122
10.2　二重积分的计算 ……………………………………………………… 126
　一、直角坐标系下的二重积分的计算 ………………………………… 126
　二、极坐标系下的二重积分计算 ……………………………………… 136
　*三、二重积分的换元法 ………………………………………………… 143
10.3　三重积分 ……………………………………………………………… 150
　一、引例 ………………………………………………………………… 150
　二、三重积分的概念 …………………………………………………… 151
　三、直角坐标系下的三重积分计算 …………………………………… 152
　四、三重积分的变量代换 ……………………………………………… 157
　五、柱面坐标系下三重积分的计算 …………………………………… 158
　六、球面坐标系下的三重积分计算 …………………………………… 161
10.4　重积分的应用 ………………………………………………………… 166
　一、曲面的面积 ………………………………………………………… 166
　二、质心和转动惯量 …………………………………………………… 170
　三、引力 ………………………………………………………………… 172
小结 ……………………………………………………………………………… 175
复习练习题 10 …………………………………………………………………… 176

第 11 章　曲线积分与曲面积分 ………………………………………… 178

11.1　对弧长的曲线积分 …………………………………………………… 178
　一、对弧长的曲线积分的概念 ………………………………………… 178
　二、对弧长的曲线积分的计算 ………………………………………… 180
11.2　对坐标的曲线积分 …………………………………………………… 186
　一、对坐标的曲线积分的概念与性质 ………………………………… 186
　二、对坐标的曲线积分的计算 ………………………………………… 190
　三、两类曲线积分之间的联系 ………………………………………… 195

11.3 格林(Green)公式及其应用 · · · · · · 199
一、格林(Green)公式 · · · · · · 199
二、平面曲线积分与路径无关的条件 · · · · · · 206
三、全微分方程 · · · · · · 212

11.4 对面积的曲面积分 · · · · · · 216
一、对面积的曲面积分的概念与性质 · · · · · · 216
二、对面积的曲面积分的计算 · · · · · · 217

11.5 对坐标的曲面积分 · · · · · · 223
一、曲面的定向 · · · · · · 223
二、流体流向曲面一侧的流量 · · · · · · 224
三、对坐标的曲面积分的概念与性质 · · · · · · 226
四、对坐标的曲面积分的计算 · · · · · · 227
五、两类曲面积分之间的联系 · · · · · · 231

11.6 高斯(Gauss)公式 通量与散度 · · · · · · 235
一、高斯(Gauss)公式 · · · · · · 235
二、通量与散度 · · · · · · 239

11.7 斯托克斯公式 环流量与旋度 · · · · · · 243
一、斯托克斯(Stokes)公式 · · · · · · 243
*二、空间曲线积分与路径无关的条件 · · · · · · 246
三、环流量与旋度 · · · · · · 248

小结 · · · · · · 251
复习练习题 11 · · · · · · 252

第12章 无穷级数 · · · · · · 254

12.1 常数项级数的概念与性质 · · · · · · 254
一、常数项级数的基本概念 · · · · · · 254
二、常数项级数的基本性质 · · · · · · 258
三、常数项级数收敛的必要条件 · · · · · · 260

12.2 常数项级数的审敛法 · · · · · · 262
一、正项级数及其审敛法 · · · · · · 262
二、交错级数及其审敛法 · · · · · · 270
三、任意项级数及其审敛法 · · · · · · 272

12.3 幂级数 · · · · · · 279
一、函数项级数的基本概念 · · · · · · 279
二、幂级数及其收敛性 · · · · · · 281
三、幂级数的运算与性质 · · · · · · 285

12.4　函数展开成幂级数 …………………………………………………… 289
12.5　傅里叶级数 ……………………………………………………………… 298
　　一、以 2π 为周期的函数展开成傅里叶级数 ………………………… 299
　　二、非周期函数的傅里叶级数 ………………………………………… 305
12.6　以 $2l$ 为周期的函数的傅里叶级数 ………………………………… 309
　小结 ……………………………………………………………………………… 313
　复习练习题 12 ………………………………………………………………… 314
附录 1　Mathematica 数学软件简介(下) ……………………………………… 316
附录 2　常见曲面 ………………………………………………………………… 337
习题答案与提示 …………………………………………………………………… 341

第8章 向量代数与空间解析几何

在中学数学的学习中我们已经知道,利用向量往往能使某些几何问题更简捷地得到解决.向量也是力学、物理学和工程技术中常用的有力工具.本章将利用向量研究空间几何的有关问题,并借助空间直角坐标系把空间的点与三元有序数组对应起来,从而可以把空间几何图形与代数方程对应起来,这样就可以用代数的方法研究空间图形的有关问题.熟悉和理解这些内容对于学习多元函数的微积分有着十分重要的作用.

8.1 向量及其线性运算

一、向量的有关概念

在日常生活和进行科学研究时,通常会遇到两种类型的量:一种是只要用一个数字就可完全描述,如长度、面积、体积、时间、质量、温度等,这种量称为**数量**(**标量**);另一种是不能仅用一个数字描述,例如为了反映机场附近空域中飞机的位置,仅仅知道每架飞机与塔台的距离显然是不够的,我们还需要知道每架飞机的飞行方向,另外,为了了解每架飞机的动向,只知道飞机的速度的大小也是不够的,还需要知道飞机速度的方向.像这类既有大小又有方向的量称为**向量**(**矢量**),物理学中的力、位移、速度、力矩等都是向量.在数学上,通常用一条带有方向的线段,即用一条有向线段来表示向量,其中有向线段的长度表示向量的大小,有向线段的方向表示向量的方向.例如,以 A 为起点、B 为终点的有向线段表示的向量,记为 $\overrightarrow{AB}$(图 8.1).

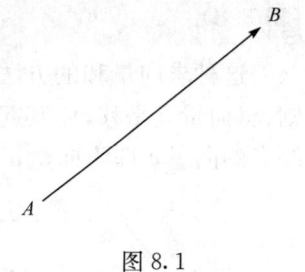

图 8.1

有时也可以用一个粗体字母或用一个上面加箭头的字母来表示向量.例如 $\boldsymbol{a}$,$\boldsymbol{i}$,$\boldsymbol{n}$,$\boldsymbol{F}$ 或 $\vec{a}$,$\vec{i}$,$\vec{n}$,$\vec{F}$ 等.

在空间取定单位长度后,向量的长度称为向量的**模**.向量 $\overrightarrow{AB}$,$\vec{a}$ 或 $\boldsymbol{a}$ 的模记为

$|\overrightarrow{AB}|$,$|\vec{a}|$ 或 $|a|$. 特别地,模等于 1 的向量称为**单位向量**,模为零的向量称为**零向量**,记为 $\vec{0}$(或 **0**). 零向量是唯一不定义方向的向量,即零向量的方向可以看作是任意的.

不过值得注意的是,在实际问题中,尽管有许多向量与起点有关,例如质点的位移、作用力等,但向量的共性是向量的大小与方向,所以,在数学上主要研究和讨论与起点无关的向量,这种向量也称为**自由向量**(简称**向量**),即仅考虑向量的大小与方向,而不考虑它的起点在什么位置,以后除非特别说明,本书讨论的向量都是指自由向量.

如果两个非零向量 a 与 b 的大小相等,方向相同,则称向量 a 与 b **相等**,记作 $a=b$,即经过平移后能完全重合的向量是相等的;与向量 a 方向相同的单位向量称为向量 a 的单位化向量,记作 e_a,显然 $e_a=\dfrac{1}{|a|}a$. 两个非零向量 a 与 b,如果它们的方向相同或相反,则称向量 a 与 b **平行**或**共线**,记作 $a/\!/b$;同样,平行于同一平面的向量称为**共面向量**.

二、向量的线性运算

向量的线性运算是指向量的加法、减法以及向量与数的乘积.

1. 向量的加法

力是向量的物理原型. 在中学物理中我们已经知道,力的合成可按平行四边形法则或三角形法则进行. 同样,向量的加法也遵循同样的法则.

定义 1 设 a,b 是两个非零向量,且不共线,则以 A 为起点、$\overrightarrow{AB}=a$,$\overrightarrow{AC}=b$ 为邻边的平行四边形的对角线向量 $\overrightarrow{AD}=c$ 称为向量 a 与 b 的和,记作 $c=a+b$(图 8.2).

这种求向量和的方法称为**平行四边形法则**. 类似地,向量的加法还有**三角形法则**:将向量 b 平移,使其起点与 a 的终点重合,则以 a 的起点为起点,以 b 的终点为终点的向量 c 即为向量 a 与 b 的和,亦即 $c=a+b$(图 8.3).

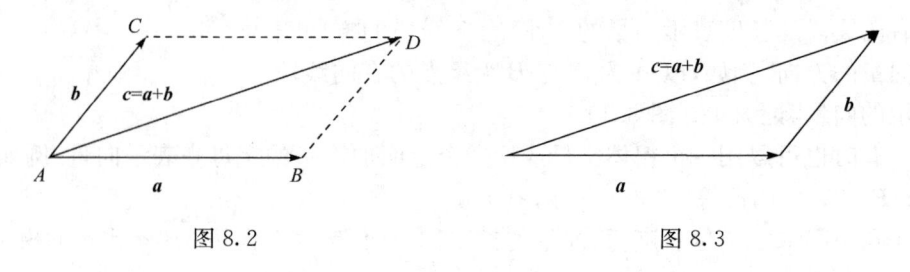

图 8.2

图 8.3

两个向量的加法可以推广到任意有限个向量的情形：将这 n 个向量依次平行移动，使其首尾相接，则由第一个向量的起点至最末一个向量的终点所形成的向量就是这 n 个向量的和（图 8.4）。

这种求向量和的方法称为**多边形法则**或**折线法则**.

容易验证，向量的加法遵循下列运算规律：
(1) $a+b=b+a$（**交换律**），
(2) $(a+b)+c=a+(b+c)$（**结合律**），
(3) $a+0=a$.

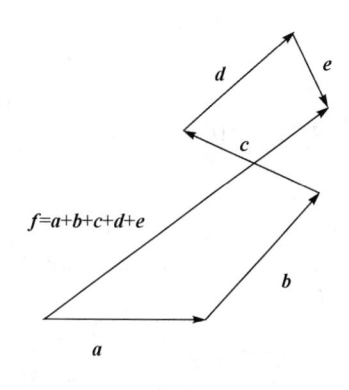

图 8.4

2. 向量的数乘

定义 2 向量 a 与实数 λ 的乘积是一个向量，记作 λa，其方向规定如下：当 $\lambda>0$ 时，λa 与 a 方向相同，当 $\lambda<0$ 时，λa 与 a 方向相反，当 $\lambda=0$ 或 $a=0$ 时，规定 $\lambda a=0$. 而 λa 的模是 $|a|$ 的 $|\lambda|$ 倍，即 $|\lambda a|=|\lambda||a|$.

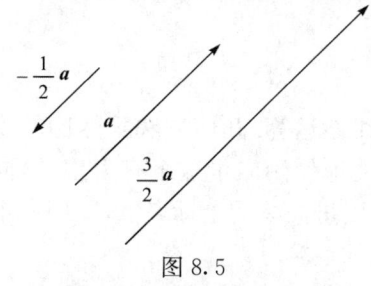

从有向线段的角度看，向量与数的乘积 λa 就是把向量 a 伸缩 $|\lambda|$ 倍，当 $\lambda>0$ 时，沿着 a 的方向伸缩，当 $\lambda<0$ 时，沿着 a 相反方向伸缩（图 8.5），特别地，$1 \cdot a=a$，$(-1) \cdot a=-a$.

习惯上，称 $-a$ 为向量 a 的负向量. 向量的减法规定为 $a-b=a+(-b)$，显然 $a-a=a+(-a)=0$.

图 8.5

向量的数乘满足下列规律：
(1) $\lambda(\mu a)=\mu(\lambda a)=(\lambda \mu)a$.

首先，由数与向量乘积的定义可知，向量 $\lambda(\mu a)$，$\mu(\lambda a)$，$(\lambda \mu)a$ 都是与 a 平行的向量，它们方向也相同，而且
$$|\lambda(\mu a)|=|\mu(\lambda a)|=|(\lambda \mu)a|=|\lambda \mu||a|.$$

(2) $(\lambda+\mu)a=\lambda a+\mu a$，$\lambda(a+b)=\lambda a+\lambda b$.

证明类似，从略.

由向量的数乘定义可得到两个向量平行的充要条件.

定理 1 向量 a 与非零向量 b 平行的充要条件是，存在数 λ 使得 $a=\lambda b$，其中数 λ 由 a 与 b 唯一确定.

证 条件的充分性是显然的. 下证必要性.

设 $a \parallel b$,若 $a=0$,取 $\lambda=0$ 即可;若 $a \neq 0$,则当 a 与 b 方向相同时,取 $\lambda=\dfrac{|b|}{|a|}$,当 a 与 b 相反时,取 $\lambda=-\dfrac{|b|}{|a|}$,此时均有 $a=\lambda b$.

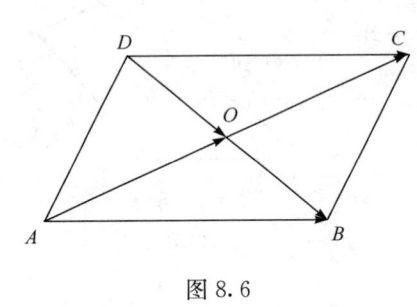

再证明唯一性,设存在另一实数 μ,使 $a=\mu b$,则有 $\lambda b=\mu b$,即 $(\lambda-\mu)b=0$,又因为 $b \neq 0$,故 $\lambda-\mu=0$,即 $\lambda=\mu$.

例 1 如果平面上的一个四边形的对角线互相平分,试用向量性质证明该四边形是平行四边形.

证 如图 8.6,在四边形 ABCD 中,由题意,设 $\overrightarrow{AO}=\overrightarrow{OC}=a$,$\overrightarrow{DO}=\overrightarrow{OB}=b$.

图 8.6

由向量的加法法则有

$$\overrightarrow{AB}=\overrightarrow{AO}+\overrightarrow{OB}=a+b, \quad \overrightarrow{DC}=\overrightarrow{DO}+\overrightarrow{OC}=b+a=a+b,$$

即 $\overrightarrow{AB}=\overrightarrow{DC}$. 因此,四边形 ABCD 是平行四边形.

三、向量的坐标表示

以上我们用几何方法引进了向量的概念及其线性运算. 几何方法虽然比较直观,但是对于向量的计算有时并不方便. 为了更方便地使用向量这个有力工具,同时也为了便于用向量研究空间解析几何,下面我们引进向量的坐标表示,即用一个有序数组来表示向量,从而可把向量的运算化为数的运算.

1. 空间直角坐标系

过空间一定点 O,作三条相互垂直的数轴,它们均以 O 为原点,并且一般有相同的长度单位,分别称为 x 轴(横轴)、y 轴(纵轴)、z 轴(竖轴),统称为坐标轴. 通常把 x 轴和 y 轴配置在水平面上,而 z 轴则是铅垂直线,它们正向的排列次序符合右手规则,即用右手握住 z 轴,四个手指从 x 轴正向以 $\dfrac{\pi}{2}$ 角转向 y 轴的正向时,大拇指就指向 z 轴的正向(图 8.7). 这种形式的坐标系通常称之为**右手系**.

在空间直角坐标系中,由每两条坐标轴所决定的平面叫做坐标面,由 x 轴和 y 轴确定的平面叫做 xOy 面,而由 x 轴和 z 轴确定的平面

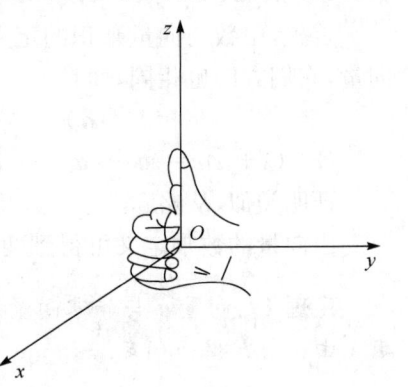

图 8.7

叫做 xOz 面,由 y 轴和 z 轴确定的平面叫做 yOz 面.三个坐标面把空间分成八个部分,每一个部分称作一个卦限.含正向 x 轴,正向 y 轴和正向 z 轴的那个卦限称作第 I 卦限,在 xOy 面的上方的其他三个卦限,按逆时针方向(从 z 轴向下看)依次称为第 II,III,IV 卦限,在 xOy 面下方,与第 I,II,III,IV 卦限相对的卦限依次称为第 V,VI,VII,VIII 卦限(图 8.8).

设 M 为空间一点,过 M 作三个平面分别垂直于三个坐标轴,它们与 x 轴,y 轴,z 轴的交点依次为 P,Q,R(图 8.9).设 P,Q,R 三点在 x 轴,y 轴,z 轴上的坐标依次为 x,y,z.这样,空间一点 M 就唯一地确定了一个三维有序数组 (x,y,z).反之,对于任一有序的三维数组 (x,y,z),在 x 轴上设坐标为 x 的点是 P,在 y 轴上坐标为 y 的点是 Q,在 z 轴上坐标为 z 的点是 R,过 $P、Q、R$ 分别作与 x 轴、y 轴、z 轴垂直的三个平面,这三个平面在空间交于唯一的一点 M,即一个三维数组 (x,y,z) 唯一确定了空间一点 M.因此空间任意一点 M 与一个三维有序数组 (x,y,z) 建立了一一对应关系,这三维有序数组 (x,y,z) 就称为点 M 的坐标,并把 x,y,z 依次称为点 M 的横坐标、纵坐标、竖坐标,点 M 的坐标也记作 $M(x,y,z)$.

图 8.8

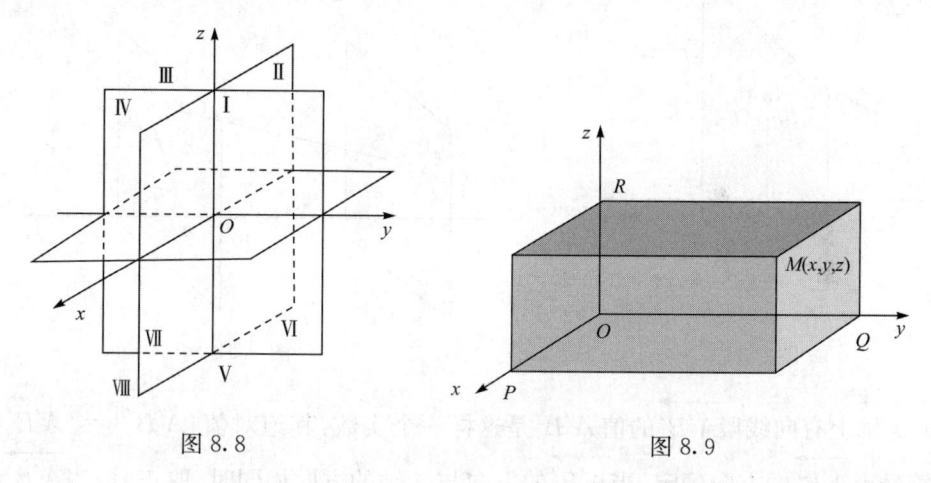

图 8.9

显然,坐标原点 O 的坐标为 $(0,0,0)$,在坐标轴和坐标面上的点的坐标也各有特征,如 x 轴上坐标可表示成 $(x,0,0)$,y 轴、z 轴上点的坐标可分别表示为 $(0,y,0)$ 及 $(0,0,z)$;xOy 面上的坐标可表示为 $(x,y,0)$,yOz 面和 xOz 面上的坐标可分别表示为 $(0,y,z)$ 和 $(x,0,z)$.

2. 向量在轴上的投影

首先引进两个向量夹角的概念.

设 a 和 b 是两个非零向量,O 为空间任一点,过点 O 作向量 $\overrightarrow{OA}=a,\overrightarrow{OB}=b$,则称 $\angle AOB=\varphi(0\leqslant\varphi\leqslant\pi)$ 为两向量 a 与 b 的夹角.记作 $<a,b>$ 或 $<b,a>$(图 8.10).

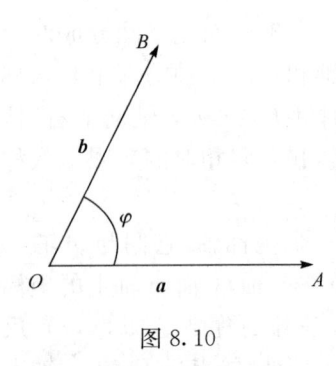

若向量 $\boldsymbol{a}$ 与 $\boldsymbol{b}$ 平行且方向相同,则规定 $\varphi=0$,若 $\boldsymbol{a}$ 与 $\boldsymbol{b}$ 平行且方向相反,则规定 $\varphi=\pi$;若 $<\boldsymbol{a},\boldsymbol{b}>=\dfrac{\pi}{2}$,就称向量 $\boldsymbol{a}$ 和 $\boldsymbol{b}$ 垂直,记作 $\boldsymbol{a}\perp\boldsymbol{b}$. 类似地,定义一向量与一数轴的夹角为向量与该数轴上正向单位向量的夹角;同样,空间两个数轴间的夹角规定为这两个数轴上两正向单位向量之间的夹角.

下面介绍向量在轴上的投影.

设 A 为空间一点,过点 A 作一垂直于 x 轴的平面 π,则 π 与 x 轴的交点 A' 称为点 A 在 x 轴上的**投影**(图 8.11).

设向量 $\boldsymbol{a}$ 的起点为 A、终点为 B,点 A,B 在 x 轴上的投影分别为 A',B',则 x 轴上的有向线段 $\overrightarrow{A'B'}$ 的值 $A'B'$ 称为向量 $\overrightarrow{AB}$ 在 x 轴上的投影(图 8.12),记作 $\mathrm{Prj}_x\overrightarrow{AB}$,即 $\mathrm{Prj}_x\overrightarrow{AB}=A'B'$.

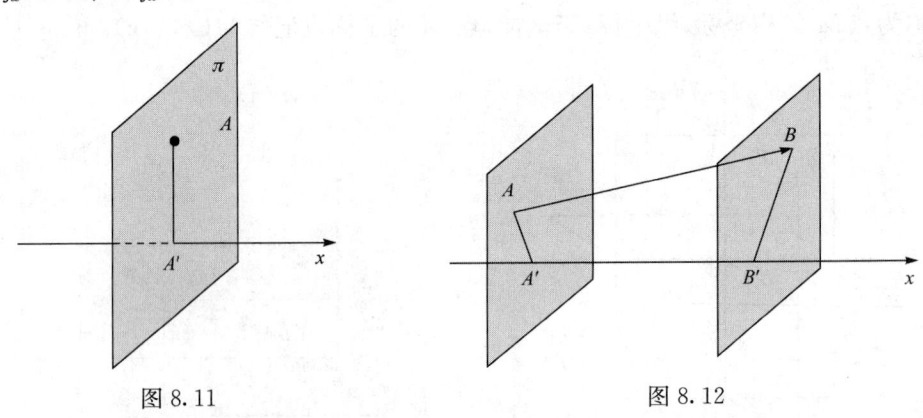

图 8.10

图 8.11

图 8.12

x 轴上有向线段 $\overrightarrow{A'B'}$ 的值 $A'B'$ 是这样一个实数:其绝对值 $|A'B'|=|\overrightarrow{A'B'}|$,其符号由 $\overrightarrow{A'B'}$ 的方向确定,当 $\overrightarrow{A'B'}$ 的方向与 x 轴的方向相同时,取正号;当 $\overrightarrow{A'B'}$ 的方向与 x 轴的方向相反时,取负号.

有了向量与轴的夹角及向量的投影等概念,下面再证明几个有关向量投影的重要结论.

投影定理 1 设向量 $\overrightarrow{AB}$ 与数轴 x 的夹角为 $\varphi(0\leqslant\varphi\leqslant\pi)$,则 $\overrightarrow{AB}$ 在 x 轴上的投影等于向量 $\overrightarrow{AB}$ 的模乘以夹角 φ 的余弦,即

$$\mathrm{Prj}_x\overrightarrow{AB}=|\overrightarrow{AB}|\cos\varphi. \tag{8.1}$$

证 设 A' 和 B' 分别为向量 $\overrightarrow{AB}$ 的起点 A 和终点 B 在 x 轴上的投影(图 8.13).

将 x 轴平移到 x' 轴,其中 B'' 是在过终点 B 所作的垂直于 x 轴的平面上,则 $\angle BAB''=\varphi$.

在直角 $\triangle ABB''$ 中, $\angle AB'B$ 为直角,故 $|\overrightarrow{A'B'}|=|\overrightarrow{AB''}|$,由于 $AB''=|\overrightarrow{AB}|\cos\varphi$,因此
$$\text{Prj}_x\overrightarrow{AB}=A'B'=AB''=|\overrightarrow{AB}|\cos\varphi.$$

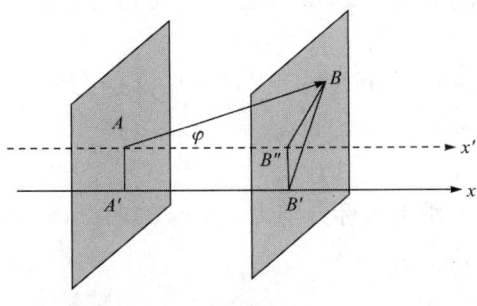

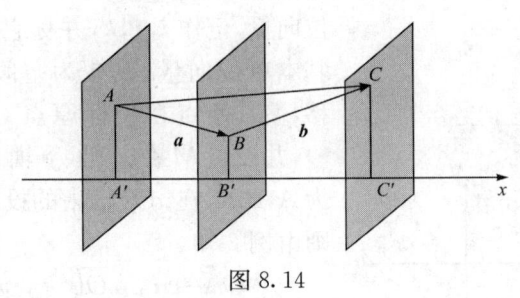

图 8.13

由上述投影定理可知,当向量 $\overrightarrow{AB}$ 与 x 轴的夹角 φ 为锐角时, $\overrightarrow{AB}$ 在 x 轴上的投影为正;当向量 $\overrightarrow{AB}$ 与 x 轴的夹角 φ 为钝角时, $\overrightarrow{AB}$ 在 x 轴上的投影为负;当 φ 为直角时,投影为零. 显然,相等的向量在同一数轴上的投影是相等的.

投影定理 2 两个向量 $\boldsymbol{a}$ 与 $\boldsymbol{b}$ 的和在一数轴上的投影等于这两个向量在该数轴上投影的和,即
$$\text{Prj}_x(\boldsymbol{a}+\boldsymbol{b})=\text{Prj}_x\boldsymbol{a}+\text{Prj}_x\boldsymbol{b}. \tag{8.2}$$

证明 如图 8.14. 设 x 轴为投影轴. $\overrightarrow{AB}=\boldsymbol{a},\overrightarrow{BC}=\boldsymbol{b}$,则 $\overrightarrow{AC}=\boldsymbol{a}+\boldsymbol{b}$,于是
$$\text{Prj}_x(\boldsymbol{a}+\boldsymbol{b})=\text{Prj}_x\overrightarrow{AC}=A'C'.$$

图 8.14

而
$$\text{Prj}_x\boldsymbol{a}+\text{Prj}_x\boldsymbol{b}=\text{Prj}_x\overrightarrow{AB}+\text{Prj}_x\overrightarrow{BC}=A'B'+B'C'=A'C',$$
故
$$\text{Prj}_x(\boldsymbol{a}+\boldsymbol{b})=\text{Prj}_x\boldsymbol{a}+\text{Prj}_x\boldsymbol{b}.$$
这个定理的结论可以推广到任意有限个向量的情形,即有
$$\text{Prj}_x(\boldsymbol{a}_1+\boldsymbol{a}_2+\cdots+\boldsymbol{a}_n)=\text{Prj}_x\boldsymbol{a}_1+\text{Prj}_x\boldsymbol{a}_2+\cdots+\text{Prj}_x\boldsymbol{a}_n. \tag{8.3}$$

投影定理 3 向量与数的乘积的投影等于该向量在同一轴上的投影与该数的积. 即
$$\mathrm{Prj}_x(\lambda \boldsymbol{a}) = \lambda \mathrm{Prj}_x \boldsymbol{a}. \tag{8.4}$$

证 设 $\boldsymbol{a}$ 与 x 轴的夹角为 φ,$\lambda\boldsymbol{a}$ 与轴 x 的夹角为 φ_1,则当 $\lambda>0$ 时,$\varphi_1=\varphi$,当 $\lambda<0$ 时,$\varphi_1=\pi-\varphi$. 于是

当 $\lambda>0$ 时,$\mathrm{Prj}_x(\lambda\boldsymbol{a})=|\lambda\boldsymbol{a}|\cos\varphi_1=|\lambda||\boldsymbol{a}|\cos\varphi=\lambda\mathrm{Prj}_x\boldsymbol{a}$;

当 $\lambda<0$ 时,$\mathrm{Prj}_x(\lambda\boldsymbol{a})=|\lambda||\boldsymbol{a}|\cos\varphi_1=(-\lambda)|\boldsymbol{a}|(-\cos\varphi)=\lambda\mathrm{Prj}_x\boldsymbol{a}$;

当 $\lambda=0$ 时,$\mathrm{Prj}_x(\lambda\boldsymbol{a})=0=\lambda\mathrm{Prj}_x\boldsymbol{a}$.

例 2 设 A,B 为 x 轴上坐标分别为 x_1,x_2 的两点,$\boldsymbol{e}$ 为与 x 轴正向一致的单位向量,证明 $\overrightarrow{AB}=(x_2-x_1)\boldsymbol{e}$.

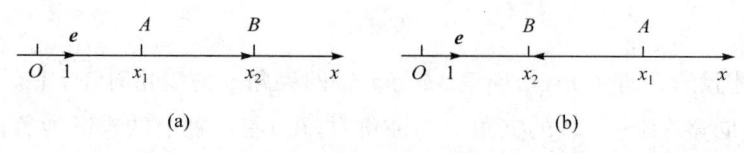

图 8.15

证 当 $x_2>x_1$ 时,$\overrightarrow{AB}$ 与 $\boldsymbol{e}$ 同向(图 8.15(a)),由于 $|\overrightarrow{AB}|=x_2-x_1$,因此 $\overrightarrow{AB}=(x_2-x_1)\boldsymbol{e}$;当 $x_2<x_1$ 时,$\overrightarrow{AB}$ 与 $\boldsymbol{e}$ 反向(图 8.15(b)),有 $|\overrightarrow{AB}|=x_1-x_2$,因此,$\overrightarrow{AB}=-(x_1-x_2)\boldsymbol{e}=(x_2-x_1)\boldsymbol{e}$;当 $x_2=x_1$ 时,显然有 $\overrightarrow{AB}=(x_2-x_1)\boldsymbol{e}$.

3. 向量的坐标

在空间直角坐标系 $Oxyz$ 中,分别取与 x 轴、y 轴、z 轴的正方向相同的三个单位向量,记作 $\boldsymbol{i},\boldsymbol{j},\boldsymbol{k}$,并称它们为这一坐标系的基本单位向量. 设 $\boldsymbol{a}$ 为空间任一向量,将它平移,使其始点在坐标原点 O,终点在 $M(x,y,z)$,并设点 M 在 x 轴、y 轴、z 轴上的投影分别为 A,B,C,在 xOy 面上的投影为点 P(图 8.16),则由例 2 知
$$\overrightarrow{OA}=x\boldsymbol{i},\quad \overrightarrow{OB}=y\boldsymbol{j},\quad \overrightarrow{OC}=z\boldsymbol{k},$$
由图可知
$$\boldsymbol{a}=\overrightarrow{OM}=\overrightarrow{OA}+\overrightarrow{AP}+\overrightarrow{PM}=\overrightarrow{OA}+\overrightarrow{OB}+\overrightarrow{OC},$$
即
$$\boldsymbol{a}=x\boldsymbol{i}+y\boldsymbol{j}+z\boldsymbol{k}, \tag{8.5}$$

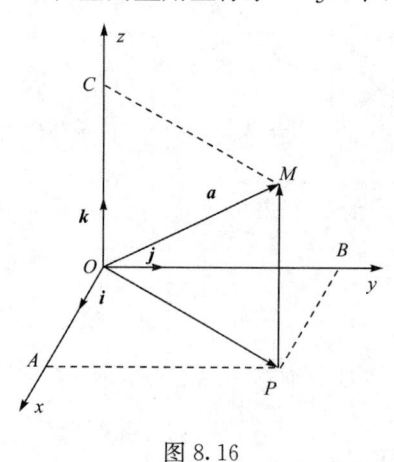

图 8.16

式(8.5)右端称为向量 $\boldsymbol{a}$ 的**坐标分解式**或**坐标表示式**,其中有序数 x,y,z 分别称为向量 $\boldsymbol{a}$ 在 x 轴、y 轴、z 轴上的投影,也称为向量 $\boldsymbol{a}$. 式(8.5)也可写为

$$a = (x, y, z). \tag{8.6}$$

因此，起点在原点的向量的坐标与其终点的坐标相同．

注 向量 $\overrightarrow{OM}$ 也称为点 M 的向径．

4. 利用向量的坐标进行向量的线性运算

设有两向量 $a = (a_1, a_2, a_3)$，$b = (b_1, b_2, b_3)$，λ 为常数，则

$$\begin{aligned} a \pm b &= (a_1 \boldsymbol{i} + a_2 \boldsymbol{j} + a_3 \boldsymbol{k}) \pm (b_1 \boldsymbol{i} + b_2 \boldsymbol{j} + b_3 \boldsymbol{k}) \\ &= (a_1 \pm b_1) \boldsymbol{i} + (a_2 \pm b_2) \boldsymbol{j} + (a_3 \pm b_3) \boldsymbol{k} \\ &= (a_1 \pm b_1, a_2 \pm b_2, a_3 \pm b_3), \end{aligned} \tag{8.7}$$

$$\begin{aligned} \lambda a &= \lambda (a_1 \boldsymbol{i} + a_2 \boldsymbol{j} + a_3 \boldsymbol{k}) = (\lambda a_1) \boldsymbol{i} + (\lambda a_2) \boldsymbol{j} + (\lambda a_3) \boldsymbol{k} \\ &= (\lambda a_1, \lambda a_2, \lambda a_3). \end{aligned} \tag{8.8}$$

由此说明，向量的加、减运算及数乘运算可以转化为它们相应坐标的运算．

例3 设空间有两点 $M_1(x_1, y_1, z_1)$，$M_2(x_2, y_2, z_2)$，求向量 $\overrightarrow{M_1 M_2}$ 的坐标．

解 如图 8.17，由式(8.6)知

$$\overrightarrow{OM_1} = (x_1, y_1, z_1), \quad \overrightarrow{OM_2} = (x_2, y_2, z_2),$$

从而，

$$\begin{aligned} \overrightarrow{M_1 M_2} &= \overrightarrow{OM_2} - \overrightarrow{OM_1} \\ &= (x_2, y_2, z_2) - (x_1, y_1, z_1) \\ &= (x_2 - x_1, y_2 - y_1, z_2 - z_1). \end{aligned}$$

即起点不在原点的向量的坐标等于终点坐标减去起点坐标．

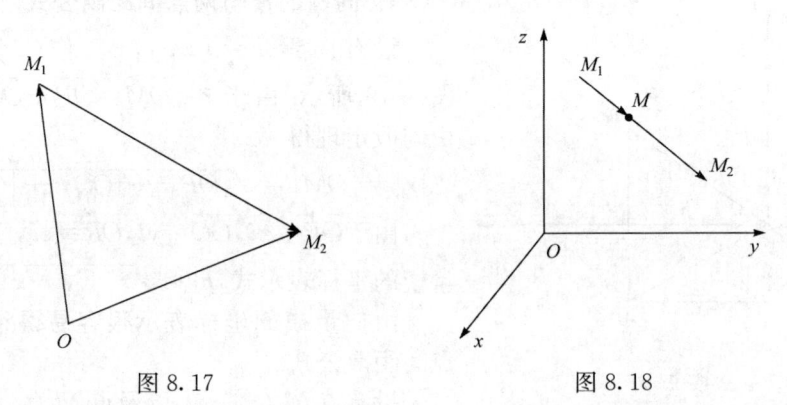

图 8.17　　　　　　图 8.18

例4 设有两点 $M_1(x_1, y_1, z_1)$，$M_2(x_2, y_2, z_2)$，点 M 分线段 $M_1 M_2$ 成定比 $\lambda (\lambda \neq -1)$，求点 M 的坐标．

解 如图 8.18．设点 M 的坐标为 (x, y, z)，由题设 $\overrightarrow{M_1 M} = \lambda \overrightarrow{MM_2}$，得

$$(x - x_1, y - y_1, z - z_1) = \lambda (x_2 - x, y_2 - y, z_2 - z),$$

从而

$$x - x_1 = \lambda (x_2 - x), \quad y - y_1 = \lambda (y_2 - y), \quad z - z_1 = \lambda (z_2 - z),$$

由此解得 M 点的坐标为

$$x=\frac{x_1+\lambda x_2}{1+\lambda}, \quad y=\frac{y_1+\lambda y_2}{1+\lambda}, \quad z=\frac{z_1+\lambda z_2}{1+\lambda}, \tag{8.9}$$

上式称为线段 M_1M_2 的**定比分点公式**.

特别地,当 $\lambda=1$ 时,点 M 是线段 M_1M_2 的中点,其坐标为

$$x=\frac{x_1+x_2}{2}, \quad y=\frac{y_1+y_2}{2}, \quad z=\frac{z_1+z_2}{2}, \tag{8.10}$$

前面定理 1 曾经指出,向量 $\boldsymbol{a}$ 与非零向量 $\boldsymbol{b}$ 共线的充要条件是 $\boldsymbol{a}=\lambda\boldsymbol{b}$,按坐标形式表示有 $(a_1,a_2,a_3)=\lambda(b_1,b_2,b_3)$,从而

$$a_1=\lambda b_1, \quad a_2=\lambda b_2, \quad a_3=\lambda b_3 \quad \text{或写成} \quad \frac{a_1}{b_1}=\frac{a_2}{b_2}=\frac{a_3}{b_3}. \tag{8.11}$$

即两向量 $\boldsymbol{a}$ 与 $\boldsymbol{b}(\boldsymbol{b}\neq\boldsymbol{0})$ 平行的充要条件是它们的坐标对应成比例.

应当指出,上式中若某一分母为 0,则规定相应分子也是 0,但由于 $\boldsymbol{b}\neq\boldsymbol{0}$,因此分母不会同时为 0.

四、向量的模和方向余弦的坐标表示式

确定一个向量,需要知道它的大小(即模)和方向,怎样用坐标来表示这两个要素呢?

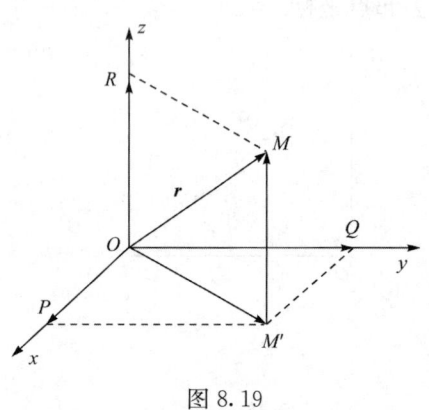

1. 向量的模与两点间距离公式

设有向量 $\boldsymbol{r}=(x,y,z)$,作 $\overrightarrow{OM}=\boldsymbol{r}$,如图 8.19 所示. 由于 $\boldsymbol{r}=\overrightarrow{OM}=\overrightarrow{OP}+\overrightarrow{OQ}+\overrightarrow{OR}$,由勾股定理得

$$|\boldsymbol{r}|=|OM|=\sqrt{|OP|^2+|OQ|^2+|OR|^2}.$$

由于 $\overrightarrow{OP}=x\boldsymbol{i}, \overrightarrow{OQ}=y\boldsymbol{j}, \overrightarrow{OR}=z\boldsymbol{k}$,于是得向量模的坐标表示式 $|\boldsymbol{r}|=\sqrt{x^2+y^2+z^2}$.

由向量模的坐标表示很容易得到空间两点间距离公式.

设有点 $M_1(x_1,y_1,z_1)$ 及点 $M_2(x_2,y_2,z_2)$,则点 M_1 与点 M_2 间的距离 $|M_1M_2|$ 就是向量 $\overrightarrow{M_1M_2}$ 的模,由例 3 知 $\overrightarrow{M_1M_2}=(x_2-x_1,y_2-y_1,z_2-z_1)$,由此可得 M_1,M_2 两点间的距离

$$|M_1M_2|=|\overrightarrow{M_1M_2}|=\sqrt{(x_2-x_1)^2+(y_2-y_1)^2+(z_2-z_1)^2}. \tag{8.12}$$

图 8.19

例 5 证明以 $M_1(4,1,9), M_2(10,-1,6), M_3(2,4,3)$ 为顶点的三角形是等腰直角三角形.

证 由于 $|M_1M_2|^2=(10-4)^2+(-1-1)^2+(6-9)^2=49,$

$$|M_1M_3|^2=(2-4)^2+(4-1)^2+(3-9)^2=49,$$
$$|M_2M_3|^2=(2-10)^2+(4-(-1))^2+(3-6)^2=98,$$
故
$$|M_1M_2|=|M_1M_3|,\quad |M_1M_2|^2+|M_1M_3|^2=|M_2M_3|^2.$$
所以 $\triangle M_1M_2M_3$ 是等腰直角三角形.

例 6 在 yOz 面上,求与三点 $M_1(3,1,2), M_2(4,-2,-2), M_3(0,5,1)$ 等距离的点.

解 因为所求的点在 yOz 面上,故可设该点为 $M(0,y,z)$. 依题意有 $|M_1M|=|M_2M|=|M_3M|$,即
$$\sqrt{(0-3)^2+(y-1)^2+(z-2)^2}=\sqrt{(0-4)^2+(y-(-2))^2+(z-(-2))^2},$$
$$\sqrt{(0-3)^2+(y-1)^2+(z-2)^2}=\sqrt{(0-0)^2+(y-5)^2+(z-1)^2},$$
两边去根号,解得 $y=1, z=-2$. 于是所求的点为 $M(0,1,-2)$.

2. 方向角与方向余弦

若非零向量 $\boldsymbol{a}=(a_1,a_2,a_3)$ 与 x 轴、y 轴、z 轴的夹角分别为 α,β,γ(称为向量 $\boldsymbol{a}$ 的方向角),则由投影定理 1 知
$$a_1=|\boldsymbol{a}|\cos\alpha,\quad a_2=|\boldsymbol{a}|\cos\beta,\quad a_3=|\boldsymbol{a}|\cos\gamma,$$
式中 $\cos\alpha,\cos\beta,\cos\gamma$ 叫做向量 $\boldsymbol{a}$ 的方向余弦,由此式易得 $\boldsymbol{a}$ 的方向余弦的表达式为
$$\cos\alpha=\frac{a_1}{\sqrt{a_1^2+a_2^2+a_3^2}},\quad \cos\beta=\frac{a_2}{\sqrt{a_1^2+a_2^2+a_3^2}},\quad \cos\gamma=\frac{a_3}{\sqrt{a_1^2+a_2^2+a_3^2}},$$
(8.13)
由上式容易看出方向余弦满足关系式
$$\cos^2\alpha+\cos^2\beta+\cos^2\gamma=1. \tag{8.14}$$
进一步,由于与非零向量 $\boldsymbol{a}$ 同方向的单位向量为
$$\boldsymbol{e}_{\boldsymbol{a}}=\left(\frac{a_1}{|\boldsymbol{a}|},\frac{a_2}{|\boldsymbol{a}|},\frac{a_3}{|\boldsymbol{a}|}\right), \tag{8.15}$$
于是有
$$\boldsymbol{e}_{\boldsymbol{a}}=(\cos\alpha,\cos\beta,\cos\gamma).$$
即与 $\boldsymbol{a}$ 同方向的单位向量的坐标恰好是该向量的三个方向余弦.

例 7 设 $M_1(2,-3,-1), M_2(1,-1,-3)$,求向量 $\overrightarrow{M_1M_2}$ 的模、方向余弦及方向角.

解 $\overrightarrow{M_1M_2}=(1-2,-1-(-3),-3-(-1))=(-1,2,-2)$,因此
$$|\overrightarrow{M_1M_2}|=\sqrt{(-1)^2+2^2+(-2)^2}=3,$$
故 $\overrightarrow{M_1M_2}$ 的方向余弦,方向角分别为
$$\cos\alpha=-\frac{1}{3},\quad \cos\beta=\frac{2}{3},\quad \cos\gamma=-\frac{2}{3};$$

$$\alpha = \arccos\left(-\frac{1}{3}\right), \quad \beta = \arccos\frac{2}{3}, \quad \gamma = \arccos\left(-\frac{2}{3}\right).$$

例 8 设向量 a 的三个方向角 α, β, γ 相等,求 a 的方向余弦及与 a 平行的单位向量.

解 将 $\alpha = \beta = \gamma$ 代入关系式 $\cos^2\alpha + \cos^2\beta + \cos^2\gamma = 1$,得 $3\cos^2\alpha = 1$,从而

$$\cos\alpha = \pm\frac{\sqrt{3}}{3},$$

因此 a 的方向余弦为

$$\cos\alpha = \cos\beta = \cos\gamma = \frac{\sqrt{3}}{3} \quad \text{或} \quad \cos\alpha = \cos\beta = \cos\gamma = -\frac{\sqrt{3}}{3},$$

于是与 a 平行的单位向量为

$$\pm e_a = \pm\left(\frac{\sqrt{3}}{3}, \frac{\sqrt{3}}{3}, \frac{\sqrt{3}}{3}\right).$$

习 题 8.1

(A)

1. 设向量 $u = 2a + 3b - c, v = a - 2b + 5c$. 试用 a, b, c 表示 $3u - 4v$.
2. 在平行四边形 $ABCD$ 中,设 $\overrightarrow{AB} = a, \overrightarrow{AD} = b, M$ 为对角线 AC 与 BD 的交点,试用向量 a, b 表示向量 $\overrightarrow{MA}, \overrightarrow{MC}, \overrightarrow{MB}, \overrightarrow{MD}$.
3. 在空间直角坐标系中指出下列各点所在的卦限:
   $A(2,3,1), \quad B(-1,3,-2), \quad C(5,-1,3), \quad D(2,-3,-4), \quad E(-1,-5,-2).$
4. 求点 $M(x_0, y_0, z_0)$ 关于(1)各坐标轴;(2)各坐标面;(3)坐标原点对称的点的坐标.
5. 求点 $M(4, -3, 5)$ 与原点的距离.
6. 求点 $M_1(1, 3, 5)$ 与 $M_2(-3, 1, 7)$ 之间的距离.
7. 在 z 轴上求与两点 $A(1, -2, 2)$ 和 $B(2, -4, -1)$ 等距离的点.
8. 设 $a = (2, -2, 1), b = (4, -2, 2), c = (6, -3, -3)$,求向量 $a + b + c, a - b + c, \frac{1}{3}a - \frac{1}{2}b$.
9. 设向量 a 的起点为 $M_1(6, -2, 3)$,且 a 在 x 轴、y 轴、z 轴上的投影依次为 $-3, 5, 4$. 求向量 a 的终点 M_2 的坐标.
10. 已知两点 $A(4, \sqrt{2}, 1), B(3, 0, 2)$. 计算向量 $\overrightarrow{AB}$ 的模、方向余弦和方向角.
11. 设向量 $a = (3, -1, 1), b = (2, -2, b_3)$,且 $a + b$ 与 $a - b$ 的模相等. 求 b_3.
12. 设 $M_1(1, -2, -3), M_2(2, -4, -1)$. 求与 $\overrightarrow{M_1M_2}$ 平行的单位向量.
13. 已知向量 $a = (-1, 3, 2), b = (2, 5, -1), c = (6, 4, -6)$. 证明: $a - b$ 与 c 平行.

(B)

1. 设 $ABCD$ 是一空间四边形,M, N 分别为对角线 AC 与 BD 的中点.

证明:$\overrightarrow{AB}+\overrightarrow{CB}+\overrightarrow{AD}+\overrightarrow{CD}=4\overrightarrow{MN}$.(图 8.20)

2. 将 $\triangle ABC$ 的边 AB 三等分,分点依次为 D,E. 设 $\overrightarrow{BC}=a,\overrightarrow{CA}=b$,试用 a,b 表示向量 $\overrightarrow{CD}$ 和 $\overrightarrow{CE}$.

3. 自点 $M(1,6,8)$ 分别引各坐标轴和各坐标面的垂线,写出垂足的坐标.

4. 证明以 $M_1(4,3,1),M_2(7,1,2),M_3(5,2,3)$ 三点为顶点的三角形是一个等腰三角形.

5. 已知 $\overrightarrow{AB}=(-3,0,4),\overrightarrow{AC}=(5,-2,-14)$. 求 $\angle BAC$ 角平分线上的单位向量.

6. 设有两点 $M_1(2,0,-3),M_2(1,-2,0)$. 在线段 M_1M_2 上求一点 M,满足 $\overrightarrow{M_1M}=2\overrightarrow{MM_2}$.

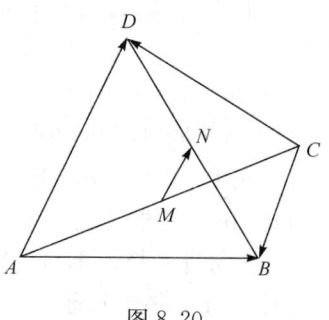

图 8.20

8.2 向量的数量积、向量积、混合积

一、两向量的数量积

物理学告诉我们,一质点在常力 F 作用下沿直线从点 M_1 移到 M_2,则力 F 所做的功为

$$W=|F||\overrightarrow{M_1M_2}|\cos\theta,$$

其中 θ 是 F 与 $\overrightarrow{M_1M_2}$ 的夹角(图 8.21).

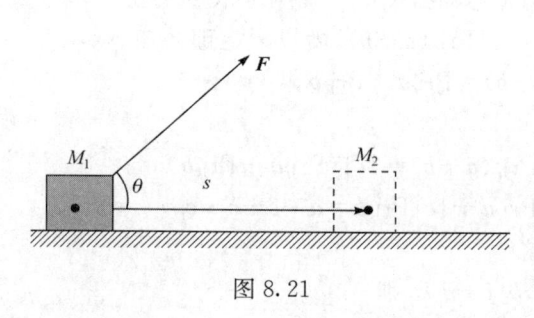

向量的积

图 8.21 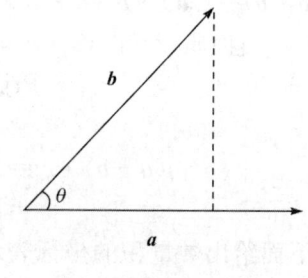 图 8.22

这里的功 W 是由向量 F 与 $\overrightarrow{M_1M_2}$ 运算所确定的一个数量. 这种运算在力学、工程技术等其他学科中也常常遇到. 以此为实际背景,我们引进两向量数量积的定义.

定义 1 两个向量 a 与 b 的模和它们夹角的余弦的乘积称为向量 a 与 b 的**数量积**(图 8.22),记作 $a\cdot b$,即

$$a\cdot b=|a||b|\cos<a,b>. \tag{8.16}$$

a 与 b 的数量积 $a\cdot b$ 也称为 a 与 b 的**点积**或**内积**.

由此定义易知,功 $W = F \cdot \overrightarrow{M_1M_2}$. 从数量积的定义,不难得到数量积具有下列性质:

(1) $a \cdot a = |a|^2$;

(2) $a \cdot b = |a|\text{Prj}_a b = |b|\text{Prj}_b a$;

事实上,由于当 $a \neq 0$ 时,$b\cos<a,b> = \text{Prj}_a b$(图 8.22),则有 $a \cdot b = |a|\text{Prj}_a b$,而当 $a = 0$ 时,自然成立. 类似可证明 $a \cdot b = |b|\text{Prj}_b a$.

(3) 向量 a 与 b 垂直的充要条件是 $a \cdot b = 0$.

若 a 与 b 中至少有一个是零向量,结论显然成立. 若 a 与 b 均为非零向量,则 $a \cdot b = 0$ 的充要条件是 $|a||b|\cos<a,b> = 0$,又 $|a| \neq 0$,$|b| \neq 0$,因此只有 $\cos<a,b> = 0$,即 a 与 b 垂直.

数量积满足下列运算规律:

(1) $a \cdot b = b \cdot a$(**交换律**);

(2) $\lambda(a \cdot b) = (\lambda a) \cdot b = a \cdot (\lambda b)$(**结合律**);

(3) $(a+b) \cdot c = a \cdot c + b \cdot c$(**分配律**).

证 (1) 略.

(2) 当 $\lambda > 0$ 时,λa 与 a 同方向,λb 与 b 同方向,从而有
$$\lambda(a \cdot b) = \lambda(|a||b|)\cos<a,b> = \lambda|a||b|\cos<a,b>,$$
$$(\lambda a) \cdot b = |\lambda a||b|\cos<\lambda a, b> = \lambda|a||b|\cos<a,b>,$$
$$a \cdot (\lambda b) = |a||\lambda b|\cos<a, \lambda b> = \lambda|a||b|\cos<a,b>.$$

故 $\lambda(a \cdot b) = (\lambda a) \cdot b = a \cdot (\lambda b)$;当 $\lambda \leqslant 0$ 时,类似可证结论依然成立.

(3) 由性质(2)知,$(a+b) \cdot c = |c|\text{Prj}_c(a+b)$,由投影定理 2 知
$$\text{Prj}_c(a+b) = \text{Prj}_c a + \text{Prj}_c b,$$
故
$$(a+b) \cdot c = |c|\text{Prj}_c(a+b) = |c|(\text{Prj}_c a + \text{Prj}_c b)$$
$$= |c|\text{Prj}_c a + |c|\text{Prj}_c b = a \cdot c + b \cdot c.$$

下面给出数量积的坐标表示式.

设 $a = a_1 i + a_2 j + a_3 k$,$b = b_1 i + b_2 j + b_3 k$,则
$$a \cdot b = (a_1 i + a_2 j + a_3 k) \cdot (b_1 i + b_2 j + b_3 k)$$
$$= (a_1 b_1) i \cdot i + (a_1 b_2) i \cdot j + (a_1 b_3) i \cdot k + (a_2 b_1) j \cdot i + (a_2 b_2) j \cdot j$$
$$+ (a_2 b_3) j \cdot k + (a_3 b_1) k \cdot i + (a_3 b_2) k \cdot j + (a_3 b_3) k \cdot k.$$

注意到 i,j,k 是相互垂直的单位向量,所以
$$i \cdot i = 1, \quad j \cdot j = 1, \quad k \cdot k = 1, \quad i \cdot j = j \cdot k = k \cdot i = j \cdot i = i \cdot k = k \cdot j = 0,$$
故
$$a \cdot b = a_1 b_1 + a_2 b_2 + a_3 b_3. \tag{8.17}$$

即两个向量的数量积等于它们对应坐标乘积之和.

由(8.17)式知,向量 a 与 b 垂直的充要条件是
$$a_1b_1+a_2b_2+a_3b_3=0. \tag{8.18}$$
由于 $a \cdot b=|a||b|\cos<a,b>$,因此,当 a,b 为非零向量时,有
$$\cos<a,b>=\frac{a \cdot b}{|a||b|}=\frac{a_1b_1+a_2b_2+a_3b_3}{\sqrt{a_1^2+a_2^2+a_3^2}\sqrt{b_1^2+b_2^2+b_3^2}}. \tag{8.19}$$

例 1 已知 $|a|=5, |b|=2, <a,b>=\dfrac{\pi}{3}$,求 $c=2a-3b$ 的模.

解 $|c|^2=(2a-3b) \cdot (2a-3b)=4a \cdot a-6a \cdot b-6b \cdot a+9b \cdot b$
$=4|a|^2-12a \cdot b+9|b|^2=4 \times 25-12|a||b|\cos<a,b>+9 \times 4$
$=76$,

从而,$|c|=\sqrt{76}$.

例 2 设 $a=(4,-1,2), b=(-3,1,0)$. 求 $a \cdot b$ 及 $\text{Prj}_a b$.

解 $a \cdot b=4 \times (-3)+(-1) \times 1+2 \times 0=-13$,

$\text{Prj}_a b=|b|\cos<a,b>=|b|\dfrac{a \cdot b}{|a||b|}=\dfrac{a \cdot b}{|a|}=\dfrac{-13}{\sqrt{4^2+(-1)^2+2^2}}=\dfrac{-13}{\sqrt{21}}=-\dfrac{13}{21}\sqrt{21}$.

例 3 已知三点 $A(1,0,0), B(3,1,1), C(2,0,1)$,求 $\angle ACB$.

解 因为 $\overrightarrow{CB}=(3-2,1-0,1-1)=(1,1,0), \overrightarrow{CA}=(1-2,0-0,0-1)=(-1,0,-1)$,所以
$$\cos \angle ACB=\frac{\overrightarrow{CB} \cdot \overrightarrow{CA}}{|\overrightarrow{CB}||\overrightarrow{CA}|}=\frac{1 \times (-1)+1 \times 0+0 \times (-1)}{\sqrt{1^2+1^2+0}\sqrt{(-1)^2+0^2+(-1)^2}}=-\frac{1}{2},$$
因此
$$\angle ACB=\frac{2\pi}{3}.$$

二、两向量的向量积

在力学中,经常要考察物体的转动问题,此时,不但要考虑物体的受力情况,而且还要考虑由此力产生的力矩. 例如,某物体在力 F 作用下旋转,物体的支点为 O,力 F 对物体的作用点为 P,且 F 与 $\overrightarrow{OP}$ 的夹角为 θ(图 8.23).

根据力学知识,此时力 F 对支点 O 产生的力矩是一个向量,设为 M. 其模 $|M|=|OQ||F|=|\overrightarrow{OP}||F|\sin \theta$,方向垂直于 $\overrightarrow{OP}$ 与 F 所在的平面,指向依向量 $\overrightarrow{OP}, F, M$ 的顺序符合右手规则(图 8.24),即当右手自 $\overrightarrow{OP}$ 以不超过 π 的角度转至 F 的方向握拳时,大拇指的指向就是 M 的方向.

图 8.23

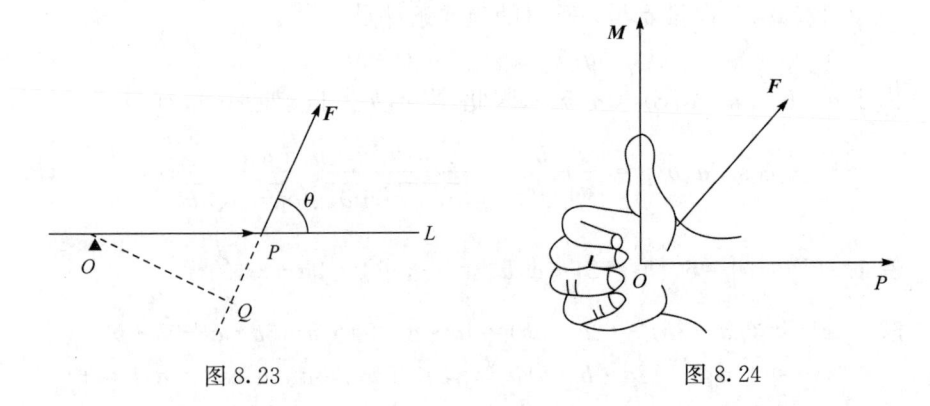

图 8.24

这里向量 M 是由两个向量 $\overrightarrow{OP}$ 与 F 之间某种特定的运算所得，这种运算在其他学科中也常常遇到，为此，引入两个向量的向量积的定义.

定义 2 两个向量 a 与 b 的向量积(也称外积或叉积)是一个向量，记作 $c=a\times b$，它的模 $|c|=|a\times b|=|a||b|\sin<a,b>$. 它的方向与 a 和 b 同时垂直，其指向按 $a,b,a\times b$ 的顺序符合右手规则(图 8.25).

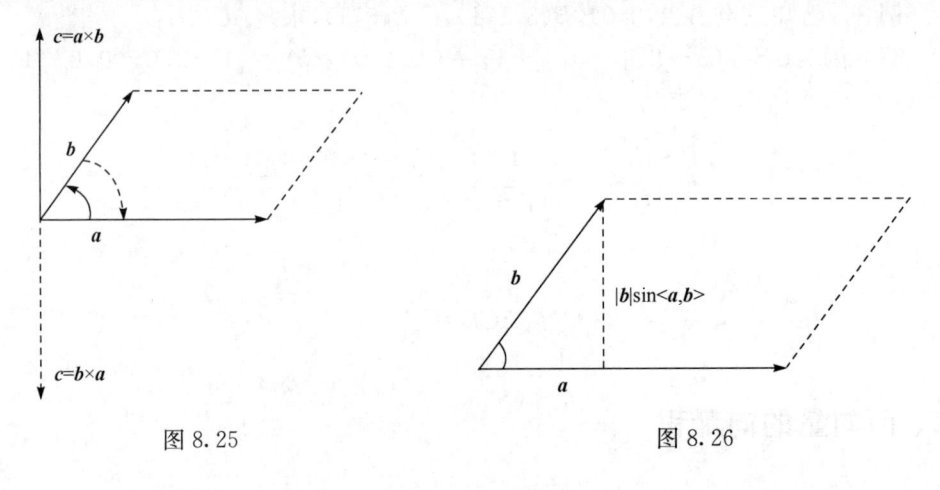

图 8.25

图 8.26

从上述定义可知，$|a\times b|=|a||b|\sin<a,b>$ 在几何上表示以向量 a,b 为邻边的平行四边形的面积(图 8.26).

特别地，若 $a=0$ 或 $b=0$ 时，则规定 $a\times b=0$.

由向量积的定义知，上述力矩 M 可表示为 $M=\overrightarrow{OP}\times F$.

根据向量积的定义容易推得如下性质：

(1) $a\times a=0$;

(2) 向量 a 与 b 平行的充要条件是 $a\times b=0$.

事实上,若 a 与 b 中至少有一个是零向量,结论显然成立. 若 a 与 b 均为非零向量,由于两个非零向量平行的充要条件是 $<a,b>=0$ 或 π,从而 $\sin<a,b>=0$,因此 $|a\times b|=|a||b|\sin<a,b>=0$,即 $a\times b=\mathbf{0}$.

向量积的运算满足下列运算律:

(1) $b\times a=-a\times b$(反交换律)(图 8.25);

(2) $a\times(b+c)=a\times b+a\times c$, $(b+c)\times a=b\times a+c\times a$(分配律);

(3) $(\lambda a)\times b=a\times(\lambda b)=\lambda(a\times b)$(结合律).

这些运算规律请读者自证.

下面推导向量积的坐标表示式.

设 $a=a_1\boldsymbol{i}+a_2\boldsymbol{j}+a_3\boldsymbol{k}, b=b_1\boldsymbol{i}+b_2\boldsymbol{j}+b_3\boldsymbol{k}$,则

$$a\times b=(a_1\boldsymbol{i}+a_2\boldsymbol{j}+a_3\boldsymbol{k})\times(b_1\boldsymbol{i}+b_2\boldsymbol{j}+b_3\boldsymbol{k})$$
$$=(a_1b_1)\boldsymbol{i}\times\boldsymbol{i}+(a_1b_2)\boldsymbol{i}\times\boldsymbol{j}+(a_1b_3)\boldsymbol{i}\times\boldsymbol{k}+(a_2b_1)\boldsymbol{j}\times\boldsymbol{i}+(a_2b_2)\boldsymbol{j}\times\boldsymbol{j}$$
$$+(a_2b_3)\boldsymbol{j}\times\boldsymbol{k}+(a_3b_1)\boldsymbol{k}\times\boldsymbol{i}+(a_3b_2)\boldsymbol{k}\times\boldsymbol{j}+(a_3b_3)\boldsymbol{k}\times\boldsymbol{k}.$$

注意到 $\boldsymbol{i},\boldsymbol{j},\boldsymbol{k}$ 是相互垂直的单位向量,因此有

$$\boldsymbol{i}\times\boldsymbol{i}=\mathbf{0},\quad \boldsymbol{j}\times\boldsymbol{j}=\mathbf{0},\quad \boldsymbol{k}\times\boldsymbol{k}=\mathbf{0},\quad \boldsymbol{i}\times\boldsymbol{j}=\boldsymbol{k},\quad \boldsymbol{i}\times\boldsymbol{k}=-\boldsymbol{j},$$
$$\boldsymbol{j}\times\boldsymbol{i}=-\boldsymbol{k},\quad \boldsymbol{j}\times\boldsymbol{k}=\boldsymbol{i},\quad \boldsymbol{k}\times\boldsymbol{i}=\boldsymbol{j},\quad \boldsymbol{k}\times\boldsymbol{j}=-\boldsymbol{i}.$$

于是有

$$a\times b=(a_2b_3-a_3b_2)\boldsymbol{i}+(a_3b_1-a_1b_3)\boldsymbol{j}+(a_1b_2-a_2b_1)\boldsymbol{k}. \qquad(8.20)$$

为了便于记忆,利用三阶行列式,上式还可记为

$$a\times b=\begin{vmatrix} \boldsymbol{i} & \boldsymbol{j} & \boldsymbol{k} \\ a_1 & a_2 & a_3 \\ b_1 & b_2 & b_3 \end{vmatrix}. \qquad(8.21)$$

由式(8.20)可知,两个非零向量 a 与 b 平行的充要条件 $a\times b=\mathbf{0}$ 相当于

$$a_2b_3-a_3b_2=0,\quad a_3b_1-a_1b_3=0,\quad a_1b_2-a_2b_1=0 \qquad(8.22)$$

或

$$\frac{a_1}{b_1}=\frac{a_2}{b_2}=\frac{a_3}{b_3}. \qquad(8.23)$$

当 b_1,b_2,b_3 都不为零时,式(8.22)与式(8.23)是等价的,从形式上看,式(8.23)要简明得多. 为了方便地使用式(8.23),这里规定:当 b_1,b_2,b_3 中有一个或两个为零时,则规定其分子也为零. 例如,$\dfrac{a_1}{4}=\dfrac{a_2}{0}=\dfrac{a_3}{-1}$ 相当于 $a_2=0, \dfrac{a_1}{4}=\dfrac{a_3}{-1}$.

例 4 求同时垂直于向量 $a=\boldsymbol{i}+\boldsymbol{j}+\boldsymbol{k}, b=2\boldsymbol{i}-\boldsymbol{j}+3\boldsymbol{k}$ 的单位向量.

解 设

$$c=a\times b=\begin{vmatrix} \boldsymbol{i} & \boldsymbol{j} & \boldsymbol{k} \\ 1 & 1 & 1 \\ 2 & -1 & 3 \end{vmatrix}=4\boldsymbol{i}-\boldsymbol{j}-3\boldsymbol{k},$$

因此
$$e_c = \frac{c}{|c|} = \frac{4i-j-3k}{\sqrt{4^2+(-1)^2+(-3)^2}} = \left(\frac{4}{\sqrt{26}}, -\frac{1}{\sqrt{26}}, -\frac{3}{\sqrt{26}}\right).$$

向量 $\pm e_c$ 就是所求的同时垂直 a 与 b 的单位向量.

例 5 求以点 $A(1,2,3)$, $B(0,0,1)$, $C(3,1,0)$ 为顶点的三角形面积.

解 首先
$$\overrightarrow{AB} = -i - 2j - 2k, \quad \overrightarrow{AC} = 2i - j - 3k,$$

$$\overrightarrow{AB} \times \overrightarrow{AC} = \begin{vmatrix} i & j & k \\ -1 & -2 & -2 \\ 2 & -1 & -3 \end{vmatrix} = 4i - 7j + 5k,$$

其次, 由向量积的几何意义知, $\triangle ABC$ 的面积 $S_{\triangle ABC}$ 可以看作以向量 $\overrightarrow{AB}$ 和 $\overrightarrow{AC}$ 为邻边的平行四边形面积的一半, 因此

$$S_{\triangle ABC} = \frac{1}{2}|\overrightarrow{AB} \times \overrightarrow{AC}| = \frac{1}{2}\sqrt{4^2+(-7)^2+5^2} = \frac{3\sqrt{10}}{2}.$$

三、向量的混合积

定义 3 三个向量 a, b, c, 若对向量 a 与 b 先作向量积 $a \times b$, 再将所得向量 $a \times b$ 与向量 c 作数量积 $(a \times b) \cdot c$, 由此得到的这个数量称为这三个向量的**混合积**, 记作

$$(a \times b) \cdot c \quad \text{或} \quad [a\ b\ c].$$

由混合积的定义得

$$[a\ b\ c] = (a \times b) \cdot c = |a \times b||c|\cos\langle(a \times b), c\rangle = |a \times b|\text{Prj}_{a \times b}c. \quad (8.24)$$

从几何上看, 若 a, b, c 都是非零向量, 则混合积的绝对值 $|[a\ b\ c]|$ 等于以向量 a, b, c 为棱的平行六面体的体积.

事实上, 如图 8.27 所示, 平行六面体的底 $OADB$ 的面积 S 在数值上等于 $|a \times b|$, 它的高 h 等于向量 c 在 $a \times b = f$ 上的投影的绝对值, 即

$$h = |\text{Prj}_f c| = |c|\cos\alpha = |c|\cos\langle(a \times b), c\rangle.$$

所以平行六面体的体积

$$V = Sh = |a \times b||c|\cos\alpha = |[a\ b\ c]|.$$

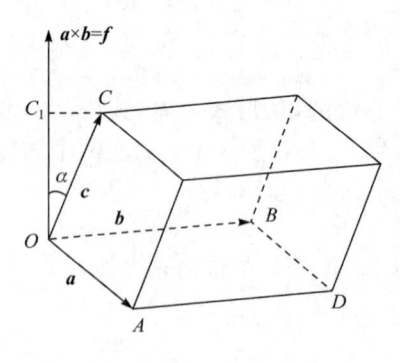

图 8.27

下面推导三向量混合积的坐标表示式.

设 $\boldsymbol{a}=a_1\boldsymbol{i}+a_2\boldsymbol{j}+a_3\boldsymbol{k}, \boldsymbol{b}=b_1\boldsymbol{i}+b_2\boldsymbol{j}+b_3\boldsymbol{k}, \boldsymbol{c}=c_1\boldsymbol{i}+c_2\boldsymbol{j}+c_3\boldsymbol{k}$, 由于

$$\boldsymbol{a}\times\boldsymbol{b}=\begin{vmatrix} \boldsymbol{i} & \boldsymbol{j} & \boldsymbol{k} \\ a_1 & a_2 & a_3 \\ b_1 & b_2 & b_3 \end{vmatrix} = \begin{vmatrix} a_2 & a_3 \\ b_2 & b_3 \end{vmatrix}\boldsymbol{i} - \begin{vmatrix} a_1 & a_3 \\ b_1 & b_3 \end{vmatrix}\boldsymbol{j} + \begin{vmatrix} a_1 & a_2 \\ b_1 & b_2 \end{vmatrix}\boldsymbol{k}.$$

再由两向量数量积的坐标表示,便有

$$[\boldsymbol{a}\ \boldsymbol{b}\ \boldsymbol{c}]=(\boldsymbol{a}\times\boldsymbol{b})\cdot\boldsymbol{c}=\begin{vmatrix} a_2 & a_3 \\ b_2 & b_3 \end{vmatrix}c_1 - \begin{vmatrix} a_1 & a_3 \\ b_1 & b_3 \end{vmatrix}c_2 + \begin{vmatrix} a_1 & a_2 \\ b_1 & b_2 \end{vmatrix}c_3 = \begin{vmatrix} a_1 & a_2 & a_3 \\ b_1 & b_2 & b_3 \\ c_1 & c_2 & c_3 \end{vmatrix}.$$

(8.25)

由式(8.25)易知,三个向量 $\boldsymbol{a},\boldsymbol{b},\boldsymbol{c}$ 共面的充要条件是

$$[\boldsymbol{a}\ \boldsymbol{b}\ \boldsymbol{c}]=(\boldsymbol{a}\times\boldsymbol{b})\cdot\boldsymbol{c}=0, \quad 即 \quad \begin{vmatrix} a_1 & a_2 & a_3 \\ b_1 & b_2 & b_3 \\ c_1 & c_2 & c_3 \end{vmatrix}=0. \tag{8.26}$$

例 6 已知四面体 $ABCD$ 的四个顶点 $A(2,3,1), B(2,1,-1), C(6,3,-1), D(-5,-4,8)$. 求四面体的顶点 D 到底面 ABC 的高.

解 因为
$$\overrightarrow{AB}=(2-2,1-3,-1-1)=(0,-2,-2),$$
$$\overrightarrow{AC}=(6-2,3-3,-1-1)=(4,0,-2),$$
$$\overrightarrow{AD}=(-5-2,-4-3,8-1)=(-7,-7,7).$$

所以

$$[\overrightarrow{AB}\ \overrightarrow{AC}\ \overrightarrow{AD}]=\begin{vmatrix} 0 & -2 & -2 \\ 4 & 0 & -2 \\ -7 & -7 & 7 \end{vmatrix}=84.$$

即以 $\overrightarrow{AB},\overrightarrow{AC},\overrightarrow{AD}$ 为棱的平行六面体的体积 V 为 84, 又

$$\overrightarrow{AB}\times\overrightarrow{AC}=\begin{vmatrix} \boldsymbol{i} & \boldsymbol{j} & \boldsymbol{k} \\ 0 & -2 & -2 \\ 4 & 0 & -2 \end{vmatrix}=(4,-8,8), \quad |\overrightarrow{AB}\times\overrightarrow{AC}|=12.$$

即以 $\overrightarrow{AB},\overrightarrow{AC}$ 为边的平行四边形的面积 S 为 12, 所以高为 $h=\dfrac{V}{S}=\dfrac{84}{12}=7$.

习 题 8.2

(A)

1. 化简 $(\boldsymbol{a}\times\boldsymbol{b})\cdot(\boldsymbol{a}\times\boldsymbol{b})+(\boldsymbol{a}\cdot\boldsymbol{b})(\boldsymbol{a}\cdot\boldsymbol{b})$.

2. 设 $a=-i+2j+5k, b=7i+2j-k$，计算：
   (1) $a \cdot b$； (2) $5a \cdot 3b$； (3) $a \cdot i$； (4) $\cos<a,b>$； (5) $\text{Prj}_a b$； (6) $\text{Prj}_b a$.

3. 设 $a=xi+5j-7k, b=i+2j+4k$，求 x 的值，使 $a+xb$ 与 y 轴垂直.

4. 已知点 $A(-1,2,3), B(1,2,1), C(0,0,3)$. 求 $\angle ABC$.

5. 已知 $|a|=13, |b|=19, |a+b|=24$. 求 $|a-b|$.

6. 求以点 $A(1,2,3), B(3,4,5), C(2,4,7)$ 为顶点的三角形的面积.

7. 设 $a=(1,2,3), b=(2,4,\lambda)$，试确定 λ 的值，使
   (1) $<a,b>$ 是锐角； (2) $<a,b>$ 是钝角； (3) $a \perp b$； (4) a 与 b 同向； (5) $a /\!/ b$.

8. 求与向量 $a=(2,-1,2)$ 共线且满足 $a \cdot b=-18$ 的向量 b.

9. 已知 $a=(2,-3,1), b=(1,-1,3), c=(1,-2,0)$，计算 $(a \cdot b)c-(a \cdot c)b$.

10. 已知四面体 $ABCD$ 的四个顶点的坐标为 $A(0,0,0), B(0,1,3), C(1,0,2), D(2,2,0)$，求它的体积 V.

(B)

1. 设 $a=3i+4k, b=-4i-13j$. 计算：
   (1) 以 a,b 为邻边的平行四边形的两条对角线的长度；
   (2) 以 a,b 为邻边的平行四边形的面积；
   (3) 与 a,b 均垂直的单位向量.

2. 试利用向量性质证明不等式：
$$|a_1 b_1 + a_2 b_2 + a_3 b_3| \leqslant \sqrt{a_1^2+a_2^2+a_3^2}\sqrt{b_1^2+b_2^2+b_3^2}.$$
其中 $a_1, a_2, a_3, b_1, b_2, b_3$ 为任意实数. 并指出等号成立的条件.

3. 设向量 $a=2i+3j+4k, b=3i-j-k, |c|=3$，求向量 c，使三向量 a,b,c 所构成的平行六面体体积最大.

4. 已知 $a=(2,-3,6), b=(-1,2,-2)$，且向量 c 在 a 与 b 的角平分线上，$|c|=3\sqrt{42}$，求向量 c.

5. 设 $(a \times b) \cdot c=3$，求 $[(a+b) \times (b+c)] \cdot (c+a)$.

8.3 平面及其方程

一、曲面方程的概念

在日常工作、生活中，经常会遇到各式各样的曲面. 例如，球面、探照灯的镜面等.

类似于在平面解析几何中把平面曲线看作动点轨迹一样，在空间解析几何中，任何曲面或曲线也可看作动点的轨迹，也就是将曲面或曲线看作具有某种共同性质的点集. 在这种意义下，如果一个曲面 Σ 与一个三元方程 $F(x,y,z)=0$ 具有下述关系：

(1) 曲面 Σ 上任意一点的坐标都满足方程；
(2) 不在曲面上的点都不满足方程.
则方程称为曲面 Σ 的方程，而曲面 Σ 称为方程的图形(图 8.28).

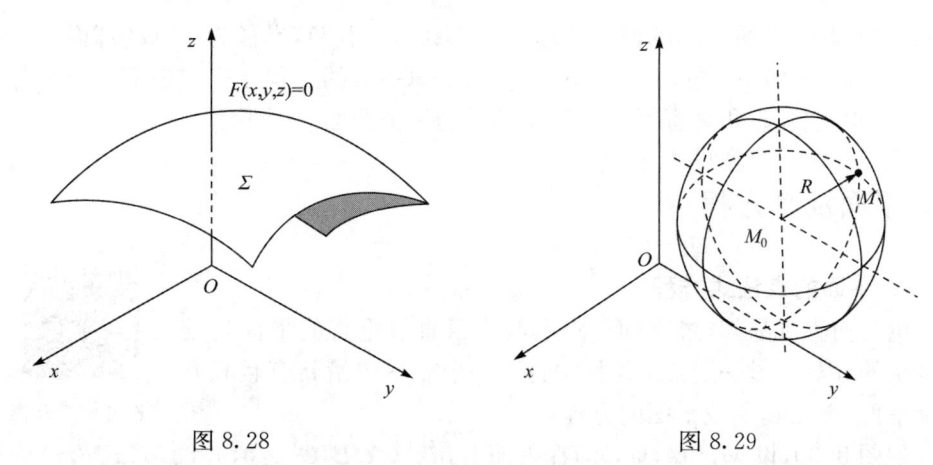

图 8.28

图 8.29

例 1 到一定点的距离等于定长的动点的轨迹称为球面，定点称为球面的球心，定长称为球面的半径. 试建立球心在点 $M_0(x_0, y_0, z_0)$，半径为 R 的球面方程.

解 设 $M(x,y,z)$ 是球面上任一点，如图 8.29，则由题意得
$$|\overrightarrow{M_0 M}| = R,$$
即
$$\sqrt{(x-x_0)^2+(y-y_0)^2+(z-z_0)^2}=R,$$
去根号得
$$(x-x_0)^2+(y-y_0)^2+(z-z_0)^2=R^2. \tag{8.27}$$
这说明，球面上任一点的坐标都满足方程(8.27). 反之，若点 $M_1(x_1,y_1,z_1)$ 不在球面上，则 $|M_0 M_1| \neq R$，当然 $(x_1-x_0)^2+(y_1-y_0)^2+(z_1-z_0)^2 \neq R^2$，即 M_1 的坐标不满足方程(8.27)，因此方程(8.27)就是球面的方程.

特别地，球心在原点 $O(0,0,0)$、半径为 R 的球面方程为
$$x^2+y^2+z^2=R^2. \tag{8.28}$$

上例表明，作为点的几何轨迹的曲面可以用它的点的坐标间的方程来表示. 反之，变量 x,y,z 间的方程在空间通常表示一张曲面. 因此，在空间解析几何中关于曲面的研究，有下列两个基本问题：

(1) 已知一曲面作为点的几何轨迹时，建立这个曲面的方程；
(2) 已知坐标 x,y,z 间的一个方程时，研究这个方程所表示的曲面.

上述例 1 是从已知曲面建立其方程的例子，下面再给一个由已知方程研究它所表示的曲面的例子.

例 2 确定方程 $x^2+y^2+z^2-2x+4y-6z=0$ 所表示的曲面.

解 经配方后,方程可写成
$$(x-1)^2+(y+2)^2+(z-3)^2=14,$$
由此可知,此方程所表示的曲面是球心在 $M_0(1,-2,3)$,半径为 $\sqrt{14}$ 的球面.

一般地,形如 $x^2+y^2+z^2+Dx+Ey+Fz+G=0$ 的方程在空间表示一个球面.

下面在空间直角坐标系中讨论最简单的一类曲面——平面.

二、平面及其方程

1. 平面的点法式方程

由几何直观易知,过空间一点且与一条直线垂直的平面是唯一确定的.因此,过一定点 M_0 且垂直于一个非零向量 $\boldsymbol{n}$ 有且只有一个平面.下面建立该平面的方程.

如图 8.30,设 $M_0(x_0,y_0,z_0)$ 在平面上,$\boldsymbol{n}=(A,B,C)\neq \boldsymbol{0}$,并设 $M(x,y,z)$ 是平面 π 上任一点.则
$$\overrightarrow{M_0M}=(x-x_0,y-y_0,z-z_0).$$
因为向量 $\boldsymbol{n}$ 垂直于平面 π,所以 $\boldsymbol{n}\perp \overrightarrow{M_0M}$,从而 $\boldsymbol{n}\cdot\overrightarrow{M_0M}=0$,即
$$A(x-x_0)+B(y-y_0)+C(z-z_0)=0. \tag{8.29}$$

这就是平面 π 上任一点 M 的坐标 x,y,z 所满足的方程.

反之,如果点 M 不在平面 π 上,那么向量 $\overrightarrow{M_0M}$ 与向量 $\boldsymbol{n}$ 就不垂直,从而 $\boldsymbol{n}\cdot\overrightarrow{M_0M}\neq 0$,即 M 的坐标 x,y,z 不满足方程(8.29).因此方程(8.29)就是所求的平面方程.

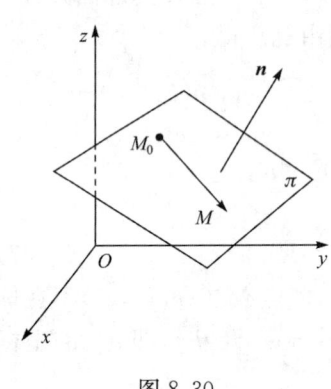

图 8.30

垂直于平面 π 的非零向量 $\boldsymbol{n}$ 称为平面 π 的**法(线)向量**.由于方程(8.29)是由平面 π 上一已知点 M_0 及它的一个法向量 $\boldsymbol{n}$ 所确定的.因此方程(8.29)称为平面 π 的**点法式方程**.

例 3 求过点 $M_0(1,3,1)$ 且与向量 $\boldsymbol{n}=(3,-2,4)$ 垂直的平面方程.

解 由平面的点法式方程(8.29)得
$$3(x-1)-2(y-3)+4(z-1)=0,$$
即
$$3x-2y+4z-1=0.$$

例 4 空间三点 $A(1,-2,4), B(-1,3,0), C(5,-3,7)$ 确定一个平面. 求此平面方程.

解 由题设条件, 只要找出平面的一个法向量 n 即可. 由于向量 n 与 $\overrightarrow{AB}, \overrightarrow{AC}$ 都垂直, 因此, 由向量的向量积的定义知, 可取
$$n = \overrightarrow{AB} \times \overrightarrow{AC},$$
又
$$\overrightarrow{AB} = (-2, 5, -4), \quad \overrightarrow{AC} = (4, -1, 3),$$
故
$$n = \overrightarrow{AB} \times \overrightarrow{AC} = \begin{vmatrix} i & j & k \\ -2 & 5 & -4 \\ 4 & -1 & 3 \end{vmatrix} = 11i - 10j - 18k.$$

取平面上的点 $A(1,-2,4)$, 则所求的平面方程为
$$11(x-1) - 10(y+2) - 18(z-4) = 0,$$
即
$$11x - 10y - 18z + 41 = 0.$$

一般地, 容易证明过空间三点 $M_k(x_k, y_k, z_k)(k=1,2,3)$ 的平面方程可表示为
$$\begin{vmatrix} x-x_1 & y-y_1 & z-z_1 \\ x_2-x_1 & y_2-y_1 & z_2-z_1 \\ x_3-x_1 & y_3-y_1 & z_3-z_1 \end{vmatrix} = 0.$$

2. 平面的一般方程

注意到将平面方程(8.29)经过整理后可写成
$$Ax + By + Cz + D = 0,$$
其中 $D = -(Ax_0 + By_0 + Cz_0)$. 这是一个关于 x, y, z 的三元一次方程. 由于任一平面都可由该平面上的一点及它的一个法向量唯一确定, 因此, 任一平面都可以用一个关于 x, y, z 的三元一次方程表示.

反之, 任何一个关于 x, y, z 的三元一次方程
$$Ax + By + Cz + D = 0, \tag{8.30}$$
在空间是否表示一个平面呢? 答案是肯定的.

事实上, 假设 (x_0, y_0, z_0) 方程(8.30)的任一组解. 即有
$$Ax_0 + By_0 + Cz_0 + D = 0, \tag{8.31}$$
将式(8.30)与式(8.31)相减, 得
$$A(x-x_0) + B(y-y_0) + C(z-z_0) = 0,$$
此方程恰好表示一个过点 $M_0(x_0, y_0, z_0)$, 且以 $n = (A, B, C)$ 为法向量的平面方程, 这表明方程(8.30)是一个平面方程.

由此可知, 任意一个三元一次方程的空间图形都是一个平面, 方程(8.30)叫做

平面的**一般方程**,并且方程(8.30)中的 x,y,z 的系数恰好是该平面的一个法向量坐标,即 $\boldsymbol{n}=(A,B,C)$ 是平面的一个法向量.

例如,方程 $4x-2y+5z-7=0$ 是一个平面方程,且 $\boldsymbol{n}=(4,-2,5)$ 是该平面的一个法向量.

特别地,在方程(8.30)中,

(1) 当 $D=0$ 时,有 $Ax+By+Cz=0$,它表示过坐标原点的平面.

(2) 当 $C=0$ 时,有 $Ax+By+D=0$,因为它的法向量 $\boldsymbol{n}=(A,B,0)$ 垂直于 z 轴,所以它是平行于 z 轴的平面.类似地,方程 $Ax+Cz+D=0$ 和 $By+Cz+D=0$ 分别表示平行于 y 轴和 x 轴的平面.

(3) 当 $B=C=0$ 时,有 $Ax+D=0$,它的法向量 $\boldsymbol{n}=(A,0,0)$ 垂直于 yOz 平面.因此它表示平行于坐标面 yOz 的平面.类似地,方程 $By+D=0$ 和 $Cz+D=0$ 分别表示平行于坐标面 xOz 和坐标面 xOy 的平面.

(4) 当 $B=C=D=0$ 时,有 $x=0$,它表示坐标面 yOz.同样,方程 $y=0,z=0$ 分别表示坐标面 xOz 面和 xOy 面.

例 5 求过 y 轴和点 $M(-1,2,3)$ 的平面方程.

解 由于平面通过 y 轴,从而它平行于 y 轴,又过原点,故可设该平面方程为

$$Ax+Cz=0,$$

又因平面过点 $M(-1,2,3)$,所以有 $-A+3C=0$,即 $A=3C$,将 $A=3C$ 代入方程并约去 $C(C\neq 0)$ 便得到所求的平面方程为

$$3x+z=0.$$

例 6 一平面分别与 x 轴、y 轴、z 轴相交于 $P(a,0,0),Q(0,b,0),R(0,0,c)$ (a,b,c 均不为零).求此平面的方程(图 8.31).

解 设所求的平面方程为 $Ax+By+Cz+D=0$,因为点 $P(a,0,0),Q(0,b,0),R(0,0,c)$ 都在平面上,所以它们的坐标都应满足方程,即有

$$\begin{cases} aA+D=0, \\ bB+D=0, \\ cC+D=0, \end{cases}$$

解得

$$A=-\frac{D}{a}, \quad B=-\frac{D}{b}, \quad C=-\frac{D}{c},$$

代入所设的平面方程中并约去 $D(D\neq 0)$,即得所求的平面方程为

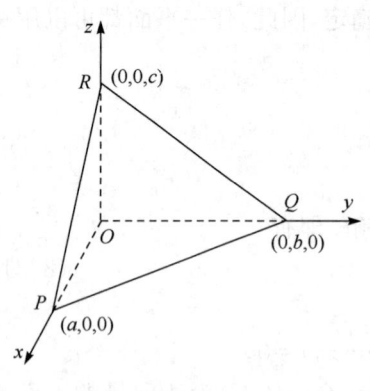

图 8.31

$$\frac{x}{a}+\frac{y}{b}+\frac{z}{c}=1. \qquad (8.32)$$

方程(8.32)称为平面的**截距式方程**,其中 a,b,c 分别称为平面在 x 轴、y 轴、z 轴上的截距.

3. 两平面的夹角

两个平面的法向量之间的夹角 θ(通常指锐角)称为**两平面的夹角**(图 8.32).

设平面 π_1 和 π_2 的一般式方程分别为
$$\pi_1: A_1x+B_1y+C_1z+D_1=0,$$
$$\pi_2: A_2x+B_2y+C_2z+D_2=0,$$
则 π_1 和 π_2 的法向量分别为
$$\boldsymbol{n}_1=(A_1,B_1,C_1), \quad \boldsymbol{n}_2=(A_2,B_2,C_2),$$
于是,平面 π_1 与平面 π_2 的夹角 θ 由公式

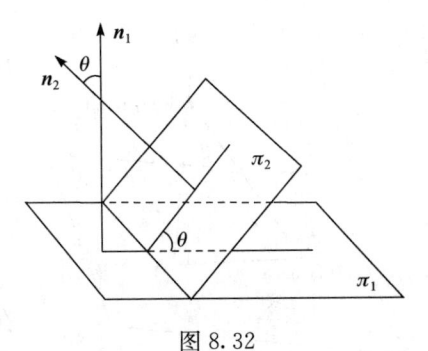

图 8.32

$$\cos\theta=\frac{|\boldsymbol{n}_1\cdot\boldsymbol{n}_2|}{|\boldsymbol{n}_1|\cdot|\boldsymbol{n}_2|}=\frac{|A_1A_2+B_1B_2+C_1C_2|}{\sqrt{A_1^2+B_1^2+C_1^2}\cdot\sqrt{A_2^2+B_2^2+C_2^2}} \qquad (8.33)$$

确定.

由两向量垂直、平行的充要条件还可推得如下结论:

平面 π_1 与平面 π_2 垂直的充要条件是
$$A_1A_2+B_1B_2+C_1C_2=0,$$
平面 π_1 与平面 π_2 平行的充要条件是
$$\frac{A_1}{A_2}=\frac{B_1}{B_2}=\frac{C_1}{C_2}.$$

例7 求平面 $2x-y+z+4=0$ 与平面 $x+y+2z-8=0$ 的夹角.

解 由式(8.33)得
$$\cos\theta=\frac{|2\times1+(-1)\times1+1\times2|}{\sqrt{2^2+(-1)^2+1^2}\sqrt{1^2+1^2+2^2}}=\frac{1}{2},$$
所以两平面的夹角 $\theta=\frac{\pi}{3}$.

例8 一平面通过两点 $M_1(1,1,1)$ 和 $M_2(0,1,-1)$,且垂直于平面 $\pi:x+y+z=0$,求其方程.

解 设所求平面的法向量为 $\boldsymbol{n}=(A,B,C)$,则所求的平面方程可设为
$$A(x-1)+B(y-1)+C(z-1)=0,$$
由于 $\boldsymbol{n}\perp\overrightarrow{M_1M_2}$,而 $\overrightarrow{M_1M_2}=(-1,0,-2)$,故有 $-A+0\cdot B-2C=0$,因此 $A=-2C$.

又该平面与已知平面 π 垂直,故 $\boldsymbol{n}$ 垂直于平面 π 的法向量 $\boldsymbol{n}'=(1,1,1)$,因此

有 $A\cdot 1+B\cdot 1+C\cdot 1=0$，即 $B=-(A+C)=C$. 代入所设平面方程得
$$-2C(x-1)+C(y-1)+C(z-1)=0 \quad (C\neq 0),$$
约去 C，整理后得到平面方程为
$$2x-y-z=0.$$

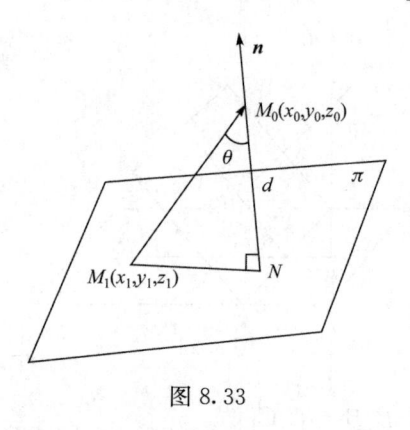

例 9 设点 $M_0(x_0,y_0,z_0)$ 是平面 $\pi: Ax+By+Cz+D=0$ 外的一点，求点 M_0 到该平面的距离.

解 如图 8.33. 在平面 π 上任取一点 $M_1(x_1,y_1,z_1)$，则 M_0 到平面 π 的距离 d 就是向量
$$\overrightarrow{M_1M_0}=(x_0-x_1,y_0-y_1,z_0-z_1)$$
在法线向量 $\boldsymbol{n}=(A,B,C)$ 上的投影的绝对值，即
$$d=|\operatorname{Prj}_{\boldsymbol{n}}\overrightarrow{M_1M_0}|.$$

图 8.33

由向量的数量积定义知
$$\boldsymbol{n}\cdot\overrightarrow{M_1M_0}=|\boldsymbol{n}|\operatorname{Prj}_{\boldsymbol{n}}\overrightarrow{M_1M_0},$$
因此
$$d=|\operatorname{Prj}_{\boldsymbol{n}}\overrightarrow{M_1M_0}|=\left|\frac{\boldsymbol{n}\cdot\overrightarrow{M_1M_0}}{|\boldsymbol{n}|}\right|=\frac{|A(x_0-x_1)+B(y_0-y_1)+C(z_0-z_1)|}{\sqrt{A^2+B^2+C^2}}$$
$$=\frac{|Ax_0+By_0+Cz_0-(Ax_1+By_1+Cz_1)|}{\sqrt{A^2+B^2+C^2}}.$$
由于点 (x_1,y_1,z_1) 在平面 π 上，所以 M_1 的坐标满足平面方程，即有
$$Ax_1+By_1+Cz_1+D=0.$$
故 $Ax_1+By_1+Cz_1=-D$，代入上式可得
$$d=\frac{|Ax_0+By_0+Cz_0+D|}{\sqrt{A^2+B^2+C^2}}. \tag{8.34}$$

例如，点 $(3,-1,4)$ 到平面 $2x-y+2z+6=0$ 的距离为
$$d=\frac{|2\times 3+(-1)\times(-1)+2\times 4+6|}{\sqrt{2^2+(-1)^2+2^2}}=7.$$

习 题 8.3

(A)

1. 求过点 $M_0(1,2,1)$ 且与向量 $\boldsymbol{n}=(3,-2,1)$ 垂直的平面方程.
2. 求经过三点 $A(1,-1,0),B(1,0,2),C(2,1,3)$ 的平面方程.

3. 求过原点及点 $M_0(1,1,-1)$ 且垂直于平面 $4x+3y+z-1=0$ 的平面方程.
4. 求平面 $2x-2y+z+5=0$ 与各坐标面夹角的余弦.
5. 一平面过点 $(1,0,-1)$ 且与向量 $\boldsymbol{a}=(2,1,1),\boldsymbol{b}=(1,-1,0)$ 均平行. 试求该平面方程.
6. 分别依下列条件求平面方程:
   (1) 平行于坐标面 xOz，且经过点 $(2,-5,3)$;
   (2) 过 z 轴和点 $(-3,1,-2)$;
   (3) 平行于 x 轴，且经过两点 $A(4,0,-2)$ 和 $B(5,1,7)$;
   (4) 与原点距离 3 个单位，且平行于平面 $x+y+z-1=0$.
7. 求点 $(2,1,1)$ 到平面 $x+y-z+1=0$ 的距离.

(B)

1. 求三平面 $\pi_1: x+y+z=4, \pi_2: 3x-y+z=0$ 和 $\pi_3: x+2y-z=6$ 的交点，以及两两平面间的夹角.
2. 已知 $\triangle ABC$ 的三个顶点的坐标分别为：$A(1,2,3), B(3,4,5), C(2,4,7)$. 求：(1) $\triangle ABC$ 的面积；(2) $\triangle ABC$ 所在的平面方程.
3. 求平行于平面 $2x+y+2z+5=0$ 且与坐标平面所构成的四面体的体积为 1 个单位的平面方程.
4. 求过点 $M_1(2,4,0)$ 和 $M_2(0,1,4)$ 且与点 $P(1,2,1)$ 距离为 1 的平面方程.

8.4 空间直线及其方程

本节讨论空间曲线的最简单情形——空间直线.

空间直线及其方程

一、空间直线的对称式方程与参数方程

由几何直观易知，过空间一点能并且只能作一条直线与一已知直线平行. 因此，过空间一点且与一已知非零向量平行的直线是唯一确定的.

设直线 L 过点 $M_0(x_0,y_0,z_0)$，且与非零向量 $\boldsymbol{s}=(l,m,n)$ 平行，下面建立 L 的方程. 如图 8.34，设 $M(x,y,z)$ 是直线 L 上任意一点，则向量 $\overrightarrow{M_0M}$ 与 $\boldsymbol{s}$ 平行. 而

$$\overrightarrow{M_0M}=(x-x_0,y-y_0,z-z_0),$$

故有

图 8.34

$$\frac{x-x_0}{l}=\frac{y-y_0}{m}=\frac{z-z_0}{n}, \qquad (8.35)$$

反之,如果点 M 不在直线 L 上,那么向量 $\overrightarrow{M_0M}$ 与 s 不可能平行,因而这两向量的坐标就不成比例,即点 M 的坐标就不满足方程(8.35).因此,方程(8.35)就是所求直线 L 的方程,称为直线的**对称式方程**或**点向式方程**,而向量 s 称为直线 L 的**方向向量**.一般地,任一平行于直线 L 的非零向量都可作为 L 的方向向量.方向向量的坐标称为直线 L 的**方向数**,方向向量的方向余弦称为直线 L 的**方向余弦**.

由方程(8.35)很容易写出直线 L 的参数方程,令 $\dfrac{x-x_0}{l}=\dfrac{y-y_0}{m}=\dfrac{z-z_0}{n}=t$,则

$$\begin{cases} x=x_0+lt, \\ y=y_0+mt, \\ z=z_0+nt, \end{cases} \quad (8.36)$$

式(8.36)称为直线 L 的**参数方程**,t 称为参数.

例1 设直线过点 $M_1(1,0,-2)$、$M_2(2,3,-1)$,求直线的对称式方程和参数方程.

解 取直线的方向向量 $s=\overrightarrow{M_1M_2}=(1,3,1)$,由方程(8.35)及(8.36)易得直线的对称式方程和参数方程分别为

$$\dfrac{x-1}{1}=\dfrac{y}{3}=\dfrac{z+2}{1} \quad \text{和} \quad \begin{cases} x=1+t, \\ y=3t, \\ z=-2+t. \end{cases}$$

二、直线的一般式方程

我们知道,两个不平行的平面一定相交于一直线,因此空间直线也可看作是两个不平行平面的交线.设这两个不平行的平面方程分别为

$$\pi_1:A_1x+B_1y+C_1z+D_1=0 \quad \text{与} \quad \pi_2:A_2x+B_2y+C_2z+D_2=0,$$

联立方程组

$$L:\begin{cases} A_1x+B_1y+C_1z+D_1=0, \\ A_2x+B_2y+C_2z+D_2=0, \end{cases} \quad (8.37)$$

即为两平面的交线 L 的方程(图 8.35).方程组(8.37)称为**空间直线的一般式方程**.

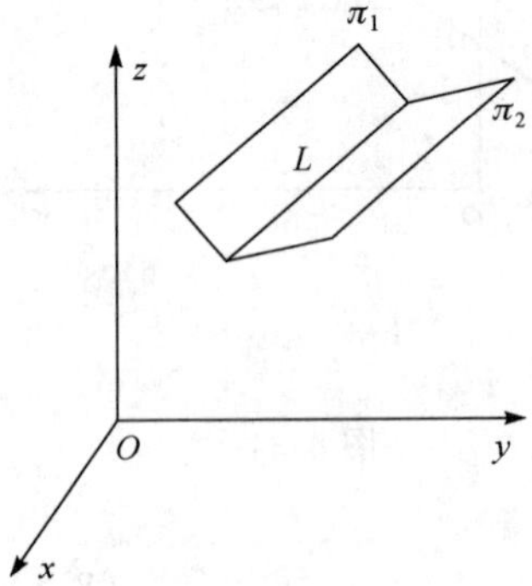

注 由于通过一条直线 L 的平面有无限多个,因此,表示直线 L 一般式方程的方程组不唯一.

例2 设直线 L 的一般式方程为 $\begin{cases} x+2y-z+3=0, \\ 2x-y+2z-4=0. \end{cases}$

试将其化为对称式方程和参数式方程.

图 8.35

解 为求直线 L 的对称式方程,先要找到 L 上的一点的坐标. 为此,可令 $z=0$,解方程组

$$\begin{cases} x+2y+3=0, \\ 2x-y-4=0, \end{cases}$$

得 $x=1,y=-2$. 于是点 $(1,-2,0)$ 在直线 L 上. 又由于直线 L 是两平面 $x+2y-z+3=0$ 和 $2x-y+2z-4=0$ 的交线,因此,直线的方向向量必同时与两平面的法向量垂直. 于是,直线的方向向量 $\boldsymbol{s}$ 可取两平面法向量的向量积. 由于 $\boldsymbol{n}_1=(1,2,-1),\boldsymbol{n}_2=(2,-1,2)$,因此,可取

$$\boldsymbol{s}=\boldsymbol{n}_1\times\boldsymbol{n}_2=\begin{vmatrix} \boldsymbol{i} & \boldsymbol{j} & \boldsymbol{k} \\ 1 & 2 & -1 \\ 2 & -1 & 2 \end{vmatrix}=3\boldsymbol{i}-4\boldsymbol{j}-5\boldsymbol{k},$$

故所求的直线的对称式方程和参数方程分别为

$$\frac{x-1}{3}=\frac{y+2}{-4}=\frac{z}{-5} \quad \text{和} \quad \begin{cases} x=1+3t, \\ y=-2-4t, \\ z=-5t. \end{cases}$$

三、两直线的夹角

两直线方向向量之间的夹角 θ(通常指锐角)称为**两直线间的夹角**(图 8.36). 设两直线的方程是

$$L_1:\frac{x-x_1}{l_1}=\frac{y-y_1}{m_1}=\frac{z-z_1}{n_1},$$

$$L_2:\frac{x-x_2}{l_2}=\frac{y-y_2}{m_2}=\frac{z-z_2}{n_2}.$$

它们的方向向量分别为

$$\boldsymbol{s}_1=(l_1,m_1,n_1), \quad \boldsymbol{s}_2=(l_2,m_2,n_2).$$

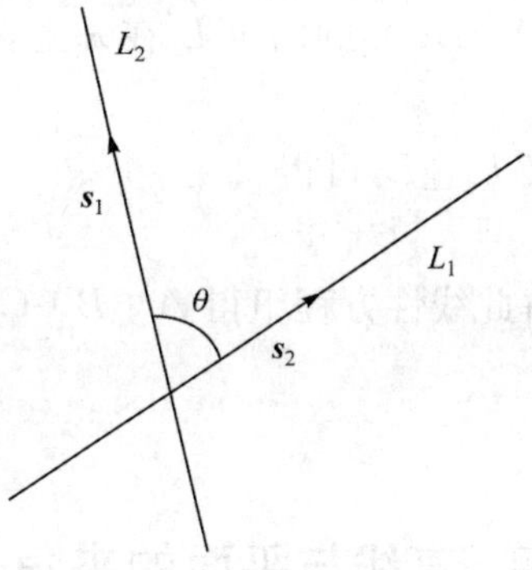

由两向量之间夹角的余弦公式,可得两直线 L_1 与 L_2 间的夹角 θ 的余弦公式

图 8.36

$$\cos\theta=\frac{|\boldsymbol{s}_1\cdot\boldsymbol{s}_2|}{|\boldsymbol{s}_1||\boldsymbol{s}_2|}=\frac{|l_1l_2+m_1m_2+n_1n_2|}{\sqrt{l_1^2+m_1^2+n_1^2}\sqrt{l_2^2+m_2^2+n_2^2}}. \tag{8.38}$$

由两向量垂直、平行的充要条件,即可推得两直线垂直和平行的充要条件.

直线 L_1 与 L_2 垂直的充要条件是

$$l_1l_2+m_1m_2+n_1n_2=0,$$

直线 L_1 与 L_2 平行的充要条件是

$$\frac{l_1}{l_2}=\frac{m_1}{m_2}=\frac{n_1}{n_2}.$$

例 3 求直线 $L_1: \frac{x-1}{-1}=\frac{y-1}{1}=\frac{z-2}{0}$ 与 $L_2: \frac{x-3}{3}=\frac{y+2}{5}=\frac{z+1}{4}$ 间的夹角.

解 由两直线的夹角公式(8.38)得

$$\cos\theta=\frac{|(-1)\times 3+1\times 5+0\times 4|}{\sqrt{(-1)^2+1^2+0^2}\sqrt{3^2+5^2+4^2}}=\frac{1}{5},$$

故两直线间的夹角为 $\theta=\arccos\frac{1}{5}$.

例 4 求平面 $\pi: x+y+z-3=0$ 上的一条直线,使它通过 π 与直线 $L: \frac{x+1}{2}=\frac{y-2}{0}=\frac{z-1}{-1}$ 的交点,并且与 L 垂直.

解 首先求出 L 与 π 的交点 M. 为此,写出 L 的参数方程为

$$\begin{cases} x=-1+2t, \\ y=2, \\ z=1-t, \end{cases}$$

代入 π 的方程,得

$$(-1+2t)+2+(1-t)-3=0,$$

解上述方程,得 $t=1$. 代入上式,得 $M(1,2,0)$. 再设所求直线 L' 的方向向量是 $\boldsymbol{n}=(A,B,C)$. 则由于 L' 在 π 上,故

$$A+B+C=0,$$

又 $L'\perp L$,可得

$$2A-C=0,$$

解此线性方程组得 $A:B:C=-1:3:-2$. 因此所求直线的方程是

$$\frac{x-1}{-1}=\frac{y-2}{3}=\frac{z}{-2}.$$

四、直线与平面的夹角

当直线 L 不与平面 π 垂直时,直线 L 与直线 L 在平面 π 上的投影直线的夹角 $\theta\left(0\leqslant\theta<\frac{\pi}{2}\right)$ 叫做**直线 L 与平面 π 的夹角**(图 8.37).

当直线 L 与平面垂直时,规定直线与平面的夹角为 $\frac{\pi}{2}$.

下面推导直线与平面的夹角公式.

设直线 L 的方程为
$$\frac{x-x_0}{l}=\frac{y-y_0}{m}=\frac{z-z_0}{n},$$
平面 π 的方程为
$$Ax+By+Cz+D=0,$$
设直线 L 与平面 π 的法向量的夹角为 φ，直线 L 与平面 π 的夹角为 θ，则有 $\theta=\dfrac{\pi}{2}-\varphi$ 或 $\theta=\varphi-\dfrac{\pi}{2}$（图 8.37），于是 $\sin\theta=|\cos\varphi|$. 因此有

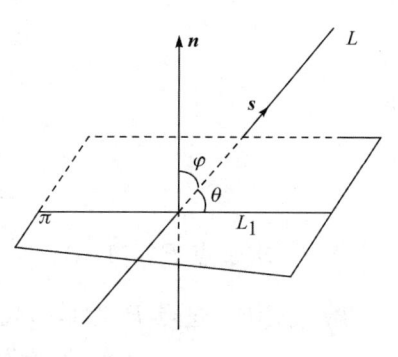

图 8.37

$$\sin\theta=|\cos\varphi|=\frac{|\boldsymbol{n}\cdot\boldsymbol{s}|}{|\boldsymbol{n}|\cdot|\boldsymbol{s}|}=\frac{|Al+Bm+Cn|}{\sqrt{A^2+B^2+C^2}\cdot\sqrt{l^2+m^2+n^2}}, \quad (8.39)$$

由两向量垂直、平行的充要条件立即可推得如下结论：

直线 L 与平面 π 垂直的充要条件为
$$\frac{A}{l}=\frac{B}{m}=\frac{C}{n};$$
直线 L 与平面 π 平行的充要条件为
$$Al+Bm+Cn=0.$$

例 5 求直线 $L:\dfrac{x-2}{3}=\dfrac{y+4}{4}=\dfrac{z-1}{5}$ 与平面 $\pi:x-2y-2z+1=0$ 的夹角.

解 设直线 L 与平面 π 的夹角为 θ，由于直线 L 的方向向量 $\boldsymbol{s}=(3,4,5)$，平面 π 的法向量 $\boldsymbol{n}=(1,-2,-2)$. 故由式(8.39)得
$$\sin\theta=\frac{|1\times 3+4\times(-2)+5\times(-2)|}{\sqrt{3^2+4^2+5^2}\sqrt{1^2+(-2)^2+(-2)^2}}=\frac{\sqrt{2}}{2},$$
于是得直线 L 与平面 π 的夹角为 $\dfrac{\pi}{4}$.

例 6 求过点 $P(2,1,3)$ 且与平面 $x-2y-3z+3=0$ 和 $2x-4y-5z+1=0$ 都平行的直线方程.

解 由于所求直线与两已知平面平行，因此直线的方向向量与两平面的法向量 $\boldsymbol{n}_1=(1,-2,-3)$ 和 $\boldsymbol{n}_2=(2,-4,-5)$ 都垂直，故直线的方向向量 $\boldsymbol{s}$ 可取为
$$\boldsymbol{s}=\boldsymbol{n}_1\times\boldsymbol{n}_2=\begin{vmatrix}\boldsymbol{i}&\boldsymbol{j}&\boldsymbol{k}\\1&-2&-3\\2&-4&-5\end{vmatrix}=-2\boldsymbol{i}-\boldsymbol{j},$$

又直线过点 $P(2,1,3)$，故所求的直线方程为

$$\frac{x-2}{2}=\frac{y-1}{1}=\frac{z-3}{0},$$

即
$$\begin{cases} x-2=2(y-1), \\ z-3=0. \end{cases}$$

例7 求过点 $P(2,1,0)$ 且与直线 $L: \frac{x-1}{3}=\frac{y}{2}=\frac{z+1}{-2}$ 垂直相交的直线方程.

解 先作一过点 $P(2,1,0)$ 且垂直于已知直线的平面,则这个平面的方程为
$$3(x-2)+2(y-1)+(-2)(z-0)=0,$$

即
$$3x+2y-2z-8=0, \tag{8.40}$$

再求已知直线与这个平面的交点. 已知直线的参数方程为
$$x=1+3t, \quad y=2t, \quad z=-1-2t, \tag{8.41}$$

将式(8.41)代入式(8.40)解得 $t=\frac{3}{17}$,从而求得交点 $M\left(\frac{26}{17},\frac{6}{17},-\frac{23}{17}\right)$. 于是
$$\overrightarrow{PM}=\left(\frac{26}{17}-2,\frac{6}{17}-1,-\frac{23}{17}\right)=\left(-\frac{8}{17},-\frac{11}{17},-\frac{23}{17}\right)=-\frac{1}{17}(8,11,23),$$

取 $s=(8,11,23)$ 为所求直线的方向向量,从而其方程为
$$\frac{x-2}{8}=\frac{y-1}{11}=\frac{z}{23}.$$

五、平面束

对于解决平面与直线的有关问题,有时用平面束会很方便.

通过一条直线的全部平面组成的平面集合称为**平面束**. 下面讨论其方程.

设有直线 L,其一般式方程为 $L:\begin{cases} A_1x+B_1y+C_1z+D_1=0, \\ A_2x+B_2y+C_2z+D_2=0, \end{cases}$ 这条直线可以看作是两个相交平面 $\pi_1: A_1x+B_1y+C_1z+D_1=0$ 与 $\pi_2: A_2x+B_2y+C_2z+D_2=0$ 的交线.

考察三元一次方程
$$\alpha(A_1x+B_1y+C_1z+D_1)+\beta(A_2x+B_2y+C_2z+D_2)=0, \tag{8.42}$$

其中 α,β 不同时为零. 上式可化为
$$(\alpha A_1+\beta A_2)x+(\alpha B_1+\beta B_2)y+(\alpha C_1+\beta C_2)z+(\alpha D_1+\beta D_2)=0,$$

这是关于 x,y,z 的一次方程,容易证明,x,y,z 的系数不全为零.

事实上,若不然,则由

$$\alpha A_1+\beta A_2=0, \quad \alpha B_1+\beta B_2=0, \quad \alpha C_1+\beta C_2=0$$

可知

$$\frac{A_1}{A_2}=\frac{B_1}{B_2}=\frac{C_1}{C_2}\left(=-\frac{\beta}{\alpha}\right).$$

即两平面 π_1 与 π_2 平行,显然这是不可能的.

因此式(8.42)表示一个平面. 若一点 M 在直线 L 上,则点 M 的坐标必满足方程组,因而也满足方程(8.42),故方程(8.42)表示通过直线 L 的平面,且对于不同的 α、β 之值,方程(8.42)表示通过直线 L 的不同的平面. 反之,通过直线 L 的任何平面都包含在方程(8.42)所表示的一族平面内. 特别地,当 $\alpha=1,\beta=0$ 时,方程(8.42)表示平面 π_1,当 $\alpha=0,\beta=1$ 时,方程(8.42)表示平面 π_2. 方程(8.42)称为过直线 L 的平面束方程.

例 8 求通过直线 $L_1:\begin{cases}x-2z-4=0,\\3y-z+8=0\end{cases}$ 且与直线 $L_2:\begin{cases}x-y-4=0,\\y-z+6=0\end{cases}$ 平行的平面方程.

解 设通过直线 L_1 的平面 π 的方程为

$$\alpha(x-2z-4)+\beta(3y-z+8)=0,$$

即

$$\alpha x+3\beta y-(2\alpha+\beta)z-4\alpha+8\beta=0, \tag{8.43}$$

又因为平面 π 与直线 L_2 平行,而 L_2 的方向向量为

$$s=\begin{vmatrix}i & j & k\\1 & -1 & 0\\0 & 1 & -1\end{vmatrix}=i+j+k,$$

故由平面与直线平行的充要条件易得

$$\alpha\cdot1+3\beta\cdot1+(-2\alpha-\beta)\cdot1=0,$$

解得 $\alpha=2\beta$,代入方程(8.43)并约去 β,得所求的平面方程为

$$2x+3y-5z=0.$$

例 9 求直线 $L:\begin{cases}2x-3y+4z-12=0,\\x+4y-2z-10=0\end{cases}$ 在平面 $\pi:x+y+z-1=0$ 上的投影直线方程.

解 设过直线 L 的平面束方程为

$$\alpha(2x-3y+4z-12)+\beta(x+4y-2z-10)=0,$$

即

$$(2\alpha+\beta)x+(-3\alpha+4\beta)y+(4\alpha-2\beta)z-12\alpha-10\beta=0. \tag{8.44}$$

其中 α,β 是待定常数. 由于该平面与平面 $x+y+z-1=0$ 垂直,因此

$$(2\alpha+\beta)\cdot1+(-3\alpha+4\beta)\cdot1+(4\alpha-2\beta)\cdot1=0, 即 \beta=-\alpha,$$

代入方程(8.44)并约去 a 可得
$$x-7y+6z-2=0,$$
故所求的投影直线方程为
$$\begin{cases} x-7y+6z-2=0, \\ x+y+z-1=0. \end{cases}$$

六、点到直线的距离

设直线 L 通过 M_1,且其方向向量为 s,M_0 为直线外一点. 那么由图 8.38 可知点 M_0 到直线 L 的距离 d 为平行四边形的高.

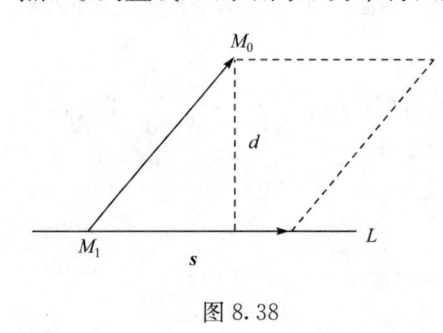

由于平行四边形的面积等于 $|\overrightarrow{M_1M_0}\times s|$,因此,$|\overrightarrow{M_1M_0}\times s|=|s|\times d$,从而
$$d=\frac{|\overrightarrow{M_1M_0}\times s|}{|s|}. \tag{8.45}$$

这就是**点到直线的距离公式**.

例 10 求原点 O 到直线 $L: \dfrac{x-1}{0}=\dfrac{y-1}{3}=\dfrac{z-2}{4}$ 的距离.

图 8.38

解 直线 L 过点 $M(1,1,2)$,方向向量 $s=(0,3,4)$,因此
$$|s|=\sqrt{3^2+4^2}=5,\quad \overrightarrow{MO}=(-1,-1,-2),$$
$$\overrightarrow{MO}\times s=\begin{vmatrix} i & j & k \\ -1 & -1 & -2 \\ 0 & 3 & 4 \end{vmatrix}=(2,4,-3),$$
$$|\overrightarrow{MO}\times s|=\sqrt{2^2+4^2+(-3)^2}=\sqrt{29},$$
从而由式(8.45)得
$$d=\frac{\sqrt{29}}{5}.$$

习 题 8.4

(A)

1. 求过点 $M_1(1,-1,3)$、$M_2(-1,0,2)$ 的直线方程.

2. 求过点 $(4,-1,3)$ 且平行于直线 $\dfrac{x-3}{2}=\dfrac{y}{1}=\dfrac{z-1}{5}$ 的直线方程.

3. 证明下列三点在同一条直线上:

$$A(3,0,1), \quad B(0,2,4), \quad C\left(1,\frac{4}{3},3\right).$$

4. 用对称式方程和参数方程表示直线：$\begin{cases} x-y+z=1, \\ 2x+y+z=4. \end{cases}$

5. 将直线的对称式方程 $\dfrac{x+2}{-3}=\dfrac{y-1}{1}=\dfrac{z-6}{4}$ 化为参数方程和一般方程.

6. 求直线 $L_1: \dfrac{x-1}{3}=\dfrac{y+1}{4}=\dfrac{z-2}{5}$ 和直线 $L_2: \dfrac{x}{-1}=\dfrac{y+1}{2}=\dfrac{z}{2}$ 的夹角.

7. 求过点 $M(1,0,2)$ 且与两直线 $\dfrac{x-1}{1}=y=\dfrac{z+1}{-1}$ 和 $\dfrac{x}{1}=\dfrac{y-1}{-1}=\dfrac{z+1}{0}$ 都垂直的直线方程.

8. 求点 $(2,0,1)$ 到直线 $\dfrac{x-5}{3}=\dfrac{y}{2}=\dfrac{z+1}{-1}$ 的距离.

9. 求过点 $M(0,1,0)$ 且与两平面 $x-2y-1=0$ 和 $y+3z-4=0$ 都平行的直线方程.

10. 求通过直线 $L:\begin{cases} x+5y+z=0 \\ x-z+4=0 \end{cases}$ 且与平面 $x-4y-8z+12=0$ 成 $\dfrac{\pi}{4}$ 角的平面方程.

(B)

1. 求点 $(3,-7,5)$ 关于平面 $2x-6y+3z-42=0$ 的对称点坐标.

2. 求点 $(5,4,2)$ 关于直线 $\dfrac{x+1}{2}=\dfrac{y-3}{3}=\dfrac{z-1}{-1}$ 的对称点坐标.

3. 求直线 $\begin{cases} 2x-y+z=0, \\ 3x-y-3z+9=0 \end{cases}$ 在平面 $4x-y+z-1=0$ 上的投影直线方程.

4. 求通过两平行直线 $\dfrac{x+3}{3}=\dfrac{y+2}{-2}=\dfrac{z}{1}$ 与 $\dfrac{x+3}{3}=\dfrac{y+4}{-2}=\dfrac{z+1}{1}$ 的平面方程.

5. 直线过点 $(2,-3,5)$ 且与三坐标轴的正向成等角，求点 $(1,-2,3)$ 到此直线的距离.

6. 已知直线 $L:\begin{cases} x-y-4z+12=0, \\ 2x+y-2z+3=0 \end{cases}$ 及点 $P_0(2,0,-1)$. 求 P_0 关于 L 的对称点坐标.

8.5 几种常见的二次曲面

由前面的讨论我们知道，平面方程可用一个三元一次方程 $Ax+By+Cz+D=0(A,B,C$ 不全为零) 来表示，反过来，任何一个关于 x,y,z 的三元一次方程的空间图形一定是一个平面. 一般地，空间任何一个曲面都可用一个三元方程

$$F(x,y,z)=0 \tag{8.46}$$

表示. 方程(8.46)称为曲面的一般方程.

特别地，一个三元二次方程

$$A_1x^2+A_2y^2+A_3z^2+A_4xy+A_5yz+A_6zx+A_7x+A_8y+A_9z+A_{10}=0$$

(其中 $\sum\limits_{i=1}^{6}A_i^2\neq 0$) 所表示的图形称为**二次曲面**. 相应的平面也称为**一次曲面**.

例如，我们先前讨论的球面就是一个二次曲面. 下面再介绍几个常见的二次曲面及其图形.

一、旋转曲面

由一条平面曲线 C 绕该平面上的一条定直线 L 旋转一周所形成的曲面称做**旋转曲面**. 定直线 L 称为旋转曲面的**旋转轴**，平面曲线 C 称为旋转曲面的**母线**. 下面建立旋转曲面的方程.

如图 8.39，取定直线 L 为 z 轴，平面曲线 C 在 yOz 坐标面上，其方程为
$$\begin{cases} f(y,z)=0, \\ x=0. \end{cases}$$

设 $M(x,y,z)$ 为旋转曲面上任意一点. 过点 M 且垂直于 z 轴的平面交曲线 C 于点 $M_1(0,y_1,z_1)$，点 M 就可看成是点 M_1 随曲线 C 绕 z 轴旋转所得到的点，于是有
$$z=z_1, \quad \sqrt{x^2+y^2}=|y_1|,$$

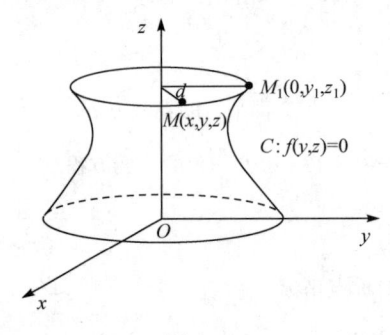

图 8.39

即有关系式
$$z_1=z, \quad y_1=\pm\sqrt{x^2+y^2},$$
又因为点 M_1 在曲线 C 上，即 $f(y_1,z_1)=0$，故
$$f(\pm\sqrt{x^2+y^2},z)=0. \tag{8.47}$$
这就是曲线 C 绕 z 轴旋转而得到的旋转曲面的方程.

由此可见，只要将曲线 C 的方程 $f(y,z)=0$ 中的 y 换成 $\pm\sqrt{x^2+y^2}$ 即得曲线 C 绕 z 轴旋转所形成的旋转曲面方程. 类似地，曲线 C 绕 y 轴旋转而形成的旋转曲面方程为
$$f(y,\pm\sqrt{x^2+z^2})=0. \tag{8.48}$$

一般地，坐标面上的曲线 C 绕此坐标面内的一条坐标轴旋转时，只要将曲线 C 在坐标面内的方程(可以理解为平面解析几何中的曲线)保留与旋转轴同名的变量，而以另外两个变量平方和的平方根代替方程中的另一个变量，就可得到该旋转曲面的方程. 反之，一个曲面方程若能化成这种形式，则必为一旋转曲面.

例 1 一直线 L 绕一条与之相交的定直线旋转一周，所形成的曲面称做**圆锥面**，两直线的交点叫做圆锥面的**顶点**，两直线的夹角 $\alpha\left(0<\alpha<\dfrac{\pi}{2}\right)$ 叫做圆锥面的**半顶角**. 试建立圆锥面的方程.

解 取定直线为 Oz 轴，顶点为坐标原点，则动直线 L 在 yOz 面上的方程可表

示为(图 8.40)
$$z = y\cot\alpha.$$
因为旋转轴为 z 轴,所以由式(8.47)得
$$z = \pm\sqrt{x^2+y^2}\cot\alpha,$$
即
$$z^2 = a^2(x^2+y^2), \tag{8.49}$$
其中 $a = \cot\alpha > 0$.

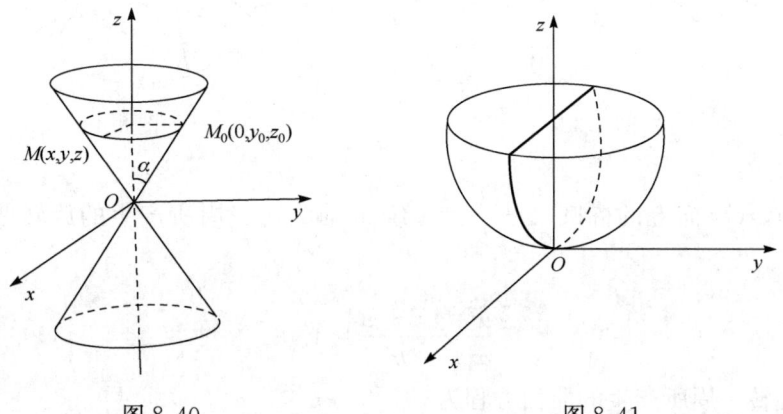

图 8.40

图 8.41

例 2 求 yOz 面上的抛物线 $y^2 = 2z$ 绕 z 轴旋转所得旋转曲面的方程.

解 由式(8.47)得抛物线 $y^2 = 2z$ 绕 z 轴旋转所得旋转曲面方程为 $(\pm\sqrt{x^2+y^2})^2 = 2z$,即
$$x^2 + y^2 = 2z.$$
此曲面叫做**旋转抛物面**(图 8.41).

例 3 求 yOz 面上的双曲线 $\dfrac{y^2}{b^2} - \dfrac{z^2}{c^2} = 1$ 分别绕 y 轴、z 轴旋转一周所产生的旋转曲面的方程.

解 由式(8.48)得双曲线 $\dfrac{y^2}{b^2} - \dfrac{z^2}{c^2} = 1$ 绕 y 轴旋转所形成的曲面方程为
$$\frac{y^2}{b^2} - \frac{x^2+z^2}{c^2} = 1. \tag{8.50}$$
该曲面称为**双叶双曲面**(图 8.42).

类似地,该双曲线绕 z 轴旋转所产生的旋转曲面方程为
$$\frac{x^2+y^2}{b^2} - \frac{z^2}{c^2} = 1. \tag{8.51}$$
该曲面叫做**单叶双曲面**(图 8.43).

图 8.42　　　　　　　　　图 8.43

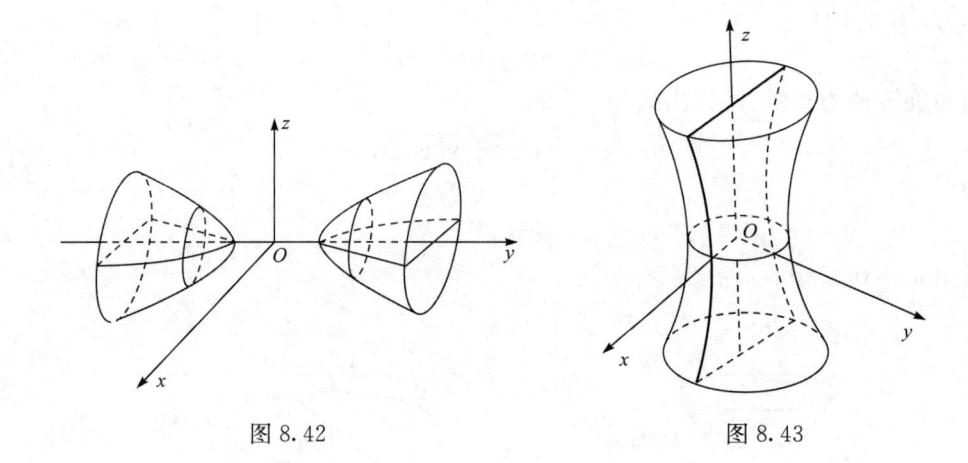

同理，xOy 面上的椭圆 $\dfrac{x^2}{a^2}+\dfrac{y^2}{b^2}=1$ 绕 x 轴旋转一周所产生的旋转曲面的方程为

$$\dfrac{x^2}{a^2}+\dfrac{y^2+z^2}{b^2}=1. \tag{8.52}$$

绕 y 轴旋转一周所产生的曲面方程为

$$\dfrac{x^2+z^2}{a^2}+\dfrac{y^2}{b^2}=1. \tag{8.53}$$

方程(8.52)与(8.53)表示的曲面都叫做**旋转椭球面**.

二、柱面

由平行于某固定方向的动直线沿空间一条固定曲线移动所产生的曲面称为**柱面**(图 8.44). 动直线称为柱面的**母线**，固定曲线称为柱面的**准线**.

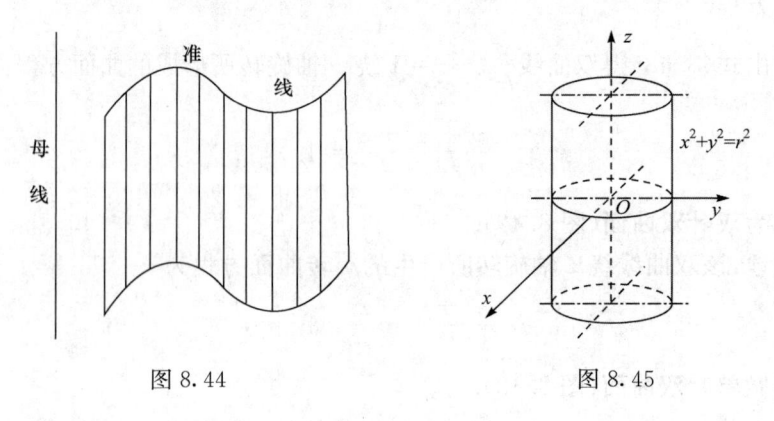

图 8.44　　　　　　　　　图 8.45

例如,方程 $x^2+y^2=r^2$ 在空间表示的曲面就是一个柱面,叫做**圆柱面**.事实上,在空间直角坐标系中,该方程不含变量 z,因此在空间只要某点的坐标 x,y 满足该方程,则这个点一定在曲面上,也就是说,凡过 xOy 面上的圆周 $x^2+y^2=r^2$ 上的一点,且平行于 z 轴的直线都在这曲面上.于是,该曲面可看作由过 xOy 面上的圆周 $x^2+y^2=r^2$ 的点且平行于 z 轴的直线移动而形成(图 8.45).因此,圆 $x^2+y^2=r^2$ 就是圆柱面的准线,而过圆周上的点且平行于 z 轴的直线就是它的母线.

一般地,方程 $F(x,y)=0$ 在平面直角坐标系 xOy 中表示一条平面曲线 C,在空间直角坐标系中它表示母线平行于 z 轴,准线为 C 的柱面(图 8.46).例如,

椭圆柱面(图 8.47)　　$\dfrac{x^2}{a^2}+\dfrac{y^2}{b^2}=1$;

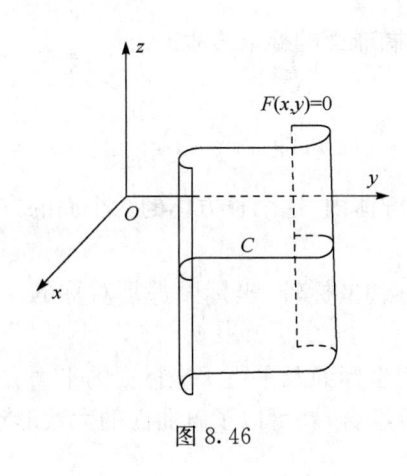

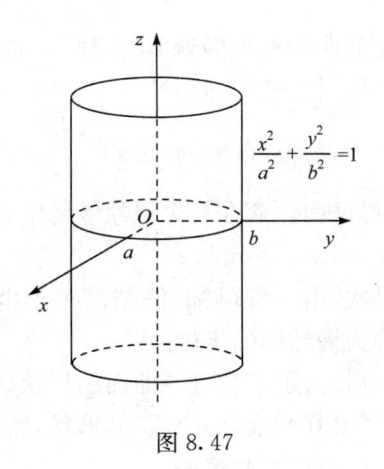

图 8.46

图 8.47

双曲柱面(图 8.48)　　$-\dfrac{x^2}{a^2}+\dfrac{y^2}{b^2}=1$;

抛物柱面(图 8.49)　　$y^2=2x$.

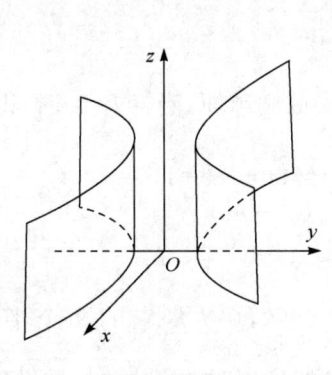

图 8.48

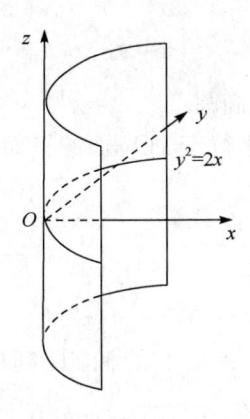

图 8.49

类似地,只含变量 x,z 而不含 y 的方程 $G(x,z)=0$ 表示母线平行于 y 轴,准线为 xOz 面上的曲线 $G(x,z)=0$ 的柱面;而只含变量 y,z 的方程 $H(y,z)=0$ 表示母线平行 x 轴,准线为 yOz 面上的曲线 $H(y,z)=0$ 的柱面. 例如,方程 $2x^2-3z^2=1$ 表示母线平行 y 轴,准线为 xOz 面上的双曲线 $2x^2-3z^2=1$ 的双曲柱面.

三、椭球面

由方程

$$\frac{x^2}{a^2}+\frac{y^2}{b^2}+\frac{z^2}{c^2}=1 \quad (a>0,b>0,c>0) \tag{8.54}$$

所确定的曲面称为**椭球面**. 方程(8.54)称为**椭球面的标准方程**.

下面讨论椭球面的性质和形状.

首先,由方程(8.54)可知 $\frac{x^2}{a^2}\leqslant 1, \frac{y^2}{b^2}\leqslant 1, \frac{z^2}{c^2}\leqslant 1$,即 $|x|\leqslant a, |y|\leqslant b, |z|\leqslant c$. 因此,椭球面包含在一个以原点为中心的长方体内,这个长方体的六个面的方程分别为 $x=\pm a, y=\pm b, z=\pm c$.

其次,由方程可知,椭球面关于坐标原点、坐标轴、坐标面都是对称的,a,b,c 分别称为椭球面的**半轴**.

最后,为了了解这一曲面的形状,我们用坐标面及平行于坐标面的平面去截割曲面,考察其截痕(即交线)的形状,然后加以综合,就可以了解曲面的大致形状了,这种方法也称为**截痕法**.

首先,分别用坐标面 $z=0, y=0, x=0$ 去截椭球面得到交线方程

$$\begin{cases}\dfrac{x^2}{a^2}+\dfrac{y^2}{b^2}=1, \\ z=0,\end{cases} \begin{cases}\dfrac{x^2}{a^2}+\dfrac{z^2}{c^2}=1, \\ y=0,\end{cases} \begin{cases}\dfrac{y^2}{b^2}+\dfrac{z^2}{c^2}=1, \\ x=0.\end{cases}$$

这些交线都是椭圆.

其次,用平行于 xOy 面的平面 $z=h$ 去截椭球面,当 $|h|<c$ 时,得交线方程

$$\begin{cases}\dfrac{x^2}{\dfrac{a^2}{c^2}(c^2-h^2)}+\dfrac{y^2}{\dfrac{b^2}{c^2}(c^2-h^2)}=1, \\ z=h,\end{cases}$$

交线是平面 $z=h$ 上的椭圆,其中心位于 $(0,0,h)$,它的两个半轴长分别为 $\dfrac{a}{c}\sqrt{c^2-h^2}$ 与 $\dfrac{b}{c}\sqrt{c^2-h^2}$. 当 h 从 0 逐渐增加到 c 时,椭圆由大逐渐变小直至缩到

一点$(0,0,c)$;当 h 从 0 逐渐减小到 $-c$ 时,情况类似. 当 $|h|>c$ 时,平面 $z=h$ 与椭球面没有交点.

以平面 $x=h$ 或 $y=h$ 截椭球面得到的交线有类似的结果. 综上分析,可知椭球面的形状如图 8.50.

特别地,当 $b=a$ 时,式(8.54)化为 $\dfrac{x^2+y^2}{a^2}+\dfrac{z^2}{c^2}=1$,它可以看作是 xOz 面上的椭圆 $\dfrac{x^2}{a^2}+\dfrac{z^2}{c^2}=1$ 或是 yOz 面上的椭圆 $\dfrac{y^2}{a^2}+\dfrac{z^2}{c^2}=1$ 绕 z 轴旋转一周所形成的旋转椭球面.

当 $a=b=c$ 时,式(8.54)化为 $x^2+y^2+z^2=a^2$,它是球心在原点、半径为 a 的球面,因此,球面是椭球面的一种特殊情形.

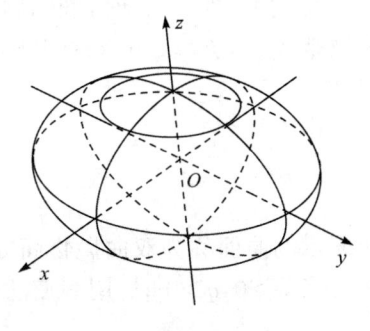

图 8.50

四、抛物面

由方程
$$\frac{x^2}{2p}+\frac{y^2}{2q}=z \quad (\text{其中 } p,q \text{ 为非零的同号常数}) \tag{8.55}$$
所表示的曲面称为**椭圆抛物面**.

下面仅就 $p>0,q>0$ 的情况讨论之,当 $p<0,q<0$ 时可类似讨论之.

由方程可知,该曲面位于 xOy 面上方$(z\geqslant 0)$,可无限向上伸展,且经过原点,并关于 z 轴、坐标面 yOz,xOz 均对称.

用平面 $z=h(h>0)$ 截抛物面,得交线方程为
$$\begin{cases} \dfrac{x^2}{2ph}+\dfrac{y^2}{2qh}=1, \\ z=h. \end{cases}$$

这是在平面 $z=h$ 上,中心在$(0,0,h)$、两半轴长分别为 $\sqrt{2ph}$,$\sqrt{2qh}$ 的椭圆,当 $h=0$ 时,交线缩为一点$(0,0,0)$,称为椭圆抛物面的顶点,当 h 逐渐增大时,椭圆也逐渐增大.

用平面 $y=h$ 截抛物面,得交线方程为
$$\begin{cases} x^2=2p\left(z-\dfrac{h^2}{2q}\right), \\ y=h. \end{cases}$$

这是在平面 $y=h$ 上，顶点位于 $\left(0,h,\dfrac{h^2}{2q}\right)$、对称轴平行 z 轴、开口向上的抛物线.

用平面 $x=h$ 截抛物面，所得情况类似. 综上分析，椭圆抛物面的图形如图 8.51.

特别地，当 $q=p$ 时，椭圆抛物面方程为 $x^2+y^2=2pz$，它可以看作 yOz 面上的抛物线 $y^2=2pz$ 或 xOz 面上的抛物线 $x^2=2pz$ 绕 z 轴旋转一周而成的旋转抛物面.

由方程
$$-\dfrac{x^2}{2p}+\dfrac{y^2}{2q}=z \quad (p,q \text{ 为同号的非零常数}) \tag{8.56}$$
所表示的曲面称为**双曲抛物面**或**马鞍面**.

当 $p>0$，$q>0$ 时，用截痕法作类似的讨论，可知它的形状如图 8.52 所示.

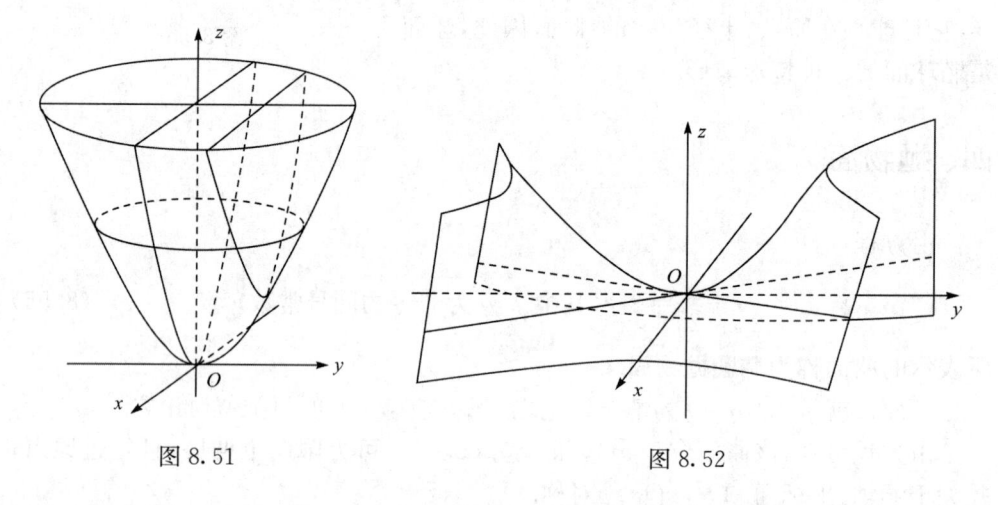

图 8.51

图 8.52

五、双曲面

由方程
$$\dfrac{x^2}{a^2}+\dfrac{y^2}{b^2}-\dfrac{z^2}{c^2}=1 \quad (a,b,c \text{ 为正常数}) \tag{8.57}$$
所确定的曲面称为**单叶双曲面**.

用平面 $z=h$ 截曲面(8.57)得交线方程为
$$\begin{cases} \dfrac{x^2}{a^2\left(1+\dfrac{h^2}{c^2}\right)}+\dfrac{y^2}{b^2\left(1+\dfrac{h^2}{c^2}\right)}=1, \\ z=h. \end{cases}$$

这是在平面 $z=h$ 上、中心位于 $(0,0,h)$、半轴长分别为 $\dfrac{a}{c}\sqrt{c^2+h^2}$ 和 $\dfrac{b}{c}\sqrt{c^2+h^2}$ 的椭圆. 当 $h=0$ 时,交线是中心在原点的椭圆,当 $|h|$ 逐渐增大时,椭圆的半轴长也不断增大.

用平面 $y=h(h\neq\pm b)$ 截曲面(8.57),得交线方程为

$$\begin{cases}\dfrac{x^2}{a^2}-\dfrac{z^2}{c^2}=1-\dfrac{h^2}{b^2},\\ y=h.\end{cases} \tag{8.58}$$

式(8.58)表示平面 $y=h$ 上的双曲线,对应不同的 h 值,式(8.58)表示的双曲线又有所不同,当 $|h|<b$ 时,式(8.58)表示实轴平行于 x 轴,虚轴平行于 z 轴的双曲线,当 $|h|>b$ 时,式(8.58)表示实轴平行于 z 轴,虚轴平行于 x 轴的双曲线.

当 $h=b$ 时,平面截曲面(8.57)得一对相交于点 $(0,b,0)$ 的直线,其直线方程为

$$\begin{cases}\dfrac{x}{a}-\dfrac{z}{c}=0,\\ y=b\end{cases} \quad 和 \quad \begin{cases}\dfrac{x}{a}+\dfrac{z}{c}=0,\\ y=b.\end{cases}$$

当 $h=-b$ 时,平面截曲面(8.57)得一对相交于点 $(0,-b,0)$ 的直线,其直线方程为

$$\begin{cases}\dfrac{x}{a}-\dfrac{z}{c}=0,\\ y=-b\end{cases} \quad 和 \quad \begin{cases}\dfrac{x}{a}+\dfrac{z}{c}=0,\\ y=-b.\end{cases}$$

用平面 $x=h$ 截单叶双曲面,所得情况类似. 综上分析,单叶双曲面的图形如图 8.53.

由方程

$$\dfrac{x^2}{a^2}-\dfrac{y^2}{b^2}+\dfrac{z^2}{c^2}=-1 \quad (a,b,c \text{ 为正常数}) \tag{8.59}$$

所表示的曲面叫做**双叶双曲面**. 请读者自己讨论,其图形如图 8.54 所示.

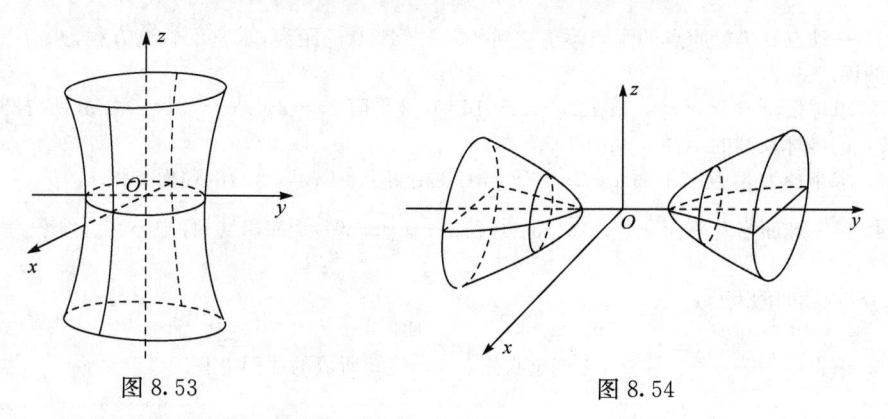

图 8.53

图 8.54

习 题 8.5

(A)

1. 一动点到 x 轴的距离与它到点 $(1,2,0)$ 的距离相等,求动点的轨迹方程,并指出是何种曲面.

2. 问方程 $x^2+y^2+z^2-2x+3y+z=0$ 表示何种曲面?

3. 一球面过原点和三点 $(2,0,0),(1,1,0),(1,0,-1)$.试求它的方程.

4. 求下列旋转曲面的方程:
   (1) xOz 坐标面上的曲线 $z^2=5x$ 绕 x 轴旋转一周;
   (2) xOy 坐标面上的曲线 $4x^2-16y^2=100$ 分别绕 x 轴和 y 轴旋转一周.

5. 指出下列方程表示何种曲面,若是旋转曲面,请指出它是如何形成的?
   (1) $\dfrac{x^2}{9}+\dfrac{y^2}{4}+\dfrac{z^2}{9}=1$; (2) $x^2+2y^2-3z^2=1$;
   (3) $(z-a)^2=x^2+y^2$; (4) $x^2+y^2-2z=0$.

6. 指出下列方程在平面直角坐标系和空间直角坐标系中分别表示什么图形?
   (1) $y=kx$ (k 为常数); (2) $\dfrac{x^2}{9}+\dfrac{y^2}{16}=1$;
   (3) $y^2=4x$; (4) $16y^2-4z^2=9$.

7. 指出下列方程所表示的曲面,并画出它们的图形:
   (1) $\dfrac{x^2}{4}+\dfrac{y^2}{25}=z$; (2) $x^2+\dfrac{y^2}{9}+\dfrac{z^2}{4}=1$;
   (3) $16x^2+y^2-z^2=16$; (4) $-x^2-4y^2+z^2=25$.

8. 画出下列各组曲面所围成的立体图形:
   (1) $2y^2=x$, $x+y+z=1$, $z=0$;
   (2) $x^2+y^2=6-z$, $x+y=1$, $x=0, y=0, z=0$;
   (3) $x^2+y^2=R^2$, $x^2+z^2=R^2$;
   (4) $z=\sqrt{a^2-x^2-y^2}$, $x^2+y^2=ax$, $z=0$ ($a>0$);
   (5) $z=\sqrt{x^2+y^2}$, $x^2+y^2=2x$, $z=0$.

(B)

1. 一动点到坐标原点的距离等于它到平面 $z-4=0$ 的距离,求它的轨迹方程,并指出它是何种曲面.

2. 求球面 $x^2+y^2+z^2-2x+2y-4z-10=0$ 被平面 $2x-3y+6z-31=0$ 相截所得圆的圆心 M 点的坐标及圆的半径.

3. 求半径为 3,且与平面 $x+2y+2z+3=0$ 相切于点 $(1,1,-3)$ 的球面方程.

4. 设一球面与两平面 $x+y+z-3=0$ 和 $x+y+z-9=0$ 都相切,且中心在直线 $\dfrac{x}{1}=\dfrac{y}{2}=\dfrac{z}{3}$ 上,求该球面的方程.

5. 求直线 $\dfrac{x-3}{2}=\dfrac{y-1}{3}=z+1$ 绕定直线 $\begin{cases}x=2\\y=3\end{cases}$ 旋转所成的曲面方程.

8.6 空间曲线及其方程

本节将在 8.4 节直线及其方程的基础上,讨论空间一般曲线及其方程.

一、空间曲线的一般方程

直线可以看作两个平面的交线,类似地,空间曲线也可以看作是两个曲面的交线.

设方程 $F(x,y,z)=0$ 和 $G(x,y,z)=0$ 分别是两个曲面 Σ_1 和 Σ_2 的方程,则两曲面的交线 Γ 的方程就由方程组

$$\begin{cases} F(x,y,z)=0, \\ G(x,y,z)=0 \end{cases} \quad (8.60)$$

确定,该方程组称为**空间曲线的一般方程**(图 8.55).

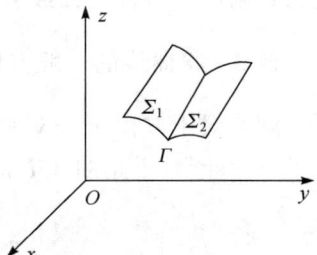

图 8.55

例 1 方程组 $\begin{cases} z=\sqrt{a^2-x^2-y^2}, \\ x^2+y^2-ax=0 \end{cases}$ 表示怎样的曲线?

解 方程组的第 1 个方程表示的是球心在原点,半径为 a 的上半球面,第二个方程表示的是母线平行于 z 轴,准线为 xOy 面上的圆 $\left(x-\dfrac{a}{2}\right)^2+y^2=\left(\dfrac{a}{2}\right)^2$ 的圆柱面.因此,该曲线就是上半球面与这个圆柱面的交线(图 8.56).该曲线也称为**维维安尼(Viviani)曲线**.

例 2 画出两个直交圆柱面 $x^2+y^2=R^2$ 和 $x^2+z^2=R^2$ 的交线.

解 这个交线 $\begin{cases} x^2+y^2=R^2, \\ x^2+z^2=R^2 \end{cases}$ 在第 I 卦限的曲线如图 8.57(图中粗实线)所示.

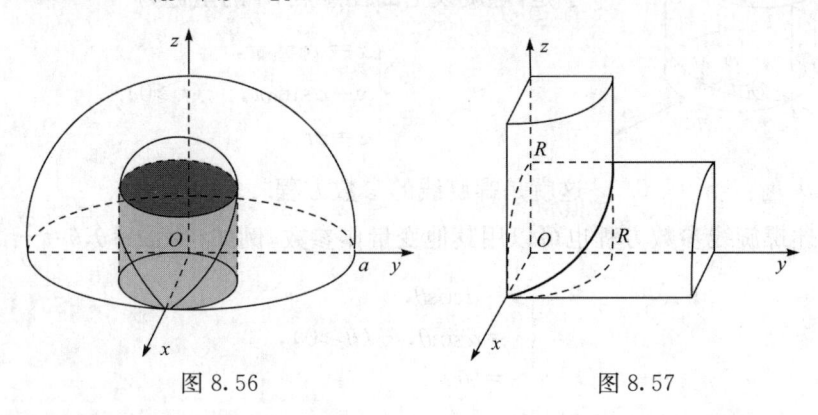

图 8.56

图 8.57

二、参数方程

类似于直线的参数方程,空间曲线也可用参数方程表示. 一般地,若曲线 Γ 上的动点坐标 $M(x,y,z)$ 可表示为变量 t 函数,如

$$\begin{cases} x=x(t), \\ y=y(t), \quad (\alpha \leqslant t \leqslant \beta). \\ z=z(t) \end{cases} \tag{8.61}$$

则方程组(8.61)称为**曲线 Γ 的参数方程**,变量 t 叫做参数.

例 3 将曲线的一般方程 $\Gamma:\begin{cases} x^2+y^2=1 \\ z=y^2 \end{cases}$ 改写成参数方程.

解 对于方程 $x^2+y^2=1$ 可令 $x=\cos t, y=\sin t (0 \leqslant t \leqslant 2\pi)$,再代入方程 $z=y^2$ 得 $z=\sin^2 t$,于是曲线 Γ 的参数方程为

$$\begin{cases} x=\cos t, \\ y=\sin t, \quad (0 \leqslant t \leqslant 2\pi). \\ z=\sin^2 t \end{cases}$$

例 4 设空间一动点 M 在圆柱面 $x^2+y^2=a^2$ 上以角速度 $\boldsymbol{\omega}(|\boldsymbol{\omega}|=\omega$ 为常数)绕 z 轴旋转,同时又以线速度 $\boldsymbol{v}(|\boldsymbol{v}|=v)$ 沿平行 z 轴的正方向匀速上升,则动点的轨迹称为**螺旋线**. 求此螺旋线的方程.

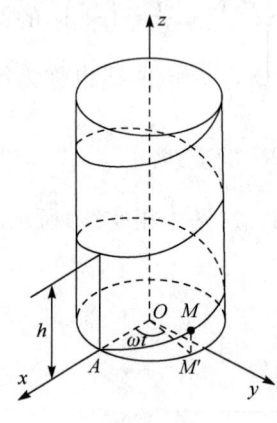

解 如图 8.58,取时间 t 为参数,设在初始时刻 $t=0$ 时,动点位于 $A(a,0,0)$,经过时间 t,它位于 $M(x,y,z)$,它在 xOy 面上的投影点为 $M'(x,y,0)$,而经过时间 t 后动点转过的角度为 ωt,因此

$$x=a\cos\omega t, \quad y=a\sin\omega t, \quad z=M'M=vt,$$

于是,螺旋线上的任意点 M 的坐标为

$$\begin{cases} x=a\cos\omega t, \\ y=a\sin\omega t, \quad (t \geqslant 0). \\ z=vt \end{cases}$$

图 8.58

这就是螺旋线的参数方程.

上述螺旋线参数方程也可以用其他变量作参数,例如,令 $\omega t=\theta, b=\dfrac{v}{\omega}$,则

$$\begin{cases} x=a\cos\theta, \\ y=a\sin\theta, \quad (\theta \geqslant 0), \\ z=b\theta \end{cases}$$

这里参数 θ 表示 OM' 转过的角度.

螺旋线是实践中常用的曲线. 例如,螺柱的外缘曲线、弹簧的形状等都是螺旋线.

由上式还可得到螺旋线一个重要性质:当 θ 从 θ_0 变到 $\theta_0+\Delta\theta$ 时,螺旋线的高度 z 由 $b\theta_0$ 变到 $b(\theta_0+\Delta\theta)$,即当 OM' 转过角度 $\Delta\theta$ 时,点 M 沿螺旋线上升了高度 $b\Delta\theta$,亦即上升的高度与 OM' 转过的角度成正比. 特别地,当 OM' 转过一周,即 $\Delta\theta=2\pi$ 时,点 M 就上升固定的高度 $h=2\pi b$. 这个高度 $h=2\pi b$ 在工程技术上叫做**螺距**.

三、空间曲线在坐标面上的投影

设空间曲线 Γ 的一般方程为
$$\begin{cases} F(x,y,z)=0, \\ G(x,y,z)=0. \end{cases} \tag{8.62}$$

从方程组(8.62)中消去变量 z 后得到方程
$$H(x,y)=0, \tag{8.63}$$

由于方程(8.63)是通过方程组(8.62)消去变量 z 而得到,因此,当坐标 x,y,z 满足方程组(8.62),也一定满足方程(8.63),因此曲线 Γ 上的点一定在方程(8.63)所表示的曲面上,而方程(8.63)是一个母线平行于 z 轴的柱面. 也就是说,式(8.63)所表示的柱面一定包含曲线 Γ. 以 Γ 为准线、母线平行于 z 轴的柱面叫做曲线 Γ 关于 xOy 面的**投影柱面**. 投影柱面与 xOy 面的交线称为曲线 Γ 在 xOy 面上的**投影曲线**,简称**投影**. 因此方程(8.63)表示的柱面必定包含投影柱面,而方程组
$$\begin{cases} H(x,y)=0, \\ z=0 \end{cases} \tag{8.64}$$

所表示的曲线必定包含空间曲线 Γ 在 xOy 面上的投影.

同理,消去方程组(8.62)中的变量 x 或变量 y,再分别与 $x=0$ 或 $y=0$ 联立,就可得到包含曲线 Γ 在 yOz 面或 xOz 面上的投影的曲线方程:
$$\begin{cases} R(y,z)=0, \\ x=0 \end{cases} \quad \text{或} \quad \begin{cases} T(x,z)=0, \\ y=0. \end{cases}$$

例5 求曲线 $\Gamma: \begin{cases} x^2+y^2+z^2=a^2, \\ x^2+y^2=z^2 \end{cases}$ 在 xOy 面上的投影.

解 这是球面和圆锥面的交线,消去变量 z 并与 $z=0$ 得曲线 Γ 在 xOy 面上的投影
$$\begin{cases} x^2+y^2=\dfrac{1}{2}a^2, \\ z=0. \end{cases}$$

即投影在 xOy 面上是一个以 $(0,0)$ 为圆心,半径为 $\frac{\sqrt{2}}{2}a$ 的圆.

例 6 求曲线 $\Gamma:\begin{cases} x^2+y^2+z^2=a^2, \\ x^2+y^2=ax \end{cases}(a>0)$ 在各坐标面上的投影.

解 由于 Γ 的第二个方程不含变量 z,因此,Γ 在 xOy 面上的投影为
$$\begin{cases} x^2+y^2=ax, \\ z=0. \end{cases}$$
即投影为 xOy 面上的一个圆.

当投影面改为 yOz 面时,从方程组中消去变量 x 得到 Γ 在 yOz 面上的投影为
$$\begin{cases} z^4+a^2(y^2-z^2)=0, \\ x=0; \end{cases}$$

同理,消去变量 y 得到 Γ 在 xOz 面上的投影为
$$\begin{cases} z^2+ax-a^2=0, \\ y=0 \end{cases}(0\leqslant x\leqslant 2a).$$

例 7 求下列各曲面所围成的立体在 xOy 面上的投影区域,并画出图形.

(1) $z=2(x^2+y^2)$ 与 $z=1-\sqrt{x^2+y^2}$;

(2) $x^2+y^2+z^2-2Rz=0$ 与 $y=z$ 位于平面 $y=z$ 之上的部分.

解 (1) 该立体由旋转抛物面 $z=2(x^2+y^2)$ 与锥面 $z=1-\sqrt{x^2+y^2}$ 围成.考察这两个曲面的交线
$$\begin{cases} z=2(x^2+y^2), \\ z=1-\sqrt{x^2+y^2}, \end{cases}$$
消去变量 z 得交线在 xOy 面上的投影曲线为
$$\begin{cases} x^2+y^2=\frac{1}{4}, \\ z=0, \end{cases}$$

由投影曲线在 xOy 面上所围成的区域即为所求立体在 xOy 面上的投影区域(图 8.59 中阴影部分):
$$\begin{cases} x^2+y^2\leqslant\frac{1}{4}, \\ z=0. \end{cases}$$

(2) 该立体由球面 $x^2+y^2+z^2-2Rz=0$ 与平面 $y=z$ 所围成,其交线为
$$\begin{cases} x^2+y^2+z^2-2Rz=0, \\ y=z, \end{cases}$$

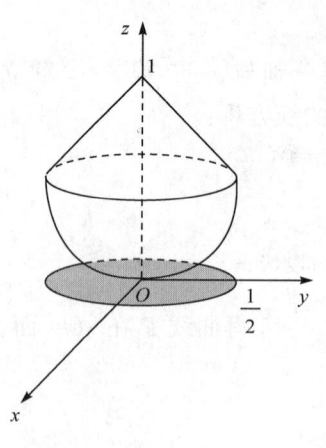

图 8.59

此交线在 xOy 面上的投影曲线为

$$\begin{cases} x^2+2y^2-2Ry=0, \\ z=0. \end{cases}$$

投影曲线在 xOy 面上所围成的区域为

$$\begin{cases} x^2+2y^2\leqslant 2Ry, \\ z=0. \end{cases}$$

而球面在 xOy 面上的投影区域为 $\begin{cases} x^2+y^2\leqslant R^2, \\ z=0, \end{cases}$ 该

区域包含曲线 $\begin{cases} x^2+2y^2=2Ry, \\ z=0, \end{cases}$ 故所求该立体在

xOy 面上的投影区域为(图 8.60 中阴影部分)

$$\begin{cases} x^2+y^2\leqslant R^2, \\ z=0. \end{cases}$$

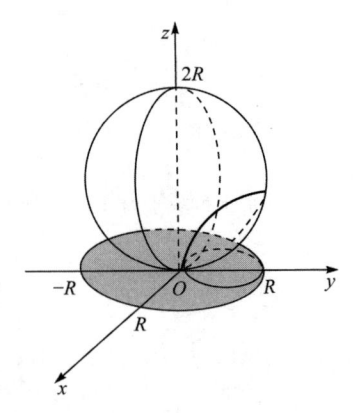

图 8.60

习　题　8.6

(A)

1. 指出下列方程所表示的曲线的形状：

   (1) $\begin{cases} 3x^2+y^2=z, \\ y=3; \end{cases}$ (2) $\begin{cases} x^2+4y^2+9z^2=36, \\ z=1; \end{cases}$

   (3) $\begin{cases} x^2-4y^2+z^2=16, \\ x=-2; \end{cases}$ (4) $\begin{cases} x^2+y^2+z^2=36, \\ y=2. \end{cases}$

2. 求下列曲线关于 xOy 面的投影方程：

   (1) $\begin{cases} x^2+y^2=-z, \\ x+z+1=0; \end{cases}$ (2) $\begin{cases} x^2+y^2+z^2=1, \\ x^2+(y-1)^2+(z-1)^2=1; \end{cases}$ (3) $\begin{cases} 2x^2+y^2+z^2=16, \\ x^2-y^2+z^2=0. \end{cases}$

3. 求曲线 $\begin{cases} (x-1)^2+(y+2)^2+(z-3)^2=9, \\ z=5 \end{cases}$ 的参数方程.

4. 化曲线 $\begin{cases} x=a\cos^2 t, \\ y=a\sin^2 t, (0\leqslant t\leqslant 2\pi) \\ z=a\sin 2t \end{cases}$ 为一般方程.

5. 求曲面 $z=\sqrt{6-x^2-y^2}$ 与 $x^2+y^2=z$ 所围的立体在 xOy 面上的投影.

6. 设一个立体由上半球面 $z=\sqrt{4-x^2-y^2}$ 和锥面 $z=\sqrt{3(x^2+y^2)}$ 所围成,求它在 xOy 面的投影.

（B）

1. 将曲线的一般方程 $\begin{cases} x^2+y^2=1, \\ z=y^2 \end{cases}$ 化为参数方程.

2. 求螺旋线 $\begin{cases} x=a\cos\theta, \\ y=a\sin\theta, \\ z=b\theta \end{cases}$ 在三个坐标面上的投影的直角坐标方程.

3. 分别求母线平行于 x 轴和 y 轴，且通过曲线
$$\begin{cases} 2x^2+y^2+z^2=16, \\ x^2-y^2+z^2=0 \end{cases}$$
的柱面方程.

4. 求锥面 $z=\sqrt{x^2+y^2}$ 与柱面 $z^2=2x$ 所围成的立体在各坐标面上的投影.

小　　结

通过本章学习，应熟练掌握向量的各种运算（线性运算、数量积、向量积、混合积），熟悉向量、向量的模和方向余弦及单位向量的坐标表示式，掌握用向量坐标表示式进行向量的运算，知道两个向量的夹角公式及平行、垂直的条件. 熟悉平面的各种方程（一般式、点法式、截距式）和直线的各种方程（对称式、参数式、一般式），会根据所给的条件求平面、直线的方程，知道直线与平面的关系. 知道空间曲线的一般方程和参数方程，会求空间曲线在坐标面上的投影曲线方程. 了解几个常见的二次曲面及形状. 同时，在学习中还应当注意以下几个问题：

1. 向量的数量积与向量积

要注意向量的数量积与向量积的特点：(1) 数量积的结果是一个数量，这种乘积用"·"表示，故数量积也称为"点乘"或"点积"；向量积的结果是一个向量，这种乘积用"×"表示，故向量积也称为"叉乘"或"叉积". (2) 数量积的运算规律类似于数的运算规律，而向量积则有些不同，例如，向量积的运算就不满足交换律和分配律，如 $\boldsymbol{a}\times\boldsymbol{b}=-\boldsymbol{b}\times\boldsymbol{a}$.

2. 平面及其方程

平面位置的确定可以用多种不同的条件，例如，过一条直线和直线外的一点可以确定一个平面；过不在同一条直线上的三点可以确定一个平面；过两条相交直线可以确定一个平面等等. 这些确定平面的条件事实上都可归结为由一个已知点和一个与平面相垂直的非零向量来表达，也即平面的点法式方程的条件，平面的点法式方程具有很强的直观性和实用性，因此要着重理解和掌握平面的点法式方程及其求法.

3. 直线及其方程

空间直线可以用两个不同的点来确定，也可以用两个不平行的平面的交线来

表达,前一种条件可以用一个点和一个非零向量(方向向量)来表示,即利用直线的对称式方程,后一种条件则是直线的一般方程.由于直线的对称式方程的直观性和实用性,决定了直线的对称式方程的重要性.

平面与平面、直线与直线、直线与平面的夹角以及它们平行、垂直的关系,都是由相应的法向量与方向向量的夹角来确定.

4. 曲面与曲线

曲面 Σ 归根到底是空间动点的轨迹,因此曲面 Σ 与一个三元代数方程 $F(x,y,z)=0$ 是一一对应关系.空间曲面的重点是了解常见的二次曲面(球面、旋转曲面、柱面、锥面、椭球面、抛物面、双曲面等)的方程及图形.空间曲线的重点是会求曲线关于坐标面的投影柱面及其在坐标面上的投影.具体运算时只要在曲线的一般方程中消去与所投影的坐标面无关的变量,便得相应坐标面的投影柱面,再与该坐标面方程联立,即可得其在该坐标面上的投影.

第 8 章习题课   第 8 章课件

复习练习题 8

1. 填空题

    (1) 已知向量 $a=(2,3,-4)$,$b=(5,-1,1)$,则向量 $c=2a-3b$ 在 y 轴上的投影向量是_____;

    (2) 已知 $A(1,0,1)$,$B(2,3,-1)$,$C(-1,2,0)$,则三角形 ABC 的面积为_____;

    (3) 已知原点到平面 $2x-y+kz-6=0$ 的距离等于 2,则 k 的值为_____.

2. 已知 $|a+b|=|a-b|$,$a=(2,-3,5)$,$b=(-1,1,b_3)$,求 b_3.

3. 已知向量 a 与 b 的夹角为 $\dfrac{\pi}{3}$,且 $|a|=2$,$|b|=1$,求 $a+b$ 与 $a-b$ 之间的夹角.

4. 设向量 a 的终点为 $B(3,2,1)$,且 a 在 x,y,z 三个坐标轴上的投影分别是 $2,-5,7$. 试求:

    (1) 向量 a 的起点 A 的坐标;

    (2) 向量 a 的方向余弦;

    (3) 与 a 方向相同的单位向量 e_a;

    (4) 向量 a 在向量 $b=(1,-2,-2)$ 上的投影.

5. 求一向量 p,使 p 满足下面三个条件:

    (1) p 与 z 轴垂直;   (2) $a=(3,-1,5)$,$a \cdot p=9$;   (3) $b=(1,2,-3)$,$b \cdot p=-4$.

6. 求过点 $P_1(2,4,0)$ 和点 $P_2(0,1,4)$ 且与 $M(1,2,1)$ 的距离为 1 的平面方程.

7. 求坐标原点关于平面 $\pi: 6x+2y-9z+121=0$ 的对称点.

8. 坐标面在平面 $3x-y+4z-12=0$ 上截得一个 $\triangle ABC$，从 z 轴上的一个顶点 C 作对边 AB 的垂线，求它的方程.

9. 求通过点 $A(3,0,0)$ 和 $B(0,0,1)$，且与平面 $\pi: x+y+z=1$ 垂直的平面方程.

10. 求过点 $A(0,2,4)$ 且与平面 $\pi_1: x+2z=1$ 和平面 $\pi_2: y-3z=2$ 都平行的直线方程.

11. 已知入射光线路径为 $\dfrac{x-1}{4}=\dfrac{y-1}{3}=\dfrac{z-2}{1}$. 求该光线经平面 $x+2y+5z+17=0$ 反射后的反射线方程.

12. 证明：曲线 $\begin{cases} 4x-5y-10z-20=0, \\ \dfrac{x^2}{25}+\dfrac{y^2}{16}-\dfrac{z^2}{4}=1 \end{cases}$ 是两相交直线，并求其对称式方程.

第9章 多元函数微分学

在此之前,我们所讨论的函数仅限于一个自变量的函数,因此又称一元函数.但无论在理论上还是在实践中,我们往往还会遇到多个自变量的情形,即某个变量的变化依赖于多个变量变化的情形.这就提出了多元函数及多元函数的微分与积分问题.本章将在一元函数微分学的基础上,讨论多元函数的微分学.

多元函数微分学是一元函数微分学的推广和发展,因此,它们在内容和方法上有很多类似之处,但自变量从一个增加到多个,也会带来某些性质上的差异,因此我们在学习多元函数时,一定要着重把握多元函数与一元函数的异同之处,而从二元函数推广到三元或三元以上的函数,却没有什么本质上的差异,仅仅是叙述或计算显得繁复一些而已.因此,本章着重讨论二元函数微分学,所得到的结果不难推广到二元以上的函数情形.

9.1 多元函数的概念

在一元函数的讨论中,邻域及区间是经常用到的概念.类似地,讨论二元函数时,也会经常用到平面上邻域及区域概念,邻域及区域都是符合一定条件的平面点集.因此在给出二元函数定义之前,我们首先介绍几个与二元函数有密切联系的平面点集的有关概念.然后再将这些概念推广到多元函数及与之相关的空间点集上.

一、平面点集和区域

1. 平面点集

所谓平面点集,就是指平面上满足某些条件的一切点所构成的集合.为方便计,这里用字母 E 表示平面点集.例如,平面上以 $(1,2)$ 为圆心,以 1 为半径的圆的内部就是一个平面点集(图 9.1),它可以表示成 $E_1 = \{(x,y) \mid (x-1)^2 + (y-2)^2 < 1\}$.又如所有第 I 象限的点构成的平面点集(图 9.2)可表示成 $E_2 = \{(x,y) \mid x > 0, y > 0\}$.

图 9.1

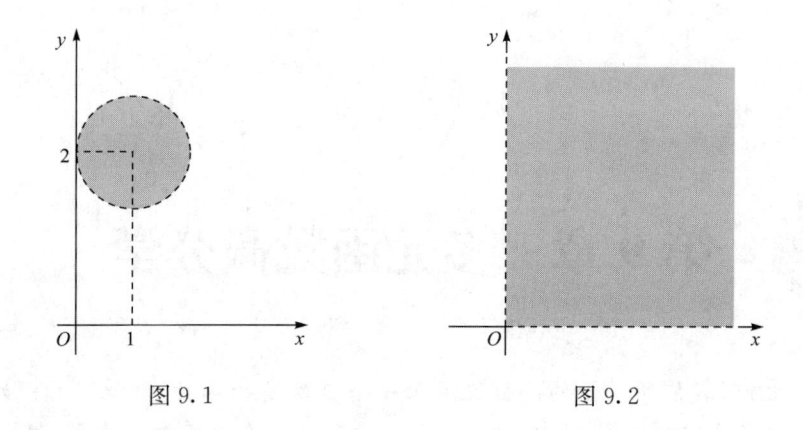

图 9.2

2. 邻域

设 $P_0(x_0, y_0)$ 是 xOy 面上的一个点,δ 是一正数,则称平面点集

$$\{(x, y) \mid \sqrt{(x-x_0)^2 + (y-y_0)^2} < \delta\}$$

为以 P_0 为中心、δ 为半径的邻域,记作 $U(P_0, \delta)$,即

$$U(P_0, \delta) = \{(x, y) \mid \sqrt{(x-x_0)^2 + (y-y_0)^2} < \delta\}.$$

几何上,$U(P_0, \delta)$ 就是 xOy 面上以点 P_0 为圆心,$\delta(\delta > 0)$ 为半径的圆的内部(图 9.3).在不需要强调邻域半径 δ 时,也用 $U(P_0)$ 表示点 P_0 的一个邻域,简称点 P_0 的邻域.若点 P_0 的邻域不包含点 P_0,则称该邻域为点 P_0 的**空心邻域**,记作 $\mathring{U}(P_0)$.

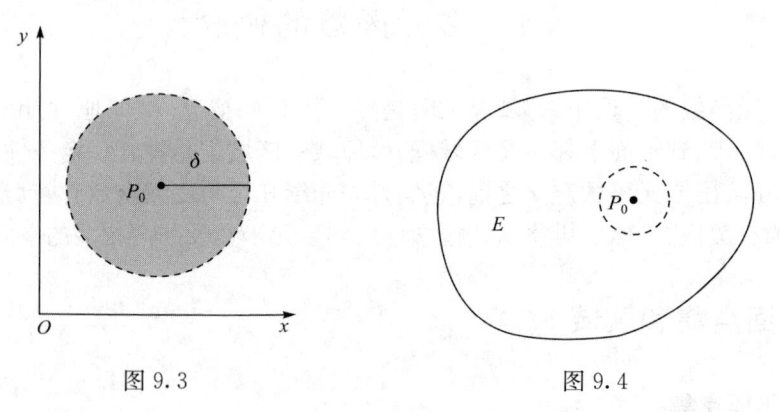

图 9.3

图 9.4

3. 平面点集的内点、外点和边界点

设 E 是一平面点集,P_0 是平面上的一个点,若存在点 P_0 的一个邻域,使 $U(P_0) \subset E$,则称 P_0 为平面点集 E 的**内点**(图 9.4);若存在点 P_0 的一个邻域,使 $U(P_0) \cap E = \varnothing$,则称 P_0 是平面点集 E 的**外点**(图 9.5);若对点 P_0 的任何邻域 $U(P_0)$ 内既有属于 E 的点,又有不属于 E 的点,则称点 P_0 为平面点集 E 的边界点

(图 9.6). 平面点集 E 的边界点的全体,称为平面点集 E 的**边界**,常用 ∂E 表示.

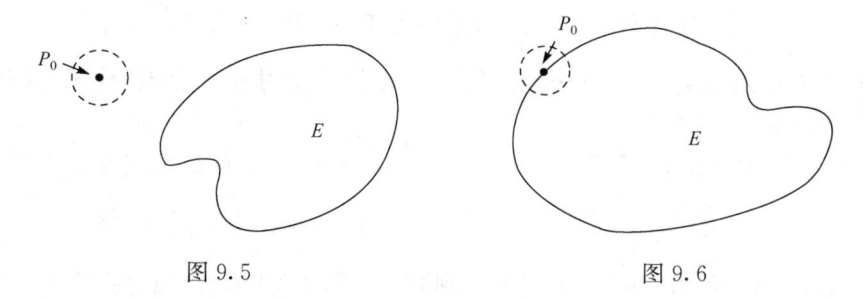

图 9.5

图 9.6

例如,对于平面点集 $E_3 = \{(x,y) \mid 1 < x^2 + y^2 \leqslant 4\}$,曲线 $x^2 + y^2 = 1$ 及 $x^2 + y^2 = 4$ 所围成的圆环内部的点是平面点集 E_3 的内点,而圆 $x^2 + y^2 = 1$ 的内部及 $x^2 + y^2 = 4$ 的外部的点都是 E_3 的外点,圆周 $x^2 + y^2 = 1$ 及 $x^2 + y^2 = 4$ 上的点是 E_3 的边界. 由此还可看出,边界点可以是 E 的点,也可以不是 E 的点 (图 9.7).

4. 区域

如果平面点集 E 的点都是 E 的内点,则称点集 E 为**开集**.

图 9.7

例如 E_1 就是一个开集.

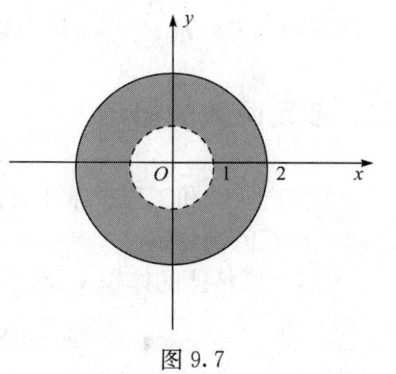

设 E 是一个平面点集,如果对于 E 内任意两点 A,B,都可用含于 E 中的折线把这两点连接起来,则称点集 E 是连通的,并称连通的开集为**区域**或**开区域**.

例如,$E_4 = \{(x,y) \mid x+y+1 > 0\}$ 及 $E_5 = \{(x,y) \mid 2 < x^2 + y^2 < 4\}$ 均是区域, 而 $E_6 = \{(x,y) \mid xy > 0\}$ 就不是区域.

开区域连同它的边界一起,称为**闭区域**,例如,$\{(x,y) \mid x+y+1 \geqslant 0\}$ 及 $\{(x,y) \mid 2 \leqslant x^2 + y^2 \leqslant 4\}$ 都是闭区域.

5. 有界区域,无界区域

如果平面点集 E 可以包含在某一以原点 O 为圆心,半径 R 充分大的圆域内,则称平面点集 E 为有界点集,否则就称 E 为无界点集. 例如,$E_7 = \{(x,y) \mid x^2 + y^2 \leqslant 4\}$ 是有界闭区域,而 $E_8 = \{(x,y) \mid x^2 + y^2 > 4\}$ 是无界开区域.

6. n 维空间

为了今后方便叙述多元函数,这里简单介绍一下 n 维空间的概念.

我们已经知道,数轴上的点与实数有一一对应关系,而平面上的点可以与有序的二维数组 (x,y) 一一对应,类似地,空间的点也可与有序的三维数组 (x,y,z) 一一对应,那么一个自然的问题是,有序的 n 维数组 $(x_1, x_2, \cdots, x_n)$ 表示什么意思?

仿照前面的想法,我们把有序的 n 维数组的全体称为 n 维空间,记作 $\mathbf{R}^n$,即
$$\mathbf{R}^n = \{(x_1, x_2, \cdots, x_n) \mid x_i \in \mathbf{R}, i=1,2,\cdots,n\},$$
其中每个有序的数组$(x_1, x_2, \cdots, x_n)$称为 n 维空间 $\mathbf{R}^n$ 中的一个点,数 x_i 称为该点的第 i 个坐标.

n 维空间中两点 $P(x_1, x_2, \cdots, x_n)$ 及 $Q(y_1, y_2, \cdots, y_n)$ 间的距离规定为
$$|PQ| = \sqrt{(y_1-x_1)^2 + (y_2-x_2)^2 + \cdots + (y_n-x_n)^2}.$$

显然,当 $n=1,2,3$ 时,由上式便得到数轴、平面、空间两点间的距离.

有了 n 维空间两点间的距离概念,就不难将前面有关平面点集的一系列概念推广到 n 维空间中去. 例如设 $P_0 \in \mathbf{R}^n$,δ 是某一正数,则 n 维空间 $\mathbf{R}^n$ 内的点集 $U(P_0, \delta) = \{P \mid |P_0 P| < \delta, P \in \mathbf{R}^n\}$ 就定义为点 P_0 的 δ 邻域.

二、多元函数的概念

在生产实践和工程技术中,经常会遇到一个变量与多个变量之间的相互依赖关系.

例1 圆柱体的体积 V、底半径 R 及高 H 之间具有关系
$$V = \pi R^2 H \quad (R>0, H>0).$$
这里,当 R, H 在它们的变化范围内任取一对值(R, H)时,圆柱体的体积 V 就随之确定.

例2 在直流电路中,电流强度 I、电压 U 及电阻 R 具有关系
$$I = \frac{U}{R} \quad (U \geq 0, R > 0).$$
当电压 U、电阻 R 在它们的变化范围内任取一对值(U, R)时,电流强度 I 也随之确定.

例3 在经济活动中,总产出 M、劳动力 L 及资本 K 之间具有关系
$$M = aL^\alpha K^\beta,$$
其中 $0 < \alpha < 1, 0 < \beta < 1, a > 0$ 均为常数,当劳动力 L、资本 K 在它们的变化范围内任取一对值(L, K)时,总产出 M 也随之确定.

上面三例,虽然实际意义各不相同,但它们具有共同的性质,即都涉及三个变量,当其中两个变量在某个范围内取一对值时,另一变量就有一个确定的值与它们对应,撇开它们的实际意义,抽象出其共性就可得到二元函数的定义.

定义 1 设 D 是平面上的一个点集,如果对于 D 内每一个点 $P(x,y)$,变量 z 按照某种对应法则 f 总有确定的数值与之对应,则称变量 z 为变量 x,y 的二元函数(或简称点 P 的函数),记作

$$z=f(x,y) \quad (\text{或 } z=f(P)), \tag{9.1}$$

其中 x,y 称为自变量,z 称为因变量或函数,点集 D 称为函数 $z=f(x,y)$ 的定义域.

设点 $P_0(x_0,y_0)$ 是定义域 D 内的一点,则与其对应的值 $f(x_0,y_0)$ 称为函数 $z=f(x,y)$ 在点 P_0 处的函数值,函数值的全体构成的集合称为函数 $z=f(x,y)$ 值域,记作 W,即

$$W=\{z\mid z=f(x,y),(x,y)\in D\}.$$

z 是变量 x,y 的函数,也可记作 $z=z(x,y)$,$z=\varphi(x,y)$ 等.

类似地,我们可以定义三元函数 $u=f(x,y,z)$,四元函数 $u=f(x,y,z,t)$ 以及 n 元函数(n 为正整数)

$$u=f(x_1,x_2,\cdots,x_n), \quad (x_1,\cdots,x_n)\in D\subseteq \mathbf{R}^n. \tag{9.2}$$

例如,两邻边为 x,y,夹角为 θ 的三角形面积

$$S=\frac{1}{2}xy\sin\theta$$

是 x,y,θ 的三元函数.

当 $n=1$ 时,n 元函数就是我们以前学过的一元函数,当 $n\geqslant 2$ 时,n 元函数统称为**多元函数**.

1. 多元函数的定义域

与一元函数相类似,对于用解析式表示的多元函数,要确定其定义域仍然是只要使该解析式有意义的自变量取值的全体,而对于实际问题中的多元函数定义域则可根据实际问题的意义来确定.

例如,函数 $z=f(x,y)=\ln(x+y+1)$ 的定义域为 $D=\{(x,y)\mid x+y+1>0\}$,这是一个无界开区域(图 9.8).又如函数

$$z=f(x,y)=\frac{1}{\sqrt{16-x^2-y^2}}+\ln(x^2+y^2-1),$$

其定义域应满足

$$\begin{cases} 16-x^2-y^2>0, \\ x^2+y^2-1>0, \end{cases}$$

即 $D=\{(x,y)\mid 1<x^2+y^2<16\}$,这是一个有界开区域(图 9.9).

图 9.8

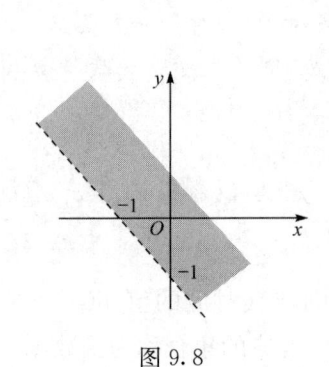

图 9.9

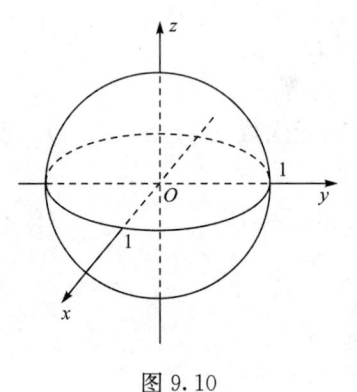

再如三元函数 $u=f(x,y,z)=\arcsin(x^2+y^2+z^2)$ 的定义域为
$$D=\{(x,y,z)\mid x^2+y^2+z^2\leqslant 1\},$$
这是空间的一个球体,是一个有界闭区域(图 9.10).

2. 二元函数的图形

设函数 $z=f(x,y)$ 的定义域为 D,对应于 D 内每一点 $P(x,y)$,都有函数值 $z=f(x,y)$. 这样,在空间直角坐标系中,以 x 为横坐标,y 为纵坐标,$z=f(x,y)$ 为竖坐标,就可在空间确定一点 $M(x,y,z)$,当点 (x,y) 遍历 D 上的一切点时,就得到空间点集

图 9.10

$$\{(x,y,z)\mid z=f(x,y),(x,y)\in D\},$$

称该空间点集为**二元函数** $z=f(x,y)$ **的图形**(图 9.11). 因此,在几何上,二元函数 $z=f(x,y)$ 一般表示一个曲面,常记为 Σ.

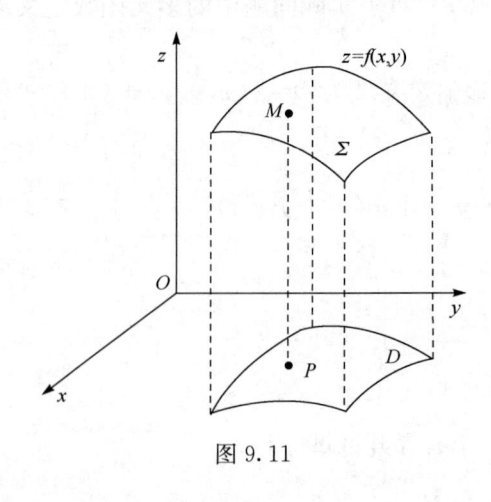

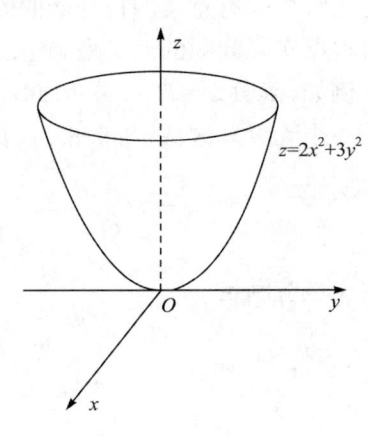

图 9.11

图 9.12

例如，函数 $z=2x^2+3y^2$ 的空间图形是椭圆抛物面(图 9.12)，又如函数 $z=\sqrt{a^2-x^2-y^2}\,(a>0)$ 的图形是以原点 O 为球心，半径为 a 的上半球面(图 9.13). 而函数 $z=6-2x-3y$ 的图形是一个平面(图 9.14).

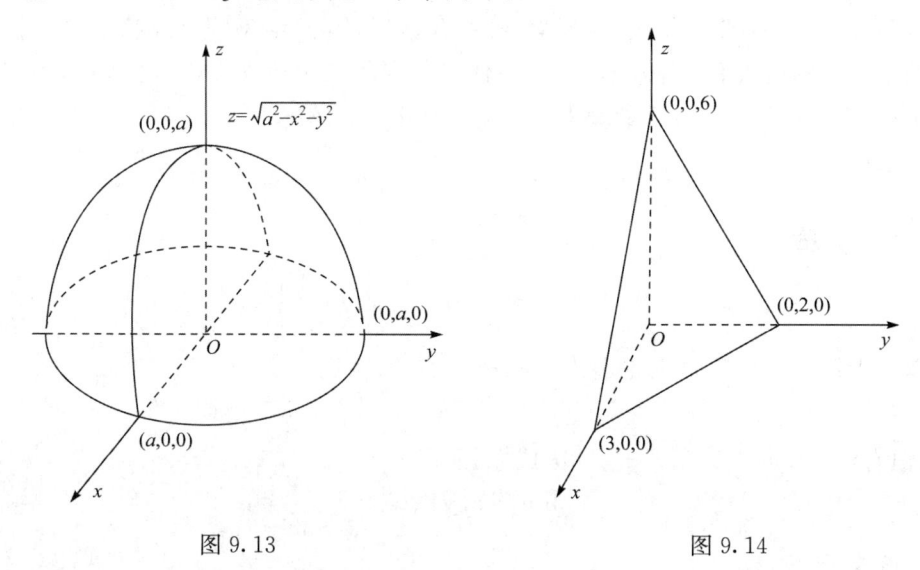

图 9.13

图 9.14

三、多元函数的极限

函数的极限是研究当自变量变化时，函数值的变化趋势，但多元函数的自变量有多个，所以，自变量的变化过程比一元函数要复杂得多. 为方便计，我们先讨论二元函数 $z=f(x,y)$ 当 $x\to x_0, y\to y_0$，即 $P(x,y)\to P_0(x_0,y_0)$ 时的极限，这里 $P\to P_0$ 表示点 P 以任何方式趋于 P_0，亦即 P 与 P_0 的距离趋于零，即

$$|P_0P|=\sqrt{(x-x_0)^2+(y-y_0)^2}\to 0 \Leftrightarrow P\to P_0.$$

这里，仍仿照一元函数极限的概念给出二元函数极限的"ε-δ"定义.

定义 2 设函数 $z=f(x,y)$ 在点 $P_0(x_0,y_0)$ 的某一空心邻域内有定义，A 为常数. 如果对任给的正数 ε，存在正数 δ，使得对于适合不等式

$$0<|P_0P|=\sqrt{(x-x_0)^2+(y-y_0)^2}<\delta$$

的一切点 $P(x,y)\in D$，恒有

$$|f(x,y)-A|<\varepsilon \tag{9.3}$$

成立，则称 A 为函数 $z=f(x,y)$ 当 $x\to x_0, y\to y_0$ (即 $P\to P_0$) 时的极限，记作

$$\lim_{\substack{x\to x_0\\y\to y_0}} f(x,y)=A \quad \text{或} \quad \lim_{P\to P_0} f(P)=A \quad \text{或} \quad f(x,y)\to A(\rho\to 0).$$

这里 $\rho=|P_0P|$.

为了区别于一元函数的极限,也称二元函数的极限为**二重极限**.

需要指出的是,在二元函数 $z=f(x,y)$ 的极限定义中对点 $P(x,y)$ 趋于 $P_0(x_0,y_0)$ 的路径并没有任何限制,也即无论 $P(x,y)$ 以何种路径趋向于 $P_0(x_0,y_0)$,函数 $f(x,y)$ 都应趋于同一常数 A. 换句话说,当 P 沿不同路径趋于 P_0 时,函数趋于不同的值或有极限不存在,那么便可断定此二元函数的极限不存在,运用此结论,常常可以判定一个二元函数 $f(x,y)$ 的极限不存在.

例 4 设二元函数 $f(x,y)=(x^2+y^2)\sin\dfrac{1}{x}\sin\dfrac{1}{y}$,证明:$\lim\limits_{\substack{x\to 0\\y\to 0}}f(x,y)=0$.

证 因为
$$|f(x,y)-0|=(x^2+y^2)\left|\sin\dfrac{1}{x}\right|\left|\sin\dfrac{1}{y}\right|\leqslant x^2+y^2,$$
所以对于任给一正数 ε(无论多小),取 $\delta=\sqrt{\varepsilon}>0$,则当
$$0<\sqrt{(x-0)^2+(y-0)^2}=\sqrt{x^2+y^2}<\delta$$
时,恒有 $|f(x,y)-0|\leqslant x^2+y^2<\varepsilon$ 成立,所以
$$\lim\limits_{\substack{x\to 0\\y\to 0}}f(x,y)=0.$$

例 5 设函数
$$f(x,y)=\begin{cases}\dfrac{xy}{x^2+y^2}, & (x,y)\neq(0,0),\\ 0, & (x,y)=(0,0),\end{cases}$$
证明:$\lim\limits_{\substack{x\to 0\\y\to 0}}f(x,y)$ 不存在.

证 当动点 $P(x,y)$ 沿直线 $y=kx$(k 为常数)趋向于 $(0,0)$ 时,有
$$\lim\limits_{\substack{x\to 0\\y=kx\to 0}}f(x,y)=\lim\limits_{\substack{x\to 0\\y\to 0}}\dfrac{xy}{x^2+y^2}=\lim\limits_{x\to 0}\dfrac{x(kx)}{x^2+(kx)^2}=\lim\limits_{x\to 0}\dfrac{kx^2}{x^2+k^2x^2}=\dfrac{k}{1+k^2}.$$
它表明,其极限值随着直线 $y=kx$ 的斜率 k 的不同而不同,所以 $\lim\limits_{\substack{x\to 0\\y\to 0}}f(x,y)$ 不存在.

以上关于二元函数的极限概念,可相应推广至 n 元函数 $u=f(x_1,x_2,\cdots,x_n)$,这里不再赘述. 与一元函数类似,多元函数极限也有类似于一元函数极限的运算法则,下面通过例子说明.

例 6 求 $\lim\limits_{\substack{x\to 1\\y\to 2}}(4x^2+y^2)$.

解 $\lim\limits_{\substack{x\to 1\\y\to 2}}(4x^2+y^2)=\lim\limits_{\substack{x\to 1\\y\to 2}}4x^2+\lim\limits_{\substack{x\to 1\\y\to 2}}y^2=4\times 1^2+2^2=8.$

例 7 求 $\lim\limits_{\substack{x\to 0\\y\to 0}}\dfrac{\sin(x^2+y^2)}{x^2+y^2}$.

解 令 $x=\rho\cos\theta, y=\rho\sin\theta$,其中 $\rho=\sqrt{x^2+y^2}$,则当 $x\to 0, y\to 0$ 时,$\rho\to 0$,因此有

$$\lim_{\substack{x\to 0\\y\to 0}}\frac{\sin(x^2+y^2)}{x^2+y^2}=\lim_{\rho\to 0}\frac{\sin\rho^2}{\rho^2}=1.$$

例 8 求 $\lim\limits_{\substack{x\to 0\\y\to 0}}\dfrac{xy}{\sqrt{xy+1}-1}$.

解 令 $t=xy$,则当 $x\to 0, y\to 0$ 时,$t\to 0$,故

$$\lim_{\substack{x\to 0\\y\to 0}}\frac{xy}{\sqrt{xy+1}-1}=\lim_{t\to 0}\frac{t}{\sqrt{t+1}-1}=\lim_{t\to 0}\frac{t(\sqrt{t+1}+1)}{t}=2.$$

四、多元函数的连续性

有了多元函数极限的定义,就很容易建立多元函数连续性的概念.

1. 多元函数的连续性

> **定义 3** 设函数 $z=f(x,y)$ 在点 $P_0(x_0, y_0)$ 的某个邻域内有定义,如果
> $$\lim_{\substack{x\to x_0\\y\to y_0}}f(x,y)=f(x_0,y_0)$$
> 成立,则称函数 $z=f(x,y)$ 在点 P_0 处连续.

如果函数 $f(x,y)$ 在 P_0 处不连续,则称点 P_0 是函数 $f(x,y)$ 的间断点.

以上关于二元函数的连续概念,可相应推广至 n 元函数 $u=f(x_1, x_2, \cdots, x_n)$ 上去,这里不再赘述.

例 9 讨论下列函数在点 $O(0,0)$ 处的连续性:

(1) $f(x,y)=\begin{cases}(x^2+y^2)\sin\dfrac{1}{x}\sin\dfrac{1}{y}, & xy\neq 0,\\ 0, & xy=0;\end{cases}$

(2) $f(x,y)=\begin{cases}\dfrac{xy}{x^2+y^2}, & (x,y)\neq (0,0),\\ 0, & (x,y)=(0,0).\end{cases}$

解 (1) 由例 1 知,

$$\lim_{\substack{x\to 0\\y\to 0}}f(x,y)=\lim_{\substack{x\to 0\\y\to 0}}(x^2+y^2)\sin\frac{1}{x}\sin\frac{1}{y}=0,$$

且 $f(0,0)=0$,所以 $f(x,y)$ 在点 O 处连续.

(2) 由例 2 知,

$$\lim_{\substack{x\to 0\\y\to 0}}f(x,y)=\lim_{\substack{x\to 0\\y\to 0}}\frac{xy}{x^2+y^2}$$

不存在,所以 $f(x,y)$ 在点 O 处不连续,即点 $O(0,0)$ 是函数的间断点.

注 二元函数的间断点可以形成一条曲线,例如,函数

$$f(x,y)=\frac{1}{y^2-2x}$$

在抛物线 $y^2-2x=0$ 上没有定义,因此,该抛物线上各点都是其间断点.

与一元函数类似,多元连续函数的和、差、积、商(分母不等于零)也是连续函数,连续函数的复合函数也是连续函数.

2. 多元初等函数的连续性

定义 4 分别以 x 或 y 为自变量的基本初等函数与常数经过有限次四则运算及有限次复合运算并能用一个式子表示的函数,称为以 x,y 为自变量的**二元初等函数**.

类似地,可定义 $n(n\geqslant 3)$ 元初等函数.

例如,$f(x,y)=\dfrac{\ln x+y^2\sin xy}{e^y\sin(x^2+y^2)}$,$f(x,y,z)=z^{xy}+\sin xy^2$ 等都是多元初等函数.

利用多元函数连续的定义及其运算法则,不难得到如下结论:**一切多元初等函数在定义区域内都是连续的**. 所谓定义区域是指包含在定义域内的区域. 由于多元初等函数的连续性,因此如果要求它在某一点 P_0 处的极限,而该点又在函数的定义区域内,则有

$$\lim_{P\to P_0}f(P)=f(P_0).$$

例 10 求 $\lim\limits_{\substack{x\to 2\\y\to 1}}\dfrac{\ln x+y^2\sin xy}{e^y\sin(x^2+y^2)}$.

解 因为 $f(x,y)=\dfrac{\ln x+y^2\sin xy}{e^y\sin(x^2+y^2)}$ 是初等函数,而点 $P_0(2,1)$ 是函数的定义区域内的点,故 $f(x,y)$ 在点 P_0 处连续,于是

$$\lim_{\substack{x\to 2\\y\to 1}}\frac{\ln x+y^2\sin xy}{e^y\sin(x^2+y^2)}=\frac{\ln 2+1^2\sin(2\cdot 1)}{e^1\sin(2^2+1^2)}=\frac{\ln 2+\sin 2}{e\sin 5}.$$

例 11 求 $\lim\limits_{\substack{x\to 0\\y\to 0}}\dfrac{2-\sqrt{xy+4}}{xy}$.

解 $\lim\limits_{\substack{x\to 0\\y\to 0}}\dfrac{2-\sqrt{xy+4}}{xy}=\lim\limits_{\substack{x\to 0\\y\to 0}}\dfrac{4-(xy+4)}{xy(2+\sqrt{xy+4})}=\lim\limits_{\substack{x\to 0\\y\to 0}}\dfrac{-1}{2+\sqrt{xy+4}}=-\dfrac{1}{4}.$

3. 有界闭区域上多元连续函数的性质

我们知道,在闭区间上连续的一元函数有一些重要性质.与此类似,在有界闭区域上连续的多元函数也有相应的性质,下面不加证明地给出这些性质.

定理 1(最大值和最小值定理) 若多元函数 $f(P)$ 在有界闭区域 D 上连续,则它在 D 上一定能取得最大值和最小值.即存在点 $P_1,P_2\in D$,使对任意的 $P\in D$ 均有
$$f(P_1)\leqslant f(P)\leqslant f(P_2).$$

推论 若多元函数 $f(P)$ 在有界闭区域 D 上连续,则它在 D 上必有界.

定理 2(介值定理) 若函数 $f(P)$ 在有界闭区域 D 上连续,且它在 D 上取得两个不同的函数值,则它一定能取得介于这两个函数值之间的一切值.

特别地,$f(P)$ 一定可取得介于函数最大值与最小值之间的任何值.

***定理 3**(一致连续性定理) 在有界闭区域 D 上连续的多元函数 $f(P)$,必定在 D 上一致连续,即对任意 $\varepsilon>0$,存在 $\delta>0$,对任何 $P_1,P_2\in D$,当 $|P_1P_2|<\delta$ 时,都有 $|f(P_1)-f(P_2)|<\varepsilon$ 成立.

习 题 9.1

(A)

1. 已知函数 $f(x,y)=x^3+xy^2+x^2 y\arctan\dfrac{x}{y}$,试求 $f(tx,ty)$.

2. 求下列函数的定义域:

   (1) $z=\ln(y^2-2x+1)$;

   (2) $z=\arcsin\dfrac{y}{x}$;

   (3) $z=\ln(y-x)+\dfrac{\sqrt{x}}{\sqrt{1-x^2-y^2}}$;

   (4) $u=\ln(z^2-x^2-y^2)$;

   (5) $u=\sqrt{R^2-x^2-y^2-z^2}+\dfrac{1}{\sqrt{x^2+y^2+z^2-r^2}}$ $(R>r>0)$.

3. 求下列函数的极限:

   (1) $\lim\limits_{\substack{x\to 0\\y\to 0}}\dfrac{xy}{\sqrt{xy+1}-1}$;

   (2) $\lim\limits_{\substack{x\to 0\\y\to 2}}\dfrac{\sin xy}{x}$.

4. 利用多元初等函数连续性求下列极限:

   (1) $\lim\limits_{\substack{x\to 1\\y\to 0}}\dfrac{\ln(x+\mathrm{e}^y)}{\sqrt{x^2+y^2}}$;

   (2) $\lim\limits_{\substack{x\to 0\\y\to 1\\z\to 2}}\mathrm{e}^{xy}\sin\left(\dfrac{\pi}{4}yz\right)$.

5. 证明极限 $\lim\limits_{\substack{x\to 0\\y\to 0}}\dfrac{x+y}{x-y}$ 不存在.

6. 研究函数 $f(x,y)=\begin{cases}\dfrac{2xy}{x^2-y^2},&x^2-y^2\neq 0,\\ 0,&x^2-y^2\neq 0\end{cases}$ 在 $(0,0)$ 处的连续性.

7. 求下列函数的不连续点(间断点)：

(1) $f(x,y)=\dfrac{1}{\sqrt{x^2+y^2}}$；

(2) $f(x,y)=\dfrac{1}{x+y}+\sqrt{1-x^2-y^2}$.

(B)

1. 已知函数 $f(u,v)=u^v$，求 $f(xy,x+y)$.

2. 证明函数 $f(x,y)=\ln x \cdot \ln y$ 满足关系式：
$$f(xy,ts)=f(x,t)+f(x,s)+f(y,t)+f(y,s).$$

3. 求下列函数的极限：

(1) $\lim\limits_{\substack{x\to 0\\ y\to 0}}\dfrac{1+x^2+y^2}{x^2+y^2}$；

(2) $\lim\limits_{\substack{x\to 0\\ y\to 0}}\dfrac{1-\cos(x^2+y^2)}{(x^2+y^2)e^{x^2y^2}}$.

4. 证明极限 $\lim\limits_{\substack{x\to +\infty\\ y\to +\infty}}\left(1+\dfrac{1}{x}\right)^{\frac{x^2}{x+y}}$ 不存在.

5. 设函数 $f(x,y)$ 在区域 D 上连续，证明 $|f(x,y)|$ 也在 D 上连续.

9.2 偏 导 数

一、偏导数的定义及其求法

我们已经知道，一元函数导数定义为函数的增量与自变量增量之比当自变量增量趋于零时的极限，它刻画了函数在一点处的变化率，它在研究一元函数的性质及其应用方面有着重要作用. 对于多元函数同样需要讨论它的变化率，但由于多元函数的自变量不止一个，函数关系就更为复杂. 为了叙述方便，我们首先讨论多元函数关于其中一个自变量的变化率. 以二元函数 $z=f(x,y)$ 为例，如果只有自变量 x 变化，而另一自变量 y 固定不变(即看作常量)，这时，它事实上就是一个关于 x 的一元函数，这个函数对 x 的导数，就称为二元函数 $z=f(x,y)$ 对 x 的偏导数，即有如下定义.

定义 设函数 $z=f(x,y)$ 在点 $P_0(x_0,y_0)$ 的某一邻域内有定义，将 y 固定在 y_0，给 x_0 以增量 Δx，于是函数有增量
$$\Delta_x z=f(x_0+\Delta x,y_0)-f(x_0,y_0),$$
$\Delta_x z$ 称为函数 $z=f(x,y)$ 在 P_0 处对 x 的**偏增量**，若极限

$$\lim_{\Delta x \to 0}\frac{\Delta_x z}{\Delta x}=\lim_{\Delta x \to 0}\frac{f(x_0+\Delta x,y_0)-f(x_0,y_0)}{\Delta x}$$

存在,则称此极限为函数 $z=f(x,y)$ 在点 P_0 处对 x 的**偏导数**,并记作

$$\frac{\partial z}{\partial x}\bigg|_{\substack{x=x_0\\y=y_0}},\quad \frac{\partial f}{\partial x}\bigg|_{\substack{x=x_0\\y=y_0}},\quad z_x(x_0,y_0)\quad \text{或}\quad f_x(x_0,y_0).$$

类似地,当自变量 x 固定在 x_0,而 y 在 y_0 处有增量 Δy 时,如果极限

$$\lim_{\Delta y \to 0}\frac{\Delta_y z}{\Delta y}=\lim_{\Delta y \to 0}\frac{f(x_0,y_0+\Delta y)-f(x_0,y_0)}{\Delta y}$$

存在,则称此极限为函数 $z=f(x,y)$ 在点 P_0 处对 y 的偏导数,并记作

$$\frac{\partial z}{\partial y}\bigg|_{\substack{x=x_0\\y=y_0}},\quad \frac{\partial f}{\partial y}\bigg|_{\substack{x=x_0\\y=y_0}},\quad z_y(x_0,y_0)\quad \text{或}\quad f_y(x_0,y_0).$$

如果在区域 D 内每一点 $P(x,y)$ 处,极限

$$\lim_{\Delta x \to 0}\frac{\Delta_x z}{\Delta x}=\lim_{\Delta x \to 0}\frac{f(x+\Delta x,y)-f(x,y)}{\Delta x}$$

与

$$\lim_{\Delta y \to 0}\frac{\Delta_y z}{\Delta y}=\lim_{\Delta y \to 0}\frac{f(x,y+\Delta y)-f(x,y)}{\Delta y}$$

都存在,则函数 $z=f(x,y)$ 在每一点 $P(x,y)$ 处的偏导数 $f_x(x,y)$ 与 $f_y(x,y)$ 都存在,它们仍是 x、y 的二元函数,则称 $f_x(x,y)$ 与 $f_y(x,y)$ 为**函数 $z=f(x,y)$ 的偏导函数**.在不引起混淆的情况下,习惯上也把它们叫做偏导数,并把函数 $z=f(x,y)$ 在点 $P(x,y)$ 处对 x 的偏导数,记作

$$\frac{\partial z}{\partial x},\quad \frac{\partial f}{\partial x},\quad z_x\quad \text{或}\quad f_x(x,y).$$

而函数 $z=f(x,y)$ 在点 $P(x,y)$ 处对 y 的偏导数,记作

$$\frac{\partial z}{\partial y},\quad \frac{\partial f}{\partial y},\quad z_y\quad \text{或}\quad f_y(x,y).$$

由偏导数的概念可知,$f(x,y)$ 在点 P_0 处对 x 的偏导数 $f_x(x_0,y_0)$ 显然就是偏导函数 $f_x(x,y)$ 在点 P_0 处的函数值,同样,$f_y(x_0,y_0)$ 是偏导函数 $f_y(x,y)$ 在 P_0 处的函数值.

由偏导数定义知,计算二元函数 $z=f(x,y)$ 的偏导数时,由于它只有一个自变量在变化,另一个自变量是固定的(即暂时看作常量),因此,二元函数偏导数的计算也就归结为计算一元函数的导数,因此,以前所学的计算导数的基本公式及运算法则这里都可使用.但是要记住,对其中一个自变量求偏导数时,需要将另一个自变量视为常量.

类似地，偏导数的概念还可以推广到二元以上的函数，例如三元函数 $u=f(x,y,z)$ 在点 $P(x,y,z)$ 处对 x 的偏导数定义为

$$f_x(x,y,z)=\lim_{\Delta x \to 0}\frac{\Delta_x u}{\Delta x}=\lim_{\Delta x \to 0}\frac{f(x+\Delta x,y,z)-f(x,y,z)}{\Delta x},$$

其中 $P(x,y,z)$ 是函数 $u=f(x,y,z)$ 定义域的内点，它的求法仍旧相当于一元函数的求导法.

例 1 设函数 $f(x,y)=x^2y+y^2$，求 $f_x(2,3), f_y(2,3)$.

解 $f_x(x,y)=2xy$， $f_y(x,y)=x^2+2y$，则

$$f_x(2,3)=2xy|_{(2,3)}=12, \quad f_y(2,3)=(x^2+2y)|_{(2,3)}=10.$$

例 2 求函数 $z=x^y+\ln x \cdot \sin(xy)(x>0)$ 的偏导数.

解 $z_x=yx^{y-1}+\dfrac{\sin(xy)}{x}+y\ln x \cdot \cos(xy)$， $z_y=x^y\ln x+x\ln x \cdot \cos(xy)$.

例 3 $u=\arctan(x-y)^z$，求 u_x, u_y, u_z.

解 $u_x=\dfrac{z(x-y)^{z-1}}{1+(x-y)^{2z}}$， $u_y=\dfrac{-z(x-y)^{z-1}}{1+(x-y)^{2z}}$， $u_z=\dfrac{(x-y)^z\ln(x-y)}{1+(x-y)^{2z}}$.

例 4 一定质量的理想气体，其压强 p、体积 V、绝对温度 T 之间满足状态方程：$pV=RT$（R 为常数）. 证明：$\dfrac{\partial p}{\partial V} \cdot \dfrac{\partial V}{\partial T} \cdot \dfrac{\partial T}{\partial p}=-1$.

证 由 $p=\dfrac{RT}{V}$ 得 $\dfrac{\partial p}{\partial V}=-\dfrac{RT}{V^2}$，由 $V=\dfrac{RT}{p}$ 得 $\dfrac{\partial V}{\partial T}=\dfrac{R}{p}$，

由 $T=\dfrac{pV}{R}$ 得 $\dfrac{\partial T}{\partial p}=\dfrac{V}{R}$，于是 $\dfrac{\partial p}{\partial V} \cdot \dfrac{\partial V}{\partial T} \cdot \dfrac{\partial T}{\partial p}=-1$.

应当注意，对一元函数来说，导数 $\dfrac{\mathrm{d}y}{\mathrm{d}x}$ 可以看作函数 y 的微分 $\mathrm{d}y$ 与自变量 x 的微分 $\mathrm{d}x$ 之商，而上式表明，偏导数的记号是一个整体记号，其中的横线没有相除的意义，这一点与一元函数导数记号是不同的.

例 5 求函数 $z=f(x,y)=\begin{cases}\dfrac{xy}{x^2+y^2}, & x^2+y^2\neq 0, \\ 0, & x^2+y^2=0\end{cases}$ 在原点 $(0,0)$ 处的偏导数.

解 由偏导数的定义有

$$f_x(0,0)=\lim_{\Delta x \to 0}\frac{f(0+\Delta x,0)-f(0,0)}{\Delta x}=\lim_{\Delta x \to 0}\frac{0}{\Delta x}=0,$$

同理 $f_y(0,0)=0$.

在讨论一元函数导数时，我们已经知道一元函数在某点处导数存在，则函数在该点必定连续，但对多元函数来说，这个结论却是不正确的. 事实上，在上例中，函数在原点 $(0,0)$ 处的两个偏导数 $f_x(0,0)=0, f_y(0,0)=0$ 均存在，但在 9.1 节例 9

已证明此函数在原点处是不连续的. 这就是说,对于二元函数 $z=f(x,y)$,即便两个偏导数 $f_x(x,y),f_y(x,y)$ 在某点都存在,也不能保证这个函数 $f(x,y)$ 在该点连续,这一点,是多元函数与一元函数的一个本质区别.

二、二元函数偏导数的几何意义

由二元函数 $z=f(x,y)$ 几何意义及偏导数 $f_x(x_0,y_0)$ 的概念知,$f_x(x_0,y_0)$ 表示空间曲线

$$\Gamma_1: \begin{cases} z=f(x,y), \\ y=y_0 \end{cases}$$

在点 $M_0(x_0,y_0,z_0)$(其中 $z_0=f(x_0,y_0)$)处的切线 T_x 对 x 轴的斜率(图 9.15).

同理,$f_y(x_0,y_0)$ 表示空间曲线

$$\Gamma_2: \begin{cases} z=f(x,y), \\ x=x_0 \end{cases}$$

在点 $M_0(x_0,y_0,z_0)$(其中 $z_0=f(x_0,y_0)$)处的切线 T_y 对 y 轴的斜率(图 9.15).

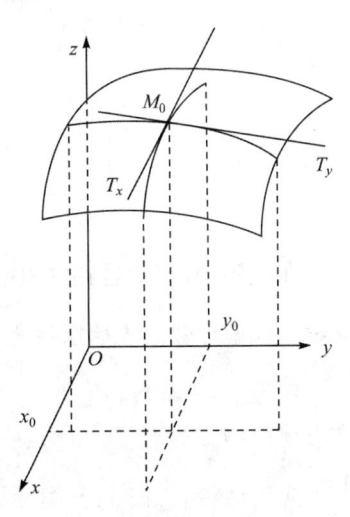

图 9.15

三、高阶导数

设函数 $z=f(x,y)$ 在区域 D 内有偏导数 $\dfrac{\partial z}{\partial x}=f_x(x,y)$,$\dfrac{\partial z}{\partial y}=f_y(x,y)$,这两个偏导数在 D 内一般仍是 x、y 的函数,如果这两个函数的偏导数也存在,则把它们在 D 内的偏导数叫做函数 $z=f(x,y)$ 在点 (x,y) 处的**二阶偏导数**,二元函数 $z=f(x,y)$ 按求导次序不同可得到下列四个二阶偏导数,分别记作

$$\frac{\partial^2 z}{\partial x^2}=\frac{\partial}{\partial x}\left(\frac{\partial z}{\partial x}\right)=f_{xx}(x,y); \quad \frac{\partial^2 z}{\partial x \partial y}=\frac{\partial}{\partial y}\left(\frac{\partial z}{\partial x}\right)=f_{xy}(x,y);$$

$$\frac{\partial^2 z}{\partial y \partial x}=\frac{\partial}{\partial x}\left(\frac{\partial z}{\partial y}\right)=f_{yx}(x,y); \quad \frac{\partial^2 z}{\partial y^2}=\frac{\partial}{\partial y}\left(\frac{\partial z}{\partial y}\right)=f_{yy}(x,y).$$

其中第二和第三个偏导数,称为**混合偏导数**. 为方便计,二阶偏导数 $f_{xx}(x,y)$,$f_{xy}(x,y),f_{yx}(x,y),f_{yy}(x,y)$ 有时也写成 $f''_{11},f''_{12},f''_{21},f''_{22}$.

类似地,还可定义二元函数的三阶、四阶以及 n 阶(n 为正整数)偏导数. 函数 $f(x,y)$ 的二阶及二阶以上的偏导数统称为二元函数 $f(x,y)$ 的**高阶偏导数**,相应地,称 $\dfrac{\partial z}{\partial x},\dfrac{\partial z}{\partial y}$ 为函数 $z=f(x,y)$ 的一阶偏导数.

例 6 求 $z = xy + \cos(x-2y)$ 的二阶偏导数.

解 由于

$$\frac{\partial z}{\partial x} = y - \sin(x-2y), \quad \frac{\partial z}{\partial y} = x + 2\sin(x-2y),$$

得到

$$\frac{\partial^2 z}{\partial x^2} = -\cos(x-2y), \quad \frac{\partial^2 z}{\partial y^2} = -4\cos(x-2y),$$

$$\frac{\partial^2 z}{\partial x \partial y} = 1 + 2\cos(x-2y), \quad \frac{\partial^2 z}{\partial y \partial x} = 1 + 2\cos(x-2y).$$

在此例中,我们看到这里的两个混合偏导数相等,即 $\dfrac{\partial^2 z}{\partial x \partial y} = \dfrac{\partial^2 z}{\partial y \partial x}$,即它们与对 x 及对 y 求偏导数的先后次序无关,这一结论并不是偶然的,事实上,我们有如下定理:

定理 若函数 $z = f(x, y)$ 的两个二阶混合偏导数 $f_{xy}(x, y), f_{yx}(x, y)$ 在区域 D 内连续,则它们一定相等,即 $f_{xy}(x, y) = f_{yx}(x, y)$.

换句话说,二阶混合偏导数在连续条件下与求偏导数的次序无关.

这个定理的证明从略.

关于二元函数的更高阶的混合偏导数或三元及以上函数的混合偏导数,也有类似的结论. 例如,对于三元函数 $u = f(x, y, z)$ 的混合偏导数在连续的条件下有

$$\frac{\partial^3 f}{\partial x^2 \partial y} = \frac{\partial^3 f}{\partial x \partial y \partial x} = \frac{\partial^3 f}{\partial y \partial x^2}.$$

例 7 求函数 $z = e^{2x} \sin y$ 的二阶偏导数及 $\dfrac{\partial^3 z}{\partial x^2 \partial y}$.

解 $\dfrac{\partial z}{\partial x} = 2e^{2x} \sin y, \quad \dfrac{\partial z}{\partial y} = e^{2x} \cos y, \quad \dfrac{\partial^2 z}{\partial x^2} = 4e^{2x} \sin y,$

$\dfrac{\partial^2 z}{\partial x \partial y} = \dfrac{\partial^2 z}{\partial y \partial x} = 2e^{2x} \cos y, \quad \dfrac{\partial^2 z}{\partial y^2} = -e^{2x} \sin y, \quad \dfrac{\partial^3 z}{\partial x^2 \partial y} = 4e^{2x} \cos y.$

例 8 设 $r = \sqrt{x^2 + y^2 + z^2}$,证明:函数 $u = \dfrac{1}{r}$ 满足方程

$$\frac{\partial^2 u}{\partial x^2} + \frac{\partial^2 u}{\partial y^2} + \frac{\partial^2 u}{\partial z^2} = 0. \tag{9.4}$$

证 $\dfrac{\partial u}{\partial x} = -\dfrac{1}{r^2} \dfrac{\partial r}{\partial x} = -\dfrac{1}{r^2} \cdot \dfrac{x}{r} = -\dfrac{x}{r^3},$

$\dfrac{\partial^2 u}{\partial x^2} = -\dfrac{1}{r^3} + \dfrac{3x}{r^4} \cdot \dfrac{\partial r}{\partial x} = -\dfrac{1}{r^3} + \dfrac{3x^2}{r^5} = \dfrac{3x^2 - r^2}{r^5}.$

由于函数关于自变量具有轮换对称性(所谓轮换对称性是指,当函数表达式中任意两个变量对调后,仍表示原来的函数),所以只要在上式中将 x 换成 y,x 换成

z 就可分别得到

$$\frac{\partial^2 u}{\partial y^2} = \frac{3y^2 - r^2}{r^5}, \quad \frac{\partial^2 u}{\partial z^2} = \frac{3z^2 - r^2}{r^5}.$$

因此

$$\frac{\partial^2 u}{\partial x^2} + \frac{\partial^2 u}{\partial y^2} + \frac{\partial^2 u}{\partial z^2} = \frac{3x^2 - r^2 + 3y^2 - r^2 + 3z^2 - r^2}{r^5} = 0.$$

方程(9.4)称为**拉普拉斯**(Laplace)**方程**,它在研究热传导、流体运动等问题中有着重要的应用. 等式左端可写成 $\left(\frac{\partial^2}{\partial x^2} + \frac{\partial^2}{\partial y^2} + \frac{\partial^2}{\partial z^2}\right)u$,"$\frac{\partial^2}{\partial x^2} + \frac{\partial^2}{\partial y^2} + \frac{\partial^2}{\partial z^2}$"是对函数 u 的一种运算符号,常用"Δ"表示,称为**拉普拉斯算子**,这样方程(9.4)便可简记为 $\Delta u = 0$.

习 题 9.2

(A)

1. 设函数 $f(x,y) = \begin{cases} \dfrac{xy}{\sqrt{x^2+y^2}}, & x^2+y^2 \neq 0, \\ 0, & x^2+y^2 = 0, \end{cases}$ 试用偏导数定义计算 $f_x(0,0), f_y(0,0)$.

2. 曲线 $\begin{cases} z = \dfrac{1}{4}(x^2+y^2), \\ x = 4 \end{cases}$ 在点 $(4,2,5)$ 处的切线对 y 轴的倾角是多少?

3. 求下列指定点的偏导数:

   (1) $z = \dfrac{x}{\sqrt{x^2+y^2}}$,求 $z_x(1,0), z_y(0,1)$;

   (2) $z = (x^2-1)\ln\cos^2(y^2-x) + e^{x^2+y}\sin(xy^2)$,求 $z_y(1,2)$.

4. 计算下列函数的偏导数:

   (1) $z = x^3 y - xy^3$; (2) $z = \arctan\left(\dfrac{y}{x}\right)$; (3) $z = \sin(xy) + \cos^2(xy)$;

5. 设 $z = e^{-\left(\frac{1}{x} + \frac{1}{y}\right)}$,证明: $x^2 \dfrac{\partial z}{\partial x} + y^2 \dfrac{\partial z}{\partial y} = 2z$.

6. 设 $z = \ln(\sqrt{x} + \sqrt{y})$,证明: $x \dfrac{\partial z}{\partial x} + y \dfrac{\partial z}{\partial y} = \dfrac{1}{2}$.

7. 求下列函数的二阶偏导数:

   (1) $z = \arcsin(xy)$;   (2) $z = \ln\sqrt{x^2+y^2}$;

   (3) $z = \arctan\dfrac{y}{x}$;   (4) $z = x^y$.

8. 设 $z = \arctan(2x - y)$. 证明: $\dfrac{\partial^2 z}{\partial x^2} + 2\dfrac{\partial^2 z}{\partial x \partial y} = 0$.

9. 设 $z = x\ln(xy)$,求 $\dfrac{\partial^3 z}{\partial x^2 \partial y}, \dfrac{\partial^3 z}{\partial x \partial y^2}$.

(B)

1. 设 $z=f(x,y)=\begin{cases}(x^2+y^2)\sin\dfrac{1}{\sqrt{x^2+y^2}}, & x^2+y^2\neq 0\\ 0, & x^2+y^2=0,\end{cases}$ 试讨论 $z=f(x,y)$：

   (1) 在 $(0,0)$ 处是否连续？
   (2) $f_x(0,0), f_y(0,0)$ 是否存在？
   (3) 偏导数 $f_x(x,y), f_y(x,y)$ 在 $(0,0)$ 处是否连续？

2. 计算下列函数的偏导数：

   (1) $z=\tan\dfrac{x^2}{y}$；　　(2) $u=\left(\dfrac{x}{y}\right)^z$；　　(3) $u=z^{xy}$.

3. 证明：函数 $x=\dfrac{1}{2a\sqrt{\pi t}}e^{-\dfrac{(s-b)^2}{4a^2 t}}$ (a,b 为常数)满足热传导方程 $\dfrac{\partial x}{\partial t}=a^2\dfrac{\partial^2 x}{\partial s^2}$.

4. 设 $u=z\arctan\dfrac{x}{y}$，证明：$\dfrac{\partial^2 u}{\partial x^2}+\dfrac{\partial^2 u}{\partial y^2}+\dfrac{\partial^2 u}{\partial z^2}=0$.

5. 设 $z=u(x,y)e^{ax+y}$，$\dfrac{\partial^2 u}{\partial x\partial y}=0$，求常数 a，使 $\dfrac{\partial^2 z}{\partial x\partial y}-\dfrac{\partial z}{\partial x}-\dfrac{\partial z}{\partial y}+z=0$.

9.3　全　微　分

一、全微分的定义

函数 $f(x,y)$ 在 $P(x,y)$ 处的偏导数 $f_x(x,y), f_y(x,y)$ 只是表示当一个自变量固定时，函数 $f(x,y)$ 对另一个自变量的变化率，这种变化率显然带有一定的局限性。那么，如果自变量 x,y 都取得增量时，函数 $z=f(x,y)$ 如何变化呢？

回忆一元函数 $y=f(x)$ 在 x_0 处的微分 $dy=A\Delta x$ 具有两个特点：

(1) 它是 Δx 的线性函数；
(2) 当 $\Delta x\to 0$ 时，它与函数增量 Δy 之差是比 Δx 更高阶的无穷小，即

$$\Delta y=A\Delta x+o(\Delta x)=dy+o(\Delta x)\quad(\Delta x\to 0).$$

这一概念类似地可推广到多元函数的情形，下面以二元函数 $z=f(x,y)$ 为例，给出全微分定义.

设函数 $z=f(x,y)$ 在点 $P(x,y)$ 的某一个邻域内有定义，并设 $P'(x+\Delta x,y+\Delta y)$ 为这一邻域内任一点，则称这两点的函数值之差 $f(x+\Delta x,y+\Delta y)-f(x,y)$ 为函数在点 P 对应于自变量增量 $\Delta x,\Delta y$ 的全增量，记作 Δz，即

$$\Delta z=f(x+\Delta x,y+\Delta y)-f(x,y).$$

定义 若函数 $z=f(x,y)$ 在点 $P(x,y)$ 处的全增量 Δz 可表示为 $\Delta z = A\Delta x + B\Delta y + o(\rho)$，其中 A,B 不依赖于 $\Delta x, \Delta y$，而仅与 x,y 有关，$\rho = \sqrt{(\Delta x)^2 + (\Delta y)^2}$，$o(\rho)$ 是当 $\rho \to 0$ 时，比 ρ 高阶的无穷小量. 则称函数 $z=f(x,y)$ 在点 $P(x,y)$ 处可微，并称 $A\Delta x + B\Delta y$ 为函数 $z=f(x,y)$ 在点 $P(x,y)$ 处的**全微分**，记作 $\mathrm{d}z$，即
$$\mathrm{d}z = A\Delta x + B\Delta y.$$

如果函数在区域 D 内各点处都可微，那么就称该函数在 D 内可微.

9.2 节曾经指出，多元函数在某点的偏导数即使都存在，也未必在该点连续. 但是，由上述定义可证明，如果函数 $z=f(x,y)$ 在 $P(x,y)$ 可微，那么这函数在该点必定连续，事实上有下面的定理 1.

二、函数可微的条件

定理 1（必要条件） 如果函数 $z=f(x,y)$ 在点 $P(x,y)$ 处可微，则它在该点处必连续.

证 由函数 $z=f(x,y)$ 在点 $P(x,y)$ 处可微，则
$$\Delta z = A\Delta x + B\Delta y + o(\rho),$$
当 $\Delta x \to 0, \Delta y \to 0$ 时，必有 $\rho \to 0$，于是 $o(\rho) \to 0$，因此
$$\lim_{\substack{\Delta x \to 0 \\ \Delta y \to 0}} \Delta z = 0.$$
即函数 $z=f(x,y)$ 在点 $P(x,y)$ 处连续.

定理 2（必要条件） 如果函数 $z=f(x,y)$ 在点 $P(x,y)$ 处可微，则函数在该点 $P(x,y)$ 处的偏导数 $\dfrac{\partial z}{\partial x}, \dfrac{\partial z}{\partial y}$ 都存在，且函数 $z=f(x,y)$ 在点 $P(x,y)$ 处的全微分可表示为
$$\mathrm{d}z = \frac{\partial z}{\partial x}\Delta x + \frac{\partial z}{\partial y}\Delta y. \tag{9.5}$$

证 由函数 $z=f(x,y)$ 在点 $P(x,y)$ 处可微，则
$$\Delta z = f(x+\Delta x, y+\Delta y) - f(x,y) = A\Delta x + B\Delta y + o(\rho).$$
特别地，当 $\Delta y = 0$ 时，$\rho = |\Delta x|$，上面的等式仍然成立，即有
$$f(x+\Delta x, y) - f(x,y) = A\Delta x + o(|\Delta x|),$$
所以

$$\frac{f(x+\Delta x,y)-f(x,y)}{\Delta x}=A+\frac{o(|\Delta x|)}{\Delta x} \quad (\Delta x\neq 0),$$

这里 A 与 Δx 无关，令 $\Delta x \to 0$，两边取极限有

$$\lim_{\Delta x\to 0}\frac{f(x+\Delta x,y)-f(x,y)}{\Delta x}=A,$$

从而偏导数 $\frac{\partial z}{\partial x}$ 存在，且等于 A.

类似地，可证明 $\frac{\partial z}{\partial y}=B$，因此该函数在点 $P(x,y)$ 处的偏导数 $\frac{\partial z}{\partial x}, \frac{\partial z}{\partial y}$ 都存在，且有

$$\mathrm{d}z=\frac{\partial z}{\partial x}\Delta x+\frac{\partial z}{\partial y}\Delta y.$$

由定理 2 可知，若函数 $z=f(x,y)$ 在点 $P(x,y)$ 处可微，则函数 $z=f(x,y)$ 在点 P 处的偏导数 $\frac{\partial z}{\partial x}, \frac{\partial z}{\partial y}$ 必存在. 然而若函数 $z=f(x,y)$ 在点 P 处偏导数存在，函数 $z=f(x,y)$ 在该点处未必可微. 事实上，考察函数

$$f(x,y)=\begin{cases} \dfrac{xy}{\sqrt{x^2+y^2}}, & x^2+y^2\neq 0, \\ 0, & x^2+y^2=0, \end{cases}$$

易求得该函数在 $(0,0)$ 处有 $f_x(0,0)=0$ 及 $f_y(0,0)=0$，所以

$$\Delta z-[f_x(0,0)\Delta x+f_y(0,0)\Delta y]=\frac{\Delta x\cdot\Delta y}{\sqrt{(\Delta x)^2+(\Delta y)^2}},$$

由于

$$\lim_{\substack{\Delta x\to 0\\ \Delta y=\Delta x\to 0}}\frac{\frac{\Delta x\cdot\Delta y}{\sqrt{(\Delta x)^2+(\Delta y)^2}}}{\rho}=\lim_{\substack{\Delta x\to 0\\ \Delta y=\Delta x\to 0}}\frac{\Delta x\cdot\Delta y}{(\Delta x)^2+(\Delta y)^2}=\lim_{\Delta x\to 0}\frac{\Delta x\cdot\Delta x}{(\Delta x)^2+(\Delta x)^2}=\frac{1}{2},$$

所以

$$\lim_{\substack{\Delta x\to 0\\ \Delta y\to 0}}\frac{\frac{\Delta x\cdot\Delta y}{\sqrt{(\Delta x)^2+(\Delta y)^2}}}{\rho}\neq 0,$$

即当 $\rho\to 0$ 时，函数 $f(x,y)$ 在 $(0,0)$ 处虽然偏导数都存在，但在该点并不可微. 由此可见，多元函数的偏导数存在只是函数可微的必要条件，这一点与一元函数有着本质的区别.

那么，二元函数 $f(x,y)$ 应具备什么条件，才能保证可微呢？

下面给出可微的充分条件.

定理 3(充分条件)　若函数 $z=f(x,y)$ 在点 $P(x,y)$ 的某个邻域内存在偏导数 $f_x(x,y),f_y(x,y)$,且这两个偏导数在点 P 处连续,则函数 $z=f(x,y)$ 在点 P 处可微.

证明　函数 $z=f(x,y)$ 在点 P 处的全增量可写为
$$\Delta z = f(x+\Delta x, y+\Delta y) - f(x,y)$$
$$= [f(x+\Delta x, y+\Delta y) - f(x, y+\Delta y)] + [f(x, y+\Delta y) - f(x,y)]. \quad (9.6)$$
上式第一个方括号内的表达式,由于 $y+\Delta y$ 不变,因而可以看作是关于 x 的一元函数 $f(x,y+\Delta y)$ 的增量,应用拉格朗日中值定理,得到
$$f(x+\Delta x, y+\Delta y) - f(x, y+\Delta y) = f_x(x+\theta_1\Delta x, y+\Delta y)\Delta x, \quad (0<\theta_1<1).$$
又由假设,$f_x(x,y)$ 在点 P 连续,所以上式可写为
$$f(x+\Delta x, y+\Delta y) - f(x, y+\Delta y) = f_x(x+\theta_1\Delta x, y+\Delta y)\Delta x = f_x(x,y)\Delta x + \alpha\Delta x, \tag{9.7}$$
其中 α 为 $\Delta x,\Delta y$ 的函数,且当 $\Delta x\to 0,\Delta y\to 0$ 时,$\alpha\to 0$.

同理式(9.6)的第二个方括号内的表达式可写为
$$f(x, y+\Delta y) - f(x,y) = f_y(x, y+\theta_2\Delta y)\Delta y = f_y(x,y)\Delta y + \beta\Delta y, \tag{9.8}$$
其中 β 是 Δy 的函数,且当 $\Delta y\to 0$ 时,$\beta\to 0,0<\theta_2<1$.

因此由式(9.7),(9.8)可得
$$\Delta z = f_x(x,y)\Delta x + f_y(x,y)\Delta y + \alpha\Delta x + \beta\Delta y,$$
而
$$\frac{|\alpha\Delta x+\beta\Delta y|}{\rho} \leqslant |\alpha|\frac{|\Delta x|}{\rho} + |\beta|\frac{|\Delta y|}{\rho} \leqslant |\alpha|+|\beta|,$$
因此 $\alpha\Delta x+\beta\Delta y=o(\rho)$,将式(9.7),(9.8)及 $o(\rho)$ 代入式(9.6)得
$$\Delta z = f_x(x,y)\Delta x + f_y(x,y)\Delta y + o(\rho).$$
这就证明了 $z=f(x,y)$ 在点 P 处是可微的.

应当指出,定理 3 的逆命题并不成立,也就是说,函数可微时,偏导数未必连续.

以上关于二元函数全微分的定义及可微分的必要条件和充分条件,可以完全类似地推广到三元及三元以上的多元函数.

习惯上,将自变量的增量 $\Delta x,\Delta y$ 分别记作 dx,dy,并分别称为自变量 x,y 的微分,因此函数 $f(x,y)$ 的全微分就可写为
$$dz = \frac{\partial z}{\partial x}dx + \frac{\partial z}{\partial y}dy.$$
类似地,三元函数 $u=f(x,y,z)$ 的全微分可写为
$$du = \frac{\partial u}{\partial x}dx + \frac{\partial u}{\partial y}dy + \frac{\partial u}{\partial z}dz.$$

例1 求函数 $z=x^y$ 在点 $(1,1)$ 处的全微分.

解 因为 $\dfrac{\partial z}{\partial x}=yx^{y-1}$, $\dfrac{\partial z}{\partial y}=x^y\ln x$, 故
$$dz|_{(1,1)}=(yx^{y-1}dx+x^y\ln x\,dy)|_{(1,1)}=dx.$$

例2 求函数 $z=\arctan\dfrac{y}{x}$ 的全微分.

解 因为 $\dfrac{\partial z}{\partial x}=-\dfrac{y}{x^2+y^2}$, $\dfrac{\partial z}{\partial y}=\dfrac{x}{x^2+y^2}$, 故
$$dz=-\dfrac{1}{x^2+y^2}(y\,dx-x\,dy).$$

例3 设函数 $u=\left(\dfrac{x}{y}\right)^{\frac{1}{z}}$, 求 du.

解 因为
$$\dfrac{\partial u}{\partial x}=\dfrac{1}{z}\left(\dfrac{x}{y}\right)^{\frac{1}{z}-1}\left(\dfrac{1}{y}\right),\quad \dfrac{\partial u}{\partial y}=\dfrac{1}{z}\left(\dfrac{x}{y}\right)^{\frac{1}{z}-1}\left(-\dfrac{x}{y^2}\right),\quad \dfrac{\partial u}{\partial z}=\left(\dfrac{x}{y}\right)^{\frac{1}{z}}\ln\left(\dfrac{x}{y}\right)\cdot\left(-\dfrac{1}{z^2}\right),$$
故
$$dz=\dfrac{1}{z}\left(\dfrac{x}{y}\right)^{\frac{1}{z}}\left(\dfrac{1}{x}dx-\dfrac{1}{y}dy-\dfrac{1}{z}\ln\dfrac{x}{y}dz\right).$$

*三、全微分在近似计算中的应用

由前面的讨论我们可知,若函数 $z=f(x,y)$ 在点 $P_0(x_0,y_0)$ 处可微,则有等式
$$\Delta z=f(x_0+\Delta x,y_0+\Delta y)-f(x_0,y_0)=f_x(x_0,y_0)\Delta x+f_y(x_0,y_0)\Delta y+o(\rho)\quad(\rho\to 0)$$
成立. 因此,当 $|\Delta x|,|\Delta y|$ 都很小时,有近似公式

$$\Delta z\approx dz=f_x(x_0,y_0)\Delta x+f_y(x_0,y_0)\Delta y \tag{9.9}$$

或

$$f(x_0+\Delta x,y_0+\Delta y)\approx f(x_0,y_0)+f_x(x_0,y_0)\Delta x+f_y(x_0,y_0)\Delta y \tag{9.10}$$

或

$$f(x,y)\approx f(x_0,y_0)+f_x(x_0,y_0)(x-x_0)+f_y(x_0,y_0)(y-y_0). \tag{9.11}$$

利用公式(9.9),(9.10)可以对二元函数作近似计算和误差估计.

1. 近似计算

例4 计算 $(1.04)^{2.02}$ 的近似值.

解 设 $f(x,y)=x^y$, 取 $x_0=1,y_0=2,\Delta x=0.04,\Delta y=0.02$, 由于
$$f_x(x,y)=yx^{y-1},\quad f_y(x,y)=x^y\ln x,$$
由公式(9.10),得

$$(1.04)^{2.02}=f(1.04,2.02)\approx f(1,2)+f_x(1,2)\Delta x+f_y(1,2)\Delta y$$
$$=1^2+2\times1^{2-1}\times0.04+1^2\ln1\times0.02=1.08.$$

例 5 一圆柱体受压后发生变形,它的底面半径由 20cm 增至 20.05cm,高度由 100cm 减少至 99cm,求此圆柱体体积变化的近似值.

解 设圆柱体的高、底面半径、体积依次为 h,R,V,则 $V=\pi R^2 h$,因此

$$\Delta V\approx \mathrm{d}V=\frac{\partial V}{\partial R}\Delta R+\frac{\partial V}{\partial h}\Delta h=2\pi Rh\Delta R+\pi R^2\Delta h.$$

取 $R=20, h=100, \Delta R=0.05, \Delta h=-1$,由公式(9.9),得

$$\Delta V\approx 2\pi\times 20\times 100\times 0.05+\pi\times 400\times(-1)=-200\pi(\mathrm{cm}^3).$$

即圆柱体受压后体积约减少 $200\pi\mathrm{cm}^3$.

2. 误差估计

设有二元函数 $z=f(x,y)$,其中 x,y 可以直接测得,而 z 由公式 $z=f(x,y)$ 确定,由于测量 x,y 时有误差 $\Delta x, \Delta y$,因此计算出的 z 也有误差 Δz. 设 x,y 的最大绝对误差为 δ_x, δ_y,即 $|\Delta x|\leqslant\delta_x, |\Delta y|\leqslant\delta_y$. 则由近似公式(9.9)知

$$|\Delta z|\approx|\mathrm{d}z|=|f_x(x_0,y_0)\Delta x+f_y(x_0,y_0)\Delta y|$$
$$\leqslant|f_x(x_0,y_0)|\delta_x+|f_y(x_0,y_0)|\delta_y=\delta_z, \tag{9.12}$$
$$\left|\frac{\Delta z}{z}\right|\leqslant\frac{|f_x(x_0,y_0)|\delta_x+|f_y(x_0,y_0)|\delta_y}{|f(x_0,y_0)|}=\frac{\delta_z}{|f(x_0,y_0)|}. \tag{9.13}$$

例 6 利用单摆测量重力加速度 g 的公式是 $g=\dfrac{4\pi^2 l}{T^2}$. 现测得摆长 l 与振动周期 T 分别为 $l=100\pm 0.1(\mathrm{cm}), T=2\pm 0.004(\mathrm{s})$. 问由此公式计算 g 所产生的最大绝对误差和相对误差各是多少?

解 $\dfrac{\partial g}{\partial l}=\dfrac{4\pi^2}{T^2}, \dfrac{\partial g}{\partial T}=-\dfrac{8\pi^2 l}{T^3}$,由式(9.12),(9.13)可得 g 的最大绝对误差和相对误差分别为

$$\delta_g=\left|\frac{\partial g}{\partial l}\right|\delta_l+\left|\frac{\partial g}{\partial T}\right|\delta_T=4\pi^2\left(\frac{1}{T^2}\delta_l+\frac{2l}{T^3}\delta_T\right), \quad \frac{\delta_g}{|g|}=\frac{\delta_g}{\dfrac{4\pi^2 l}{T^2}}.$$

取 $l=100, T=2, \delta_l=0.1, \delta_T=0.004$,代入可得

$$\delta_g=0.5\pi^2\approx 4.93(\mathrm{cm/s}^2), \quad \frac{\delta_g}{|g|}=\frac{0.5\pi^2}{\dfrac{4\pi^2\times 100}{2^2}}=0.5\%.$$

习 题 9.3

(A)

1. 求下列函数的全微分：

   (1) $z = \dfrac{x}{y}$;

   (2) $z = \sin(x^2 + y^2)$;

   (3) $z = \dfrac{x+y}{x-y}$;

   (4) $z = e^{\frac{y}{x}}$;

   (5) $u = \ln\sqrt{x^2 + y^2 + z^2}$;

   (6) $u = x^{yz}$.

2. 设函数 $z = x^y + \sqrt{x^2 + y^2}$, 求 $\mathrm{d}z\big|_{(1,1)}$.

3. 求函数 $z = \dfrac{x}{\sqrt{x^2 + y^2}}$ 在给定点及 $\Delta x, \Delta y$ 时的全微分.

   (1) 点 $(0,1), \Delta x = 0.1, \Delta y = 0.2$;

   (2) 点 $(1,0), \Delta x = 0.2, \Delta y = 0.1$.

*4. 利用全微分计算下列各数的近似值：

   (1) $(0.97)^{1.05}$;

   (2) $\sin 29° \tan 46°$.

*5. 利用全微分证明：乘积的相对误差约等于各因子的相对误差之和, 商的相对误差约等于被除数及除数的相对误差之和.

(B)

1. 证明 $f(x,y) = \sqrt{|xy|}$ 在 $(0,0)$ 点连续, $f_x(0,0), f_y(0,0)$ 均存在, 但在 $(0,0)$ 点不可微.

*2. 利用全微分计算 $\sqrt{(1.02)^3 + (1.97)^3}$ 的近似值.

*3. 某工厂欲用混凝土建造一个开顶长方形水池, 它的尺寸为长 5m、宽 4m、高 3m, 又它的四壁及底的厚度为 0.2m, 问大约需要多少立方米的混凝土？

*4. 设测定圆柱的底半径 $r = 2.5\text{m} \pm 0.1\text{m}$, 高 $h = 4.0\text{m} \pm 0.2\text{m}$, 问由公式 $V = \pi r^2 h$ 所算出的圆柱体体积 V 有怎样的绝对误差和相对误差？

9.4 多元复合函数求导法则

我们知道, 在求一元复合函数的导数时, 有所谓的链式法则, 即如果函数 $y = f(u)$ 的导数 $\dfrac{\mathrm{d}y}{\mathrm{d}u}$ 存在, $u = \varphi(x)$ 的导数 $\dfrac{\mathrm{d}u}{\mathrm{d}x}$ 存在, 则复合函数 $y = f(\varphi(x))$ 的导数 $\dfrac{\mathrm{d}y}{\mathrm{d}x}$ 也存在, 并且

$$\frac{\mathrm{d}y}{\mathrm{d}x} = \frac{\mathrm{d}y}{\mathrm{d}u} \cdot \frac{\mathrm{d}u}{\mathrm{d}x}.$$

这一法则可类似地推广到多元复合函数情形, 不过由于自变量、中间变量较多, 其公式在形式上要复杂些.

多元复合函数求导法则

一、复合函数的全导数

> **定理 1** 如果函数 $u=\varphi(t)$ 及 $v=\psi(t)$ 都在点 t 可导,函数 $z=f(u,v)$ 在对应点 (u,v) 处具有连续的偏导数,则复合函数 $z=f[\varphi(t),\psi(t)]$ 在点 t 处可导,且
> $$\frac{dz}{dt}=\frac{\partial z}{\partial u}\cdot\frac{du}{dt}+\frac{\partial z}{\partial v}\cdot\frac{dv}{dt}. \tag{9.14}$$
> 上式中的导数 $\dfrac{dz}{dt}$ 称为**全导数**.

证明 设 t 获得增量 Δt,这时函数 $u=\varphi(t),v=\psi(t)$ 的对应增量为 $\Delta u,\Delta v$,由假设知,函数 $z=f(u,v)$ 在点 (u,v) 处有连续偏导数,因而它在点 (u,v) 处可微,于是有

$$\Delta z=\frac{\partial z}{\partial u}\Delta u+\frac{\partial z}{\partial v}\Delta v+o(\rho),$$

其中 $\rho=\sqrt{(\Delta u)^2+(\Delta v)^2}$,上式两边同时除以 Δt,得

$$\frac{\Delta z}{\Delta t}=\frac{\partial z}{\partial u}\cdot\frac{\Delta u}{\Delta t}+\frac{\partial z}{\partial v}\cdot\frac{\Delta v}{\Delta t}+\frac{o(\rho)}{\Delta t},$$

由于一元函数可导必连续,所以当 $\Delta t\to 0$ 时,有 $\Delta u\to 0,\Delta v\to 0$,则 $\rho=\sqrt{(\Delta u)^2+(\Delta v)^2}\to 0$,此时

$$\frac{\Delta u}{\Delta t}\to\frac{du}{dt},\frac{\Delta v}{\Delta t}\to\frac{dv}{dt},\frac{o(\rho)}{\Delta t}=\frac{o(\rho)}{\rho}\sqrt{\left(\frac{\Delta u}{\Delta t}\right)^2+\left(\frac{\Delta v}{\Delta t}\right)^2}\to 0, \quad (\Delta t<0\text{ 时},\text{根号前加"}-\text{"号})$$

所以

$$\lim_{\Delta t\to 0}\frac{\Delta z}{\Delta t}=\frac{\partial z}{\partial u}\cdot\lim_{\Delta t\to 0}\frac{\Delta u}{\Delta t}+\frac{\partial z}{\partial v}\cdot\lim_{\Delta t\to 0}\frac{\Delta v}{\Delta t}=\frac{\partial z}{\partial u}\cdot\frac{du}{dt}+\frac{\partial z}{\partial v}\cdot\frac{dv}{dt}.$$

这就证明了复合函数 $z=f[\varphi(t),\psi(t)]$ 在点 t 可导,且其导数可用公式(9.14)计算.

例 1 设函数 $z=f(x,y)=e^{x-2y}$,而 $x=\sin t,y=e^t$,求 $\dfrac{dz}{dt}$.

解 $\dfrac{dz}{dt}=\dfrac{\partial z}{\partial x}\cdot\dfrac{dx}{dt}+\dfrac{\partial z}{\partial y}\cdot\dfrac{dy}{dt}=e^{x-2y}\cdot\cos t+e^{x-2y}\cdot(-2)\cdot e^t$
$=e^{\sin t-2e^t}(\cos t-2e^t).$

用同样的方法,可以把定理 1 的结论推广至中间变量多于两个的情形. 例如,由 $z=f(u,v,w),u=\varphi(t),v=\psi(t),w=w(t)$ 复合而成 $z=f[\varphi(t),\psi(t),w(t)]$,在定理相类似的条件下,这复合函数在点 t 可导,且

$$\frac{dz}{dt}=\frac{\partial z}{\partial u}\cdot\frac{du}{dt}+\frac{\partial z}{\partial v}\cdot\frac{dv}{dt}+\frac{\partial z}{\partial w}\cdot\frac{dw}{dt}. \tag{9.15}$$

例 2 设 $u=\dfrac{e^{ax}(y-z)}{a^2+1}$,而 $y=a\sin x, z=\cos x$,求 $\dfrac{du}{dx}$.

解 在这里可以看作公式(9.15)的特殊情形:$x=x, y=a\sin x, z=\cos x$,

$$\frac{du}{dx}=\frac{\partial u}{\partial x}\cdot\frac{dx}{dx}+\frac{\partial u}{\partial y}\cdot\frac{dy}{dx}+\frac{\partial u}{\partial z}\cdot\frac{dz}{dx}$$

$$=\frac{e^{ax}\cdot a}{a^2+1}(y-z)\cdot 1+\frac{e^{ax}}{a^2+1}\cdot a\cos x+\frac{-e^{ax}}{a^2+1}\cdot(-\sin x)=e^{ax}\sin x.$$

二、复合函数的偏导数

定理1的结论类似地也可推广到中间变量不是一元函数而是多元函数的情形. 例如,设函数 $z=f(u,v)$ 是由函数 $u=\varphi(x,y), v=\psi(x,y)$ 复合而得函数 $z=f(\varphi(x,y),\psi(x,y))$,则有

> **定理 2** 若函数 $u=\varphi(x,y)$ 及 $v=\psi(x,y)$ 都在点 (x,y) 具有对 x 及对 y 的偏导数,函数 $z=f(u,v)$ 在对应点 (u,v) 具有连续偏导数,则复合函数 $z=f(\varphi(x,y),\psi(x,y))$ 点 (x,y) 对 x 及对 y 的偏导数都存在,且有
>
> $$\frac{\partial z}{\partial x}=\frac{\partial z}{\partial u}\cdot\frac{\partial u}{\partial x}+\frac{\partial z}{\partial v}\cdot\frac{\partial v}{\partial x}, \tag{9.16}$$
>
> $$\frac{\partial z}{\partial y}=\frac{\partial z}{\partial u}\cdot\frac{\partial u}{\partial y}+\frac{\partial z}{\partial v}\cdot\frac{\partial v}{\partial y}. \tag{9.17}$$
>
> 公式(9.16),(9.17)称为**链式法则**.

证明类似于定理1,只要注意到求 $\dfrac{\partial z}{\partial x}$ 时,将 y 看作常量,因此中间变量 u 及 v 仍可看作一元函数而应用定理1即可,不过由于中间变量是二元函数,因此要把公式(9.14)中的"d"换为"∂".

类似地可以推广至中间变量多于二个的情形,例如设 $u=\varphi(x,y), v=\psi(x,y), w=w(x,y)$ 都在点 (x,y) 对 x,y 有偏导数,函数 $z=f(u,v,w)$ 在对应点 (u,v,w) 具有连续偏导数,则复合函数 $z=f[\varphi(x,y),\psi(x,y),w(x,y)]$ 在 (x,y) 的两个偏导数都存在,且有

$$\frac{\partial z}{\partial x}=\frac{\partial z}{\partial u}\cdot\frac{\partial u}{\partial x}+\frac{\partial z}{\partial v}\cdot\frac{\partial v}{\partial x}+\frac{\partial z}{\partial w}\cdot\frac{\partial w}{\partial x},$$

$$\frac{\partial z}{\partial y}=\frac{\partial z}{\partial u}\cdot\frac{\partial u}{\partial y}+\frac{\partial z}{\partial v}\cdot\frac{\partial v}{\partial y}+\frac{\partial z}{\partial w}\cdot\frac{\partial w}{\partial y}.$$

特别地，如果 $z=f(u,x,y)$ 具有连续偏导数，而 $u=u(x,y)$ 具有连续偏导数，则复合函数 $z=f(u(x,y),x,y)$ 可以看作上述情形中 $v=x, w=y$ 的特殊情形，因此有

$$\frac{\partial z}{\partial x}=\frac{\partial f}{\partial u}\cdot\frac{\partial u}{\partial x}+\frac{\partial f}{\partial x}, \quad \frac{\partial z}{\partial y}=\frac{\partial f}{\partial u}\cdot\frac{\partial u}{\partial y}+\frac{\partial f}{\partial y}.$$

这是因为 $\frac{\partial v}{\partial x}=1, \frac{\partial w}{\partial x}=0, \frac{\partial v}{\partial y}=0, \frac{\partial w}{\partial y}=1$，不过这里应当引起注意的是 $\frac{\partial z}{\partial x}$ 与 $\frac{\partial f}{\partial x}$ 的意义是不同的，$\frac{\partial z}{\partial x}$ 是视 z 为 x,y 的二元函数而求 x 的偏导数，此时是把 y 看作常量的；而 $\frac{\partial f}{\partial x}$ 是将 $f(u,x,y)$ 看作三元函数而求 x 的偏导数，此时是把 u,y 看作常量的。

例 3 设 $z=u^2v-uv^2$，而 $u=x\cos y, v=x\sin y$，求 $\frac{\partial z}{\partial x}$ 和 $\frac{\partial z}{\partial y}$.

解 $\frac{\partial z}{\partial x}=\frac{\partial z}{\partial u}\cdot\frac{\partial u}{\partial x}+\frac{\partial z}{\partial v}\cdot\frac{\partial v}{\partial x}$
$=(2uv-v^2)\cdot\cos y+(u^2-2uv)\sin y=3x^2\sin y\cos y(\cos y-\sin y);$

$\frac{\partial z}{\partial y}=\frac{\partial z}{\partial u}\cdot\frac{\partial u}{\partial y}+\frac{\partial z}{\partial v}\cdot\frac{\partial v}{\partial y}=(2uv-v^2)(-x\sin y)+(u^2-2uv)(x\cos y)$
$=-2x^3\sin y\cos y(\sin y+\cos y)+x^3(\sin^3 y+\cos^3 y).$

例 4 设 $z=f(x^2-y^2, y^2-x^2)$，f 具有连续偏导数，证明 $y\frac{\partial z}{\partial x}+x\frac{\partial z}{\partial y}=0$.

证 令 $u=x^2-y^2, v=y^2-x^2$，则 $z=f(x^2-y^2, y^2-x^2)$ 由 $u=x^2-y^2, v=y^2-x^2, z=f(u,v)$ 复合而成，故

$$\frac{\partial z}{\partial x}=\frac{\partial z}{\partial u}\cdot\frac{\partial u}{\partial x}+\frac{\partial z}{\partial v}\cdot\frac{\partial v}{\partial x}=2x\left(\frac{\partial z}{\partial u}-\frac{\partial z}{\partial v}\right),$$

$$\frac{\partial z}{\partial y}=\frac{\partial z}{\partial u}\cdot\frac{\partial u}{\partial y}+\frac{\partial z}{\partial v}\cdot\frac{\partial v}{\partial y}=2y\left(\frac{\partial z}{\partial v}-\frac{\partial z}{\partial u}\right),$$

因此

$$y\frac{\partial z}{\partial x}+x\frac{\partial z}{\partial y}=2xy\left(\frac{\partial z}{\partial u}-\frac{\partial z}{\partial v}\right)+2xy\left(\frac{\partial z}{\partial v}-\frac{\partial z}{\partial u}\right)=0.$$

例 5 设 $w=f(x+y+z, xyz)$，f 具有二阶连续偏导数，求 $\frac{\partial w}{\partial x}$ 和 $\frac{\partial^2 w}{\partial x\partial z}$.

解 令 $u=x+y+z, v=xyz$，则 $w=f(u,v)$，为表达简便起见，引入以下记号

$$f_u(u,v)=f'_1, \quad f_{uv}(u,v)=f''_{12}.$$

这里下标"1"表示对第一个变量 u 求偏导数，下标"2"表示对第 2 个变量 v 求偏导

数,同理有 f_2', f_{11}'', f_{22}'' 等. 因所给函数 $w=f(u,v)$ 是由 $u=x+y+z$, $v=xyz$ 复合而成,根据复合函数求导法则有

$$\frac{\partial w}{\partial x}=f_1'\frac{\partial u}{\partial x}+f_2'\frac{\partial v}{\partial x}=f_1'+yzf_2',$$

$$\frac{\partial^2 w}{\partial x \partial z}=\frac{\partial}{\partial z}(f_1'+yzf_2')=\frac{\partial f_1'}{\partial z}+yf_2'+yz\frac{\partial f_2'}{\partial z},$$

求 $\frac{\partial f_1'}{\partial z}$ 及 $\frac{\partial f_2'}{\partial z}$ 时,应注意 f_1' 及 f_2' 仍旧是复合函数,根据复合函数的求导法则,有

$$\frac{\partial f_1'}{\partial z}=f_{11}''\frac{\partial u}{\partial z}+f_{12}''\frac{\partial v}{\partial z}=f_{11}''+xyf_{12}'', \quad \frac{\partial f_2'}{\partial z}=f_{21}''\frac{\partial u}{\partial z}+f_{22}''\frac{\partial v}{\partial z}=f_{21}''+xyf_{22}'',$$

于是

$$\frac{\partial^2 w}{\partial x \partial z}=f_{11}''+xyf_{12}''+yf_2'+yzf_{21}''+xy^2zf_{22}''=f_{11}''+y(x+z)f_{12}''+xy^2zf_{22}''+yf_2'.$$

最后一步中,利用了 $f_{12}''=f_{21}''$,这是因为 f 具有二阶连续偏导数,所以这两个混合偏导数是相等的.

例 6 设 $u=f(x,y)$ 的所有二阶偏导数连续,$x=\frac{s-\sqrt{3}t}{2}$, $y=\frac{\sqrt{3}s+t}{2}$. 证明:

(1) $\left(\frac{\partial u}{\partial x}\right)^2+\left(\frac{\partial u}{\partial y}\right)^2=\left(\frac{\partial u}{\partial s}\right)^2+\left(\frac{\partial u}{\partial t}\right)^2$;

(2) $\frac{\partial^2 u}{\partial x^2}+\frac{\partial^2 u}{\partial y^2}=\frac{\partial^2 u}{\partial s^2}+\frac{\partial^2 u}{\partial t^2}.$

证 (1) 由 $\begin{cases}x=\frac{1}{2}(s-\sqrt{3}t),\\ y=\frac{1}{2}(\sqrt{3}s+t)\end{cases}$ 可得 $\begin{cases}s=\frac{1}{2}(x+\sqrt{3}y),\\ t=\frac{1}{2}(-\sqrt{3}x+y),\end{cases}$ 由于

$$u=f(x,y)=f\left(\frac{1}{2}(s-\sqrt{3}t),\frac{1}{2}(\sqrt{3}s+t)\right)=F(s,t),$$

所以应用复合函数求导法则得

$$\frac{\partial u}{\partial x}=\frac{\partial u}{\partial s}\cdot\frac{\partial s}{\partial x}+\frac{\partial u}{\partial t}\cdot\frac{\partial t}{\partial x}=\frac{\partial u}{\partial s}\cdot\frac{1}{2}+\frac{\partial u}{\partial t}\left(-\frac{\sqrt{3}}{2}\right),$$

$$\frac{\partial u}{\partial y}=\frac{\partial u}{\partial s}\cdot\frac{\partial s}{\partial y}+\frac{\partial u}{\partial t}\cdot\frac{\partial t}{\partial y}=\frac{\partial u}{\partial s}\cdot\frac{\sqrt{3}}{2}+\frac{\partial u}{\partial t}\cdot\frac{1}{2},$$

故 $\left(\frac{\partial u}{\partial x}\right)^2+\left(\frac{\partial u}{\partial y}\right)^2=\left(\frac{1}{2}\frac{\partial u}{\partial s}-\frac{\sqrt{3}}{2}\frac{\partial u}{\partial t}\right)^2+\left(\frac{\sqrt{3}}{2}\frac{\partial u}{\partial s}+\frac{1}{2}\frac{\partial u}{\partial t}\right)^2=\left(\frac{\partial u}{\partial s}\right)^2+\left(\frac{\partial u}{\partial t}\right)^2;$

(2) $\dfrac{\partial^2 u}{\partial x^2}=\dfrac{\partial}{\partial x}\left(\dfrac{1}{2}\dfrac{\partial u}{\partial s}-\dfrac{\sqrt{3}}{2}\dfrac{\partial u}{\partial t}\right)$

$=\dfrac{1}{2}\left(\dfrac{\partial^2 u}{\partial s^2}\cdot\dfrac{\partial s}{\partial x}+\dfrac{\partial^2 u}{\partial s\partial t}\cdot\dfrac{\partial t}{\partial x}\right)-\dfrac{\sqrt{3}}{2}\left(\dfrac{\partial^2 u}{\partial t\partial s}\cdot\dfrac{\partial s}{\partial x}+\dfrac{\partial^2 u}{\partial t^2}\cdot\dfrac{\partial t}{\partial x}\right)$

$=\dfrac{1}{2}\left(\dfrac{1}{2}\dfrac{\partial^2 u}{\partial s^2}-\dfrac{\sqrt{3}}{2}\dfrac{\partial^2 u}{\partial s\partial t}\right)-\dfrac{\sqrt{3}}{2}\left(\dfrac{1}{2}\dfrac{\partial^2 u}{\partial t\partial s}-\dfrac{\sqrt{3}}{2}\dfrac{\partial^2 u}{\partial t^2}\right)$

$=\dfrac{1}{4}\dfrac{\partial^2 u}{\partial s^2}-\dfrac{\sqrt{3}}{2}\dfrac{\partial^2 u}{\partial s\partial t}+\dfrac{3}{4}\dfrac{\partial^2 u}{\partial t^2},$

同理

$$\dfrac{\partial^2 u}{\partial y^2}=\dfrac{3}{4}\dfrac{\partial^2 u}{\partial s^2}+\dfrac{\sqrt{3}}{2}\dfrac{\partial^2 u}{\partial s\partial t}+\dfrac{1}{4}\dfrac{\partial^2 u}{\partial t^2},$$

两式相加,得

$$\dfrac{\partial u^2}{\partial x^2}+\dfrac{\partial^2 u}{\partial y^2}=\dfrac{\partial^2 u}{\partial s^2}+\dfrac{\partial^2 u}{\partial t^2}.$$

三、一阶全微分形式不变性

设函数 $z=f(u,v)$ 具有连续偏导数,则有全微分 $\mathrm{d}z=\dfrac{\partial z}{\partial u}\mathrm{d}u+\dfrac{\partial z}{\partial v}\mathrm{d}v$,如果 u,v 又是 x,y 的函数 $u=u(x,y),v=v(x,y)$,且这两个函数也具有连续偏导数,则复合函数 $z=f(u(x,y),v(x,y))$ 的全微分为

$$\mathrm{d}z=\dfrac{\partial z}{\partial x}\mathrm{d}x+\dfrac{\partial z}{\partial y}\mathrm{d}y.$$

而

$$\dfrac{\partial z}{\partial x}=\dfrac{\partial z}{\partial u}\cdot\dfrac{\partial u}{\partial x}+\dfrac{\partial z}{\partial v}\cdot\dfrac{\partial v}{\partial x},\quad \dfrac{\partial z}{\partial y}=\dfrac{\partial z}{\partial u}\cdot\dfrac{\partial u}{\partial y}+\dfrac{\partial z}{\partial v}\cdot\dfrac{\partial v}{\partial y},$$

代入上式,得

$$\begin{aligned}\mathrm{d}z&=\left(\dfrac{\partial z}{\partial u}\cdot\dfrac{\partial u}{\partial x}+\dfrac{\partial z}{\partial v}\cdot\dfrac{\partial v}{\partial x}\right)\mathrm{d}x+\left(\dfrac{\partial z}{\partial u}\cdot\dfrac{\partial u}{\partial y}+\dfrac{\partial z}{\partial v}\cdot\dfrac{\partial v}{\partial y}\right)\mathrm{d}y\\ &=\dfrac{\partial z}{\partial u}\left(\dfrac{\partial u}{\partial x}\mathrm{d}x+\dfrac{\partial u}{\partial y}\mathrm{d}y\right)+\dfrac{\partial z}{\partial v}\left(\dfrac{\partial v}{\partial x}\mathrm{d}x+\dfrac{\partial v}{\partial y}\mathrm{d}y\right)\\ &=\dfrac{\partial z}{\partial u}\mathrm{d}u+\dfrac{\partial z}{\partial v}\mathrm{d}v.\end{aligned}$$

由此可见,无论 z 是自变量 u,v 的函数或中间变量 u,v 的函数,它的全微分形式都是一样的,这个性质称为**全微分形式不变性**.

例7 利用全微分形式不变性求函数 $z=\arctan\dfrac{y}{x}$ 的两个偏导数 $\dfrac{\partial z}{\partial x}, \dfrac{\partial z}{\partial y}$.

解 $\mathrm{d}z=\dfrac{1}{1+\left(\dfrac{y}{x}\right)^2}\mathrm{d}\left(\dfrac{y}{x}\right)=\dfrac{x^2}{x^2+y^2}\cdot\dfrac{x\mathrm{d}y-y\mathrm{d}x}{x^2}=\dfrac{x}{x^2+y^2}\mathrm{d}y-\dfrac{y}{x^2+y^2}\mathrm{d}x,$

从而

$$\dfrac{\partial z}{\partial x}=-\dfrac{y}{x^2+y^2}, \quad \dfrac{\partial z}{\partial y}=\dfrac{x}{x^2+y^2}.$$

习 题 9.4

(A)

1. 求下列函数的全导数：

   (1) $z=\dfrac{y}{x}$，而 $x=\mathrm{e}^t, y=1-\mathrm{e}^{2t}$； (2) $z=\arctan(xy)$，其中 $y=\mathrm{e}^x$.

2. 已知 $y=\mathrm{e}^{ty}+x$，而 t 是由方程 $y^2+t^2-x^2=1$ 确定的 x, y 的函数，求 $\dfrac{\mathrm{d}y}{\mathrm{d}x}$.

3. 设 $z=\arctan\dfrac{u}{v}$，而 $u=x+y, v=x-y$，验证：$\dfrac{\partial z}{\partial x}+\dfrac{\partial z}{\partial y}=\dfrac{x-y}{x^2+y^2}$.

4. 求下列函数的一阶偏导数：

   (1) $z=x^2y-xy^2$，而 $x=u\cos v, y=u\sin v$； (2) $z=(2x+y)^{2x+y}$；

   (3) $z=u^2\ln v$，而 $u=\dfrac{x}{y}, v=3x-2y$； (4) $u=f(x^2-y^2, \mathrm{e}^{xy})$；

   (5) $u=f(x, xy, xyz)$.

5. $u=f(x^2+y^2+z^2)$，其中 f 具有二阶连续偏导数. 求 $\dfrac{\partial u}{\partial x}, \dfrac{\partial^2 u}{\partial x^2}, \dfrac{\partial^2 u}{\partial x\partial y}$.

6. 设 $u=f(x,y), x=\mathrm{e}^s\cos t, y=\mathrm{e}^s\sin t$，其中 f 具有二阶连续偏导数. 求 $\dfrac{\partial^2 u}{\partial s^2}, \dfrac{\partial^2 u}{\partial t^2}$.

7. 证明：函数 $z=x^n f\left(\dfrac{y}{x^2}\right)$（其中 f 是可微函数）满足方程 $x\dfrac{\partial z}{\partial x}+2y\dfrac{\partial z}{\partial y}=nz$.

8. 设 $z=\dfrac{y^2}{3x}+\varphi(xy)$，其中 $\varphi(u)$ 是可微函数，验证：$x^2\dfrac{\partial z}{\partial x}-xy\dfrac{\partial z}{\partial y}+y^2=0$.

(B)

1. 若可微函数 $f(x,y,z)$ 对任意正实数 t 满足关系式：$f(tx,ty,tz)=t^n f(x,y,z)$，则称 $f(x,y,z)$ 为 n 次齐次函数. 证明 n 次函数满足方程

$$xf_x+yf_y+zf_z=nf(x,y,z).$$

（提示：固定 x、y、z，在等式两边求 $t=1$ 处的全导数.）

2. 设 $z=f(x,u,v), u=2x+y, v=xy$，其中 f 具有二阶连续偏导数，求 $\dfrac{\partial^2 z}{\partial x\partial y}$.

3. 证明函数 $u=\varphi(x-cy)+\psi(x+cy)$ 满足弦振动方程：$c^2\dfrac{\partial^2 u}{\partial x^2}=\dfrac{\partial^2 u}{\partial y^2}$，其中 φ,ψ 是任意次可微函数.

4. 设函数 $f(u)$ 具有二阶连续导数，而 $z=f(\mathrm{e}^x\sin y)$ 满足方程 $\dfrac{\partial^2 z}{\partial x^2}+\dfrac{\partial^2 z}{\partial y^2}=\mathrm{e}^{2x}z$. 证明：$f''(u)=f(u)$.

9.5 隐函数的求导公式

在一元函数微分学中，我们曾经讨论过求方程 $F(x,y)=0$ 所确定的隐函数 $y=y(x)$ 的导数，例如，设方程 $x^2+y^2=1$ 确定隐函数 $y=y(x)$，为了求 y'，可在方程两边对 x 求导数，由复合函数求导法则，得到 $2x+2yy'=0$，从而 $y'=-\dfrac{x}{y}(y\neq 0)$. 在这里事实上要作两点假定，一是方程 $x^2+y^2=1$ 确能确定 y 是 x 的函数 $y=y(x)$；其次，这个函数的导数存在. 但是，并不是任何一个方程 $F(x,y)=0$ 都能确定 y 是 x 的函数. 例如，方程 $x^2+y^2+1=0$，由于 x、y 无论取什么实数都不满足这方程，从而这方程就不能确定任何实函数 $y=f(x)$. 那么在什么条件下，方程 $F(x,y)=0$ 能确定 y 是 x 的函数，并且这个函数可求导呢？这正是本节要讨论的问题.

隐函数求导公式

一、一个方程的情形

隐函数存在定理 1 设函数 $F(x,y)$ 在点 $P_0(x_0,y_0)$ 的某一邻域内具有连续的偏导数，且 $F(x_0,y_0)=0$，$F_y(x_0,y_0)\neq 0$，则方程
$$F(x,y)=0 \tag{9.18}$$
在点 P_0 的某一邻域内恒能唯一确定一个单值连续且具有连续导数的函数 $y=f(x)$，它满足条件 $y_0=f(x_0)$，且有
$$\dfrac{\mathrm{d}y}{\mathrm{d}x}=-\dfrac{F_x}{F_y}. \tag{9.19}$$

定理 1 的证明较复杂，有兴趣的读者可查阅有关文献. 现仅就公式 (9.19) 作如下推导.

将方程 (9.18) 所确定的函数 $y=f(x)$ 代入 (9.18)，得恒等式 $F[x,f(x)]\equiv 0$，其左端可以看作 x 的复合函数，则在恒等式两端求 x 的导数后仍然相等，即得
$$\dfrac{\partial F}{\partial x}+\dfrac{\partial F}{\partial y}\dfrac{\mathrm{d}y}{\mathrm{d}x}=0. \tag{9.20}$$

由于 F_y 连续,且 $F_y(x_0,y_0)\neq 0$,所以存在 P_0 的某个邻域,在这个邻域内 $F_y(x,y)\neq 0$,于是由式(9.20)得

$$\frac{\mathrm{d}y}{\mathrm{d}x}=-\frac{F_x}{F_y}.$$

式(9.19)右端看作以 x 为自变量的复合函数,如果 $F(x,y)$ 的二阶偏导数存在且连续,那么式(9.19)再对 x 求导数便得 y 对 x 的二阶导数 $\dfrac{\mathrm{d}^2 y}{\mathrm{d}x^2}$.

$$\begin{aligned}\frac{\mathrm{d}^2 y}{\mathrm{d}x^2}&=\frac{\partial}{\partial x}\left(-\frac{F_x}{F_y}\right)+\frac{\partial}{\partial y}\left(-\frac{F_x}{F_y}\right)\frac{\mathrm{d}y}{\mathrm{d}x}\\ &=-\frac{F_{xx}F_y-F_{yx}F_x}{F_y^2}-\frac{F_{xy}F_y-F_{yy}F_x}{F_y^2}\left(-\frac{F_x}{F_y}\right)\\ &=-\frac{F_{xx}F_y^2-2F_{xy}F_xF_y+F_{yy}F_x^2}{F_y^3}.\end{aligned}$$

例 1 验证方程 $x^2+y^2-1=0$ 在点 $(0,1)$ 的某一邻域内能唯一确定一个单值且具有连续导数的函数 $y=f(x)$,并且满足 $x=0$ 时,$y=1$. 试求这函数的一阶与二阶导数在 $x=0$ 时的值.

解 设 $F(x,y)=x^2+y^2-1$,则 $F_x=2x,F_y=2y,F(0,1)=0,F_y(0,1)=2\neq 0$,因此由定理 1 可知,方程 $x^2+y^2-1=0$ 在点 $(0,1)$ 的某一邻域内能唯一确定一个单值且具有连续导数的函数 $y=f(x)$,且当 $x=0$ 时,$y=1$.

下面求这个函数的一阶,二阶导数.

$$\frac{\mathrm{d}y}{\mathrm{d}x}=-\frac{F_x}{F_y}=-\frac{x}{y},\quad \left.\frac{\mathrm{d}y}{\mathrm{d}x}\right|_{x=0}=0,$$

$$\frac{\mathrm{d}^2 y}{\mathrm{d}x^2}=-\frac{y-xy'}{y^2}=-\frac{y-x\left(-\dfrac{x}{y}\right)}{y^2}=-\frac{y^2+x^2}{y^3}=-\frac{1}{y^3},\quad \left.\frac{\mathrm{d}^2 y}{\mathrm{d}x^2}\right|_{x=0}=-1.$$

与一元隐函数相类似,多元隐函数也是由方程确定的,例如,一个三元方程

$$F(x,y,z)=0, \tag{9.21}$$

从直观上看可能确定一个二元隐函数. 与一元隐函数的问题类似,一个三元方程 $F(x,y,z)=0$ 满足什么条件才可以确定一个二元隐函数,又如何求这个二元隐函数的偏导数?

隐函数存在定理 2 设函数 $F(x,y,z)$ 在点 $P_0(x_0,y_0,z_0)$ 的某一个邻域内具有连续的偏导数,且 $F(x_0,y_0,z_0)=0, F_z(x_0,y_0,z_0)\neq 0$,则方程 $F(x,y,z)=0$ 在点 P_0 的某一邻域内恒能唯一确定一个单值连续且具有连续偏导数的二元隐函数 $z=f(x,y)$,它满足 $z_0=f(x_0,y_0)$,且有

$$\frac{\partial z}{\partial x}=-\frac{F_x}{F_z},\quad \frac{\partial z}{\partial y}=-\frac{F_y}{F_z}. \tag{9.22}$$

这个定理不证,类似定理 1,仅就公式(9.22)作如下推导.

由于 $F(x,y,f(x,y))\equiv 0$,将该式两边分别对 x,y 求偏导数,应用多元复合函数求导法则得

$$F_x+F_z\frac{\partial z}{\partial x}=0, \quad F_y+F_z\frac{\partial z}{\partial y}=0,$$

因为 $F_z(x,y,z)$ 连续,且 $F_z(x_0,y_0,z_0)\neq 0$,所以必存在点 P_0 的某个邻域,在这个邻域内 $F_z(x,y,z)\neq 0$,于是得

$$\frac{\partial z}{\partial x}=-\frac{F_x}{F_z}, \quad \frac{\partial z}{\partial y}=-\frac{F_y}{F_z}.$$

例 2 求由方程 $\dfrac{x}{z}=\ln\dfrac{z}{y}$ 所确定的二元函数 $z=z(x,y)$ 的一阶偏导数.

解 把方程写成 $\dfrac{x}{z}-\ln\dfrac{z}{y}=0$,令 $F(x,y,z)=\dfrac{x}{z}-\ln\dfrac{z}{y}$,则

$$F_x=\frac{1}{z}, \quad F_y=-\frac{y}{z}\left(-\frac{z}{y^2}\right)=\frac{1}{y}, \quad F_z=-\frac{x}{z^2}-\frac{y}{z}\cdot\frac{1}{y}=-\frac{x+z}{z^2},$$

当 $F_z\neq 0$,即 $x+z\neq 0$ 时,有

$$\frac{\partial z}{\partial x}=-\frac{F_x}{F_z}=-\frac{\dfrac{1}{z}}{-\dfrac{x+z}{z^2}}=\frac{z}{x+z},$$

$$\frac{\partial z}{\partial y}=-\frac{F_y}{F_z}=-\frac{\dfrac{1}{y}}{-\dfrac{x+z}{z^2}}=\frac{z^2}{y(x+z)}.$$

例 3 设 $z^3-3xyz=a^3$,求 $\dfrac{\partial^2 z}{\partial x^2},\dfrac{\partial^2 z}{\partial x\partial y}$.

解 令 $F(x,y,z)=z^3-3xyz-a^3$,则

$$F_x=-3yz, \quad F_y=-3xz, \quad F_z=3z^2-3xy,$$

故

$$\frac{\partial z}{\partial x}=-\frac{F_x}{F_z}=-\frac{-3yz}{3z^2-3xy}=\frac{yz}{z^2-xy},$$

同理

$$\frac{\partial z}{\partial y}=\frac{xz}{z^2-xy},$$

$$\frac{\partial^2 z}{\partial x^2}=\frac{\partial}{\partial x}\left(\frac{\partial z}{\partial x}\right)=\frac{\partial}{\partial x}\left(\frac{yz}{z^2-xy}\right)=\frac{y\dfrac{\partial z}{\partial x}(z^2-xy)-yz\left(2z\dfrac{\partial z}{\partial x}-y\right)}{(z^2-xy)^2},$$

将 $\dfrac{\partial z}{\partial x} = \dfrac{yz}{z^2-xy}$ 代入并整理后得

$$\frac{\partial^2 z}{\partial x^2} = -\frac{2xy^3 z}{(z^2-xy)^3},$$

$$\frac{\partial^2 z}{\partial x \partial y} = \frac{\partial}{\partial y}\left(\frac{\partial z}{\partial x}\right) = \frac{\partial}{\partial y}\left(\frac{yz}{z^2-xy}\right) = \frac{\left(z+y\dfrac{\partial z}{\partial y}\right)(z^2-xy) - yz\left(2z\dfrac{\partial z}{\partial y} - x\right)}{(z^2-xy)^2},$$

将 $\dfrac{\partial z}{\partial y} = \dfrac{xz}{z^2-xy}$ 代入并整理后得

$$\frac{\partial^2 z}{\partial x \partial y} = \frac{z(z^4 - 2xyz^2 - x^2 y^2)}{(z^2-xy)^3}.$$

例 4 设 $\Phi(x-az, y-bz) = 0$(a,b 为常数),证明由方程所确定的二元隐函数 $z=z(x,y)$ 满足等式: $a\dfrac{\partial z}{\partial x} + b\dfrac{\partial z}{\partial y} = 1$.

证 令 $F(x,y,z) = \Phi(x-az, y-bz)$,由隐函数求导法则,得

$$\frac{\partial z}{\partial x} = -\frac{F_x}{F_z}, \quad \frac{\partial z}{\partial y} = -\frac{F_y}{F_z},$$

再由复合函数求导法则,得

$$F_x = \Phi_1' \cdot 1 + \Phi_2' \cdot 0 = \Phi_1', \quad F_y = \Phi_1' \cdot 0 + \Phi_2' \cdot 1 = \Phi_2',$$
$$F_z = \Phi_1' \cdot (-a) + \Phi_2' \cdot (-b) = -(a\Phi_1' + b\Phi_2'),$$

代入上式,有

$$a\frac{\partial z}{\partial x} + b\frac{\partial z}{\partial y} = a\left(-\frac{\Phi_1'}{-(a\Phi_1' + b\Phi_2')}\right) + b\left(-\frac{\Phi_2'}{-(a\Phi_1' + b\Phi_2')}\right) = \frac{a\Phi_1' + b\Phi_2'}{a\Phi_1' + b\Phi_2'} = 1.$$

二、方程组的情形

以上讨论的都是由一个方程所确定的隐函数,现在将隐函数作另一方面的推广,不仅增加方程中变量的个数,而且增加方程的个数.例如方程组

$$\begin{cases} F(x,y,u,v) = 0, \\ G(x,y,u,v) = 0. \end{cases} \tag{9.23}$$

这时,在四个变量中,一般只能有 2 个变量独立变化,因此方程组(9.23)从直观上看可能确定两个二元函数,问题是在什么条件下上述方程组才能确定两个二元函数,其偏导数又如何计算呢?

隐函数存在定理 3　设函数 $F(x,y,u,v)$ 与 $G(x,y,u,v)$ 满足：

(1) 在点 $P_0(x_0,y_0,u_0,v_0)$ 的某个邻域内有连续的一阶偏导数；

(2) $F(P_0)=0,\quad G(P_0)=0$；

(3) 函数 $F(x,y,u,v)$ 与 $G(x,y,u,v)$ 的雅可比(Jacobi)行列式 $J=\dfrac{\partial(F,G)}{\partial(u,v)}=\begin{vmatrix} F_u & F_v \\ G_u & G_v \end{vmatrix}$ 在点 P_0 处不等于零，则方程组(9.23)在 P_0 的某一邻域内恒能唯一确定一组单值连续且具有连续偏导数的二元函数 $u=u(x,y),v=v(x,y)$，它们满足条件 $u_0=u(x_0,y_0),v_0=v(x_0,y_0)$，且

$$\frac{\partial u}{\partial x}=-\frac{1}{J}\frac{\partial(F,G)}{\partial(x,v)}=-\frac{\begin{vmatrix}F_x & F_v \\ G_x & G_v\end{vmatrix}}{\begin{vmatrix}F_u & F_v \\ G_u & G_v\end{vmatrix}},\quad \frac{\partial v}{\partial x}=-\frac{1}{J}\frac{\partial(F,G)}{\partial(u,x)}=-\frac{\begin{vmatrix}F_u & F_x \\ G_u & G_x\end{vmatrix}}{\begin{vmatrix}F_u & F_v \\ G_u & G_v\end{vmatrix}},$$

$$\frac{\partial u}{\partial y}=-\frac{1}{J}\frac{\partial(F,G)}{\partial(y,v)}=-\frac{\begin{vmatrix}F_y & F_v \\ G_y & G_v\end{vmatrix}}{\begin{vmatrix}F_u & F_v \\ G_u & G_v\end{vmatrix}},\quad \frac{\partial v}{\partial y}=-\frac{1}{J}\frac{\partial(F,G)}{\partial(u,y)}=-\frac{\begin{vmatrix}F_u & F_y \\ G_u & G_y\end{vmatrix}}{\begin{vmatrix}F_u & F_v \\ G_u & G_v\end{vmatrix}}.$$
(9.24)

证明从略。仅就公式(9.24)作如下推导。

由于

$$\begin{cases} F(x,y,u(x,y),v(x,y))\equiv 0, \\ G(x,y,u(x,y),v(x,y))\equiv 0, \end{cases}$$

将上述方程组两边分别对 x 求偏导数，应用复合函数求导法则得

$$\begin{cases} F_x+F_u\dfrac{\partial u}{\partial x}+F_v\dfrac{\partial v}{\partial x}=0, \\ G_x+G_u\dfrac{\partial u}{\partial x}+G_v\dfrac{\partial v}{\partial x}=0. \end{cases}$$

这是关于 $\dfrac{\partial u}{\partial x},\dfrac{\partial v}{\partial x}$ 的线性方程组，由假设可知在点 P_0 的一个邻域内系数行列式

$$J=\begin{vmatrix}F_u & F_v \\ G_u & G_v\end{vmatrix}\neq 0,$$

从而可解出

$$\frac{\partial u}{\partial x}=-\frac{1}{J}\frac{\partial(F,G)}{\partial(x,v)},\quad \frac{\partial v}{\partial x}=-\frac{1}{J}\frac{\partial(F,G)}{\partial(u,x)}.$$

同理可得

$$\frac{\partial u}{\partial y} = -\frac{1}{J}\frac{\partial(F,G)}{\partial(y,v)}, \quad \frac{\partial v}{\partial y} = -\frac{1}{J}\frac{\partial(F,G)}{\partial(u,y)}.$$

例 5 设 $\begin{cases} x^2+y^2-uv=0, \\ xy-u^2+v^2=0, \end{cases}$ 求 u_x, v_x 及 u_y, v_y.

解 在方程组两边同时求 x 的偏导数,得

$$\begin{cases} 2x - u_x v - u v_x = 0, \\ y - 2u u_x + 2v v_x = 0, \end{cases}$$

解此方程组,得

$$\begin{cases} u_x = \dfrac{4xv + yu}{2(u^2+v^2)}, \\ v_x = \dfrac{4xu - yv}{2(u^2+v^2)} \end{cases} \quad (u^2+v^2 \neq 0),$$

由对称性可得

$$\begin{cases} u_y = \dfrac{4yv + xu}{2(u^2+v^2)}, \\ v_y = \dfrac{4yu - xv}{2(u^2+v^2)} \end{cases} \quad (u^2+v^2 \neq 0).$$

此例也可直接利用公式(9.24)求解,读者不妨一试.

例 6 求由方程组 $\begin{cases} x^2+y^2+z^2=a^2, \\ x+y+z=0 \end{cases}$ 所确定的隐函数 $y=y(x)$ 和 $z=z(x)$ 的导数.

解 在方程组两边同时求 x 的导数,得

$$\begin{cases} 2x + 2y\dfrac{dy}{dx} + 2z\dfrac{dz}{dx} = 0, \\ 1 + \dfrac{dy}{dx} + \dfrac{dz}{dx} = 0, \end{cases}$$

解此方程组,得

$$\begin{cases} \dfrac{dy}{dx} = \dfrac{z-x}{y-z}, \\ \dfrac{dz}{dx} = \dfrac{x-y}{y-z} \end{cases} \quad (y-z \neq 0).$$

习 题 9.5

(A)

1. 设 $xe^y + ye^x = 0$,求 $\dfrac{dy}{dx}$.

2. 设 $x^y = y^x$，求 $\dfrac{dy}{dx}$.

3. 设 $F(y\sin x, x\sin y)=0$，其中 F 可微，求 $\dfrac{dy}{dx}$.

4. 设 $e^z - xyz = 0$，求 $\dfrac{\partial z}{\partial x}$.

5. 求方程 $2xz - 3xyz + \ln(xyz) = 0$ 所确定的函数 $z = f(x,y)$ 的全微分.

6. 设 $\sin z - xyz = a$，求 $\dfrac{\partial^2 z}{\partial x \partial y}$.

7. 求由方程 $e^{-xy} - 2z + e^z = 0$，所确定的隐函数 $z = z(x,y)$ 的偏导数 $\dfrac{\partial z}{\partial x}, \dfrac{\partial z}{\partial y}$ 及 $\dfrac{\partial^2 z}{\partial x^2}$.

8. 设函数 $z = z(x,y)$ 由方程 $F\left(x + \dfrac{z}{y}, y + \dfrac{z}{x}\right) = 0$ 确定，求 $\dfrac{\partial z}{\partial x}$ 和 $\dfrac{\partial z}{\partial y}$.

9. 设 $x = x(y,z), y = y(x,z), z = z(x,y)$ 都是由方程 $F(x,y,z)=0$ 确定的具有连续偏导数的函数，证明：$\dfrac{\partial x}{\partial y} \cdot \dfrac{\partial y}{\partial z} \cdot \dfrac{\partial z}{\partial x} = -1$.

10. 设 $\begin{cases} x^2 + y^2 = \dfrac{1}{2}z^2, \\ x + y + z = 2, \end{cases}$ 求 $\dfrac{dx}{dz}, \dfrac{dy}{dz}$ 在 $x=1, y=-1, z=2$ 时的值.

(B)

1. 设 $u = f(x,y,z), \varphi(x^2, e^y, z) = 0, y = \sin x$，其中 f, φ 都具有一阶连续偏导数，且 $\dfrac{\partial \varphi}{\partial z} \neq 0$，求 $\dfrac{du}{dx}$.

2. 设 $x^2 + y^2 + z^2 - 4z = 0$，求 $\dfrac{\partial^2 z}{\partial x \partial y}$.

3. 设 $u = u(x,y,z)$ 由方程 $F(u^2 - x^2, u^2 - y^2, u^2 - z^2) = 0$ 所确定，证明：

$$\dfrac{u_x}{x} + \dfrac{u_y}{y} + \dfrac{u_z}{z} = \dfrac{1}{u}.$$

4. 设 x, y, z, u, v 满足方程 $\begin{cases} x^2 u + yz = v, \\ \sin x + 2zv = u. \end{cases}$

(1) 视 x, y, z 为自变量，求 $\dfrac{\partial u}{\partial x}$；

(2) 视 x, y, v 为自变量，求 $\dfrac{\partial u}{\partial x}$.

5. 设 $\begin{cases} x = e^u + u\sin v, \\ y = e^u - u\cos v, \end{cases}$ 求 $\dfrac{\partial u}{\partial x}, \dfrac{\partial u}{\partial y}, \dfrac{\partial v}{\partial x}, \dfrac{\partial v}{\partial y}$.

9.6　多元函数微分学的几何应用

一、空间曲线的切线与法平面

设空间曲线 Γ 的参数方程为

$$x=\varphi(t),\quad y=\psi(t),\quad z=w(t)\quad (t\text{ 为参数}),\qquad(9.25)$$

这里假定式(9.25)中的三个函数都可导,且导数不同时为零,点 $M_0(x_0,y_0,z_0)$ 为曲线 Γ 上的一点,它对应于参数 t_0,即 $x_0=\varphi(t_0),y_0=\psi(t_0),z_0=w(t_0)$,为了求得曲线 Γ 在 M_0 处的切线方程,先在 Γ 上任取一对应于 $t_0+\Delta t$ 的邻近 M 的点 $M(x_0+\Delta x,y_0+\Delta y,z_0+\Delta z)$. 则曲线 Γ 的割线 $M_0 M$ 的方程是

$$\frac{x-x_0}{\Delta x}=\frac{y-y_0}{\Delta y}=\frac{z-z_0}{\Delta z}.$$

当 M 沿着曲线 Γ 趋于 M_0 时,割线 $M_0 M$ 的极限位置就称为曲线 Γ 在点 M_0 处的**切线**(图9.16). 用 $\Delta t(\Delta t\neq 0)$ 除上式所有的分母,得

$$\frac{x-x_0}{\dfrac{\Delta x}{\Delta t}}=\frac{y-y_0}{\dfrac{\Delta y}{\Delta t}}=\frac{z-z_0}{\dfrac{\Delta z}{\Delta t}},$$

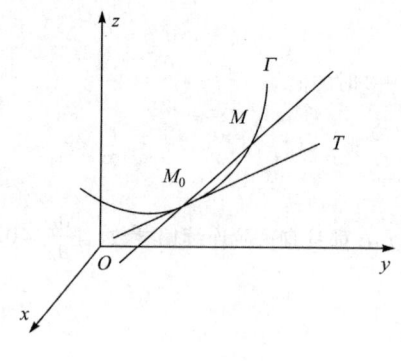

图 9.16

令 $\Delta t\to 0$(即 $M\to M_0$),对上式取极限,即得曲线 Γ 在点 M_0 处的切线方程为

$$\frac{x-x_0}{\varphi'(t_0)}=\frac{y-y_0}{\psi'(t_0)}=\frac{z-z_0}{w'(t_0)}.\qquad(9.26)$$

如果 $\varphi'(t_0),\psi'(t_0),w'(t_0)$ 中有个别为零,则按空间解析几何中有关空间直线的对称式方程的说明来理解. 例如,当 $\varphi'(t_0)=0$,而 $\psi'(t_0)\neq 0,w'(t_0)\neq 0$ 时,则切线方程应理解为

$$\begin{cases}\dfrac{y-y_0}{\psi'(t_0)}=\dfrac{z-z_0}{w'(t_0)},\\ x-x_0=0.\end{cases}$$

这里点 M_0 称为曲线 Γ 的切点,切线的方向向量称为曲线 Γ 在点 M_0 处的**切向量**. 例如,向量

$$\boldsymbol{T}=(\varphi'(t_0),\psi'(t_0),w'(t_0))$$

就是曲线 Γ 在点 M_0 处的一个切向量. 过点 M_0 且与该点切线 $M_0 T$ 垂直的平面,称为曲线 Γ 在 M_0 处的**法平面**. 它是通过点 M_0、且以 $\boldsymbol{T}$ 为法向量的平面,故此法平面

的方程为
$$\varphi'(t_0)(x-x_0)+\psi'(t_0)(y-y_0)+w'(t_0)(z-z_0)=0. \tag{9.27}$$

例1 求空间曲线：$x=\cos t, y=\sin t, z=2t$ 在 $t=\dfrac{\pi}{4}$ 处的切线方程和法平面方程.

解 当 $t=\dfrac{\pi}{4}$ 时,
$$x_0=\cos\frac{\pi}{4}=\frac{\sqrt{2}}{2}, \quad y_0=\sin\frac{\pi}{4}=\frac{\sqrt{2}}{2}, \quad z_0=2\cdot\left(\frac{\pi}{4}\right)=\frac{\pi}{2},$$

故对应切点为 $M_0\left(\dfrac{\sqrt{2}}{2},\dfrac{\sqrt{2}}{2},\dfrac{\pi}{2}\right)$，又
$$x'_t=-\sin t, \quad y'_t=\cos t, \quad z'_t=2,$$

得切向量
$$\boldsymbol{T}=(-\sin t,\cos t,2)\big|_{t=\frac{\pi}{4}}=\left(-\frac{\sqrt{2}}{2},\frac{\sqrt{2}}{2},2\right)=\frac{\sqrt{2}}{2}(-1,1,2\sqrt{2}),$$

故曲线在 M_0 处的切线方程为
$$\frac{x-\dfrac{\sqrt{2}}{2}}{-1}=\frac{y-\dfrac{\sqrt{2}}{2}}{1}=\frac{z-\dfrac{\pi}{2}}{2\sqrt{2}},$$

相应的法平面方程为
$$-1\cdot\left(x-\frac{\sqrt{2}}{2}\right)+1\cdot\left(y-\frac{\sqrt{2}}{2}\right)+2\sqrt{2}\cdot\left(z-\frac{\pi}{2}\right)=0,$$

即
$$x-y-2\sqrt{2}z+\sqrt{2}\pi=0.$$

如果空间曲线 Γ 的方程以 $\begin{cases}y=\varphi(x)\\z=\psi(x)\end{cases}$ 的形式给出，取 x 为参数，则 Γ 可以表示为下述参数方程形式 $\begin{cases}x=x,\\y=\varphi(x),\\z=\psi(x),\end{cases}$ 设 $\varphi(x),\psi(x)$ 都在 $x=x_0$ 处可导，则由上述讨论知 $\boldsymbol{T}=(1,\varphi'(x_0),\psi'(x_0))$，曲线 Γ 在点 $M_0(x_0,y_0,z_0)$ 处的切线方程为
$$\frac{x-x_0}{1}=\frac{y-y_0}{\varphi'(x_0)}=\frac{z-z_0}{\psi'(x_0)}, \tag{9.28}$$

相应的法平面方程为
$$(x-x_0)+\varphi'(x_0)(y-y_0)+\psi'(x_0)(z-z_0)=0. \tag{9.29}$$

若曲线 Γ 以一般形式给出

$$\begin{cases} F(x,y,z)=0, \\ G(x,y,z)=0, \end{cases} \tag{9.30}$$

$M_0(x_0,y_0,z_0)$ 是曲线 Γ 上的一个点，又设 $F(x,y,z)$、$G(x,y,z)$ 具有对各个变量的连续偏导数，且 $\dfrac{\partial(F,G)}{\partial(y,z)}\Big|_{M_0}\neq 0$，则由隐函数存在定理 3，方程组(9.30)在 M_0 的某一邻域内唯一确定了一组单值连续且具有连续导数的函数 $y=\varphi(x),z=\psi(x)$。因此要求曲线 Γ 在点 M_0 处的切线方程和法平面方程，只要求出 $\varphi'(x_0),\psi'(x_0)$，然后代入(9.28)及(9.29)即可。

由于 $\dfrac{\partial(F,G)}{\partial(y,z)}\Big|_{M_0}\neq 0$，因此由隐函数存在定理 3，可得

$$\frac{\mathrm{d}y}{\mathrm{d}x}=\frac{\begin{vmatrix} F_z & F_x \\ G_z & G_x \end{vmatrix}_{M_0}}{\begin{vmatrix} F_y & F_z \\ G_y & G_z \end{vmatrix}_{M_0}}, \quad \frac{\mathrm{d}z}{\mathrm{d}x}=\frac{\begin{vmatrix} F_x & F_y \\ G_x & G_y \end{vmatrix}_{M_0}}{\begin{vmatrix} F_y & F_z \\ G_y & G_z \end{vmatrix}_{M_0}}$$

因此，曲线在 M_0 的切向量可取

$$\overrightarrow{T}=\left(1,\frac{\mathrm{d}y}{\mathrm{d}x},\frac{\mathrm{d}z}{\mathrm{d}x}\right)=\left(1,\frac{\begin{vmatrix} F_z & F_x \\ G_z & G_x \end{vmatrix}_{M_0}}{\begin{vmatrix} F_y & F_z \\ G_y & G_z \end{vmatrix}_{M_0}},\frac{\begin{vmatrix} F_x & F_y \\ G_x & G_y \end{vmatrix}_{M_0}}{\begin{vmatrix} F_y & F_z \\ G_y & G_z \end{vmatrix}_{M_0}}\right)$$

为方便计，将上面的切向量 T 乘上 $\begin{vmatrix} F_y & F_z \\ G_y & G_z \end{vmatrix}_{M_0}$，得

$$\overrightarrow{T_1}=\left(\begin{vmatrix} F_y & F_z \\ G_y & G_z \end{vmatrix}_{M_0},\begin{vmatrix} F_z & F_x \\ G_z & G_x \end{vmatrix}_{M_0},\begin{vmatrix} F_x & F_y \\ G_x & G_y \end{vmatrix}_{M_0}\right)$$

因此，曲线 Γ 在点 M_0 处的切线方程为

$$\frac{x-x_0}{\begin{vmatrix} F_y & F_z \\ G_y & G_z \end{vmatrix}_{M_0}}=\frac{y-y_0}{\begin{vmatrix} F_z & F_x \\ G_z & G_x \end{vmatrix}_{M_0}}=\frac{z-z_0}{\begin{vmatrix} F_x & F_y \\ G_x & G_y \end{vmatrix}_{M_0}}$$

相应的法平面方程为

$$\begin{vmatrix} F_y & F_z \\ G_y & G_z \end{vmatrix}_{M_0}(x-x_0)+\begin{vmatrix} F_z & F_x \\ G_z & G_x \end{vmatrix}_{M_0}(y-y_0)+\begin{vmatrix} F_x & F_y \\ G_x & G_y \end{vmatrix}_{M_0}(z-z_0)=0$$

注：1^0 一般可以直接在方程组(9.30)两边求 x 的导数，直接计算 $\dfrac{\mathrm{d}y}{\mathrm{d}x}$ 及 $\dfrac{\mathrm{d}z}{\mathrm{d}x}$。

2^0 如果 $\dfrac{\partial(F,G)}{\partial(y,z)}\Big|_{M_0}=0$，而 $\dfrac{\partial(F,G)}{\partial(z,x)}\Big|_{M_0}$，$\dfrac{\partial(F,G)}{\partial(x,y)}\Big|_{M_0}$ 中至少有一个不等于零，有类似结果。

例 2 求曲线 $\Gamma: \begin{cases} x^2+y^2+z^2-3x=0, \\ 2x-3y+5z-4=0 \end{cases}$ 在点 $M_0(1,1,1)$ 处的切线方程和法平面方程.

解 将所给方程组的两边对 x 求导,得
$$\begin{cases} 2x+2y\dfrac{\mathrm{d}y}{\mathrm{d}x}+2z\dfrac{\mathrm{d}z}{\mathrm{d}x}-3=0, \\ 2-3\dfrac{\mathrm{d}y}{\mathrm{d}x}+5\dfrac{\mathrm{d}z}{\mathrm{d}x}=0, \end{cases}$$
将点 $M_0(1,1,1)$ 代入方程组并整理,可得
$$\begin{cases} \dfrac{\mathrm{d}y}{\mathrm{d}x}+\dfrac{\mathrm{d}z}{\mathrm{d}x}=\dfrac{1}{2}, \\ 3\dfrac{\mathrm{d}y}{\mathrm{d}x}-5\dfrac{\mathrm{d}z}{\mathrm{d}x}=2, \end{cases}$$
解得 $\dfrac{\mathrm{d}y}{\mathrm{d}x}=\dfrac{9}{16}, \dfrac{\mathrm{d}z}{\mathrm{d}x}=-\dfrac{1}{16}$. 故切向量 $\boldsymbol{T}=\left(1,\dfrac{9}{16},-\dfrac{1}{16}\right)=\dfrac{1}{16}(16,9,-1)$,因此切线方程为
$$\dfrac{x-1}{16}=\dfrac{y-1}{9}=\dfrac{z-1}{-1}.$$
相应的法平面方程为
$$16(x-1)+9(y-1)-(z-1)=0, \quad \text{即} \quad 16x+9y-z-24=0.$$

二、曲面的切平面与法线

首先我们给出曲面的切平面与法线的定义.

定义 设 M_0 为曲面 Σ 上一定点,假定曲面上过点 M_0 的任一条曲线都存在切线. 若所有过 M_0 的曲线的切线都在同一确定的平面上,则该平面称为曲面 Σ 在点 M_0 处的切平面,过 M_0 且与切平面垂直的直线,称为**曲面在点 M_0 处的法线**.

设曲面 Σ 的方程为 $F(x,y,z)=0$, $M_0(x_0,y_0,x_0)$ 是曲面 Σ 上一个定点(图 9.17),并设函数 $F(x,y,z)$ 的一阶偏导数 F_x,F_y,F_z 在点 M_0 连续且不同时为零.

在曲面 Σ 上过定点 M_0 任意作一条曲线 Γ,设其方程为 $x=x(t),y=y(t),z=z(t)$,设 M_0 对应的参数为 t_0,并假设 $x(t),y(t),z(t)$ 在 t_0 处的导数 $x'(t_0),y'(t_0),z'(t_0)$ 存在且不全为零. 则此

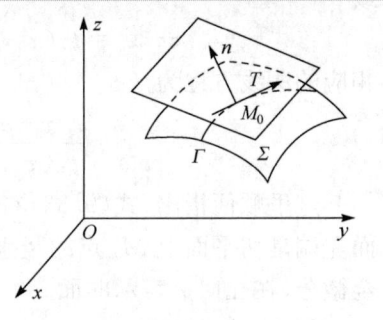

图 9.17

曲线 Γ 在 M_0 处的切线方程为
$$\frac{x-x_0}{x'(t_0)}=\frac{y-y_0}{y'(t_0)}=\frac{z-z_0}{z'(t_0)}.$$

另一方面,曲线 Γ 在曲面 Σ 上,故其坐标应满足方程 $F(x,y,z)=0$,因此
$$F(x(t),y(t),z(t))\equiv 0.$$

上式两边在 t_0 处对 t 求导,得
$$F_x(x_0,y_0,z_0)x'(t_0)+F_y(x_0,y_0,z_0)y'(t_0)+F_z(x_0,y_0,z_0)z'(t_0)=0,$$
此式表明,向量 $\boldsymbol{n}=(F_x(x_0,y_0,z_0),F_y(x_0,y_0,z_0),F_z(x_0,y_0,z_0))$ 与曲面 Σ 上过点 M_0 的任一条曲线 Γ 的切向量 $\boldsymbol{T}=(x'(t_0),y'(t_0),z'(t_0))$ 垂直. 由于曲线 Γ 的任意性,曲面 Σ 上过定点 M_0 的任意一条曲线在点 M_0 处的切向量 $\boldsymbol{T}$ 都垂直于定向量 $\boldsymbol{n}$,这也就证明曲面 Σ 上过定点 M_0 的任一曲线的切线都落在过 M_0 且以向量 $\boldsymbol{n}$ 为法向量的平面上,由定义知该平面就是曲面 Σ 在点 M_0 处切平面. 且该切平面方程为
$$F_x(x_0,y_0,z_0)(x-x_0)+F_y(x_0,y_0,z_0)(y-y_0)+F_z(x_0,y_0,z_0)(z-z_0)=0, \tag{9.31}$$

相应的法线方程为
$$\frac{x-x_0}{F_x(x_0,y_0,z_0)}=\frac{y-y_0}{F_y(x_0,y_0,z_0)}=\frac{z-z_0}{F_z(x_0,y_0,z_0)}. \tag{9.32}$$

垂直于切平面的向量称为曲面 Σ 在点 M_0 处的**法向量**,则曲面在 M_0 处的一个法向量为
$$\boldsymbol{n}=(F_x(x_0,y_0,z_0),F_y(x_0,y_0,z_0),F_z(x_0,y_0,z_0)).$$

特别地,若曲面 Σ 的方程由显函数 $z=f(x,y)$ 表示,则可将其视为隐函数方程 $F(x,y,z)=f(x,y)-z=0$ 的特例,相应的切平面的法向量
$$\boldsymbol{n}=(f_x(x_0,y_0),f_y(x_0,y_0),-1).$$

从而不难写出曲面 Σ 在 M_0 处的切平面方程为
$$f_x(x_0,y_0)(x-x_0)+f_y(x_0,y_0)(y-y_0)-(z-z_0)=0$$
或
$$z-z_0=f_x(x_0,y_0)(x-x_0)+f_y(x_0,y_0)(y-y_0), \tag{9.33}$$

相应的法线方程为
$$\frac{x-x_0}{f_x(x_0,y_0)}=\frac{y-y_0}{f_y(x_0,y_0)}=\frac{z-z_0}{-1}. \tag{9.34}$$

这里顺便指出,式(9.33)右端恰好是函数 $z=f(x,y)$ 在点 (x_0,y_0) 的全微分,而左端是切平面上 M_0 点的竖坐标的增量,因此函数 $z=f(x,y)$ 在点 (x_0,y_0) 处的全微分,在几何上表示曲面 $z=f(x,y)$ 在点 M_0 处的切平面上点的竖坐标的增量.

例3 求曲面 $\Sigma: x^2-3xy+z-8x-4=0$ 在点 $(1,-3,2)$ 处的切平面方程和法

线方程.

解 令 $F(x,y,z)=x^2-3xy+z-8x-4$，则
$$F_x=2x-3y-8, \quad F_y=-3x, \quad F_z=1,$$
因此，曲面在 $(1,-3,2)$ 处的法向量
$$\boldsymbol{n}=(2x-3y-8,-3x,1)_{(1,-3,2)}=(3,-3,1),$$
因此过点 $(1,-3,2)$ 的切平面方程为
$$3(x-1)-3(y+3)+1\cdot(z-2)=0, \quad 即\ 3x-3y+z-14=0.$$
相应的法线方程为
$$\frac{x-1}{3}=\frac{y+3}{-3}=\frac{z-2}{1}.$$

例 4 在曲面 $z=xy$ 上求一点，使这点处的法线垂直于平面 $x+3y+z+9=0$，并写出该点处的切平面方程和法线方程.

解 设所求之点为 $M_0(x_0,y_0,z_0)$，由于法向量 $\boldsymbol{n}=(y_0,x_0,-1)$，由题设得
$$\frac{y_0}{1}=\frac{x_0}{3}=\frac{-1}{1}, \tag{9.35}$$
又 M_0 在曲面上，故
$$z_0=x_0y_0, \tag{9.36}$$
联立方程 (9.35)、(9.36) 解得
$$x_0=-3, \quad y_0=-1, \quad z_0=3,$$
故在 $M_0(-3,-1,3)$ 处的切平面方程为
$$(x+3)+3(y+1)+(z-3)=0,$$
即
$$x+3y+z+3=0.$$
相应的法线方程为
$$\frac{x+3}{1}=\frac{y+1}{3}=\frac{z-3}{1}.$$

习 题 9.6

(A)

1. 求下列曲线在指定点处的切线方程和法平面方程：

   (1) $x=a\sin^2 t, y=b\sin t\cos t, z=c\cos^2 t$ (a,b,c 均为常数)，在 $t=\dfrac{\pi}{4}$ 处；

   (2) $x=\dfrac{t}{1+t}, y=\dfrac{1+t}{t}, z=t^2$ 在 $t=1$ 处.

2. 求曲线 $y=x, z=x^2$ 在点 $M_0(1,1,1)$ 处的切线方程和法平面方程.

3. 求曲线 $\begin{cases} x^2+y^2+z^2=6 \\ x+y+z=0 \end{cases}$ 在点 $M_0(1,-2,1)$ 处的切线方程和法平面方程.

4. 求下列曲面在指定点处的切平面方程和法线方程:
   (1) $e^z-z+xy=3$ 在点 $M_0(2,1,0)$ 处;
   (2) $z=x^2+y^2$ 在点 $M_0(1,2,5)$ 处.

5. 求曲面 $2x^3-ye^x-\ln(z+1)=0$ 在点 $(1,2,0)$ 处的切平面.

6. 求椭球面 $x^2+2y^2+3z^2=21$ 上平行于平面 $x+4y+6z=0$ 的各切平面方程.

7. 试求曲面 $xyz=1$ 上任意点 (a,b,c) 处的切平面方程. 并证明切平面与三个坐标面所围成的立体的体积是一个常数.

(B)

1. 证明螺旋线 $x=a\cos t, y=a\sin t, z=bt$ 在任一点处的切线与 z 轴成定角.

2. 求旋转椭球面 $3x^2+y^2+z^2=16$ 上点 $(-1,-2,3)$ 处的切平面与 xOy 面的夹角的余弦.

3. 试证明曲面 $\sqrt{x}+\sqrt{y}+\sqrt{z}=\sqrt{a}\,(a>0)$ 上任意点处的切平面在各坐标轴上的截距之和等于 a.

4. 设 $F(u,v)$ 可微,a,b,c 均为常数,试证:曲面 $F\left(\dfrac{x-a}{z-c},\dfrac{y-b}{z-c}\right)=0$ 上任意点处切平面均过某定点.

9.7 方向导数与梯度

一、方向导数

我们知道,函数 $z=f(x,y)$ 在点 $P_0(x_0,y_0)$ 的两个偏导数 $f_x(x_0,y_0)$ 和 $f_y(x_0,y_0)$ 分别刻画了函数 $f(x,y)$ 在该点处沿 x 轴和 y 轴正向的变化率,然而在许多实际问题中还需要研究函数在点 P_0 沿某一特定方向的变化率问题,这就是方向导数.

定义 1 设函数 $z=f(x,y)$ 在点 $P_0(x_0,y_0)$ 的某一邻域 $U(P_0)$ 内有定义,自点 P_0 引射线 l,设 x 轴正向到射线 l 的转角为 α,并设 $P(x_0+\Delta x, y_0+\Delta y)$ 为 l 上的另一点(图 9.18),且 $P\in U(P_0)$,记 P_0 到 P 之间的距离为 $\rho=|P_0P|=\sqrt{(\Delta x)^2+(\Delta y)^2}$,则函数 $z=f(x,y)$ 在 P_0 处沿方向 l 从 P_0 到 P 的平均变化率定义为

$$\frac{\Delta z}{\rho}=\frac{f(x_0+\Delta x, y_0+\Delta y)-f(x_0,y_0)}{\rho}$$

当点 P 沿方向 l 趋于点 P_0(即 $\rho \to 0$)时,若极限

$$\lim_{\rho \to 0} \frac{\Delta z}{\rho} = \lim_{\rho \to 0} \frac{f(x_0 + \Delta x, y_0 + \Delta y) - f(x_0, y_0)}{\rho}$$

存在,则称此极限为函数 $f(x,y)$ 在点 P_0 沿方向 l 的**方向导数**,记作 $\left.\dfrac{\partial f}{\partial l}\right|_{P_0}$,即

$$\left.\frac{\partial f}{\partial l}\right|_{P_0} = \lim_{\rho \to 0} \frac{f(x_0 + \Delta x, y_0 + \Delta y) - f(x_0, y_0)}{\rho}. \tag{9.37}$$

由定义可得,当函数 $z = f(x,y)$ 在点 P_0 的偏导数 $f_x(x_0, y_0), f_y(x_0, y_0)$ 均存在时,函数 $z = f(x,y)$ 在点 P_0 沿 x 轴正向与 y 轴正向的方向导数依次为 $f_x(x_0, y_0)$,$f_y(x_0, y_0)$,而沿 x 轴负向与 y 轴负向的方向导数依次为 $-f_x(x_0, y_0)$,$-f_y(x_0, y_0)$.

下面讨论方向导数 $\dfrac{\partial f}{\partial l}$ 的存在性及计算方法.

定理 如果函数 $z = f(x,y)$ 在点 $P_0(x_0, y_0)$ 处可微,则函数在该点沿任一方向 l 的方向导数都存在,且有

$$\left.\frac{\partial f}{\partial l}\right|_{P_0} = \left.\frac{\partial f}{\partial x}\right|_{P_0} \cos\alpha + \left.\frac{\partial f}{\partial y}\right|_{P_0} \cos\beta, \tag{9.38}$$

其中 $\cos\alpha, \cos\beta$ 为方向 l 的方向余弦.

证 在 l 上任取一点 $P(x_0 + \Delta x, y_0 + \Delta y)$,记 $\rho = \sqrt{(\Delta x)^2 + (\Delta y)^2}$,由于函数在点 P_0 处可微,故函数的全增量 Δz 可表示为

$$\Delta z = f(x_0 + \Delta x, y_0 + \Delta y) - f(x_0, y_0) = \left.\frac{\partial f}{\partial x}\right|_{P_0} \cdot \Delta x + \left.\frac{\partial f}{\partial y}\right|_{P_0} \cdot \Delta y + o(\rho),$$

两边同除以 ρ,得到

$$\frac{\Delta z}{\rho} = \left.\frac{\partial f}{\partial x}\right|_{P_0} \cdot \frac{\Delta x}{\rho} + \left.\frac{\partial f}{\partial y}\right|_{P_0} \cdot \frac{\Delta y}{\rho} + \frac{o(\rho)}{\rho} = \left.\frac{\partial f}{\partial x}\right|_{P_0} \cdot \cos\alpha + \left.\frac{\partial f}{\partial y}\right|_{P_0} \cdot \cos\beta + \frac{o(\rho)}{\rho},$$

令 $\rho \to 0$,便得到

$$\left.\frac{\partial f}{\partial l}\right|_{P_0} = \left.\frac{\partial f}{\partial x}\right|_{P_0} \cdot \cos\alpha + \left.\frac{\partial f}{\partial y}\right|_{P_0} \cdot \cos\beta.$$

类似地,对于三元函数 $u = f(x, y, z)$ 来说,它在点 $M_0(x_0, y_0, z_0)$ 处沿任意方向 l(设方向 l 的方向角为 α, β, γ)的方向导数定义为

$$\left.\frac{\partial f}{\partial l}\right|_{M_0} = \lim_{\rho \to 0} \frac{f(x_0 + \Delta x, y_0 + \Delta y, z_0 + \Delta z) - f(x_0, y_0, z_0)}{\rho},$$

其中 $\rho = \sqrt{(\Delta x)^2 + (\Delta y)^2 + (\Delta z)^2}$,$\Delta x = \rho\cos\alpha, \Delta y = \rho\cos\beta, \Delta z = \rho\cos\gamma$. 并且可以证

明，如果函数 $u=f(x,y,z)$ 在 M_0 处可微，则有

$$\frac{\partial f}{\partial l}\Big|_{M_0}=\frac{\partial f}{\partial x}\Big|_{M_0}\cos\alpha+\frac{\partial f}{\partial y}\Big|_{M_0}\cos\beta+\frac{\partial f}{\partial z}\Big|_{M_0}\cos\gamma. \tag{9.39}$$

例 1 设函数 $z=x^2y$，求它在点 $P(1,1)$ 处沿从点 $P(1,1)$ 至点 $Q(2,0)$ 的方向的方向导数.

解 $l=\overrightarrow{PQ}=(1,-1)=\sqrt{2}\left(\dfrac{\sqrt{2}}{2},-\dfrac{\sqrt{2}}{2}\right)$，因此

$$\cos\alpha=\frac{\sqrt{2}}{2},\quad \cos\beta=-\frac{\sqrt{2}}{2},$$

又 $\dfrac{\partial z}{\partial x}=2xy,\dfrac{\partial z}{\partial y}=x^2$，在点 $(1,1)$ 处，$\dfrac{\partial z}{\partial x}=2,\dfrac{\partial z}{\partial y}=1$，故

$$\frac{\partial z}{\partial l}=2\times\frac{\sqrt{2}}{2}+1\times\left(-\frac{\sqrt{2}}{2}\right)=\frac{\sqrt{2}}{2}.$$

由于 $\dfrac{\partial z}{\partial l}\Big|_{(1,1)}>0$，因此函数在点 $(1,1)$ 处沿方向 $\overrightarrow{PQ}$ 是增加的，其增长率即为 $\dfrac{\partial z}{\partial l}\Big|_{(1,1)}$.

例 2 设由原点到点 $P(x,y)$ 的向径为 r，x 轴到 r 的转角为 θ，x 轴到射线 l 的转角为 α，求 $\dfrac{\partial r}{\partial l}$，其中 $r=|\boldsymbol{r}|=\sqrt{x^2+y^2}$ $(r\neq 0)$.

解 因为 $\dfrac{\partial r}{\partial x}=\dfrac{x}{\sqrt{x^2+y^2}}=\dfrac{x}{r}=\cos\theta,\quad \dfrac{\partial r}{\partial y}=\dfrac{y}{\sqrt{x^2+y^2}}=\dfrac{y}{r}=\sin\theta,$

所以

$$\frac{\partial r}{\partial l}=\cos\theta\cos\alpha+\sin\theta\cos\beta=\cos\theta\cos\alpha+\sin\theta\sin\alpha=\cos(\theta-\alpha).$$

由此例可知，当 $\alpha=\theta$ 时，$\dfrac{\partial r}{\partial l}=1$，即 r 沿着与该向径同方向的方向导数达到最大值 1，而当 $\alpha=\theta\pm\dfrac{\pi}{2}$ 时，$\dfrac{\partial r}{\partial l}=0$，即 r 沿着与该向径垂直方向的方向导数为零.

例 3 求三元函数 $u=\ln(x+y^2+z^3)$ 在点 $M_0(0,-1,2)$ 处沿方向 $\boldsymbol{l}=(3,-1,-1)$ 的方向导数 $\dfrac{\partial u}{\partial l}$.

解 $e_l=\dfrac{\boldsymbol{l}}{|\boldsymbol{l}|}=\dfrac{1}{\sqrt{11}}(3,-1,-1)=\left(\dfrac{3}{\sqrt{11}},-\dfrac{1}{\sqrt{11}},-\dfrac{1}{\sqrt{11}}\right)$，又

$$\frac{\partial u}{\partial x}=\frac{1}{x+y^2+z^3},\quad \frac{\partial u}{\partial y}=\frac{2y}{x+y^2+z^3},\quad \frac{\partial u}{\partial z}=\frac{3z^2}{x+y^2+z^3},$$

故在点 $M_0(0,-1,2)$ 处
$$\frac{\partial u}{\partial x}=\frac{1}{9},\quad \frac{\partial u}{\partial y}=-\frac{2}{9},\quad \frac{\partial u}{\partial z}=\frac{12}{9}.$$
因此由公式(9.39)得
$$\frac{\partial u}{\partial l}=\frac{1}{9}\times\frac{3}{\sqrt{11}}+\left(-\frac{2}{9}\right)\times\left(-\frac{1}{\sqrt{11}}\right)+\frac{12}{9}\left(-\frac{1}{\sqrt{11}}\right)=-\frac{7}{9\sqrt{11}}.$$

二、梯度

与方向导数有关的另外一个概念是函数的梯度,我们已经知道,函数 $z=f(x,y)$ 在 P_0 处沿方向 l 的方向导数 $\frac{\partial f}{\partial l}$ 刻画了函数在该点沿方向 l 的变化率. 当它为正数时,表示函数沿此方向增加,当它为负数时,表示函数沿此方向减少. 然而在许多实际问题中,往往还需要知道函数在点 P_0 沿哪一个方向变化率最大或最小,这个问题的解决与函数在该点的梯度有关.

定义 2 设函数 $z=f(x,y)$ 在平面区域 D 内具有一阶连续偏导数,则对于每一点 $P(x,y)\in D$,都可确定一个向量 $\frac{\partial f}{\partial x}\boldsymbol{i}+\frac{\partial f}{\partial y}\boldsymbol{j}$,该向量称为函数 $z=f(x,y)$ 在 P 处的**梯度**,记作 $\mathbf{grad}\,f$ 或 ∇f,即 $\mathbf{grad}\,f=\frac{\partial f}{\partial x}\boldsymbol{i}+\frac{\partial f}{\partial y}\boldsymbol{j}$. 其中 $\nabla=\frac{\partial}{\partial x}\boldsymbol{i}+\frac{\partial}{\partial y}\boldsymbol{j}$ 称为(二维的)**向量微分算子**或 Nabla **算子**.

下面研究梯度与方向导数的关系.

在点 P,设 $\boldsymbol{e}=\cos\alpha\boldsymbol{i}+\cos\beta\boldsymbol{j}$ 是与 l 方向一致的单位向量,则由方向导数的计算公式可知
$$\frac{\partial f}{\partial l}=\frac{\partial f}{\partial x}\cos\alpha+\frac{\partial f}{\partial y}\cos\beta=\left(\frac{\partial f}{\partial x},\frac{\partial f}{\partial y}\right)\cdot(\cos\alpha,\cos\beta)$$
$$=\mathbf{grad}\,f\cdot\boldsymbol{e}=|\mathbf{grad}\,f|\cos<\mathbf{grad}\,f,\boldsymbol{e}>,$$

这里 $<\mathbf{grad}\,f,\boldsymbol{e}>$ 表示向量 $\mathbf{grad}\,f$ 与 $\boldsymbol{e}$ 的夹角. 由此可以看出,$\frac{\partial f}{\partial l}$ 就是梯度在射线 l 上的投影,当 l 的方向与梯度的方向一致时,有 $\cos<\mathbf{grad}\,f,\boldsymbol{e}>=1$,从而 $\frac{\partial f}{\partial l}$ 达到最大,所以沿梯度方向的方向导数达到最大值,也就是函数沿梯度方向变化率最大. 由此可得到一个关于梯度与方向导数关系的结论.

函数在某点的梯度是这样一个向量,它的方向与取得该点最大方向导数的方向一致,而它的模为方向导数的最大值.

类似地，若函数 $u=f(x,y,z)$ 在空间区域 G 内具有一阶连续偏导数，则称向量 $\frac{\partial f}{\partial x}\boldsymbol{i}+\frac{\partial f}{\partial y}\boldsymbol{j}+\frac{\partial f}{\partial z}\boldsymbol{k}$ 为函数 $u=f(x,y,z)$ 在点 $P(x,y,z)$ 的梯度．记作 $\mathbf{grad}f$，即

$$\mathbf{grad}f=\frac{\partial f}{\partial x}\boldsymbol{i}+\frac{\partial f}{\partial y}\boldsymbol{j}+\frac{\partial f}{\partial z}\boldsymbol{k}.$$

类似的讨论可知，三元函数在某点的梯度是这样一个向量，它的方向与取得该点最大方向导数的方向一致，而它的模为方向导数的最大值．

我们知道，一般说来二元函数 $z=f(x,y)$ 在几何上表示一个曲面，这曲面被平面 $z=c$（c 为常数）所截得的曲线 L 的方程为

$$\begin{cases} z=f(x,y), \\ z=c. \end{cases}$$

这条曲线 L 在 xOy 面上的投影是一条平面曲线 L^*，它在 xOy 平面直角坐标系中的方程为

$$f(x,y)=c.$$

对于曲线 L^* 上的一切点，已给函数的函数值都是 c，所以我们称平面曲线 L^* 为函数 $z=f(x,y)$ 的**等值线**（或**等高线**）．

若 f_x, f_y 不同时为零，则等值线 $f(x,y)=c$ 上任一点 $P_0(x,y)$ 处的一个单位法向量为

$$\boldsymbol{n}=\frac{1}{\sqrt{f_x^2(x_0,y_0)+f_y^2(x_0,y_0)}}(f_x(x_0,y_0),f_y(x_0,y_0))$$

$$=\frac{\nabla f(x_0,y_0)}{|\nabla f(x_0,y_0)|}.$$

这表明函数 $f(x,y)$ 在点 (x_0,y_0) 的梯度 $\nabla f(x_0,y_0)$ 的方向就是等值线 $f(x,y)=c$ 在这点的法线方向 $\boldsymbol{n}$，而梯度的模 $|\nabla f(x_0,y_0)|$ 就是沿着这个法线方向的方向导数 $\frac{\partial f}{\partial \boldsymbol{n}}$，于是有

$$\nabla f(x_0,y_0)=\frac{\partial f}{\partial \boldsymbol{n}}\boldsymbol{n}.$$

类似地，对于三元函数 $f(x,y,z)$，称曲面

$$f(x,y,z)=c$$

为函数 $f(x,y,z)$ 的**等值面**（或**等量面**），由此可得函数 $f(x,y,z)$ 在点 (x_0,y_0,z_0) 的梯度 $\nabla f(x_0,y_0,z_0)$ 的方向就是等值面 $f(x,y,z)=c$ 在这点的法线方向 $\boldsymbol{n}$，而梯度的模 $|\nabla f(x_0,y_0,z_0)|$ 就是函数沿着这个法线方向的方向导数 $\frac{\partial f}{\partial \boldsymbol{n}}$.

例 4 求函数 $z=x^2+y^2$ 在点 $P_0(1,2)$ 处的梯度，并指出函数在该点沿什么方

向可使方向导数取得最大值,最大值为多少?

解 因为 $\dfrac{\partial z}{\partial x}=2x, \dfrac{\partial z}{\partial y}=2y$,在点 $P_0(1,2)$ 处,$\dfrac{\partial z}{\partial x}=2, \dfrac{\partial z}{\partial y}=4$,因此
$$\mathbf{grad}\, f(1,2)=2\mathbf{i}+4\mathbf{j}.$$
由梯度与方向导数的关系可知函数 $z=x^2+y^2$ 在 $P_0(1,2)$ 处沿梯度 $\mathbf{grad}\,f(1,2)$ 方向的方向导数最大,最大值为 $|\mathbf{grad}\,f(1,2)|=\sqrt{2^2+4^2}=2\sqrt{5}$.

例 5 设 $f(x,y,z)=x^2+2y^2+3z^2+xy+3x-2y-6z$. 求 $\mathbf{grad}\,f(0,0,0)$ 及 $\mathbf{grad}\,f(1,1,1)$.

解 $\dfrac{\partial f}{\partial x}=2x+y+3, \quad \dfrac{\partial f}{\partial y}=4y+x-2, \quad \dfrac{\partial f}{\partial z}=6z-6,$ 故
$$\mathbf{grad}\,f(0,0,0)=3\mathbf{i}-2\mathbf{j}-6\mathbf{k}, \quad \mathbf{grad}\,f(1,1,1)=6\mathbf{i}+3\mathbf{j}.$$

例 6 设函数 $f(x,y)=\dfrac{1}{2}(x^2+y^2)$,$P_0(1,1)$,求

(1) $f(x,y)$ 在 P_0 处增加最快的方向以及 $f(x,y)$ 沿这个方向的方向导数;

(2) $f(x,y)$ 在 P_0 处减少最快的方向以及 $f(x,y)$ 沿这个方向的方向导数;

(3) $f(x,y)$ 在 P_0 处的变化率为零的方向.

解 (1) $f(x,y)$ 在 P_0 处沿 $\nabla f(1,1)$ 的方向增加最快,
$$\nabla f(1,1)=(x\mathbf{i}+y\mathbf{j})|_{(1,1)}=\mathbf{i}+\mathbf{j},$$
故所求方向可取为
$$\mathbf{n}=\dfrac{\nabla f(1,1)}{|\nabla f(1,1)|}=\dfrac{\sqrt{2}}{2}\mathbf{i}+\dfrac{\sqrt{2}}{2}\mathbf{j},$$
方向导数为
$$\left.\dfrac{\partial f}{\partial \mathbf{n}}\right|_{(1,1)}=|\nabla f(1,1)|=\sqrt{2}.$$

(2) $f(x,y)$ 在 P_0 处沿 $-\nabla f(1,1)$ 的方向减少最快,此方向可取为
$$\mathbf{n}_1=-\mathbf{n}=-\dfrac{\sqrt{2}}{2}\mathbf{i}-\dfrac{\sqrt{2}}{2}\mathbf{j},$$
方向导数为
$$\left.\dfrac{\partial f}{\partial \mathbf{n}_1}\right|_{(1,1)}=-|\nabla f(1,1)|=-\sqrt{2}.$$

(3) $f(x,y)$ 在 P_0 处沿垂直 $\nabla f(1,1)$ 的方向变化率为零,此方向可以取为
$$\mathbf{n}_2=-\dfrac{\sqrt{2}}{2}\mathbf{i}+\dfrac{\sqrt{2}}{2}\mathbf{j} \quad 或 \quad \mathbf{n}_3=\dfrac{\sqrt{2}}{2}\mathbf{i}-\dfrac{\sqrt{2}}{2}\mathbf{j}.$$

最后我们简单地介绍一下数量场与向量场的概念.

如果对于空间区域 G 内的任一点 M 都有一个确定的数量 $f(M)$,那么称在这

个空间区域 G 内确定了一个数量场(例如温度场、密度场等). 一个数量场可用一个数量函数 $f(M)$ 来确定. 如果与点 M 相对应的是一个向量 $F(M)$, 那么称在这个空间区域 G 内确定了一个向量场(如引力场、速度场等). 一个向量场可用一个向量值函数 $F(M)$ 来确定, 即

$$F(M) = P(M)i + Q(M)j + R(M)k,$$

其中 $P(M), Q(M), R(M)$ 是点 M 的数量函数.

若向量场 $F(M)$ 是某个数量函数 $f(M)$ 的梯度, 则称 $f(M)$ 是向量场 $F(M)$ 的一个势函数, 并称向量场 $F(M)$ 为势场. 但需注意, 任意一个向量场并不一定都是势场, 因为它并不一定是某个数量函数的梯度.

例 7 试求数量场 $\dfrac{m}{r}$ 所产生的梯度场, 其中常数 $m > 0$, $r = \sqrt{x^2 + y^2 + z^2}$ 为原点 O 与 $M(x, y, z)$ 间的距离.

解 因为 $\dfrac{\partial}{\partial x}\left(\dfrac{m}{r}\right) = -\dfrac{m}{r^2} \cdot \dfrac{\partial r}{\partial x} = -\dfrac{mx}{r^3}$, 利用对称性易得

$$\frac{\partial r}{\partial y} = -\frac{my}{r^3}, \quad \frac{\partial r}{\partial z} = -\frac{mz}{r^3}.$$

从而

$$\mathbf{grad}\left(\frac{m}{r}\right) = -\frac{m}{r^2}\left(\frac{x}{r}i + \frac{y}{r}j + \frac{z}{r}k\right).$$

如果用 e_r 表示与 $\overrightarrow{OM}$ 同方向的单位向量, 则

$$e_r = \frac{x}{r}i + \frac{y}{r}j + \frac{z}{r}k,$$

从而

$$\mathbf{grad}\left(\frac{m}{r}\right) = -\frac{m}{r^2}e_r.$$

上式右端在力学上可以解释为, 位于原点 O 而质量为 m 的质点对位于点 M 而质量为 1 的质点的引力. 这个引力的大小与两质点的质量的乘积成正比、而与它们的距离平方成反比, 引力的方向由点 M 指向原点. 因此数量场 $\dfrac{m}{r}$ 的势场即梯度场 $\mathbf{grad}\left(\dfrac{m}{r}\right)$, 称为**引力场**, 而函数 $\dfrac{m}{r}$ 称为**引力势**.

习 题 9.7

(A)

1. 求函数 $z = xy$ 在点 (x, y) 沿方向 $l = (\cos\alpha, \cos\beta)$ 的方向导数.

2. 求函数 $u=xyz$ 在点 $(1,1,1)$ 处沿从点 $(1,1,1)$ 至点 $(2,2,2)$ 的方向导数.

3. 求函数 $z=x^2-xy+y^2$ 在点 $(1,1)$ 处的最大方向导数与最小方向导数.

4. 求函数 $z=\ln(x+y)$ 在抛物线 $y^2=4x$ 上点 $(1,2)$ 处,沿着这抛物线在该点处偏向 x 轴正向的切线方向的方向导数.

5. 求函数 $u=x^2+y^2+z^2$ 在曲线 $x=t, y=t^2, z=t^3$ 上在点 $(1,1,1)$ 处,沿曲线在该点的切线正向(对应于 t 增大的方向)的方向导数.

6. 求函数 $z=x^2+y^2$ 在点 $M_0(1,2)$ 处的梯度,并求函数从点 $M_0(1,2)$ 到点 $M_1(2,2+\sqrt{3})$ 的方向导数.

7. 设 $r=\sqrt{x^2+y^2+z^2}$,求 **grad**r, **grad**$\dfrac{1}{r}$.

8. 求函数 $u=x^3+y^3+z^3-3xyz$ 的梯度,并问在何点处的梯度:(1) 垂直于 z 轴;(2) 平行 z 轴;(3) 等于零.

(B)

1. 求函数 $z=x^2-xy+y^2$ 在点 $A(1,1)$ 沿方向 $\boldsymbol{l}=\{\cos\alpha,\cos\beta\}$ 的方向导数,并求:
   (1) 在哪个方向上方向导数取得最大值;
   (2) 在哪个方向上方向导数取得最小值;
   (3) 在哪个方向上方向导数为零;
   (4) **grad**z.

2. 设有数量场 $u(x,y,z)=\dfrac{x^2}{a^2}+\dfrac{y^2}{b^2}+\dfrac{z^2}{c^2}$,问 a,b,c 满足什么条件时才能使 $u(x,y,z)$ 在点 $M(x,y,z)(x^2+y^2+z^2\neq 0)$ 处沿向径方向的方向导数最大?

3. 求函数 $\dfrac{x}{x^2+y^2+z^2}$ 在点 $A(1,2,2)$ 与 $B(-3,1,0)$ 两梯度之间的夹角.

4. 设 u,v 都是 x,y,z 的函数,其一阶偏导数均连续,证明:
   (1) **grad**$(u\pm v)=$ **grad**$u\pm$ **grad**v;
   (2) **grad**$(uv)=v$**grad**$u+u$**grad**v;
   (3) **grad**$\dfrac{u}{v}=\dfrac{1}{v^2}(v$**grad**$u-u$**grad**$v)$.

9.8 多元函数的极值及应用

一、多元函数的极值

在实际问题中,经常会遇到求多元函数的最大值和最小值问题.与一元函数相类似,多元函数的最大值、最小值与其极大值、极小值也有密切联系.下面以二元函数为例,先讨论多元函数的极值.

定义 设函数 $f(x,y)$ 在点 $P_0(x_0,y_0)$ 的某一邻域内有定义,若在此邻域内对任何异于 P_0 的点 $P(x,y)$ 均有 $f(x,y)<f(x_0,y_0)$(或 $f(x,y)>f(x_0,y_0)$),则称 $f(x_0,y_0)$ 为函数 $f(x,y)$ 的**极大(小)值**,P_0 称为函数 $f(x,y)$ 的**极大(小)值点**.

函数的极大值、极小值统称为**函数的极值**,使函数达到极值的点统称为**函数的极值点**.

例1 函数 $z=3-\sqrt{2x^2+y^2}$ 在点 $(0,0)$ 处的值为 3,而在点 $(0,0)$ 附近的函数值恒小于 3. 因此,函数 $z=3-\sqrt{2x^2+y^2}$ 在点 $(0,0)$ 处达到极大值 3,点 $(0,0)$ 为函数的极大值点.

例2 函数 $z=x^2+4y^2$ 在点 $(0,0)$ 处的值为 0,而在点 $(0,0)$ 附近的函数值恒大于 0,函数 $z=x^2+4y^2$ 在点 $(0,0)$ 处取得极小值 0,点 $(0,0)$ 为函数的极小值点.

例3 函数 $z=xy$ 在点 $(0,0)$ 处的值为 0,但既不是极大值也不是极小值,因为在点 $(0,0)$ 的任一邻域内,总有使函数值为正的点,也有使函数值为负的点.

以上关于二元函数的极值概念,可以类似地推广至三元及三元以上的多元函数,这里不再赘述.

显然用极值定义去判断其是否在某点处取得极值,是很不方便的,有时甚至是不可能的. 因此,需要进一步讨论二元函数极值问题的求解方法.

定理1(必要条件) 设二元函数 $z=f(x,y)$ 在点 $P_0(x_0,y_0)$ 处具有偏导数,且在点 P_0 处有极值,则它在该点的偏导数必然为零,即
$$f_x(x_0,y_0)=0, \quad f_y(x_0,y_0)=0.$$

证 不妨设 $f(x_0,y_0)$ 为极大值,即在 P_0 的某一邻域内异于 P_0 点的 $P(x,y)$ 均有 $f(x,y)<f(x_0,y_0)$.

特别地,在该邻域内取 $y=y_0$ 而 $x\neq x_0$ 的点,也有
$$f(x,y_0)<f(x_0,y_0).$$

这表明一元函数 $f(x,y_0)$ 在点 $x=x_0$ 处达到极大值. 于是由一元可导函数取得极值的必要条件知 $f_x(x_0,y_0)=0$.

类似地可证 $f_y(x_0,y_0)=0$.

从几何上看,光滑曲面 $z=f(x,y)$ 在极值点 $(x_0,y_0,f(x_0,y_0))$ 处的切平面方程为
$$z-z_0=0.$$

它平行于 xOy 坐标面.

仿照一元函数,我们称凡能使 $f_x(x_0,y_0)=0, f_y(x_0,y_0)=0$ 同时成立的点 (x_0,y_0) 为二元函数 $f(x,y)$ 的**驻点**或**稳定点**. 定理1表明,在一阶偏导数存在的条

件下,函数的极值点一定是驻点.但是,函数的驻点却未必都是极值点,例如点$(0,0)$是函数$z=xy$的驻点,但该点并不是函数的极值点.因此定理1只是极值存在的必要条件.

类似地可推得,如果三元函数$u=f(x,y,z)$在点(x_0,y_0,z_0)具有偏导数,则它在该点具有极值的必要条件是
$$f_x(x_0,y_0,z_0)=0,\quad f_y(x_0,y_0,z_0)=0,\quad f_z(x_0,y_0,z_0)=0.$$
那么如何判定一个驻点是否是极值点呢?下面的定理回答了这个问题.

定理2(充分条件) 设函数$z=f(x,y)$在点$P_0(x_0,y_0)$的某一邻域内连续,且具有一阶、二阶连续偏导数,又$f_x(x_0,y_0)=0, f_y(x_0,y_0)=0$.令
$$A=f_{xx}(x_0,y_0),\quad B=f_{xy}(x_0,y_0),\quad C=f_{yy}(x_0,y_0),$$
则$z=f(x,y)$在点$P_0(x_0,y_0)$处是否取得极值的条件如下:

(1) 当$AC-B^2>0$时,$f(x,y)$在点(x_0,y_0)处具有极值,且当$A>0$时有极小值,当$A<0$时有极大值;

(2) 当$AC-B^2<0$时,$f(x_0,y_0)$不是极值;

(3) 当$AC-B^2=0$时,$f(x,y)$在点(x_0,y_0)处可能有极值,也可能没有极值,需另作讨论.

这个定理的证明参阅9.9节.

利用定理1和定理2,我们将具有二阶连续偏导数的函数$z=f(x,y)$的极值求法归纳如下:

(1) 解方程组$f_x(x,y)=0, f_y(x,y)=0$,求得一切驻点(x_0,y_0);

(2) 对于每个驻点(x_0,y_0),求出其对应的二阶偏导数的值A,B,C;

(3) 定出$AC-B^2$的符号,按定理2的结论判定$f(x_0,y_0)$是否是极值,是极大值还是极小值.

例4 求函数$f(x,y)=x^3-y^3+3x^2+3y^2-9x$的极值.

解 先解方程组$\begin{cases}f_x(x,y)=3x^2+6x-9=0,\\ f_y(x,y)=-3y^2+6y=0,\end{cases}$

得到四个驻点$P_1(1,0), P_2(1,2), P_3(-3,0), P_4(-3,2)$.再求二阶偏导数
$$f_{xx}(x,y)=6x+6,\quad f_{xy}=0,\quad f_{yy}=-6y+6,$$

对于驻点$P_1(1,0)$,由于$A=12, B=0, C=6, AC-B^2=12\times6>0$,且$A=12>0$,所以$f(1,0)=-5$为极小值.

类似地,在驻点$P_2(1,2)$,因$AC-B^2<0$,因此函数在该点无极值;在驻点$P_3(-3,0)$,$AC-B^2<0$,因此函数在该点无极值.在驻点$P_4(-3,2)$,有$AC-B^2>0$,且$A<0$,因此$f(-3,2)=31$为极大值.

二、多元函数的最大值、最小值

在许多实际问题中,经常需要求多元函数在已知区域 D 上的最大值或最小值. 在 9.1 节我们已经指出,如果 $f(x,y)$ 在有界闭区域 D 上连续,则 $f(x,y)$ 在 D 上必定能取得最大值和最小值,这种使函数取得最大值或最小值的点既可能在 D 的内部,也可能在 D 的边界上. 如果假定函数 $f(x,y)$ 在 D 上连续,在 D 内可微且只有有限个驻点,这时,如果已知函数的最大值(最小值)在 D 的内部取得,那么这个最大值(最小值)一定也是函数的极大值(极小值). 因此,在上述假设下求函数的最大值和最小值的一般方法如下:

将函数 $f(x,y)$ 在 D 内的所有驻点处的函数值与其在 D 的边界上的最大值和最小值相互比较,其中最大的就是最大值,最小的就是最小值. 但事实上,由于要求出 $f(x,y)$ 在 D 的边界上的最大值与最小值,有时往往是相当复杂的. 不过在通常遇到的实际问题中,如果根据问题的性质,知道函数 $f(x,y)$ 的最大值(最小值)一定存在且在区域 D 的内部取得,而函数在 D 内只有一个驻点,那么可以肯定该驻点的函数值就是函数 $f(x,y)$ 在 D 上的最大值(最小值).

例 5 某工厂用钢板制造容积为 V 的无盖长方体盒子,问选择怎样的尺寸,才最省钢板?

解 设长方体盒子的长为 x,宽为 y,则高为 $\dfrac{V}{xy}$,因此无盖长方盒的表面积为

$$s = xy + \frac{V}{xy}(2x+2y) = xy + \frac{2V}{x} + \frac{2V}{y}, \quad 0 < x < +\infty, \quad 0 < y < +\infty,$$

令

$$\begin{cases} \dfrac{\partial s}{\partial x} = y - \dfrac{2V}{x^2} = 0, \\ \dfrac{\partial s}{\partial y} = x - \dfrac{2V}{y^2} = 0, \end{cases}$$

得驻点 $(x_0, y_0) = (\sqrt[3]{2V}, \sqrt[3]{2V})$. 根据题意可知,长方体盒子所用钢板面积的最小值一定存在,并在区域 $D: x > 0, y > 0$ 内取得,又函数在 D 内只有唯一的驻点 $(\sqrt[3]{2V}, \sqrt[3]{2V})$,因此可以断定当 $x = \sqrt[3]{2V}, y = \sqrt[3]{2V}$ 时,s 取得最小值,也即当长方体盒子的长为 $\sqrt[3]{2V}$,宽为 $\sqrt[3]{2V}$,高为 $\dfrac{V}{\sqrt[3]{2V} \cdot \sqrt[3]{2V}} = \dfrac{1}{2}\sqrt[3]{2V}$ 时,最省钢板.

例 6 设 Q_1, Q_2 分别是产品 A、B 的产量,它们的需求函数为 $Q_1 = 8 - p_1 + 2p_2$,$Q_2 = 10 + 2p_1 - 5p_2$,总成本函数为 $C = 3Q_1 + 2Q_2$,其中 p_1, p_2 分别为商品 A、B 的销售价格(单位:万元). 问如何确定价格 p_1 和 p_2 才能使总利润最大?

解 由题意知,总收益函数为 $R=p_1Q_1+p_2Q_2$,从而总利润为
$$L=R-C=(p_1-3)(8-p_1+2p_2)+(p_2-2)(10+2p_1-5p_2).$$
令
$$\begin{cases}\dfrac{\partial L}{\partial p_1}=7-2p_1+4p_2=0,\\ \dfrac{\partial L}{\partial p_2}=14+4p_1-10p_2=0,\end{cases}$$
解此方程组得 $p_1=\dfrac{63}{2},p_2=14$,即驻点为 $\left(\dfrac{63}{2},14\right).$

再求二阶偏导数
$$\dfrac{\partial^2 L}{\partial p_1^2}=-2,\quad \dfrac{\partial^2 L}{\partial p_1 \partial p_2}=4,\quad \dfrac{\partial^2 L}{\partial p_2^2}=-10,$$
则 $AC-B^2=(-2)\times(-10)-4^2>0$,又 $A=-2<0$,因此,利润函数 L 在 $\left(\dfrac{63}{2},14\right)$ 处取得极大值,这是唯一的极值点,因此也是最大值点,即当产品 A,B 的价格分别为 $p_1=\dfrac{63}{2},p_2=14$ 时,可获得最大利润为 $L\left(\dfrac{63}{2},14\right)=164.25($万元$).$

三、条件极值

上面所讨论的极值问题,对于函数的自变量,除了限制在函数的定义域内以外,并无其他条件限制,因此有时候也称为无条件极值.但在某些实际问题中,有时还会遇到对函数的自变量还有附加条件限制的函数极值问题.例如,求表面积为 a^2 而体积为最大的长方体的体积问题,如果设长方体的长、宽、高分别为 x,y,z,则体积 $V=xyz$,但已知长方体的表面积为 a^2,因此自变量 x,y,z 还必须满足条件 $2(xy+yz+xz)=a^2$.像这种对自变量有附加条件约束的极值问题统称为**条件极值**.

当然,对于某些条件极值问题,可以通过等价变形化为无条件极值,然后利用第一部分的方法加以解决.例如上述问题,可由条件 $2(xy+yz+zx)=a^2$,将 z 用 x,y 表示出得 $z=\dfrac{a^2-2xy}{2(x+y)}$,再将它代入 $V=xyz$ 中,则问题就转化为求 $V=\dfrac{xy}{2}\left(\dfrac{a^2-2xy}{x+y}\right)$ 的无条件极值.但在很多情形下,将条件极值转化为无条件极值是比较困难的.因此,我们需要寻求另一种直接求极值的方法,可以不必先把问题化为无条件极值的问题,这就是下面所述的拉格朗日乘数法.

下面讨论三元函数

$$u = f(x, y, z), \tag{9.40}$$

在约束条件

$$\varphi(x, y, z) = 0 \tag{9.41}$$

下的条件极值问题.

假定函数 $f(x,y,z)$ 与 $\varphi(x,y,z)$ 都具有连续的一阶偏导数，且 $\varphi_z(x_0,y_0,z_0) \neq 0$，那么由隐函数存在定理 2 知方程 $\varphi(x,y,z)=0$ 就唯一确定了 z 是 x,y 的隐函数 $z = z(x,y)$，将它代入式(9.40)，得到二元函数

$$u = f(x, y, z(x, y)),$$

这样三元函数 $u=f(x,y,z)$ 的条件极值问题就转化为该二元函数的无条件极值问题.

若函数在 (x_0,y_0,z_0) 处取得极值，应当有

$$\varphi(x_0, y_0, z_0) = 0, \tag{9.42}$$

再由二元函数极值存在的必要条件知

$$\left. \begin{aligned} \frac{\partial u}{\partial x} &= \frac{\partial f}{\partial x} + \frac{\partial f}{\partial z} \cdot \frac{\partial z}{\partial x} \bigg|_{(x_0, y_0)} = 0, \\ \frac{\partial u}{\partial y} &= \frac{\partial f}{\partial y} + \frac{\partial f}{\partial z} \cdot \frac{\partial z}{\partial y} \bigg|_{(x_0, y_0)} = 0, \end{aligned} \right. \tag{9.43}$$

又由于 $\varphi_z(x_0,y_0,z_0) \neq 0$，故由隐函数存在定理 2 知

$$\frac{\partial z}{\partial x} = -\frac{\varphi_x}{\varphi_z}, \quad \frac{\partial z}{\partial y} = -\frac{\varphi_y}{\varphi_z},$$

将其代入式(9.43)得

$$\begin{cases} f_x - \dfrac{\varphi_x}{\varphi_z} f_z = 0, \\ f_y - \dfrac{\varphi_y}{\varphi_z} f_z = 0, \end{cases}$$

若令 $\lambda = -\dfrac{f_z}{\varphi_z}$，上式可化为

$$\begin{cases} f_x + \lambda \varphi_x = 0, \\ f_y + \lambda \varphi_y = 0, \\ f_z + \lambda \varphi_z = 0, \end{cases}$$

由此，当 (x_0,y_0,z_0) 为极值点时，一定有

$$\begin{cases} f_x(x_0, y_0, z_0) + \lambda \varphi_x(x_0, y_0, z_0) = 0, \\ f_y(x_0, y_0, z_0) + \lambda \varphi_y(x_0, y_0, z_0) = 0, \\ f_z(x_0, y_0, z_0) + \lambda \varphi_z(x_0, y_0, z_0) = 0, \\ \varphi(x_0, y_0, z_0) = 0. \end{cases} \tag{9.44}$$

容易看出式(9.44)的前3个式子左端恰好是函数 $F(x,y,z)=f(x,y,z)+\lambda\varphi(x,y,z)$ 的三个偏导数在 (x_0,y_0,z_0) 处的函数值,其中 λ 是待定常数.

综合以上的讨论,可以得到以下结论.

拉格朗日乘数法 要找函数 $u=f(x,y,z)$ 在条件 $\varphi(x,y,z)=0$ 下的可能极值点,可以先构造辅助函数(也称拉格朗日函数)$F(x,y,z)=f(x,y,z)+\lambda\varphi(x,y,z)$,其中 λ 为某一常数,求其对 x,y 及 z 的一阶偏导数并使之等于零,然后与所给条件联立可得方程组

$$\begin{cases} f_x(x,y,z)+\lambda\varphi_x(x,y,z)=0, \\ f_y(x,y,z)+\lambda\varphi_y(x,y,z)=0, \\ f_z(x,y,z)+\lambda\varphi_z(x,y,z)=0, \\ \varphi(x,y,z)=0. \end{cases} \quad (9.45)$$

解出 x_0, y_0 及 z_0,则 (x_0,y_0,z_0) 就是函数 $f(x,y,z)$ 在附加条件 $\varphi(x,y,z)=0$ 下的可能极值点. 该点 (x_0,y_0,z_0) 是否为极值点,可由实际问题的性质来决定.

类似地,该方法可推广到多个自变量及多个附加条件的情形,这里不再赘述.

例 7 求表面积为 a^2 而体积为最大的长方体的体积.

解 设长方体的长、宽、高分别为 x,y,z,则问题就转化为求函数 $V=xyz(x>0, y>0, z>0)$ 在条件 $\varphi(x,y,z)=2xy+2yz+2zx-a^2=0$ 的最大值. 令
$$F(x,y,z)=xyz+\lambda(2xy+2yz+2zx-a^2),$$
求其对 x,y,z 的偏导数,并使之等于零,并与 $2xy+2yz+2zx-a^2=0$ 联立得到

$$\begin{cases} yz+2\lambda(y+z)=0, \\ xz+2\lambda(x+z)=0, \\ xy+2\lambda(y+x)=0, \\ 2xy+2yz+2zx-a^2=0, \end{cases}$$

解得 $x=y=z=\dfrac{\sqrt{6}}{6}a$. 这是唯一可能的极值点,而由实际问题的意义,最大值确实存在. 所以最大值一定在该点取得,即表面积为定值 a^2 的长方体中,以棱长为 $\dfrac{\sqrt{6}}{6}a$ 的正方体的体积最大,最大体积为 $V=\dfrac{\sqrt{6}}{36}a^3$.

例 8 求曲面 $\sqrt{x}+\sqrt{y}+\sqrt{z}=1$ 的切平面,使其在三个坐标轴上的截距之积为最大.

解 设曲面上点 (x_0,y_0,z_0) 处的切平面满足题设要求. 则在该点的法向量为
$$\boldsymbol{n}=\left(\dfrac{1}{2\sqrt{x_0}},\dfrac{1}{2\sqrt{y_0}},\dfrac{1}{2\sqrt{z_0}}\right),$$

故切平面方程为

$$\frac{1}{\sqrt{x_0}}(x-x_0)+\frac{1}{\sqrt{y_0}}(y-y_0)+\frac{1}{\sqrt{z_0}}(z-z_0)=0,$$

即

$$\frac{x}{\sqrt{x_0}}+\frac{y}{\sqrt{y_0}}+\frac{z}{\sqrt{z_0}}=\sqrt{x_0}+\sqrt{y_0}+\sqrt{z_0}=1.$$

该切平面在三坐标轴上的截距分别为 $\sqrt{x_0},\sqrt{y_0},\sqrt{z_0}$,这样题设问题就转化为求函数 $f(x,y,z)=\sqrt{xyz}$ 在条件 $\sqrt{x}+\sqrt{y}+\sqrt{z}=1$ 下的最大值.

为此,"构造"拉格朗日函数

$$F(x,y,z)=\sqrt{xyz}+\lambda(\sqrt{x}+\sqrt{y}+\sqrt{z}-1),$$

求其对 x,y,z 的偏导数,得方程组

$$\begin{cases} \dfrac{\sqrt{yz}}{2\sqrt{x}}+\dfrac{\lambda}{2\sqrt{x}}=0, \\ \dfrac{\sqrt{xz}}{2\sqrt{y}}+\dfrac{\lambda}{2\sqrt{y}}=0, \\ \dfrac{\sqrt{xy}}{2\sqrt{z}}+\dfrac{\lambda}{2\sqrt{z}}=0, \\ \sqrt{x}+\sqrt{y}+\sqrt{z}=1. \end{cases}$$

解得 $x=\dfrac{1}{9},y=\dfrac{1}{9},z=\dfrac{1}{9}$,由于最大值一定存在,且驻点唯一,所以曲面在点 $\left(\dfrac{1}{9},\dfrac{1}{9},\dfrac{1}{9}\right)$ 的切平面在三坐标轴上的截距乘积为最大. 这时切平面方程为

$$x+y+z=\frac{1}{3}.$$

习 题 9.8

(A)

1. 求下列函数的极值:

(1) $f(x,y)=x^3+y^3-3xy$;

(2) $f(x,y)=\sin x+\cos y+\cos(x-y)$ $\left(0\leqslant x,y\leqslant\dfrac{\pi}{2}\right)$;

(3) $f(x,y)=e^{2x}(x+y^2+2y)$;

(4) $f(x,y)=(2ax-x^2)(2by-y^2)$ (a,b 均为常数).

2. 求函数 $z=x^2+y^2$ 在条件 $\dfrac{x}{a}+\dfrac{y}{b}=1$ 下的极值.

3. 求函数 $u=xyz$ 在条件 $x^2+y^2+z^2=1$ 及 $x+y+z=0$ 下的最大值与最小值.

4. 在 xOy 平面上求一点,使它到直线 $x=0, y=0$ 及直线 $x+2y-16=0$ 的距离平方之和为最小.

5. 从斜边之长为 l 的一切直角三角形中,求有最大周长的直角三角形.

6. 求内接于半径为 a 的球,且有最大体积的长方体.

(B)

1. 求由方程 $x^2+y^2+z^2-2x-2y-4z-10=0$ 确定的隐函数 $z=z(x,y)$ 的极值.

2. 在椭球面 $\dfrac{x^2}{96}+y^2+z^2=1$ 上求距离平面 $3x+4y+12z-288=0$ 的最近点与最远点.

3. 求函数 $z=x^2+y^2$ 在圆域 $(x-\sqrt{2})^2+(y-\sqrt{2})^2 \leqslant 9$ 上的最大值与最小值.

4. 在椭球面 $2x^2+2y^2+z^2=1$ 上求一点,使函数 $f(x,y,z)=x^2+y^2+z^2$ 在该点沿方向 $l=(1,-1,0)$ 的方向导数达到最大.

5. 求空间曲线 $\begin{cases} 2x^2+3y^2+z^2=30 \\ 2x-3y+z=0 \end{cases}$ 上竖坐标的最大值和最小值.

*9.9 二元函数的泰勒公式

一、二元函数的泰勒公式

一元函数的泰勒公式类似地可以推广到二元函数情形.

定理 设 $z=f(x,y)$ 在点 $P_0(x_0,y_0)$ 的某一邻域内连续且具有直到 $n+1$ 阶的连续偏导数,则当 $P(x_0+h, y_0+k)$ 为此邻域内任一点时,有 n 阶泰勒公式

$$f(x_0+h, y_0+k) = f(x_0,y_0) + \left(h\frac{\partial}{\partial x}+k\frac{\partial}{\partial y}\right)f(x_0,y_0) + \frac{1}{2!}\left(h\frac{\partial}{\partial x}+k\frac{\partial}{\partial y}\right)^2 f(x_0,y_0)$$

$$+ \cdots + \frac{1}{n!}\left(h\frac{\partial}{\partial x}+k\frac{\partial}{\partial y}\right)^n f(x_0,y_0) + R_n, \tag{9.46}$$

其中 $R_n = \dfrac{1}{(n+1)!}\left(h\dfrac{\partial}{\partial x}+k\dfrac{\partial}{\partial y}\right)^{n+1} f(x_0+\theta h, y_0+\theta k)$ $(0<\theta<1)$ 称为**拉格朗日型余项**.

这里记号 $\left(h\dfrac{\partial}{\partial x}+k\dfrac{\partial}{\partial y}\right)^n f(x_0,y_0)$ 表示按二项定理展开为 $n+1$ 项之和,其中含 $h^r k^{p-r}$ 项的系数为

$$C_p^r \left.\frac{\partial^p f(x,y)}{\partial x^r \partial y^{p-r}}\right|_{(x_0,y_0)} \quad (r=0,1,\cdots,p, p=1,2,\cdots,n+1).$$

证 为了能利用一元函数的泰勒公式,引入函数 $G(t)=f(x_0+th,y_0+tk)$ $(0\leqslant t\leqslant 1)$,由条件知,$G(t)$ 在 $0\leqslant t\leqslant 1$ 上有直到 $n+1$ 阶的连续导数,于是由一元函数带拉格朗日型余项的泰勒公式得

$$G(t)=G(0)+G'(0)t+\frac{G''(0)}{2!}t^2+\cdots+\frac{G^{(n)}(0)}{n!}t^n+\frac{G^{(n+1)}(\theta t)}{(n+1)!}t^{n+1} \quad (0<\theta<1),$$

令 $t=1$,得

$$G(1)=G(0)+G'(0)+\frac{G''(0)}{2!}+\cdots+\frac{G^{(n)}(0)}{n!}+\frac{G^{(n+1)}(\theta)}{(n+1)!} \quad (0<\theta<1),$$

(9.47)

而由 $G(t)$ 的定义及多元复合函数的求导法则,可得

$$G'(t)=hf_x(x_0+ht,y_0+kt)+kf_y(x_0+ht,y_0+kt)$$
$$=\left(h\frac{\partial}{\partial x}+k\frac{\partial}{\partial y}\right)f(x_0+ht,y_0+kt),$$
$$G''(t)=h^2f_{xx}(x_0+ht,y_0+kt)+2hkf_{xy}(x_0+ht,y_0+kt)$$
$$\quad+k^2f_{yy}(x_0+ht,y_0+kt)$$
$$=\left(h\frac{\partial}{\partial x}+k\frac{\partial}{\partial y}\right)^2 f(x_0+ht,y_0+kt),$$

一般地,

$$G^{(p)}(t)=\sum_{r=0}^{p}C_p^r h^r k^{p-r}\frac{\partial^p f}{\partial x^r \partial y^{p-r}}\bigg|_{(x_0+ht,y_0+kt)}$$
$$=\left(h\frac{\partial}{\partial x}+k\frac{\partial}{\partial y}\right)^p f(x_0+ht,y_0+kt),\quad p=1,2,\cdots,n+1,$$

于是

$$G^{(p)}(0)=\left(h\frac{\partial}{\partial x}+k\frac{\partial}{\partial y}\right)^p f(x_0,y_0),\quad p=1,2,\cdots,n+1,$$

$$G^{(n+1)}(\theta)=\left(h\frac{\partial}{\partial x}+k\frac{\partial}{\partial y}\right)^{n+1} f(x_0+\theta h,y_0+\theta k),$$

又 $G(1)=f(x_0+h,y_0+k)$,$G(0)=f(x_0,y_0)$,将以上结果代入式(9.47),便可得到二元函数的泰勒公式.

特别地,当 $n=0$ 时,式(9.46)化为

$$f(x_0+h,y_0+k)-f(x_0,y_0)=f_x(x_0+\theta h,y_0+\theta k)h$$
$$+f_y(x_0+\theta h,y_0+\theta k)k \quad (0<\theta<1). \quad (9.48)$$

式(9.48)称为二元函数的拉格朗日中值定理.

由二元函数的泰勒公式可知,当 $|h|$ 与 $|k|$ 都很小时,若舍去式(9.46)右端的余项 R_n,则右端的关于 h 与 k 的 n 次多项式可作为 $f(x_0+h,y_0+k)$ 的近似值,并且其误差为 $|R_n|$.由假设知,函数的 $n+1$ 阶偏导数均连续,故它们的绝对值在点

$P_0(x_0,y_0)$ 的某一邻域内都不超过某一正常数 M,于是就有下面的误差估计式

$$|R_n| \leqslant \frac{M}{(n+1)!}(|h|+|k|)^{n+1} = \frac{M}{(n+1)!}\rho^{n+1}(|\cos\alpha|+|\sin\alpha|)^{n+1}$$

$$\leqslant \frac{(\sqrt{2})^{n+1}M}{(n+1)!}\rho^{n+1} \text{①} \qquad (9.49)$$

其中 $\rho=\sqrt{h^2+k^2}$,$\cos\alpha=\dfrac{|h|}{\rho}$,$\sin\alpha=\dfrac{|k|}{\rho}$.

由式(9.49)可知,误差 $|R_n|$ 是当 $\rho \to 0$ 时比 ρ^n 高阶的无穷小.因此 R_n 还可记作 $R_n=o(\rho^n)(\rho \to 0)$.

这就是二元函数泰勒公式的**皮亚诺型余项**.

当 $n=1$ 时,带皮亚诺余项的泰勒公式化为

$$f(x_0+h,y_0+k)=f(x_0,y_0)+f_x(x_0,y_0)h+f_y(x_0,y_0)k$$
$$+\frac{1}{2!}(h^2 f_{xx}(x_0,y_0)+2hk f_{xy}(x_0,y_0)+k^2 f_{yy}(x_0,y_0))+o(\rho^2).$$
$$(9.50)$$

在泰勒公式中,如果取 $x_0=0$,$y_0=0$,则式(9.47)称为 n **阶麦克劳林公式**.

$$f(x,y)=f(0,0)+\left(x\frac{\partial}{\partial x}+y\frac{\partial}{\partial y}\right)f(0,0)+\frac{1}{2!}\left(x\frac{\partial}{\partial x}+y\frac{\partial}{\partial y}\right)^2 f(0,0)+\cdots$$
$$+\frac{1}{n!}\left(x\frac{\partial}{\partial x}+y\frac{\partial}{\partial y}\right)^n f(0,0)+\frac{1}{(n+1)!}\left(x\frac{\partial}{\partial x}+y\frac{\partial}{\partial y}\right)^{n+1} f(\theta x,\theta y) \quad (0<\theta<1).$$
$$(9.51)$$

例1 求函数 $f(x,y)=\ln(1+x+y)$ 的三阶麦克劳林公式.

解 因为 $f_x(x,y)=f_y(x,y)=\dfrac{1}{1+x+y}$,

$$f_{xx}(x,y)=f_{xy}(x,y)=f_{yy}(x,y)=-\frac{1}{(1+x+y)^2},$$

$$\frac{\partial^3 f}{\partial x^r \partial y^{3-r}}=\frac{2!}{(1+x+y)^3} \quad (r=0,1,2,3),$$

$$\frac{\partial^4 f}{\partial x^r \partial y^{4-r}}=-\frac{3!}{(1+x+y)^4} \quad (r=0,1,2,3,4),$$

因此 $f(0,0)=0$,$f_x(0,0)=f_y(0,0)=1$,$f_{xx}(0,0)=f_{xy}(0,0)=f_{yy}(0,0)=-1$,

$$\left.\frac{\partial^3 f}{\partial x^r \partial y^{3-r}}\right|_{(0,0)}=2!=2 \quad (r=0,1,2,3),$$

---

① 设 $|\cos\alpha|=x$,则 $|\sin\alpha|=\sqrt{1-x^2}$. 令 $|\cos\alpha|+|\sin\alpha|=x+\sqrt{1-x^2}=\varphi(x)$,则 $\varphi(x)$ 在 $[0,1]$ 上的最大值为 $\sqrt{2}$.

$$\left.\frac{\partial^4 f}{\partial x^r \partial y^{4-r}}\right|_{(0,0)} = -3! = -6 \quad (r=0,1,2,3,4).$$

代入式(9.51)有

$$\ln(1+x+y) = x+y - \frac{1}{2}(x+y)^2 + \frac{1}{3}(x+y)^3 - \frac{1}{4}\frac{(x+y)^4}{(1+\theta x+\theta y)^4} \quad (0<\theta<1).$$

例2 利用二元函数的二阶泰勒公式求 $1.04^{2.02}$ 的近似值.

解 令 $f(x,y)=x^y$, $(x_0,y_0)=(1,2)$, $h=0.04$, $k=0.02$, 容易求得

$$f(1,2)=1, \quad f_x(1,2)=yx^{y-1}|_{(1,2)}=2,$$
$$f_y(1,2)=x^y\ln x|_{(1,2)}=0, \quad f_{xx}(1,2)=y(y-1)x^{y-2}|_{(1,2)}=2,$$
$$f_{xy}(1,2)=(x^{y-1}+yx^{y-1}\ln x)|_{(1,2)}=1, \quad f_{yy}(1,2)=x^y(\ln x)^2|_{(1,2)}=0,$$

于是由式(9.46),略去高阶无穷小得

$$1.04^{2.02} = f(1.04,2.02) \approx 1 + 2\times 0.04 + \frac{1}{2}(2\times 0.04^2 + 2\times 0.04\times 0.02 + 0)$$
$$= 1.0824.$$

此结果显然比9.3节的例4要精确得多.

二、二元函数极值存在的充分条件证明

现在我们利用二元函数的泰勒公式证明9.8节中的定理2.

由 $f_x(x_0,y_0)=0$, $f_y(x_0,y_0)=0$ 及函数在点 $P_0(x_0,y_0)$ 的某邻域内有连续的二阶偏导数,因此函数 $f(x,y)$ 在点 P_0 处的带皮亚诺型余项的二阶泰勒公式为

$$f(x,y)-f(x_0,y_0) = \frac{1}{2}(Ah^2+2Bhk+Ck^2)+o(\rho^2) \quad (\rho\to 0), \tag{9.52}$$

其中 $h=x-x_0, k=y-y_0, \rho=\sqrt{h^2+k^2}$.

设点 P_0 与点 $P(x,y)$ 的连线与 x 轴的夹角为 θ,则有

$$h=\rho\cos\theta, \quad k=\rho\sin\theta \quad (0\leqslant\theta\leqslant 2\pi),$$

代入式(9.52),得

$$f(x,y)-f(x_0,y_0) = \frac{1}{2}(A\cos^2\theta+2B\sin\theta\cos\theta+C\sin^2\theta)\rho^2+o(\rho^2) \quad (\rho\to 0),$$

记

$$F(\theta)=A\cos^2\theta+2B\sin\theta\cos\theta+C\sin^2\theta, \quad 0\leqslant\theta\leqslant 2\pi,$$

代入上式得

$$f(x,y)-f(x_0,y_0) = \frac{\rho^2}{2}F(\theta)+o(\rho^2) \quad (\rho\to 0). \tag{9.53}$$

(1) 当 $AC-B^2>0$,且 $A>0$ 时

$$F(\theta) = \left(\sqrt{A}\cos\theta + \frac{B}{\sqrt{A}}\sin\theta\right)^2 + \frac{AC-B^2}{A}\sin^2\theta. \tag{9.54}$$

显然 $F(\theta)$ 在 $[0,2\pi]$ 上连续,因此 $F(\theta)$ 在 $[0,2\pi]$ 上有最小值,又因为当 $\theta\in[0,2\pi]$ 时,$F(\theta)>0$,所以 $F(\theta)$ 的最小值(记为 C_1)大于 0,即 $F(\theta)\geqslant C_1>0,\theta\in[0,2\pi]$,因此当 ρ 充分小时,$\frac{\rho^2}{2}F(\theta)+o(\rho^2)>0$,再由式(9.52)知 $f(x_0,y_0)$ 为极小值.

当 $AC-B^2>0$,且 $A<0$ 时,有

$$F(\theta) = -\left(\sqrt{-A}\cos\theta - \frac{B}{\sqrt{-A}}\sin\theta\right)^2 + \frac{AC-B^2}{A}\sin^2\theta,$$

由类似的讨论知 $f(x_0,y_0)$ 为极大值.

(2) 当 $AC-B^2<0$,且 $A\neq 0$ 时,不妨设 $A>0$($A<0$ 可类似讨论),因方程

$$\sqrt{A}\cos\theta + \frac{B}{\sqrt{A}}\sin\theta = 0,$$

总有非零解 θ_1,又由式(9.54)知 $F(\theta_1)<0$,而 $F(0)>0$,因此当 ρ 充分小时式(9.53)中的 $\frac{\rho^2}{2}F(\theta)+o(\rho^2)$ 可正可负的,因此 $f(x_0,y_0)$ 不是极值.

若 $A=0$,则 $F(\theta)=(2B\cos\theta+C\sin\theta)\sin\theta$. 由 $AC-B^2<0$ 知 $B\neq 0$,显然可取适当小的 $\theta_1\in\left(0,\frac{\pi}{2}\right)$ 使 $2B\cos\theta-|C\sin\theta|$ 与 B 同号,从而对充分小的 ρ,当 $\theta=\theta_1$ 时,可使 $\frac{\rho^2}{2}F(\theta)+o(\rho^2)$ 恒与 B 同号,当 $\theta=-\theta_1$ 时,可使 $\frac{\rho^2}{2}F(\theta)+o(\rho^2)$ 恒与 B 异号,因此 $f(x_0,y_0)$ 不是极值.

(3) 当 $AC-B^2=0$ 时,考察函数 $f(x,y)=x^2+y^4$ 及 $g(x,y)=x^2+y^3$,容易验证 $(0,0)$ 都是这两个函数的驻点,且在点 $(0,0)$ 处都满足 $AC-B^2=0$,但 $f(x,y)$ 在点 $(0,0)$ 处有极小值,而 $g(x,y)$ 在点 $(0,0)$ 处没有极值.

*习 题 9.9

1. 在点 $(1,1)$ 的邻域内把函数 $f(x,y)=2x^2-xy-y^2-6x-3y+5$ 展开成泰勒公式.

2. 在点 $(0,0)$ 的邻域内按皮亚诺余项展开成泰勒公式(直到二阶为止).

  (1) $f(x,y)=\arctan\dfrac{1+x+y}{1-x+y}$;

  (2) $f(x,y)=e^x\ln(1+y)$.

3. 求函数 $f(x,y)=\sin x\sin y$ 在点 $\left(-\dfrac{\pi}{4},\dfrac{\pi}{4}\right)$ 的二阶泰勒公式.

4. 利用二元函数的二阶泰勒展开式计算 $1.1^{1.02}$ 的近似值.

小　结

本章在介绍了多元函数的基本概念的基础上,讨论了多元函数、多元复合函数、隐函数的偏导数、全微分、方向导数及梯度的概念及计算,并介绍了多元函数微分在几何和求极值方面的应用,学习时应重点理解基本概念,掌握其基本计算及应用,还应特别注意以下几个问题.

1. 二元函数的极限

二元函数极限要比一元函数极限复杂得多,具体表现在由自变量表示的动点趋于定点的方式上,对于一元函数 $y=f(x)$ 的极限,$x\to x_0$ 是指从 x_0 的左侧或右侧或双侧趋于 x_0. 而对于二元函数 $z=f(x,y)$,$(x,y)\to(x_0,y_0)$,是指动点 (x,y) 在坐标面上以任意的方式趋向于点 (x_0,y_0). 当 $(x,y)\to(x_0,y_0)$ 时,$f(x,y)$ 都趋向于同一常数 A,则二元函数 $f(x,y)$ 的极限为 A(常数);若 (x,y) 以不同的方式趋向于点 (x_0,y_0) 时,$f(x,y)$ 趋向于不同的常数值或有极限不存在,则可断定 $\lim\limits_{\substack{x\to x_0\\y\to y_0}}f(x,y)$ 不存在.

2. 偏导数

当二元函数 $f(x,y)$ 为分段函数时,在计算分段点 (x_0,y_0) 处的偏导数时,要根据偏导数的定义计算

$$f_x(x_0,y_0)=\lim_{\Delta x\to 0}\frac{f(x_0+\Delta x,y_0)-f(x_0,y_0)}{\Delta x},$$

$$f_y(x_0,y_0)=\lim_{\Delta y\to 0}\frac{f(x_0,y_0+\Delta y)-f(x_0,y_0)}{\Delta y},$$

而对于其余点处的偏导数,可利用类似于一元函数的求导公式或求导运算法则进行计算.

3. 全微分

当二元函数可微时,有全微分的计算公式

$$\mathrm{d}z=\frac{\partial z}{\partial x}\mathrm{d}x+\frac{\partial z}{\partial y}\mathrm{d}y,$$

因此,求函数的全微分也就是求偏导数 $\frac{\partial z}{\partial x}$ 和 $\frac{\partial z}{\partial y}$.

4. 可微与偏导数关系

若函数 $z=f(x,y)$ 在点 $P_0(x_0,y_0)$ 处可微,则必在 P_0 处连续且存在偏导数,反之不然. 特别地,即使函数在 P_0 处存在偏导数,则在 P_0 处也不一定连续,当然也就不一定可微. 但是,如果函数在 P_0 处的偏导数连续,则函数在 P_0 处一定可微.

5. 多元复合函数的求导法则

二元复合函数 $z=f(u,v)$,$u=u(x,y)$,$v=v(x,y)$ 的求导方法是链式法则,其

一般公式为

$$\frac{\partial z}{\partial x} = \frac{\partial z}{\partial u} \cdot \frac{\partial u}{\partial x} + \frac{\partial z}{\partial v} \cdot \frac{\partial v}{\partial x}, \quad \frac{\partial z}{\partial y} = \frac{\partial z}{\partial u} \cdot \frac{\partial u}{\partial y} + \frac{\partial z}{\partial v} \cdot \frac{\partial v}{\partial y},$$

它可以推广到中间变量不是两个或自变量也不是两个的各种多元复合函数的情形.

特别地,当中间变量是一元函数情形,如 $u=\varphi(t)$,$v=\psi(t)$ 都是一元函数,此时,构成的复合函数 $z=f[\varphi(t),\psi(t)]$ 只是自变量 t 的一元函数,由链式法则可得 z 对 t 的导数,记作

$$\frac{\mathrm{d}z}{\mathrm{d}t} = \frac{\partial z}{\partial u} \cdot \frac{\mathrm{d}u}{\mathrm{d}t} + \frac{\partial z}{\partial v} \cdot \frac{\mathrm{d}v}{\mathrm{d}t},$$

这种一个自变量的复合函数的导数,称为**全导数**.

6. 隐函数的导数

直接利用由方程 $F(x,y,z)=0$ 所确定的隐函数 $z=z(x,y)$ 的一阶偏导数公式

$$\frac{\partial z}{\partial x} = -\frac{F_x(x,y,z)}{F_z(x,y,z)}, \quad \frac{\partial z}{\partial y} = -\frac{F_y(x,y,z)}{F_z(x,y,z)},$$

求偏导数时,应注意公式右端 $F_x(x,y,z)$,$F_y(x,y,z)$ 及 $F_z(x,y,z)$ 分别是对函数 $F(x,y,z)$ 中的 x,y,z 求偏导数,此时不能将 z 看作 x,y 复合函数.

7. 方向导数与梯度

对于方向导数与梯度除了掌握其计算公式外,应着重理解方向导数与梯度的关系:函数在某点的梯度是这样一个向量,它的方向与取得最大方向导数的方向一致,而它的模为方向导数的最大值.

8. 偏导数在几何中的应用

求空间曲线上一点处的切线方程与法平面方程时,关健是要根据所给空间曲线的不同形式,求出曲线在该点的切向量;求空间曲面上一点处的切平面方程与法线方程时,关健是要根据所给空间曲面的不同形式,求出曲面在该点的法向量.

9. 二元函数的极值

(1) 对于二元可微函数 $f(x,y)$ 来说,根据取极值的必要条件,由方程组

$$\begin{cases} f_x(x,y)=0, \\ f_y(x,y)=0, \end{cases}$$

可解出在函数定义域内的所有驻点. 应当注意,极值点必定是驻点,但驻点不一定是极值点. 至于驻点是否极值点可由 9.8 节的定理 2 来判定.

(2) 对于可微函数 $u=f(x,y,z)$ 在附加条件 $\varphi(x,y,z)=0$ 下求极值的有关问题,可以从附加条件 $\varphi(x,y,z)=0$ 中解出某个自变量,再代入目标函数中,转化为无条件极值. 也可用拉格朗日乘数法求解.

复习练习题 9

1. 填空题

   (1) $y^2=x$,则 $\lim\limits_{\substack{x\to 0\\ y\to 0}}\dfrac{xy^2}{x^2+y^4}=$ _____;

   (2) 设函数 $u=\ln(x^2+y^2+z^2)$ 在点 $M_0(1,2,-2)$ 处的梯度 $\mathbf{grad}\,u|_{M_0}=$ _____;

   (3) $z=\dfrac{x}{y}$,$x=ct$,$y=\ln t$,则全导数 $\dfrac{\mathrm{d}z}{\mathrm{d}t}=$ _____.

2. 选择题

   (1) 若二元函数 $f(x,y)$ 的全微分存在,则当 $\Delta x\to 0$,$\Delta y\to 0$ 时,函数 $f(x,y)$ 的全增量与全微分之差,即 $\Delta z-\mathrm{d}z$ 是较 $\rho=\sqrt{(\Delta x)^2+(\Delta y)^2}$ 的( ).

   　　(A) 同阶无穷小　　(B) 高阶无穷小　　(C) 低阶无穷小　　(D) 等价无穷小

   (2) 函数 $f(x,y)=1-\sqrt{x^2-y^2}$ 的极值点是( ).

   　　(A) 驻点　　　　　　　　　　　　　　(B) 偏导数不存在点

   　　(C) 间断点　　　　　　　　　　　　　(D) 以上三种情形都不成立

3. 设 $\dfrac{x}{z}=\ln\dfrac{z}{y}$ ($z>0,y>0$),求 $\dfrac{\partial^2 z}{\partial x\partial y}$.

4. 设 $z=\arctan\left(\dfrac{x+y}{1-xy}\right)$,求 $\dfrac{\partial z}{\partial x}\bigg|_{(1,0)}$ 及 $\dfrac{\partial z}{\partial y}\bigg|_{(1,0)}$.

5. 设 $z=x^2\sin(x+y)$,求 $\dfrac{\partial^2 z}{\partial x^2}$ 及 $\dfrac{\partial^2 z}{\partial x\partial y}$.

6. 设 $z=xy+x\mathrm{e}^{\frac{y}{x}}$,证明:$x\dfrac{\partial z}{\partial x}+y\dfrac{\partial z}{\partial y}=z+xy$.

7. 求曲面 $\Sigma:\mathrm{e}^z-z+xy=3$ 在点 $M_0(2,1,0)$ 处的切平面方程与法线方程.

8. 求曲线 $\begin{cases}x^2+y^2+z^2-3x=0,\\ 2x-3y+5z-4=0\end{cases}$ 在点 $P(1,1,1)$ 处的切线方程与法平面方程.

9. 求曲线 $x=t$,$y=t^2$,$z=t^3$ 上的点,使过该点的切线平行于平面 $x+2y+z=4$.

10. 曲面 $z=xy$ 上何处的法线垂直于平面 $x-2y+z=6$,并求出该点的切平面方程与法线方程.

11. 函数 $u=xy^2z$ 在点 $P_0(1,-1,2)$ 处沿哪个方向的方向导数最大?并求此方向导数最大值.

12. 求内接于半径为 a 的半球,且具有最大体积的长方体.

第10章 重 积 分

在一元函数积分学中,我们已经知道某些非均匀分布在某区间上的一些量(如曲边梯形的面积、变力沿直线做功等)的计算问题,可以化为某种确定形式的和的极限,从而引入了定积分的概念,其被积函数是一元函数,积分范围是区间.但是在工程技术和实际生活中,往往还会遇到许多非均匀分布在平面或空间的几何形体上的量的计算问题(如密度非均匀的平面薄片质量、变力沿曲线做功等),这时就需要将定积分的概念加以推广,从而得到多元函数的积分.根据积分区域的不同,又可分为重积分、曲线积分与曲面积分等.多元函数积分的这种多样性使得多元函数积分学有着更为丰富的内容.本章先讨论重积分(包括二重积分和三重积分)的概念、计算法以及它们的一些应用,下一章再讨论曲线积分与曲面积分.

10.1 二重积分的概念与性质

一、引例

1. 曲顶柱体的体积

设 D 是 xOy 坐标面上的有界闭区域,函数 $z=f(x,y)(z\geqslant 0)$ 在 D 上连续,以闭区域 D 为底,闭区域 D 的边界为准线、母线平行于 Oz 轴的柱面为侧面,曲面 $z=f(x,y)$ 为顶围成的立体称为**曲顶柱体**(如图 10.1).现在讨论曲顶柱体体积的计算问题.

我们知道,平顶柱体的高是不变的,其体积可用公式

$$体积=高\times底面积$$

来计算.但曲顶柱体的顶是曲面,因此高度 $z=f(x,y)$ 是变化的,从而体积不能直接用上面的公式来定义和计算.注意到 $z=f(x,y)$ 是连续的,因此可用类似第 5

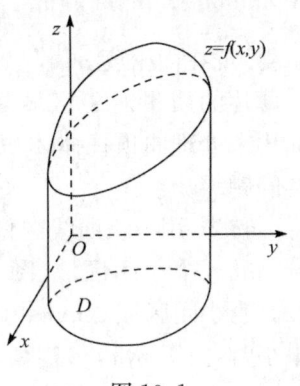

图 10.1

章中求曲边梯形面积的积分方法,即"分割取近似,求和取极限"的方法来解决.

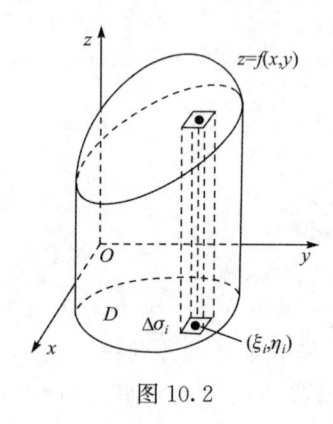

第一步:分割 将 D 用曲线网任意分割成 n 个小闭区域 $\Delta\sigma_i(i=1,\cdots,n)$(如图 10.2),并以这些小区域的边界曲线为准线,作母线平行于 z 轴的柱面,把曲顶柱体分成 n 个细曲顶柱体.

第二步:取近似 由于 $z=f(x,y)$ 连续,因此函数 $z=f(x,y)$ 在每个小闭区域 $\Delta\sigma_i$ 上的值的变化是微小的,在每个小闭区域 $\Delta\sigma_i$(这小闭区域的面积也记作 $\Delta\sigma_i$)上任取一点 (ξ_i,η_i),以 $f(\xi_i,\eta_i)$ 为高、$\Delta\sigma_i$ 为底的平顶柱体的体积(图 10.2)$f(\xi_i,\eta_i)\Delta\sigma_i(i=1,\cdots,n)$ 近似代替第 i 个细曲顶柱体的体积,即

$$\Delta V_i \approx f(\xi_i,\eta_i)\cdot\Delta\sigma_i \quad (i=1,\cdots,n).$$

图 10.2

第三步:求和 把 n 个细平顶柱体体积的和 $\sum_{i=1}^{n}f(\xi_i,\eta_i)\Delta\sigma_i$ 作为曲顶柱体体积的近似值.

$$V = \sum_{i=1}^{n}\Delta V_i \approx \sum_{i=1}^{n}f(\xi_i,\eta_i)\Delta\sigma_i.$$

第四步:取极限 n 个小闭区域 $\Delta\sigma_i$ 的直径($\Delta\sigma_i$ 中任意两点距离的最大值)中的最大值记作 λ,求 $\lambda\to 0$ 时的极限,则可得曲顶柱体的体积

$$V = \lim_{\lambda\to 0}\sum_{i=1}^{n}f(\xi_i,\eta_i)\Delta\sigma_i.$$

2. 平面薄片的质量

设有一平面薄片,占有 xOy 面上的闭区域 D,在点 (x,y) 处的面密度为 $\rho(x,y)$,这里 $\rho(x,y)>0$ 且在 D 上连续,求平面薄片的质量.

如果薄片是均匀的,即面密度是常数,那么薄片的质量可用公式

$$\text{质量}=\text{面密度}\times\text{面积}$$

求得. 现在面密度 $\rho(x,y)$ 是变量,薄片的质量就不能用上面的公式直接计算. 但由于薄片的质量对于区域具有可加性,因此上面用来处理曲顶柱体体积问题的方法也适用本问题.

首先,用一组曲线网将薄片所在的区域 D 分割成 n 个小闭区域(图 10.3):$\Delta\sigma_1,\Delta\sigma_2,\cdots,\Delta\sigma_n$,当小闭区域 $\Delta\sigma_i(i=1,2,\cdots,n)$ 的直径都很小时,由于 $\rho(x,y)$ 连续,在同一个小闭区域上,$\rho(x,y)$ 变化也很小,这时将小闭区域 $\Delta\sigma_i$

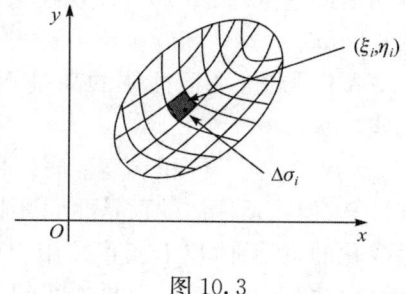

图 10.3

上的薄片小块近似地看作均匀薄片；其次，在 $\Delta\sigma_i$（这小闭区域的面积也记作 $\Delta\sigma_i$）上任取一点 (ξ_i,η_i)（图 10.3），于是可得每个小块的质量 ΔM_i 的近似值

$$\Delta M_i \approx \rho(\xi_i,\eta_i)\Delta\sigma_i, \quad i=1,2,\cdots,n,$$

则薄片总质量等于所有小块质量之和

$$M = \sum_{i=1}^{n}\Delta M_i \approx \sum_{i=1}^{n}\rho(\xi_i,\eta_i)\Delta\sigma_i,$$

令 n 个小闭区域的直径中的最大值（记作 λ）趋于零，取上述和式的极限，就可得所求平面薄片的质量

$$M = \lim_{\lambda\to 0}\sum_{i=1}^{n}\rho(\xi_i,\eta_i)\Delta\sigma_i.$$

上面两个问题虽然实际意义不同，但处理问题的方法是一样的，都是通过"分割取近似，求和取极限"的步骤，将它们归结为同一种特定形式的和式的极限。类似的问题在几何、物理和工程技术等领域中还有很多，因此我们需要一般地研究这类和的极限，并抽象出其中的数量关系与数学方法，从而得到下述二重积分的概念。

重积分概念与性质

二、二重积分的定义

定义 设 $f(x,y)$ 是平面有界闭区域 D 上的有界函数，将闭区域 D 任意分割成 n 个小闭区域 $\Delta\sigma_1,\Delta\sigma_2,\cdots,\Delta\sigma_n$，其中 $\Delta\sigma_i(i=1,2,\cdots,n)$ 表示第 i 个小闭区域，也表示它的面积，在每个 $\Delta\sigma_i$ 上任取一点 (ξ_i,η_i)，作乘积 $f(\xi_i,\eta_i)\Delta\sigma_i,(i=1,2,\cdots,n)$，并作和 $\sum_{i=1}^{n}f(\xi_i,\eta_i)\Delta\sigma_i$. 如果当各小闭区域的直径的最大值 λ 趋近于零时，和式的极限 $\lim_{\lambda\to 0}\sum_{i=1}^{n}f(\xi_i,\eta_i)\Delta\sigma_i$ 总存在，且与闭区域 D 的分法及点 (ξ_i,η_i) 的取法无关，则称此极限为函数 $f(x,y)$ 在有界闭区域 D 上的**二重积分**，记作 $\iint_D f(x,y)\mathrm{d}\sigma$，即

$$\iint_D f(x,y)\mathrm{d}\sigma = \lim_{\lambda\to 0}\sum_{i=1}^{n}f(\xi_i,\eta_i)\Delta\sigma_i. \tag{10.1}$$

其中 $f(x,y)$ 叫做**被积函数**，$f(x,y)\mathrm{d}\sigma$ 叫做**被积表达式**，$\mathrm{d}\sigma$ 叫做**面积微元**，x、y 叫做**积分变量**，D 叫做**积分区域**，$\sum_{i=1}^{n}f(\xi_i,\eta_i)\Delta\sigma_i$ 叫做**积分和**。

当式 (10.1) 右端的极限存在时，也称函数 $f(x,y)$ 在区域 D 上可积。

在二重积分的定义中，对有界闭区域 D 的分割是任意的，如果已知二重积分

存在,则在直角坐标系中,常用平行于坐标轴的直线网来分割,那么除了包含边界点的一些小闭区域(可以证明,在这部分小闭区域上和式(10.1)中所对应的项之和的极限为 0,可略去不计)外,其余的小闭区域都是矩形区域. 若设小矩形闭区域 $\Delta\sigma_i$ 的边长分别为 Δx_j 和 Δy_k,则 $\Delta\sigma_i = \Delta x_j \Delta y_k$. 因此取极限后,直角坐标系中的面积微元为

$$d\sigma = dxdy.$$

从而可以把二重积分记作

$$\iint_D f(x,y)dxdy.$$

关于二重积分的存在性,这里不加证明给出如下两个结论.

定理 1 若函数 $f(x,y)$ 在有界闭区域 D 上连续,则 $f(x,y)$ 在 D 上可积.

定理 2 若有界函数 $f(x,y)$ 在有界闭区域 D 上除去有限个点或有限条光滑曲线外都连续,则 $f(x,y)$ 在 D 上可积.

由二重积分的定义可以看出,以有界闭区域 D 为底,曲面 $z=f(x,y)$ 为顶围成的曲顶柱体的体积等于函数 $f(x,y)$ 在 D 上的二重积分,即

$$V = \iint_D f(x,y)d\sigma. \tag{10.2}$$

平面薄片的质量等于它的面密度 $\rho(x,y)$ 在薄片所占区域 D 上的二重积分,即

$$M = \iint_D \rho(x,y)d\sigma. \tag{10.3}$$

一般地,如果 $f(x,y) \geqslant 0$,二重积分 $\iint_D f(x,y)d\sigma$ 之值可以理解为以积分区域 D 为底,被积函数 $f(x,y)$ 为顶的曲顶柱体体积,所以二重积分的几何意义就是曲顶柱体体积;如果 $f(x,y) < 0$,此时柱体就在 xOy 面的下方,二重积分的绝对值仍等于柱体的体积,但二重积分的值是负的;如果 $f(x,y)$ 在区域 D 的某些部分是正的,而在其他的部分区域上是负的,此时 $f(x,y)$ 在区域 D 上的二重积分就等于 xOy 面上方的柱体体积与 xOy 面下方的柱体体积的差.

三、二重积分的性质

比较定积分与二重积分的定义,可知二重积分与定积分有类似的性质,现叙述如下,这里假定下面所涉及的二重积分都是存在的.

性质 1 被积函数的常数因子可以提到积分号的外面,即

$$\iint_D kf(x,y)\mathrm{d}\sigma = k\iint_D f(x,y)\mathrm{d}\sigma \quad (k 为常数).$$

性质 2 被积函数的和(或差)的二重积分等于各个函数的二重积分的和(或差),例如

$$\iint_D [f(x,y) \pm g(x,y)]\mathrm{d}\sigma = \iint_D f(x,y)\mathrm{d}\sigma \pm \iint_D g(x,y)\mathrm{d}\sigma.$$

性质 1 与性质 2 说明二重积分具有线性性质.

性质 3(二重积分对积分区域的可加性) 如果闭区域 D 被曲线分割为有限个部分闭区域,则在 D 上的二重积分等于在各部分闭区域上的二重积分之和. 例如将 D 分割为闭区域 D_1 与 D_2 两部分,即 $D = D_1 + D_2$ 时,则

$$\iint_D f(x,y)\mathrm{d}\sigma = \iint_{D_1} f(x,y)\mathrm{d}\sigma + \iint_{D_2} f(x,y)\mathrm{d}\sigma.$$

性质 4 用 σ 表示闭区域 D 的面积,则

$$\iint_D 1 \cdot \mathrm{d}\sigma = \iint_D \mathrm{d}\sigma = \sigma.$$

性质 4 有明显的几何意义:高为 1 的平顶柱体的体积在数值上就等于该柱体的底面积.

性质 5(不等式性质) 如果 $f(x,y) \leqslant g(x,y), (x,y) \in D$,则

$$\iint_D f(x,y)\mathrm{d}\sigma \leqslant \iint_D g(x,y)\mathrm{d}\sigma.$$

特别地,由于

$$-|f(x,y)| \leqslant f(x,y) \leqslant |f(x,y)|,$$

故又有

$$\left|\iint_D f(x,y)\mathrm{d}\sigma\right| \leqslant \iint_D |f(x,y)|\mathrm{d}\sigma.$$

性质 6(估值定理) 设 M, m 分别是函数 $f(x,y)$ 在 D 上的最大值和最小值,σ 是区域 D 的面积,则有

$$m\sigma \leqslant \iint_D f(x,y)\mathrm{d}\sigma \leqslant M\sigma.$$

证 因为 $m \leqslant f(x,y) \leqslant M$,所以由性质 5 可得

$$\iint\limits_{D} m\,\mathrm{d}\sigma \leqslant \iint\limits_{D} f(x,y)\,\mathrm{d}\sigma \leqslant \iint\limits_{D} M\,\mathrm{d}\sigma,$$

再利用性质 1 及性质 4,便可得此估值不等式.

性质 7(中值定理) 设函数 $f(x,y)$ 在闭区域 D 上连续,σ 是 D 的面积,则在 D 上至少存在一点 (ξ,η),使得

$$\iint\limits_{D} f(x,y)\,\mathrm{d}\sigma = f(\xi,\eta)\sigma.$$

证 显然 $\sigma \neq 0$,由于函数 $f(x,y)$ 在有界闭区域 D 上连续,故函数 $f(x,y)$ 在 D 上一定存在最大值和最小值,分别设为 M 和 m,则由性质 6 有

$$m\sigma \leqslant \iint\limits_{D} f(x,y)\,\mathrm{d}\sigma \leqslant M\sigma,$$

即

$$m \leqslant \frac{1}{\sigma}\iint\limits_{D} f(x,y)\,\mathrm{d}\sigma \leqslant M,$$

也即数 $\dfrac{1}{\sigma}\iint\limits_{D} f(x,y)\,\mathrm{d}\sigma$ 介于函数 $f(x,y)$ 最大值 M 与最小值 m 之间,所以根据在有界闭区域上连续函数的介值定理,在 D 上至少存在一点 (ξ,η),使得

$$\frac{1}{\sigma}\iint\limits_{D} f(x,y)\,\mathrm{d}\sigma = f(\xi,\eta).$$

上式两端各乘以 σ,就得到所需要证明的公式.

注意 $f(\xi,\eta) = \dfrac{1}{\sigma}\iint\limits_{D} f(x,y)\,\mathrm{d}\sigma$ 也称为函数 $f(x,y)$ 在区域 D 上的平均值.

例 1 设 D 为第二象限中的有界闭区域,且 $0 < y < 1$,记

$$I_1 = \iint\limits_{D} yx^3\,\mathrm{d}\sigma, \quad I_2 = \iint\limits_{D} y^2 x^3\,\mathrm{d}\sigma,$$

试比较 I_1, I_2 的大小.

解 由于 $0 < y < 1, x < 0$,故有

$$y^2 < y, \quad yx^3 < y^2 x^3,$$

故由性质 5 有

$$I_1 = \iint\limits_{D} yx^3\,\mathrm{d}\sigma < \iint\limits_{D} y^2 x^3\,\mathrm{d}\sigma = I_2.$$

例 2 利用二重积分的性质估计积分 $I = \iint\limits_{D}(x^2 + 2y^2 + 2)\,\mathrm{d}x\mathrm{d}y$ 的值,其中 D 为圆形区域: $x^2 + y^2 \leqslant 2$.

解 令 $f(x,y) = x^2 + 2y^2 + 2$,由于 $(x,y) \in D = \{(x,y) \mid x^2 + y^2 \leqslant 2\}$,可设 $x = \rho\cos\theta, y = \rho\sin\theta, 0 \leqslant \rho \leqslant \sqrt{2}, 0 \leqslant \theta \leqslant 2\pi$,得

$$f(x,y)=x^2+2y^2+2=\rho^2(1+\sin^2\theta)+2,$$

则
$$2\leqslant f(x,y)\leqslant 6,$$

又
$$\sigma=2\pi,$$

由二重积分的估值定理得
$$4\pi\leqslant I=\iint\limits_{D}(x^2+2y^2+2)\mathrm{d}x\mathrm{d}y\leqslant 12\pi.$$

例 3 利用二重积分的几何意义,求
$$I=\iint\limits_{D}(1-x-y)\mathrm{d}\sigma,$$

其中 D 为由 x 轴、y 轴和直线 $x+y=1$ 围成的三角形区域.

解 由二重积分的几何意义,I 等于如图 10.4 所示的以 $\triangle OAC$ 为底、平面 $z=1-x-y$ 为顶的三棱锥 $B-OAC$ 的体积. 故
$$I=\frac{1}{3}\left(\frac{1}{2}\cdot 1\cdot 1\cdot 1\right)=\frac{1}{6}.$$

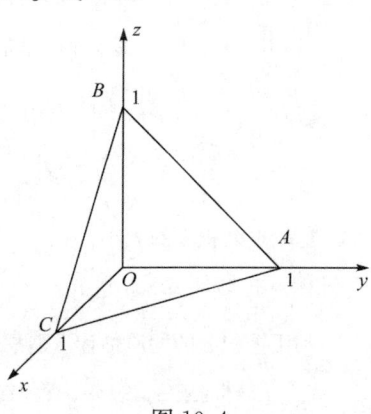

图 10.4

习 题 10.1

(A)

1. 用二重积分表示由 xOy 面、圆柱面 $x^2+y^2=4$ 和上半球面 $z=\sqrt{8-x^2-y^2}$ 围成的立体的体积.

2. 设 $I_1=\iint\limits_{D_1}(x^2+y^2)^2\mathrm{d}\sigma$,其中 D_1 是矩形闭区域:$-1\leqslant x\leqslant 1,-2\leqslant y\leqslant 2$;$I_2=\iint\limits_{D_2}(x^2+y^2)^2\mathrm{d}\sigma$,其中 D_2 是矩形闭区域:$0\leqslant x\leqslant 1,0\leqslant y\leqslant 2$. 试利用二重积分的几何意义说明 I_1 与 I_2 之间的关系.

3. 根据二重积分的性质,比较下列积分的大小:

(1) $I_1=\iint\limits_{D}(x+y)^2\mathrm{d}\sigma$ 与 $I_2=\iint\limits_{D}(x+y)^3\mathrm{d}\sigma$,其中积分区域 D 是由 x 轴、y 轴与直线 $x+y=1$ 所围成;

(2) $I_1=\iint\limits_{D}\ln(x+y)\mathrm{d}\sigma$ 与 $I_2=\iint\limits_{D}[\ln(x+y)]^2\mathrm{d}\sigma$,其中积分区域 D 是矩形闭区域:$3\leqslant x\leqslant 5,0\leqslant y\leqslant 1$;

(3) $I_1=\iint\limits_{D}(x^2+y^2)\mathrm{d}\sigma$ 与 $I_2=\iint\limits_{D}(x^2+y^2)^2\mathrm{d}\sigma$,其中积分区域 D 是圆域:$x^2+y^2\leqslant 1$.

4. 利用二重积分的性质,估计下列积分 $I = \iint\limits_{D} f(x,y) \mathrm{d}x\mathrm{d}y$ 的值:

(1) $I = \iint\limits_{D} \sin^2 x \sin^2 y \mathrm{d}\sigma$,其中积分区域 D 是矩形闭区域:$0 \leqslant x \leqslant \pi, 0 \leqslant y \leqslant \pi$;

(2) $I = \iint\limits_{D} \mathrm{e}^{\sin x \cos y} \mathrm{d}x\mathrm{d}y$,其中 D 为圆形区域:$x^2 + y^2 \leqslant 4$;

(3) $I = \iint\limits_{D} \sqrt{x^2 + y^2} \mathrm{d}x\mathrm{d}y$,其中 D 为矩形域:$0 \leqslant x \leqslant 1, 0 \leqslant y \leqslant 2$.

5. 利用二重积分的几何意义或性质,计算以下二重积分:

(1) $\iint\limits_{D} 4\mathrm{d}\sigma$,其中 D 是 x 轴、y 轴和直线 $x + 2y = 1$ 围成的区域;

(2) $\iint\limits_{D} \sqrt{2 - x^2 - y^2} \mathrm{d}\sigma$,其中 $D = \{(x,y) \mid x^2 + y^2 \leqslant 2\}$.

(B)

1. 比较下列积分的大小:
$I_1 = \iint\limits_{D} (x+y)^2 \mathrm{d}\sigma$ 与 $I_2 = \iint\limits_{D} (x+y)^3 \mathrm{d}\sigma$,其中积分区域 $D: (x-2)^2 + (y-1)^2 \leqslant 1$.

2. 利用重积分的性质估计下列积分的值:

(1) $I = \iint\limits_{D} (x^2 + 4y^2 + 9) \mathrm{d}\sigma$,其中 $D: x^2 + y^2 \leqslant 4$;

(2) $I = \iint\limits_{D} \dfrac{\mathrm{d}\sigma}{\sqrt{x^2 + y^2 + 2xy + 16}}$,其中 $D: 0 \leqslant x \leqslant 1, 0 \leqslant y \leqslant 2$.

3. 判断二重积分 $\iint\limits_{0 < |x| + |y| \leqslant 1} \ln(x^2 + y^2) \mathrm{d}x\mathrm{d}y$ 的符号.

10.2 二重积分的计算

按照二重积分定义来计算二重积分,仅对少数特别简单的被积函数和积分区域来说是可行的,而对一般的函数和区域来说相当复杂,有时几乎是不可能的,本节将介绍几种求二重积分的方法,其基本方法是把二重积分化为二次单积分(即两次定积分)来计算.

一、直角坐标系下的二重积分的计算

下面根据二重积分的几何意义将二重积分化为两次定积分,从而得出二重积分的计算公式.

二重积分的计算法

设函数 $y = \varphi_1(x), y = \varphi_2(x)$ 在闭区间 $[a, b]$ 上连续,若平面区域 D 由曲线 $y = \varphi_1(x), y = \varphi_2(x), (\varphi_1(x) \leqslant \varphi_2(x))$ 及直线 $x = a, x = b$ 围成,如图 10.5(a),(b)所

示,这样的区域称为 X 型区域.

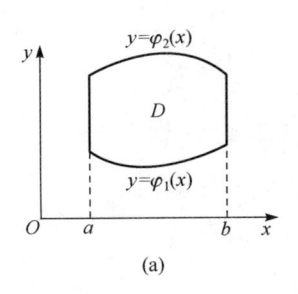

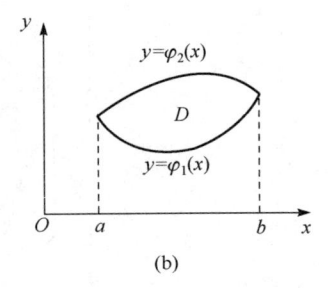

图 10.5

X 型区域 D 可用不等式组表示为 $\begin{cases} a \leqslant x \leqslant b, \\ \varphi_1(x) \leqslant y \leqslant \varphi_2(x). \end{cases}$ (10.4)

其特点是平行于 y 轴且穿过区域 D 内部的直线与 D 的边界曲线的交点最多不超过两个.

下面通过二重积分的几何意义来讨论 $\iint\limits_{D} f(x,y) \mathrm{d}\sigma$ 的计算问题. 在讨论中不妨假设 $f(x,y) \geqslant 0$,并设积分区域 D 为 X 型,即

$$D: \begin{cases} a \leqslant x \leqslant b, \\ \varphi_1(x) \leqslant y \leqslant \varphi_2(x), \end{cases}$$

由二重积分的几何意义,二重积分 $\iint\limits_{D} f(x,y) \mathrm{d}\sigma$ 等于以区域 D 为底,曲面 $z = f(x, y)$ 为顶的曲顶柱体的体积. 下面应用第 6 章中计算"平行截面面积为已知的立体的体积"的方法来计算这个曲顶柱体的体积.

如图 10.6 所示,在区间 $[a, b]$ 上任取一点 x_0,过点 x_0 作平行于 yOz 面的平面 $x = x_0$,此平面截曲顶柱体所得的截面是一个以区间 $[\varphi_1(x_0), \varphi_2(x_0)]$ 为底,曲线 $z = f(x_0, y)$ 为曲边的曲边梯形(图 10.6 中阴影部分),利用定积分可以求得其面积为

$$A(x_0) = \int_{\varphi_1(x_0)}^{\varphi_2(x_0)} f(x_0, y) \mathrm{d}y,$$

用 x 替代 x_0,可以得到过区间 $[a, b]$ 上任一点 x 且平行于 yOz 面的平面截曲顶柱体所得截面的面积

$$A(x) = \int_{\varphi_1(x)}^{\varphi_2(x)} f(x, y) \mathrm{d}y,$$

于是应用计算平行截面面积为已知的立体的体积的方法,得曲顶柱体的体积为

$$V = \int_a^b A(x) \mathrm{d}x = \int_a^b \left[\int_{\varphi_1(x)}^{\varphi_2(x)} f(x, y) \mathrm{d}y \right] \mathrm{d}x.$$

该体积也就是二重积分的值,即

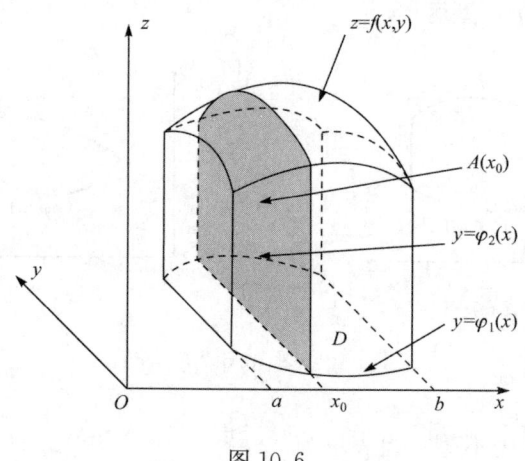

图 10.6

$$\iint\limits_{D} f(x,y)\mathrm{d}\sigma = \int_{a}^{b}\left[\int_{\varphi_{1}(x)}^{\varphi_{2}(x)} f(x,y)\mathrm{d}y\right]\mathrm{d}x. \tag{10.5}$$

式(10.5)右端的积分称为**先对 y、后对 x 的二次积分**,计算时先将 x 看作常数,把 $f(x,y)$ 只看作 y 的函数,对 y 计算从 $\varphi_1(x)$ 到 $\varphi_2(x)$ 的定积分 $A(x)$,然后将算得的结果(一般为 x 的函数 $A(x)$)再对 x 计算区间 $[a,b]$ 上的定积分 $\int_a^b A(x)\mathrm{d}x$. 这个先对 y、后对 x 的二次积分常记作

$$\int_{a}^{b}\mathrm{d}x\int_{\varphi_{1}(x)}^{\varphi_{2}(x)} f(x,y)\mathrm{d}y,$$

因此,式(10.5)通常写成

$$\iint\limits_{D} f(x,y)\mathrm{d}\sigma = \int_{a}^{b}\mathrm{d}x\int_{\varphi_{1}(x)}^{\varphi_{2}(x)} f(x,y)\mathrm{d}y. \tag{10.6}$$

式(10.6)表明,积分区域为 X 型的二重积分可化为先对 y、后对 x 的二次积分来计算.

注 在式(10.6)的推导中,为了应用几何意义,假设 $f(x,y) \geqslant 0$,事实上,公式(10.6)的成立并不受此条件限制,只要 $f(x,y)$ 在区域 D 上连续即可.

类似地,若平面区域 D 由曲线 $x=\psi_1(y), x=\psi_2(y)$($\psi_1(y) \leqslant \psi_2(y)$)及直线 $y=c, y=d$ 围成,如图 10.7(a)、(b)所示,其中函数 $x=\psi_1(y), x=\psi_2(y)$ 在闭区间 $[c,d]$ 上连续,这种形状的区域称为 **Y 型区域**. Y 型区域 D 可用不等式组表示为

$$D: \begin{cases} c \leqslant y \leqslant d, \\ \psi_1(y) \leqslant x \leqslant \psi_2(y). \end{cases}$$

其特点是平行于 x 轴且穿过区域 D 内部的直线与 D 的边界曲线的交点最多不超过两个.

当积分区域为 Y 型时(图 10.7(a)(b)),若函数 $\psi_1(y), \psi_2(y)$ 在区间 $[c,d]$ 上连

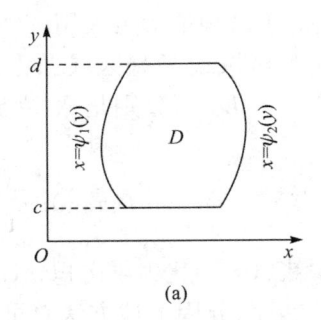

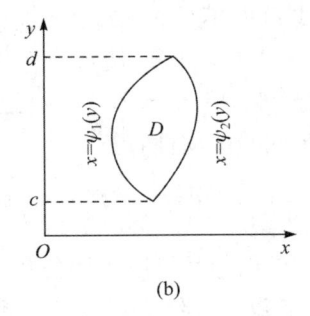

图 10.7

续,与上面的讨论类似,同样可推得

$$\iint\limits_D f(x,y)\mathrm{d}\sigma = \int_c^d \left[\int_{\psi_1(y)}^{\psi_2(y)} f(x,y)\mathrm{d}x\right]\mathrm{d}y,$$

上式右端的积分称为**先对 x、后对 y 的二次积分**,上式也常记作

$$\iint\limits_D f(x,y)\mathrm{d}\sigma = \int_c^d \mathrm{d}y \int_{\psi_1(y)}^{\psi_2(y)} f(x,y)\mathrm{d}x. \tag{10.7}$$

一般地,计算二重积分时,当积分区域为 X 型时,常选用公式(10.6),当积分区域是 Y 型时,选用公式(10.7). 利用公式(10.6)或(10.7),就可以把二重积分化成由两次定积分所构成的二次积分(也称为**累次积分**)来计算.

特别地,如果区域 D 既是 X 型又是 Y 型区域(图 10.8),这时,既可用公式(10.6)也可用公式(10.7)来计算该二重积分,即有

$$\iint\limits_D f(x,y)\mathrm{d}\sigma = \int_a^b \left[\int_{\varphi_1(x)}^{\varphi_2(x)} f(x,y)\mathrm{d}y\right]\mathrm{d}x = \int_c^d \left[\int_{\psi_1(y)}^{\psi_2(y)} f(x,y)\mathrm{d}x\right]\mathrm{d}y. \tag{10.8}$$

式(10.8) 说明,当 $f(x,y)$ 在区域 D 上连续时,累次积分可以交换积分次序. 这时常根据计算积分 $\int_{\varphi_1(x)}^{\varphi_2(x)} f(x,y)\mathrm{d}y$ 与 $\int_{\psi_1(y)}^{\psi_2(y)} f(x,y)\mathrm{d}x$ 的难易性,来选择适当的积分次序,使计算更简便.

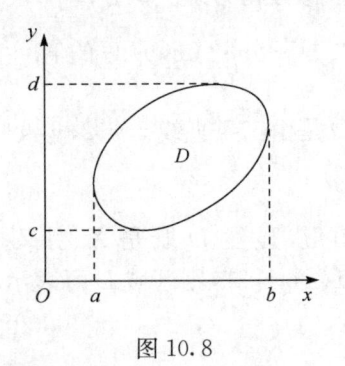

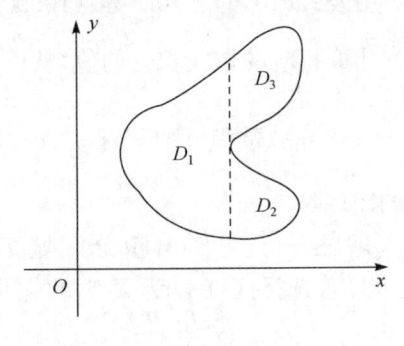

图 10.8

图 10.9

如果区域 D 既不是 X 型,又不是 Y 型,对于这种情形可以用一些平行坐标轴的直线把 D 分成若干部分,使每一部分是 X 型区域或 Y 型区域.如图 10.9 中,将 D 分成三部分,即 $D=D_1+D_2+D_3$,这里 D_1,D_2,D_3 可分别是 X 型或 Y 型区域,利用积分对区域的可加性,得

$$\iint_D f(x,y)\mathrm{d}\sigma = \iint_{D_1} f(x,y)\mathrm{d}\sigma + \iint_{D_2} f(x,y)\mathrm{d}\sigma + \iint_{D_3} f(x,y)\mathrm{d}\sigma. \tag{10.9}$$

对上述三个二重积分都可以利用公式(10.6)或(10.7)化为累次积分计算.

一般地,在 D 上连续的函数 $f(x,y)$ 的二重积分用上述方法总可以化为相应的累次积分.

注 将二重积分化为累次积分时,确定内外两个定积分的积分限是一个关键.积分限是根据积分区域 D 来确定的,因此,计算二重积分时应首先画出积分区域 D 的图形.假如积分区域 D 是 X 型的,如图 10.10 所示,在区间 $[a,b]$ 上任意取定一个 x 值,积分区域上以这个 x 值为横坐标的点在一段直线上,这段直线平行于 y 轴,该线段上的纵坐标从 $\varphi_1(x)$ 变到 $\varphi_2(x)$,这就是公式(10.6)中先把 x 看作常量而对 y 积分时的下限和上限.又因为上面的 x 值在 $[a,b]$ 上是任意取定的,所以再把 x 看作变量而对 x 积分时,积分区间就是 $[a,b]$.

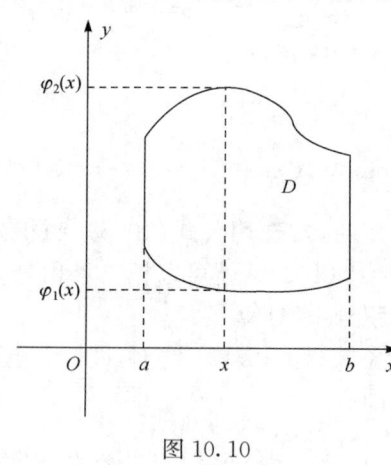

图 10.10

因此在直角坐标系下,计算二重积分的步骤归纳为

(1) 画出积分区域 D;

(2) 确定 D 为 X 型或 Y 型区域.如既不是 X 型又不是 Y 型区域,则要将 D 划分成尽可能少的几个 X 型或 Y 型区域,并用不等式组表示每个 X 型、Y 型区域;

(3) 用公式(10.6)、(10.7)或(10.9)将二重积分化为累次积分;

(4) 计算相应的累次积分的值,从而求出二重积分 $\iint_D f(x,y)\mathrm{d}\sigma$ 的值.

例 1 计算二重积分 $\iint_D (x^2+y^2)\mathrm{d}\sigma$,其中 D 是由三条直线 $x=2,y=1,y=x$ 所围成的闭区域.

解 **解法一** 先作出积分区域 D 的图形,显然 D 既是 X 型又是 Y 型(图 10.11).若选择区域 D 为 X 型的(图 10.11(a))计算,则区域 D 可表示为

$$D: \begin{cases} 1 \leqslant x \leqslant 2, \\ 1 \leqslant y \leqslant x, \end{cases}$$

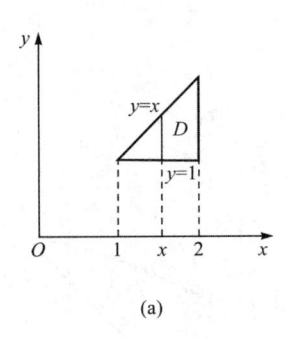

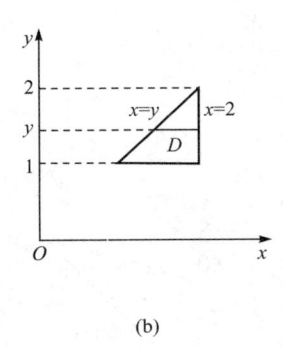

图 10.11

则

$$\iint_D (x^2+y^2)\mathrm{d}\sigma = \int_1^2 \mathrm{d}x \int_1^x (x^2+y^2)\mathrm{d}y$$
$$= \int_1^2 \left[x^2 y + \frac{y^3}{3} \right]_1^x \mathrm{d}x = \int_1^2 \left(\frac{4}{3}x^3 - x^2 - \frac{1}{3} \right) \mathrm{d}x$$
$$= \left[\frac{x^4}{3} - \frac{x^3}{3} - \frac{x}{3} \right]_1^2 = \frac{7}{3}.$$

解法二 本题亦可选择区域 D 为 Y 型的(图 10.11(b))计算,这时区域 D 可表示为

$$D: \begin{cases} 1 \leqslant y \leqslant 2, \\ y \leqslant x \leqslant 2, \end{cases}$$

则

$$\iint_D (x^2+y^2)\mathrm{d}\sigma = \int_1^2 \mathrm{d}y \int_y^2 (x^2+y^2)\mathrm{d}x$$
$$= \int_1^2 \left[\frac{x^3}{3} + y^2 x \right]_y^2 \mathrm{d}y = \int_1^2 \left(\frac{8}{3} + 2y^2 - \frac{4}{3}y^3 \right) \mathrm{d}y$$
$$= \frac{7}{3}.$$

例 2 计算 $\iint_D xy\,\mathrm{d}x\mathrm{d}y$,其中 D 为抛物线 $y^2 = x$ 与直线 $y = x - 2$ 所围成的区域.

解 **解法一** 画出积分区域 D 如图 10.12(a)所示. 易求出直线与抛物线的交点为 $A(4,2)$ 与 $B(1,-1)$. 从图中看出,区域 D 既是 X 型区域又是 Y 型区域. 若视作是 Y 型区域,则区域 D 可表示为

$$\begin{cases} -1 \leqslant y \leqslant 2, \\ y^2 \leqslant x \leqslant y+2, \end{cases}$$

则

$$\iint_D xy\,dx\,dy = \int_{-1}^{2} dy \int_{y^2}^{y+2} xy\,dx$$
$$= \frac{1}{2}\int_{-1}^{2} y[(y+2)^2 - y^4]dy = 5\frac{5}{8}.$$

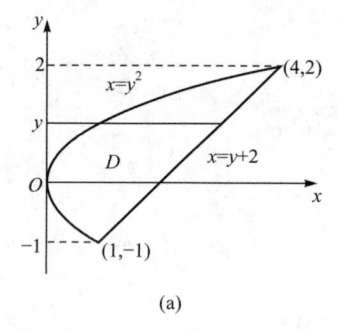

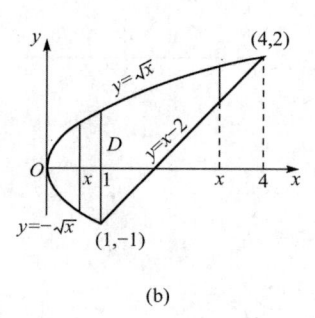

图 10.12

解法二 本题也可按 X 型区域积分(图 10.12(b)),但需要用直线 $x=1$ 把区域 D 分成 D_1 和 D_2 两部分,这时区域 D_1 和 D_2 均为 X 型,它们可用下列两组不等式分别表示如下:

$$D_1: \begin{cases} 0 \leqslant x \leqslant 1, \\ -\sqrt{x} \leqslant y \leqslant \sqrt{x} \end{cases} \text{ 及 } D_2: \begin{cases} 1 \leqslant x \leqslant 4, \\ x-2 \leqslant y \leqslant \sqrt{x}. \end{cases}$$

则
$$\iint_D xy\,dx\,dy = \iint_{D_1} xy\,dx\,dy + \iint_{D_2} xy\,dx\,dy$$
$$= \int_0^1 dx \int_{-\sqrt{x}}^{\sqrt{x}} xy\,dy + \int_1^4 dx \int_{x-2}^{\sqrt{x}} xy\,dy$$
$$= 0 + \int_1^4 \left[\frac{1}{2}xy^2\right]_{x-2}^{\sqrt{x}} dx = 5\frac{5}{8}.$$

根据求解情况可以看出,虽然以上两种解法都是可行的,但从确定积分限的情形看,把区域 D 看作 Y 型区域求解更简便,而把区域 D 视作 X 型区域时要分成两个积分区域求解,计算显然较为复杂。

例 3 计算 $I = \iint_D \frac{\sin y}{y} dx\,dy$,其中 D 是由直线 $y=x$ 和抛物线 $y=\sqrt{x}$ 所围成的区域。

解 画出积分区域 D 如图 10.13 所示。从图中看出,区域 D 既是 X 型区域又是 Y 型区域。若将 D 看作 Y 型区域,则 D 可用不等式组表示为

$$D: \begin{cases} 0 \leqslant y \leqslant 1, \\ y^2 \leqslant x \leqslant y, \end{cases}$$

故

$$I = \int_0^1 dy \int_{y^2}^y \frac{\sin y}{y} dx = \int_0^1 \frac{\sin y}{y}(y - y^2) dy$$
$$= \int_0^1 (\sin y - y \sin y) dy = 1 - \sin 1.$$

注 例 3 中,虽然区域 D 既是 X 型又是 Y 型,但若将 D 看作 X 型时,
$$D : \begin{cases} 0 \leqslant x \leqslant 1, \\ x \leqslant y \leqslant \sqrt{x}, \end{cases}$$
则有
$$I = \int_0^1 dx \int_x^{\sqrt{x}} \frac{\sin y}{y} dy.$$

由一元函数积分学知,积分 $\int_x^{\sqrt{x}} \frac{\sin y}{y} dy$ 不可积出,因此不能选用先 y 后 x 的积分次序来计算该积分.

由以上几个例子可以看出,将二重积分转化成二次积分时,积分次序的选择非常重要,不仅要看积分域 D 的形状,有时还要考虑被积函数的特点,选择合适的积分次序才能使二重积分的计算简便有效.

另外,有的二重积分是以二次积分的形式给出,但若直接按给出的次序计算积分较为困难,甚至无法积分,这时可以利用公式(10.8),考虑交换所给的积分次序后再进行计算.

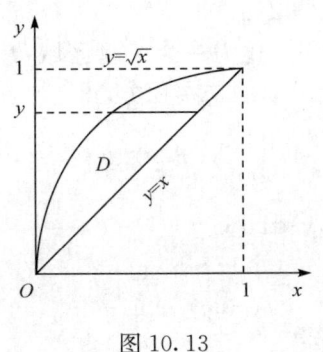

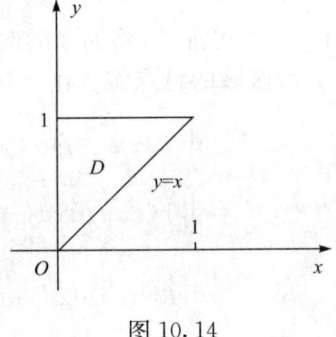

图 10.13

图 10.14

例 4 求 $I = \int_0^1 dx \int_x^1 e^{y^2} dy.$

解 由于 $\int_x^1 e^{y^2} dy$ 不能积出,因此先利用公式(10.8)交换所给的积分次序,然后再计算.
$$I = \int_0^1 dx \int_x^1 e^{y^2} dy = \iint_D e^{y^2} dx dy,$$
其中积分域 D 可表示为(图 10.14)

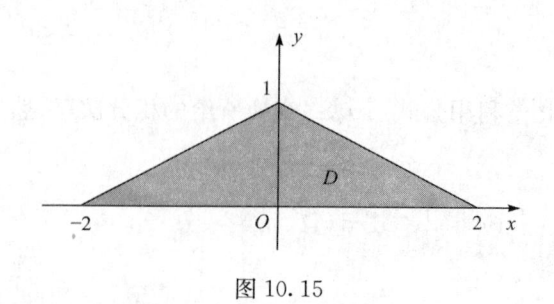

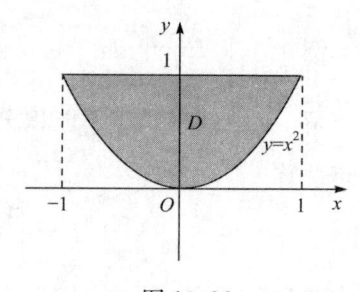

$$\begin{cases} 0 \leqslant x \leqslant 1, \\ x \leqslant y \leqslant 1 \end{cases} \text{或} \begin{cases} 0 \leqslant y \leqslant 1, \\ 0 \leqslant x \leqslant y, \end{cases}$$

故

$$I = \int_0^1 dx \int_x^1 e^{y^2} dy = \iint_D e^{y^2} dx dy$$

$$= \int_0^1 dy \int_0^y e^{y^2} dx = \int_0^1 y e^{y^2} dy$$

$$= \frac{1}{2} \left[e^{y^2} \right]_0^1 = \frac{1}{2}(e-1).$$

例 5 交换二次积分

$$I = \int_{-2}^0 dx \int_0^{\frac{2+x}{2}} f(x,y) dy + \int_0^2 dx \int_0^{\frac{2-x}{2}} f(x,y) dy$$

的积分次序.

解 设由第一、第二个二次积分对应的积分区域分别为 D_1、D_2，则积分区域 D_1 由直线 $x=-2, x=0, y=0$ 及 $y=\dfrac{2+x}{2}$ 围成，区域 D_2 由直线 $x=0, x=2, y=0$ 及 $y=\dfrac{2-x}{2}$ 围成，D_1, D_2 相邻，它们既是 X 型，也是 Y 型的区域，且恰好可以合并为一个 Y 型区域 D（图 10.15），即 $D=D_1+D_2$，且 D 可表示为

$$D: \begin{cases} 0 \leqslant y \leqslant 1, \\ 2y-2 \leqslant x \leqslant 2-2y. \end{cases}$$

故由积分对区域的可加性，将原来的两个二次积分化为一个 Y 型区域 D 上的二重积分，再按 Y 型区域的特点将它化为先对 x 后对 y 的二次积分，得

$$I = \int_{-2}^0 dx \int_0^{\frac{2+x}{2}} f(x,y) dy + \int_0^2 dx \int_0^{\frac{2-x}{2}} f(x,y) dy$$

$$= \iint_{D_1} f(x,y) dx dy + \iint_{D_2} f(x,y) dx dy$$

$$= \iint_D f(x,y) dx dy = \int_0^1 dy \int_{2y-2}^{2-2y} f(x,y) dx.$$

图 10.15

图 10.16

例 6 计算二重积分 $I = \iint\limits_{D} x(x^2 + \cos xy) \mathrm{d}x\mathrm{d}y$,其中 $D: \begin{cases} -1 \leqslant x \leqslant 1, \\ x^2 \leqslant y \leqslant 1. \end{cases}$

解 由于积分区域 D 关于 y 轴是对称的(图 10.16),而被积函数 $f(x,y) = x(x^2 + \cos xy)$ 是关于 x 的奇函数,当选择 Y 型即先 x 后 y 的累次积分次序时,计算较简单,这时积分区域 D 可写成

$$D: \begin{cases} -\sqrt{y} \leqslant x \leqslant \sqrt{y}, \\ 0 \leqslant y \leqslant 1. \end{cases}$$

则

$$I = \iint\limits_{D} x(x^2 + \cos xy) \mathrm{d}x\mathrm{d}y$$
$$= \int_0^1 \mathrm{d}y \int_{-\sqrt{y}}^{\sqrt{y}} x(x^2 + \cos xy) \mathrm{d}x,$$

利用定积分中对称区间上奇函数的积分性质,有

$$\int_{-\sqrt{y}}^{\sqrt{y}} x(x^2 + \cos xy) \mathrm{d}x = 0.$$

因此

$$I = \int_0^1 \mathrm{d}y \int_{-\sqrt{y}}^{\sqrt{y}} x(x^2 + \cos xy) \mathrm{d}x = 0.$$

由上可知,在二重积分的计算中,适当利用对称性可简化计算. 一般地,

(1) 若积分区域 D 是关于 x(或 y)轴对称,同时被积函数 $f(x,y)$ 是关于 y(或 x)的奇函数,则

$$\iint\limits_{D} f(x,y) \mathrm{d}\sigma = 0.$$

(2) 若积分区域 D 是关于 x(或 y)轴对称、被积函数是关于 y(或 x)的偶函数,设 D_1 是 D 的在 x(或 y)轴上(或右)方的部分,则

$$\iint\limits_{D} f(x,y) \mathrm{d}\sigma = 2\iint\limits_{D_1} f(x,y) \mathrm{d}\sigma.$$

例 7 求两个半径都等于 R 的直交圆柱面所围成的立体的体积.

解 设这两个直交圆柱面的方程分别为

$$x^2 + y^2 = R^2 \quad 及 \quad x^2 + z^2 = R^2.$$

由立体的对称性可知,所求立体的体积 V 等于它在第一卦限部分(图 10.17(a))的体积 V_1 的 8 倍.

所求立体在第一卦限部分可以看成是一个曲顶柱体,它底为

$$D = \{(x,y) \mid 0 \leqslant x \leqslant R, 0 \leqslant y \leqslant \sqrt{R^2 - x^2}\},$$

如图 10.17(b)所示. 它的顶是柱面 $z = \sqrt{R^2 - x^2}$,因此,

(a)　　　　　　　　　　　　　　(b)

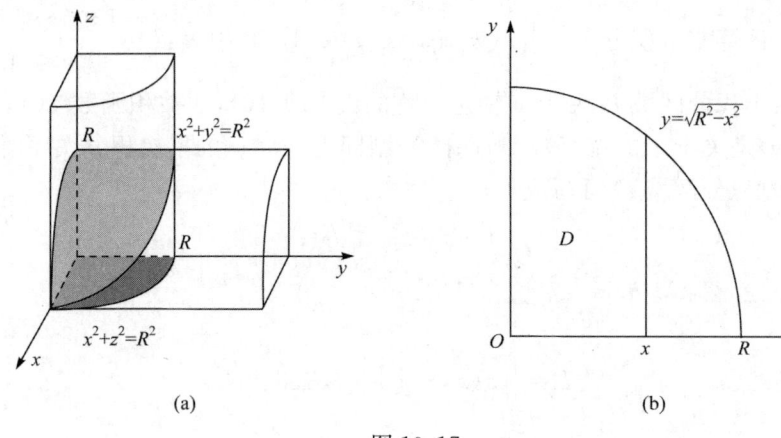

图 10.17

$$V = 8V_1 = 8\iint_D \sqrt{R^2-x^2}\,dxdy = 8\int_0^R dx \int_0^{\sqrt{R^2-x^2}} \sqrt{R^2-x^2}\,dy$$

$$= 8\int_0^R \left[\sqrt{R^2-x^2}\,y\right]_0^{\sqrt{R^2-x^2}} dx = 8\int_0^R (R^2-x^2)\,dx = \frac{16}{3}R^3.$$

二、极坐标系下的二重积分计算

有些二重积分，例如 $\iint_D (x^2+y^2)\,d\sigma$，其中 D 为 $1 \leqslant x^2+y^2 \leqslant 4$ 表示的圆环形区域，如果采用直角坐标系下的计算方法，则要将 D 分成多个区域（读者不妨考虑一下，D 至少要分成多少块，如何分法），多分出一块区域就要多计算一个二重积分，由此化成多个累次积分，其计算量较大. 在二重积分 $\iint_D f(x,y)\,d\sigma$ 中，若其积分区域 D 和被积函数 $f(x,y)$ 用极坐标表示较为简单时，则可以考虑将其化为极坐标系下的二重积分来计算.

按二重积分的定义

$$\iint_D f(x,y)\,d\sigma = \lim_{\lambda \to 0} \sum_{i=1}^n f(\xi_i, \eta_i)\Delta\sigma_i$$

下面我们来研究这个和的极限在极坐标系中的形式.

由于平面上点的直角坐标 (x,y) 与极坐标 (ρ, θ) 之间有如下的变换关系（其中 ρ 为极径，θ 为极角）

$$\begin{cases} x = \rho\cos\theta, \\ y = \rho\sin\theta, \end{cases}$$

因此被积函数 $f(x,y)$ 的极坐标形式为

$$f(x,y)=f(\rho\cos\theta,\rho\sin\theta).$$

又假定极点 O 出发且穿过闭区域 D 内部的射线与 D 的边界曲线相交不多于两点. 我们用以极点为圆心画半径为 $\rho=$ 常数的一族同心圆及从极点 O 出发的一族 $\theta=$ 常数的射线, 将 D 分割成 n 个小闭区域 (图 10.18).

除了包含边界点的一些小区域 (事实上, 这些小区域可以忽略不计, 因为在求极限时, 这些小区域所对应的项的和极限值为零) 外, 小闭区域的面积 $\Delta\sigma_i$ 可计算如下:

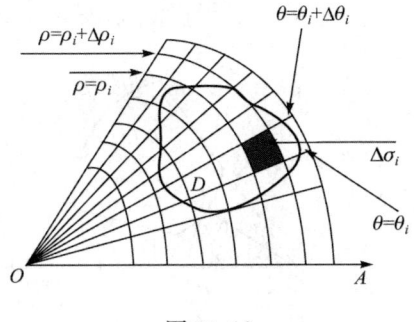

图 10.18

$$\Delta\sigma_i = \frac{1}{2}(\rho_i+\Delta\rho_i)^2 \cdot \Delta\theta_i - \frac{1}{2}\rho_i^2 \cdot \Delta\theta_i = \frac{1}{2}(2\rho_i+\Delta\rho_i)\Delta\rho_i \cdot \Delta\theta_i$$
$$=\frac{\rho_i+(\rho_i+\Delta\rho_i)}{2}\Delta\rho_i \cdot \Delta\theta_i = \overline{\rho_i} \cdot \Delta\rho_i \cdot \Delta\theta_i,$$

其中 $\overline{\rho_i}$ 表示两圆弧的半径的平均值. 在这小闭区域内取圆周 $\rho=\overline{\rho_i}$ 上的一点 $(\overline{\rho_i},\overline{\theta_i})$, 该点的直角坐标设为 (ξ_i,η_i), 则由直角坐标与极坐标之间的关系有 $\xi_i=\overline{\rho_i}\cos\overline{\theta_i}$, $\eta_i=\overline{\rho_i}\sin\overline{\theta_i}$, 于是

$$\lim_{\lambda\to 0}\sum_{i=1}^n f(\xi_i,\eta_i)\Delta\sigma_i = \lim_{\lambda\to 0}\sum_{i=1}^n f(\overline{\rho_i}\cos\overline{\theta_i},\overline{\rho_i}\sin\overline{\theta_i})\overline{\rho_i} \cdot \Delta\rho_i \cdot \Delta\theta_i,$$

即

$$\iint_D f(x,y)\mathrm{d}\sigma = \iint_D f(\rho\cos\theta,\rho\sin\theta)\rho\mathrm{d}\rho\mathrm{d}\theta. \tag{10.10}$$

其中 $\rho\mathrm{d}\rho\mathrm{d}\theta$ 也称为极坐标系中的面积元素.

式 (10.10) 表明, 要把直角坐标系下的二重积分化为极坐标系下的二重积分, 只要把被积函数 x,y 分别换成 $\rho\cos\theta,\rho\sin\theta$, 并把直角坐标系下的面积元素 $\mathrm{d}\sigma=\mathrm{d}x\mathrm{d}y$ 换成极坐标系下的面积元素 $\rho\mathrm{d}\rho\mathrm{d}\theta$.

极坐标系下的二重积分同样必须化为二次积分来计算.

下面将积分区域 D 分成三种情形, 分别讨论它们对应的二重积分在极坐标系下的计算.

(1) 如果极点 O 在区域 D 外, 且 D 由射线 $\theta=\alpha,\theta=\beta(\beta>\alpha)$、曲线 $\rho=\rho_1(\theta)$ 和 $\rho=\rho_2(\theta)(\rho_1(\theta)\leqslant\rho_2(\theta))$ 围成 (图 10.19), 则 D 可用不等式组表示为

$$\begin{cases}\alpha\leqslant\theta\leqslant\beta,\\ \rho_1(\theta)\leqslant\rho\leqslant\rho_2(\theta).\end{cases}$$

则当 $\iint_D f(x,y)\mathrm{d}\sigma$ 存在时, 有

$$\iint\limits_{D} f(x,y)\mathrm{d}\sigma = \int_{\alpha}^{\beta}\mathrm{d}\theta\int_{\rho_1(\theta)}^{\rho_2(\theta)} f(\rho\cos\theta,\rho\sin\theta)\rho\mathrm{d}\rho. \tag{10.11}$$

图 10.19   图 10.20

(2) 如果极点 O 在区域 D 的边界上，且 D 是由射线 $\theta=\alpha$、$\theta=\beta(\beta>\alpha)$ 与曲线 $\rho=\rho(\theta)$ 围成（图 10.20），则 D 可用不等式组表示为

$$D:\begin{cases}\alpha\leqslant\theta\leqslant\beta,\\ 0\leqslant\rho\leqslant\rho(\theta).\end{cases}$$

则当 $\iint\limits_{D} f(x,y)\mathrm{d}\sigma$ 存在时，有

$$\iint\limits_{D} f(x,y)\mathrm{d}\sigma = \int_{\alpha}^{\beta}\mathrm{d}\theta\int_{0}^{\rho(\theta)} f(\rho\cos\theta,\rho\sin\theta)\rho\mathrm{d}\rho. \tag{10.12}$$

(3) 如果极点 O 在区域 D 内，且 D 由闭曲线 $\rho=\rho(\theta)$ 围成（图 10.21），则 D 可用不等式组表示为

$$D:\begin{cases}0\leqslant\theta\leqslant2\pi,\\ 0\leqslant\rho\leqslant\rho(\theta).\end{cases}$$

则当 $\iint\limits_{D} f(x,y)\mathrm{d}\sigma$ 存在时，有

$$\iint\limits_{D} f(x,y)\mathrm{d}\sigma = \int_{0}^{2\pi}\mathrm{d}\theta\int_{0}^{\rho(\theta)} f(\rho\cos\theta,\rho\sin\theta)\rho\mathrm{d}\rho. \tag{10.13}$$

公式(10.11)，(10.12)，(10.13)的有关证明类同于直角坐标系中公式(10.6)与(10.7)的证明，这里不再赘述。

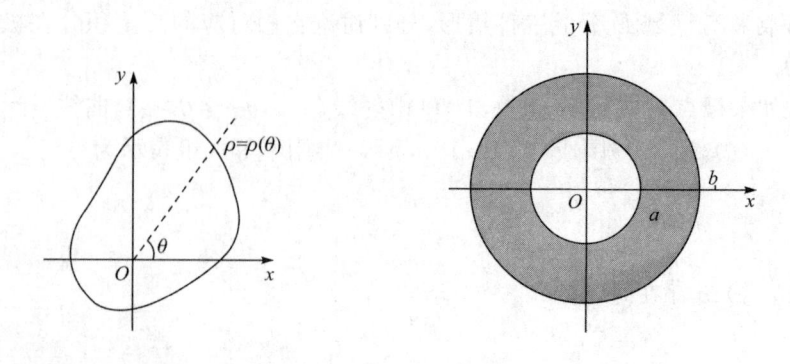

例8 计算积分 $I = \iint\limits_{D} \sqrt{x^2 + y^2}\, d\sigma$,其中 D 是由 $a^2 \leqslant x^2 + y^2 \leqslant b^2 (0 < a < b)$ 所确定的区域.

解 由于区域 D 为圆环域(图 10.22)
$$a^2 \leqslant x^2 + y^2 \leqslant b^2,$$
它在极坐标系下可表示为
$$a \leqslant \rho \leqslant b,$$
因此区域 D 在极坐标系下可用不等式组表示为
$$D: \begin{cases} 0 \leqslant \theta \leqslant 2\pi, \\ a \leqslant \rho \leqslant b. \end{cases}$$
由公式(10.11),得
$$I = \iint\limits_{D} \sqrt{x^2 + y^2}\, d\sigma = \int_0^{2\pi} d\theta \int_a^b \rho \cdot \rho d\rho = \frac{2\pi}{3}(b^3 - a^3).$$
读者不妨用直角坐标来计算一下上述积分,会发现计算要麻烦得多.

例9 计算 $\iint\limits_{D} \dfrac{x}{y}\, d\sigma$,其中 D 是由圆 $x^2 + y^2 = 2y$,直线 $y = x$ 和 y 轴围成的区域.

解 由于圆周 $x^2 + y^2 = 2y$ 的极坐标方程为 $\rho = 2\sin\theta$,直线 $y = x$(第一象限部分)的极坐标方程为 $\theta = \dfrac{\pi}{4}$,y 轴(正向)的极坐标方程为 $\theta = \dfrac{\pi}{2}$,因此区域 D(图 10.23)可用不等式组表示为
$$\begin{cases} \dfrac{\pi}{4} \leqslant \theta \leqslant \dfrac{\pi}{2}, \\ 0 \leqslant \rho \leqslant 2\sin\theta. \end{cases}$$

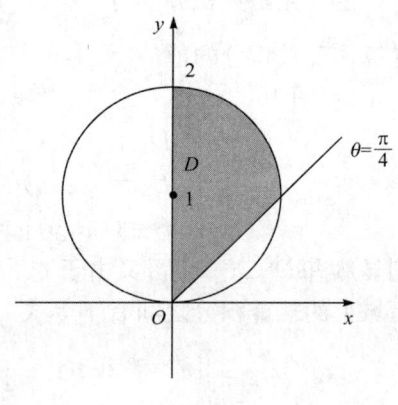

图 10.23

由公式(10.12),得
$$\iint\limits_{D} \frac{x}{y}\, d\sigma = \int_{\frac{\pi}{4}}^{\frac{\pi}{2}} d\theta \int_0^{2\sin\theta} \frac{\cos\theta}{\sin\theta} \rho d\rho$$
$$= \int_{\frac{\pi}{4}}^{\frac{\pi}{2}} \frac{\cos\theta}{\sin\theta} \left[\frac{\rho^2}{2}\right]_0^{2\sin\theta} d\theta = -\frac{1}{2}\left[\cos 2\theta\right]_{\frac{\pi}{4}}^{\frac{\pi}{2}} = \frac{1}{2}.$$

例10 计算 $I = \iint\limits_{D} e^{-x^2 - y^2} dx dy$,其中 D 为圆域 $x^2 + y^2 \leqslant R^2 (R > 0)$,并由此计算反常积分 $\int_0^{+\infty} e^{-x^2} dx$.

解 由于 D 为圆域 $x^2+y^2 \leqslant R^2$,其图形关于 x 轴与 y 轴都对称,又被积函数 $\mathrm{e}^{-x^2-y^2}$ 是关于 x 与 y 都是偶函数,因此

$$I = \iint\limits_{D} \mathrm{e}^{-x^2-y^2} \mathrm{d}x\mathrm{d}y = 4\iint\limits_{D_1} \mathrm{e}^{-x^2-y^2} \mathrm{d}x\mathrm{d}y.$$

其中 D_1 是 D 在第一象限部分,它在极坐标系下可表示为

$$D_1: \begin{cases} 0 \leqslant \theta \leqslant \dfrac{\pi}{2}, \\ 0 \leqslant \rho \leqslant R. \end{cases}$$

则

$$\iint\limits_{D_1} \mathrm{e}^{-x^2-y^2} \mathrm{d}x\mathrm{d}y = \int_0^{\frac{\pi}{2}} \mathrm{d}\theta \int_0^R \mathrm{e}^{-\rho^2} \rho \mathrm{d}\rho$$

$$= \int_0^{\frac{\pi}{2}} \frac{1}{2}(1-\mathrm{e}^{-R^2}) \mathrm{d}\theta = \frac{1}{4}(1-\mathrm{e}^{-R^2})\pi.$$

因此

$$I = 4\iint\limits_{D_1} \mathrm{e}^{-x^2-y^2} \mathrm{d}x\mathrm{d}y = (1-\mathrm{e}^{-R^2})\pi. \tag{10.14}$$

由一元函数积分学可知,$\int \mathrm{e}^{-x^2} \mathrm{d}x$ 不可积出,下面利用二重积分及夹逼准则来计算该反常积分的值.

设(图 10.24)

$$D_1 = \{(x,y)) \mid x^2+y^2 \leqslant R^2, x \geqslant 0, y \geqslant 0\},$$
$$D_2 = \{(x,y) \mid x^2+y^2 \leqslant 2R^2, x \geqslant 0, y \geqslant 0\},$$
$$S = \{(x,y) \mid 0 \leqslant x \leqslant R, 0 \leqslant y \leqslant R\},$$

则显然有 $D_1 \subset S \subset D_2$,又由于 $\mathrm{e}^{-x^2-y^2} > 0$,从而由二重积分的几何意义知在这些闭区域上的二重积分之间有不等式

$$\iint\limits_{D_1} \mathrm{e}^{-x^2-y^2} \mathrm{d}x\mathrm{d}y \leqslant \iint\limits_{S} \mathrm{e}^{-x^2-y^2} \mathrm{d}x\mathrm{d}y \leqslant \iint\limits_{D_2} \mathrm{e}^{-x^2-y^2} \mathrm{d}x\mathrm{d}y,$$

由式(10.14)可知

$$\iint\limits_{D_1} \mathrm{e}^{-x^2-y^2} \mathrm{d}x\mathrm{d}y = \frac{1}{4}(1-\mathrm{e}^{-R^2})\pi,$$

$$\iint\limits_{D_2} \mathrm{e}^{-x^2-y^2} \mathrm{d}x\mathrm{d}y = \frac{1}{4}(1-\mathrm{e}^{-2R^2})\pi,$$

又

$$\iint\limits_{S} \mathrm{e}^{-x^2-y^2} \mathrm{d}x\mathrm{d}y = \int_0^R \mathrm{e}^{-x^2} \mathrm{d}x \int_0^R \mathrm{e}^{-y^2} \mathrm{d}y$$

$$= \left(\int_0^R e^{-x^2} dx\right) \cdot \left(\int_0^R e^{-y^2} dy\right) = \left(\int_0^R e^{-x^2} dx\right)^2,$$

则
$$\frac{\pi}{4}(1-e^{-R^2}) \leqslant \left(\int_0^R e^{-x^2} dx\right)^2 \leqslant \frac{\pi}{4}(1-e^{-2R^2}),$$

在上式中令 $R \to +\infty$,得上式两端的极限均为 $\frac{\pi}{4}$,故由反常积分的定义及夹逼准则得

$$\int_0^{+\infty} e^{-x^2} dx = \lim_{R \to +\infty} \int_0^R e^{-x^2} dx = \frac{\sqrt{\pi}}{2}.$$

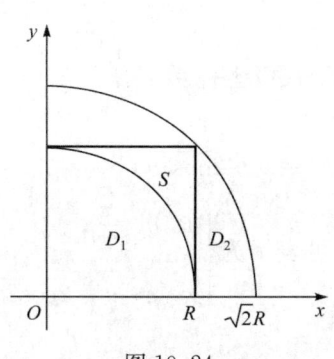

图 10.24

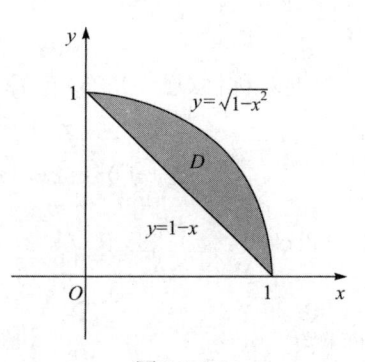

图 10.25

例 11 计算累次积分 $I = \int_0^1 dx \int_{1-x}^{\sqrt{1-x^2}} \frac{1}{(x^2+y^2)^{\frac{3}{2}}} dy$.

解 考虑到被积函数中含因式 $\sqrt{x^2+y^2}$,所以该积分在直角坐标系中计算较复杂,下面采用在极坐标下的形式来计算.

由于圆弧 $y=\sqrt{1-x^2}$ 及直线 $y=1-x$(图 10.25),在极坐标系中的方程分别为

$$\rho=1 \quad \text{及} \quad \rho=\frac{1}{\sin\theta+\cos\theta},$$

则积分区域 $D=\{(x,y) \mid 0 \leqslant x \leqslant 1, 1-x \leqslant y \leqslant \sqrt{1-x^2}\}$ 在极坐标系下的形式为

$$D = \left\{(\rho,\theta) \,\middle|\, 0 \leqslant \theta \leqslant \frac{\pi}{2}, \frac{1}{\sin\theta+\cos\theta} \leqslant \rho \leqslant 1\right\},$$

故

$$I = \iint_D \frac{1}{(x^2+y^2)^{\frac{3}{2}}} dxdy = \int_0^{\frac{\pi}{2}} d\theta \int_{\frac{1}{\sin\theta+\cos\theta}}^1 \frac{1}{\rho^3} \rho d\rho$$

$$= \int_0^{\frac{\pi}{2}} d\theta \int_{\frac{1}{\sin\theta+\cos\theta}}^1 \frac{1}{\rho^2} d\rho = \int_0^{\frac{\pi}{2}} (\sin\theta+\cos\theta-1) d\theta$$

$$=2-\frac{\pi}{2}.$$

从上述例子中可以看到,在二重积分的计算中,有些在直角坐标系下计算较简单,而有些却在极坐标系下计算较方便,所以计算二重积分,首先要选择适当的坐标系,然后再根据坐标系中积分区域的特点选择适当的积分次序. 一般地,当积分区域的边界曲线与圆弧及过极点的射线有关,或被积函数中含 x^2+y^2,arctan$\frac{y}{x}$ 等因式时,常考虑用极坐标计算,其余则考虑用直角坐标系计算.

下面我们再看 2 个几何例子.

例 12 求曲线 $(x^2+y^2)^2=2a^2(x^2-y^2)$ 和 $x^2+y^2 \geqslant a^2$ 所围成的图形的面积.

解 根据对称性(图 10.26)有 $D=4D_1$,D_1 在极坐标系下有
$$x^2+y^2=a^2 \Rightarrow \rho=a,$$
$$(x^2+y^2)^2=2a^2(x^2-y^2) \Rightarrow \rho=a\sqrt{2\cos2\theta},$$

由 $\begin{cases} \rho=a\sqrt{2\cos2\theta} \\ \rho=a \end{cases}$,得交点 $A=\left(a,\frac{\pi}{6}\right)$,故 D_1 可表示为 $\begin{cases} 0 \leqslant \theta \leqslant \frac{\pi}{6}, \\ a \leqslant \rho \leqslant a\sqrt{2\cos2\theta}. \end{cases}$

故所求面积为
$$\sigma=\iint\limits_{D}\mathrm{d}x\mathrm{d}y=4\iint\limits_{D_1}\mathrm{d}x\mathrm{d}y=4\int_0^{\frac{\pi}{6}}\mathrm{d}\theta\int_a^{a\sqrt{2\cos2\theta}}\rho\mathrm{d}\rho=2a^2\int_0^{\frac{\pi}{6}}(2\cos2\theta-1)\mathrm{d}\theta=\left(\sqrt{3}-\frac{\pi}{3}\right)a^2.$$

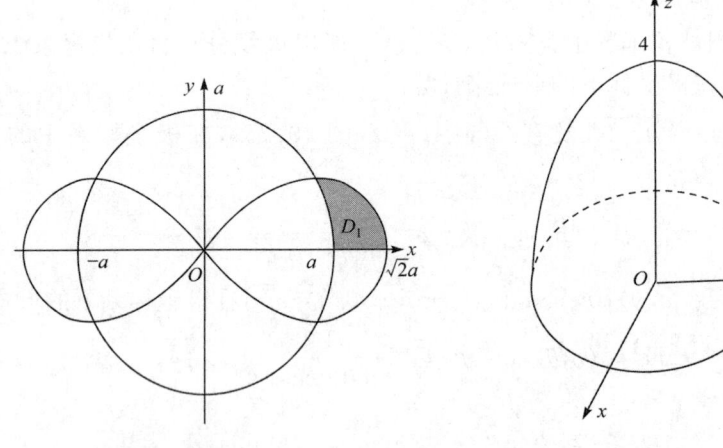

图 10.26

图 10.27

例 13 求由旋转抛物面 $z=4-x^2-y^2$ 与坐标平面 $z=0$ 所围成的立体体积.

解 所求立体是一个以旋转抛物面 $z=4-x^2-y^2$ 为顶的曲顶柱体(图 10.27),其底为圆域

$$D = \{(x,y) \mid x^2 + y^2 \leq 4\},$$

在极坐标系下,闭区域 D 可表示为 $0 \leq \theta \leq 2\pi, 0 \leq \rho \leq 2$. 由二重积分的几何意义,得

$$V = \iint_D (4 - x^2 - y^2) \mathrm{d}x \mathrm{d}y = \int_0^{2\pi} \mathrm{d}\theta \int_0^2 (4 - \rho^2) \rho \mathrm{d}\rho = \int_0^{2\pi} 4 \mathrm{d}\theta$$
$$= 8\pi.$$

*三、二重积分的换元法

我们知道在一元函数定积分中,定积分的换元积分法对于定积分的计算起着重要的作用,那么二重积分有无换元积分法呢? 答案是肯定的. 事实上,第二部分得到的二重积分的变量从直角坐标变换到极坐标的变换公式(10.10),就是二重积分换元法的一种特殊情形. 在那里,我们把平面上同一个点 M,既用直角坐标(x,y)表示,又用极坐标(ρ,θ)表示,它们的关系为

$$\begin{cases} x = \rho\cos\theta, \\ y = \rho\sin\theta, \end{cases} \tag{10.15}$$

换句话说,由式(10.15)联系的点(x,y)和点(ρ,θ)看成是同一平面上的同一个点,只是采用不同的坐标表示罢了. 现在,我们采用另一种观点来加以解释. 将式(10.15)看成是从极坐标平面 $\rho O \theta$ 到直角坐标平面 xOy 的一种变换,即对于 $\rho O \theta$ 平面上任一点 $M'(\rho,\theta)$,通过变换式(10.15)变成 xOy 平面上的一点 $M(x,y)$. 在两个平面各自限定的某个范围内,这种变换还是一对一的(即一一映射). 下面就利用这种观点来讨论二重积分换元法的一般情形.

定理 设 $f(x,y)$ 在 xOy 平面上的闭区域 D 上连续,变换

$$T: \begin{cases} x = x(u,v), \\ y = y(u,v), \end{cases}$$

将 uOv 平面上的闭区域 D' 变为 xOy 平面上的 D,且满足

(1) $x(u,v), y(u,v)$ 在 D' 上具有一阶连续偏导数;

(2) 在 D' 上雅可比行列式

$$J(u,v) = \frac{\partial(x,y)}{\partial(u,v)} \neq 0;$$

(3) 变换 $T: D' \to D$ 是一对一的.

则有

$$\iint_D f(x,y) \mathrm{d}x \mathrm{d}y = \iint_{D'} f(x(u,v), y(u,v)) \mid J(u,v) \mid \mathrm{d}u \mathrm{d}v, \tag{10.16}$$

式(10.16)就称为**二重积分换元法**.

*证明**　显然,在定理的假设下,式(10.16)两端在二重积分都存在.由于二重积分与积分区域的分法无关,因此我们用平行于坐标轴的直线网来分割 D',使得除去包含边界点的小区域外,其余的小闭区域都为边长分别是 h、k 的长方形闭区域.任取一个这样的长方形闭区域,设其顶点为 $M_1'(u,v)$,$M_2'(u+h,v)$,$M_3'(u+h,v+k)$,$M_4'(u,v+k)$,其面积为 $\Delta\sigma'=hk$(图 10.28(a)).长方形闭区域 $M_1'M_2'M_3'M_4'$ 经变换 T 变成 xOy 平面上的一个曲边四边形 $M_1M_2M_3M_4$,其面积记为 $\Delta\sigma$(图 10.28(b)).它的四个顶点的坐标为(利用二元函数泰勒公式)

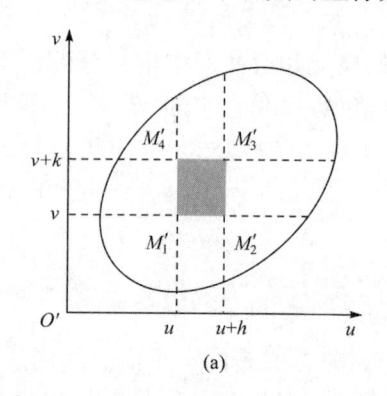

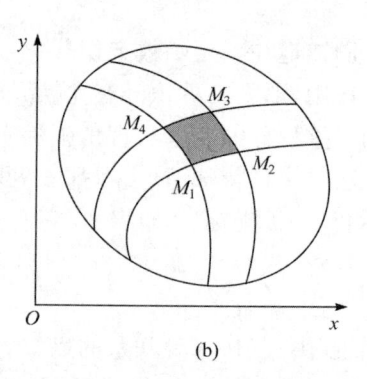

图 10.28

$M_1: x_1=x(u,v), y_1=y(u,v);$

$M_2: x_2=x(u+h,v)=x(u,v)+x_u(u,v)h+o(\rho),$
　　　$y_2=y(u+h,v)=x(u,v)+y_u(u,v)h+o(\rho);$

$M_3: x_3=x(u+h,v+k)=x(u,v)+x_u(u,v)h+x_v(u,v)k+o(\rho),$
　　　$y_3=y(u+h,v+k)=y(u,v)+y_u(u,v)h+y_v(u,v)k+o(\rho);$

$M_4: x_4=x(u,v+k)=x(u,v)+x_v(u,v)k+o(\rho),$
　　　$y_4=y(u,v+k)=y(u,v)+y_v(u,v)k+o(\rho).$

其中 $\rho=\sqrt{h^2+k^2}$.

可以证明,曲边四边形 $M_1M_2M_3M_4$ 的面积与直边四边形 $M_1M_2M_3M_4$(四个顶点用直线相连)的面积当 $\rho\to 0$ 时只相差一个高阶无穷小,又由上面这些坐标表示式可知,若不计高阶无穷小,则有

$$x_2-x_1\approx x_3-x_4,\quad y_2-y_1\approx y_3-y_4,$$
$$x_4-x_1\approx x_3-x_2,\quad y_4-y_1\approx y_3-y_2,$$

这表示,直边四边形 $M_1M_2M_3M_4$ 的对边的长度可近似看作两两相等.因此,若不计高阶无穷小,曲边四边形 $M_1M_2M_3M_4$ 可近似地看作平行四边形,根据解析几何,它的面积等于行列式

的绝对值，由于
$$x_2-x_1=x_u(u,v)h+o(\rho), \quad x_3-x_2=x_v(u,v)k+o(\rho),$$
$$y_2-y_1=y_u(u,v)h+o(\rho), \quad y_3-y_2=y_v(u,v)k+o(\rho),$$
因此上面的行列式与行列式
$$\begin{vmatrix} x_u(u,v)h & x_v(u,v)k \\ y_u(u,v)h & y_v(u,v)k \end{vmatrix} = \begin{vmatrix} x_u(u,v) & x_v(u,v) \\ y_u(u,v) & y_v(u,v) \end{vmatrix} hk$$
只相差一个比 ρ^2 高阶的无穷小. 于是
$$\Delta\sigma = \left| \frac{\partial(x,y)}{\partial(u,v)} \right| hk + o(\rho^2) = |J(u,v)|\Delta\sigma' + o(\rho^2) \quad (\rho\to 0).$$

将 $f(x,y)=f[x(u,v),y(u,v)]$ 的两端分别与上式两端相乘，得
$$f(x,y)\Delta\sigma = f[x(u,v),y(u,v)]|J(u,v)|\Delta\sigma' + f[x(u,v),y(u,v)]o(\rho^2).$$
上式对一切小长方形闭区域取和并令 $\rho\to 0$ 求极限，由于上式右端第二项的和的极限为零，于是得公式(10.16). 定理证毕.

需要指出的是，如果雅可比行列式 $J(u,v)$ 只在 D' 内个别点上，或者若干条曲线上为零，而在其他点上不为零，那么公式(10.16)仍成立.

例如，在极坐标 $x=\rho\cos\theta, y=\rho\sin\theta$ 的特殊情况下，雅可比行列式
$$J = \begin{vmatrix} \dfrac{\partial x}{\partial \rho} & \dfrac{\partial x}{\partial \theta} \\ \dfrac{\partial y}{\partial \rho} & \dfrac{\partial y}{\partial \theta} \end{vmatrix} = \begin{vmatrix} \cos\theta & -\rho\cos\theta \\ \sin\theta & \rho\cos\theta \end{vmatrix} = \rho,$$
它仅在 $\rho=0$ 处为零，故无论闭区域 D' 是否含有极点，换元公式仍成立，即有
$$\iint\limits_{D} f(x,y)\mathrm{d}\sigma = \iint\limits_{D'} f(\rho\cos\theta,\rho\sin\theta)\rho\mathrm{d}\rho\mathrm{d}\theta,$$
这里 D' 是 D 在极坐标平面 $\rho O\theta$ 上的对应区域，与第二部分所证得的相同的公式中用的是 D 而不是 D'，当积分区域 D 用极坐标表示时，其形式就与上式右端的形式就完全等同了.

例 14 计算 $\iint\limits_{D} \mathrm{e}^{\frac{y-x}{y+x}}\mathrm{d}x\mathrm{d}y$，其中 D 是 x 轴 y 轴和直线 $x+y=2$ 所围成的闭区域(图 10.29(a)).

解 令 $u=y-x, v=y+x$，则 $x=\dfrac{v-u}{2}, y=\dfrac{v+u}{2}$. 作变换 $x=\dfrac{v-u}{2}, y=\dfrac{v+u}{2}$，则 xOy 平面上的闭区域 D 就对应到 uOv 平面上的闭区域 D'(图 10.29(b)).

雅可比行列式为

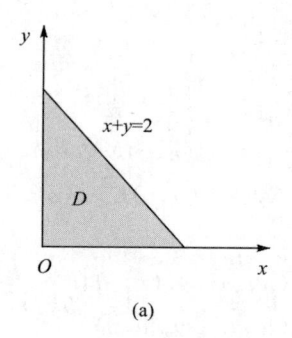

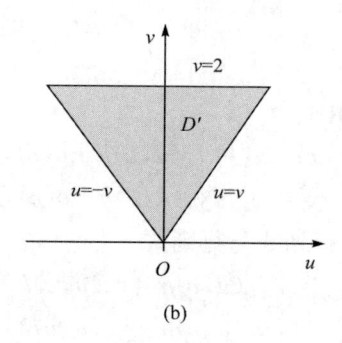

图 10.29

$$J = \frac{\partial(x,y)}{\partial(u,v)} = \begin{vmatrix} -\frac{1}{2} & \frac{1}{2} \\ \frac{1}{2} & \frac{1}{2} \end{vmatrix} = -\frac{1}{2}.$$

因此由公式(10.16)可得

$$\iint_D e^{\frac{y-x}{y+x}} dxdy = \iint_{D'} e^{\frac{u}{v}} \left| -\frac{1}{2} \right| dudv = \frac{1}{2} \int_0^2 dv \int_{-v}^{v} e^{\frac{u}{v}} du$$

$$= \frac{1}{2} \int_0^2 (e - e^{-1}) v dv = e - e^{-1}.$$

例 15 计算由 $y^2 = px, y^2 = qx, x^2 = ay, x^2 = by (0 < p < q, 0 < a < b)$ 所围成的闭区域 D 的面积 S（图 10.30(a)）.

解 所求的面积为

$$S = \iint_D dxdy.$$

但上述二重积分化为直角坐标系下的二次积分计算比较麻烦，现采用换元法.

令 $u = \frac{y^2}{x}, v = \frac{x^2}{y}$，则 $x^3 = uv^2, y^3 = u^2v$. 作变换 $x^3 = uv^2, y^3 = u^2v$，则 xOy 平面上的闭区域 D 就对应到 uOv 平面上的闭区域 D'（图 10.30(b)）.

雅可比行列式为

$$J = \frac{\partial(x,y)}{\partial(u,v)} = \frac{1}{\frac{\partial(u,v)}{\partial(x,y)}} = -\frac{1}{3}.$$

因此由公式(10.16)可得

$$S = \iint_D dxdy = \iint_{D'} |J| dudv$$

$$= \frac{1}{3} \int_p^q du \int_a^b dv = \frac{1}{3}(q-p)(b-a).$$

(a)　　　　　　　　　(b)

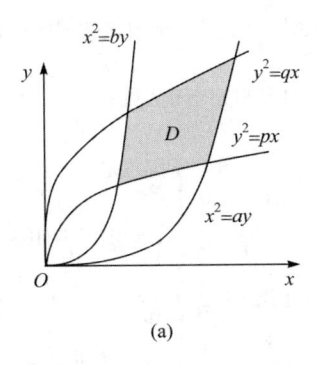

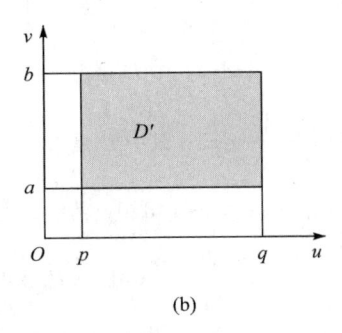

图 10.30

例 16 利用二重积分的换元法计算积分：$I = \iint_D \sqrt{\left(1 - \dfrac{x^2}{a^2} - \dfrac{y^2}{b^2}\right) \Big/ \left(1 + \dfrac{x^2}{a^2} + \dfrac{y^2}{b^2}\right)}\, \mathrm{d}x\mathrm{d}y$，其中 $D = \left\{(x,y) \,\Big|\, \dfrac{x^2}{a^2} + \dfrac{y^2}{b^2} \leqslant 1\right\}$.

解 由于积分是椭圆域，所以用极坐标计算并不方便，现采用一般换元法.

令 $\begin{cases} x = a\rho\cos\theta \\ y = b\rho\sin\theta \end{cases}$，则 $J = \begin{vmatrix} \dfrac{\partial x}{\partial \rho} & \dfrac{\partial x}{\partial \theta} \\ \dfrac{\partial y}{\partial \rho} & \dfrac{\partial y}{\partial \theta} \end{vmatrix} = \begin{vmatrix} a\cos\theta & -a\rho\sin\theta \\ b\sin\theta & b\rho\cos\theta \end{vmatrix} = ab\rho$，故

$$I = \int_0^{2\pi} \mathrm{d}\theta \int_0^1 \sqrt{\dfrac{1-\rho^2}{1+\rho^2}}\, ab\rho\,\mathrm{d}\rho \quad \left(\diamondsuit\ t = \sqrt{\dfrac{1-\rho^2}{1+\rho^2}},\ \rho\mathrm{d}\rho = \dfrac{-2t}{(1+t^2)^2}\mathrm{d}t\right)$$

$$= 2\pi ab \int_0^1 \dfrac{2t^2}{(1+t^2)^2}\mathrm{d}t = 2\pi ab\left(\left[-\dfrac{t^2}{1+t^2}\right]_0^1 + \int_0^1 \dfrac{\mathrm{d}t}{1+t^2}\right) = \pi ab\left(\dfrac{\pi}{2} - 1\right).$$

注 上述二重积分换元法也称广义极坐标变换.

习 题 10.2

(A)

1. 计算下列二重积分：

　　(1) $\iint_D (x^3 + 3x^2 y + y^3)\mathrm{d}\sigma$，其中 $D = \{(x,y) \mid 0 \leqslant x \leqslant 1, 0 \leqslant y \leqslant 1\}$；

　　(2) $\iint_D (x + 6y)\mathrm{d}\sigma$，其中 D 是由两条直线 $y = x, y = 5x$ 及 $x = 1$ 所围成的闭区域；

　　(3) $\iint_D x\sqrt{y}\,\mathrm{d}\sigma$，其中 D 是由两条抛物线 $y = \sqrt{x}, y = x^2$ 所围成的闭区域；

　　(4) $\iint_D e^{x+y}\mathrm{d}\sigma$，其中 D 是由直线 $x + y = 1, x = 0$ 与 $y = 0$ 所围成的闭区域；

(5) $\iint\limits_{D} \dfrac{2y}{1+x}\mathrm{d}x\mathrm{d}y$，其中 D 是由直线 $x=0,y=0,y=x-1$ 所围成的闭区域；

(6) $\iint\limits_{D} \mathrm{e}^{-y^2}\mathrm{d}x\mathrm{d}y$，其中 D 是由 $x=0,y=x,y=1$ 所围成的闭区域；

(7) $\iint\limits_{D} \dfrac{1}{x+y}\mathrm{d}x\mathrm{d}y$，其中 D 是由 $x=0,y=x,y=1,y=2$ 所围成的闭区域；

(8) $\iint\limits_{D} (x^2+y^2-x)\mathrm{d}x\mathrm{d}y$，其中 D 是由 $y=x,y=2$ 及 $y=2x$ 所围成的闭区域.

2. 如果二重积分 $\iint\limits_{D} f(x,y)\mathrm{d}x\mathrm{d}y$ 的被积函数 $f(x,y)$ 是两个函数 $g(x)$ 及 $h(y)$ 的乘积，即 $f(x,y)=g(x) \cdot h(y)$，且积分区域 $D=\{(x,y) \mid a \leqslant x \leqslant b, c \leqslant y \leqslant d\}$，试证明这个二重积分等于两个单积分的乘积，即

$$\iint\limits_{D} g(x) \cdot h(y)\mathrm{d}x\mathrm{d}y = \left(\int_a^b g(x)\mathrm{d}x\right)\left(\int_c^d h(y)\mathrm{d}y\right).$$

3. 改变下列累次积分的积分次序：

(1) $\int_1^2 \mathrm{d}x \int_{2-x}^{\sqrt{2x-x^2}} f(x,y)\mathrm{d}y$；

(2) $\int_0^2 \mathrm{d}y \int_{y^2}^{2y} f(x,y)\mathrm{d}x$；

(3) $\int_0^2 \mathrm{d}x \int_0^{\frac{x^2}{2}} f(x,y)\mathrm{d}y + \int_2^{2\sqrt{2}} \mathrm{d}x \int_0^{\sqrt{8-x^2}} f(x,y)\mathrm{d}y$；

(4) $\int_0^{\frac{\pi^2}{16}} \mathrm{d}y \int_y^{\sqrt{y}} f(x,y)\mathrm{d}x + \int_{\frac{\pi^2}{16}}^{\frac{\pi}{4}} \mathrm{d}y \int_y^{\frac{\pi}{4}} f(x,y)\mathrm{d}x.$

4. 计算下列累次积分：

(1) $\int_1^2 \mathrm{d}x \int_{\frac{1}{x}}^{x} \dfrac{x^2}{y^2}\mathrm{d}y$；

(2) $\int_0^1 \mathrm{d}y \int_y^1 x\sin\dfrac{y}{x}\mathrm{d}x$；

(3) $\int_0^3 \mathrm{d}x \int_{x-1}^2 \mathrm{e}^{y^2}\mathrm{d}y$；

(4) $\int_1^2 \mathrm{d}x \int_{\sqrt{x}}^{x} \sin\dfrac{\pi x}{2y}\mathrm{d}y + \int_2^4 \mathrm{d}x \int_{\sqrt{x}}^{2} \sin\dfrac{\pi x}{2y}\mathrm{d}y.$

5. 利用极坐标计算下列积分：

(1) $\iint\limits_{D} \mathrm{e}^{x^2+y^2}\mathrm{d}x\mathrm{d}y$，$D=\{(x,y) \mid a^2 \leqslant x^2+y^2 \leqslant b^2\}$，其中 $a>0, b>0$；

(2) $\iint\limits_{D} \sqrt{a^2-x^2-y^2}\mathrm{d}x\mathrm{d}y$，$D=\{(x,y) \mid x^2+y^2 \leqslant ax\}$；

(3) $\iint\limits_{D} \arctan\dfrac{y}{x}\mathrm{d}x\mathrm{d}y$，其中 D 为 $1 \leqslant x^2+y^2 \leqslant 4, y=x, y=0, x>0, y>0$ 所确定的区域；

(4) $\iint\limits_{D} \ln(x^2+y^2)\mathrm{d}x\mathrm{d}y$，$D=\{(x,y) \mid \mathrm{e}^2 \leqslant x^2+y^2 \leqslant \mathrm{e}^4\}$；

(5) $\int_0^R dx \int_0^{\sqrt{R^2-x^2}} \sqrt{x^2+y^2}\, dy$.

6. 把下列累次积分化为极坐标形式，并计算积分值：

(1) $\int_0^a dx \int_0^x \sqrt{x^2+y^2}\, dy$；

(2) $\int_0^1 dx \int_{x^2}^x (x^2+y^2)^{-\frac{1}{2}}\, dy$；

(3) $\int_0^{2R} dy \int_0^{\sqrt{2Ry-y^2}} (x^2+y^2)\, dx$；

(4) $\int_0^{\frac{a}{\sqrt{2}}} e^{-y^2} dy \int_0^y e^{-x^2} dx + \int_{\frac{a}{\sqrt{2}}}^a e^{-y^2} dy \int_0^{\sqrt{a^2-y^2}} e^{-x^2} dx$.

7. 选用适当的坐标系计算下列积分：

(1) $\iint_D \sqrt{\dfrac{1-x^2-y^2}{1+x^2+y^2}}\, d\sigma$，其中 D 是由圆周 $x^2+y^2=1$ 及坐标轴所围成的在第一象限内的闭区域；

(2) $\iint_D (x^2+y^2)\, d\sigma$，其中 D 是由直线 $y=x, y=x+a, y=a, y=3a (a>0)$ 所围成的闭区域；

(3) $\int_0^2 dx \int_{\sqrt{2x-x^2}}^{\sqrt{4-x^2}} \sqrt{x^2+y^2}\, dy$；

(4) $\iint_D \dfrac{\sin x}{x}\, dx dy$，其中 D 是由 $y=x$ 与 $y=x^2$ 所围成的闭区域.

8. 利用二重积分求下列各立体 Ω 的体积：

(1) 试求由平面 $x=0, y=0, x+y=1$ 所围成的柱体被平面 $z=0$ 及抛物面 $x^2+y^2=6-z$ 截得的立体的体积；

(2) 计算以 xOy 面上的圆周 $x^2+y^2=ax$ 围成的闭区域为底、以曲面 $z=x^2+y^2$ 为顶的曲顶柱体的体积.

(B)

1. 计算下列积分：

(1) $\iint_D \sin\dfrac{\pi x}{2y}\, dx dy$，$D$ 是由 $y=\sqrt{x}, y=x, y=2$ 围成的区域；

(2) $\iint_D |y-x^2|\, dx dy$，D 是由 $x=-1, x=1, y=0, y=1$ 所围成的区域；

(3) $\int_{\frac{1}{4}}^{\frac{1}{2}} dy \int_{\frac{1}{2}}^{\sqrt{y}} e^{\frac{y}{x}}\, dx + \int_{\frac{1}{2}}^1 dy \int_y^{\sqrt{y}} e^{\frac{y}{x}}\, dx$；

(4) $\iint_D (x^2+y^2)\, dx dy$，$D$ 是由 $x^2+y^2=2x$ 与 $x^2+y^2=4$ 围成的区域.

2. 改变累次积分：
$$\int_0^1 dy \int_0^{2y} f(x,y)dx + \int_1^3 dy \int_0^{3-y} f(x,y)dx$$
的积分次序.

3. 计算积分 $\iint_D x[1+yf(x^2+y^2)]dxdy$，其中 D 是由 $y=x^3, y=1$ 及 $x=-1$ 所围成的闭区域.

4. 计算 $\iint_D y dx dy$，其中 D 是由摆线 $x=a(t-\sin t), y=a(1-\cos t), 0\leqslant t\leqslant 2\pi$ 的一拱与 x 轴所围的闭区域.

5. 证明 $\iint_D f(xy)dxdy = \ln 2 \int_1^2 f(u)du$，其中 D 是由曲线 $xy=1, xy=2, y=x, y=4x(x>0, y>0)$ 所围成的区域.

6. 求闭曲线 $(x^2+y^2)^3 = a^2(x^4+y^4)$ 所围成图形的面积.

7. 求曲面 $x^2+y^2 = 2ax(a>0)$ 和平面 $z=bx, z=cx(b>c>0$，常数) 所围成立体的体积.

8. 设 $f(u)$ 有连续的一阶导数，且 $f(0)=0$，试求
$$I = \lim_{t\to 0^+} \frac{1}{t^3}\iint_D f(\sqrt{x^2+y^2})dxdy,$$
其中 $D: x^2+y^2 \leqslant t^2$.

10.3 三重积分

一、引例

设有一空间物体占有的空间区域为 Ω，在点 (x,y,z) 处的密度为非负的连续函数 $\rho(x,y,z)$，求该空间物体的质量.

如果质量分布是均匀的，即其密度是常数，那么物体的质量可用公式

$$\text{质量} = \text{密度} \times \text{体积}$$

求得. 现在密度 $\rho(x,y,z)$ 是变量，物体的质量就不能用上面的公式直接计算. 由于 $\rho(x,y,z)$ 是连续函数，可以把物体分成 n 个小块 $\Delta v_1, \Delta v_2, \cdots, \Delta v_n$（$\Delta v_i$ 也表示其体积），当对物体的分割非常细时，每个 Δv_i 内的密度可近似地看作均匀的，在 Δv_i 内上任取一点 (ξ_i, η_i, ζ_i)，于是可得每个小块的质量 ΔM_i 的近似值

$$\Delta M_i \approx \rho(\xi_i, \eta_i, \zeta_i)\Delta v_i \quad (i=1,2,\cdots,n).$$

由此物体的总质量等于所有小块质量之和

$$M = \sum_{i=1}^n \Delta M_i \approx \sum_{i=1}^n \rho(\xi_i, \eta_i, \zeta_i)\Delta v_i.$$

令 n 个小闭区域 Δv_i 的直径中的最大值（记作 λ）趋于零，取上述和式的极限，就可得所求物体的质量

$$M = \lim_{\lambda \to 0} \sum_{i=1}^{n} \rho(\xi_i, \eta_i, \zeta_i) \Delta v_i.$$

空间物体的质量的求解中我们可以看到,通过"分割取近似,求和取极限"的步骤,可将质量问题归结为类似于定积分、二重积分特定形式的和式的极限.因此,仿照二重积分的概念,可以很自然地推广到三重积分.

二、三重积分的概念

定义 设 $f(x,y,z)$ 是空间有界闭区域 Ω 上的有界函数,将闭区域 Ω 任意分割成 n 个小闭区域

$$\Delta v_1, \quad \Delta v_2, \quad \cdots, \quad \Delta v_n$$

其中 $\Delta v_i (i=1,2,\cdots,n)$ 表示第 i 个小闭区域,也表示它的体积,在每个 Δv_i 上任取一点 (ξ_i, η_i, ζ_i),作乘积 $f(\xi_i, \eta_i, \zeta_i) \Delta v_i, (i=1,2,\cdots,n)$,并作和 $\sum_{i=1}^{n} f(\xi_i, \eta_i, \zeta_i) \Delta v_i$. 如果当各小闭区域的直径的最大值 λ 趋近于零时,和式的极限 $\lim_{\lambda \to 0} \sum_{i=1}^{n} f(\xi_i, \eta_i, \zeta_i) \Delta v_i$ 总存在,且与闭区域 Ω 的分法及点 (ξ_i, η_i, ζ_i) 的取法无关.则称此极限为函数 $f(x,y,z)$ 在有界闭区域 Ω 上的**三重积分**,记作 $\iiint\limits_{\Omega} f(x,y,z) \mathrm{d}v$,即

$$\iiint\limits_{\Omega} f(x,y,z) \mathrm{d}v = \lim_{\lambda \to 0} \sum_{i=1}^{n} f(\xi_i, \eta_i, \zeta_i) \Delta v_i. \tag{10.17}$$

其中 $f(x,y,z)$ 叫做被积函数,$f(x,y,z)\mathrm{d}v$ 叫做**被积表达式**,$\mathrm{d}v$ 叫做**体积微元**,x,y,z 叫做积分变量,Ω 叫做**积分区域**,$\sum_{i=1}^{n} f(\xi_i, \eta_i, \zeta_i) \Delta v_i$ 叫做**积分和**.

当式(10.17)右端的极限存在时,也称函数 $f(x,y,z)$ 在区域 Ω 上可积.

在三重积分的定义中,对有界闭区域 Ω 的分割是任意的,如果已知三重积分存在,则在直角坐标系中,如果用平行于坐标面的平面来分割,那么除了包含边界点的一些小闭区域(可以证明,在这部分小闭区域上和式(10.17)中所对应的项之和的极限为 0,可略去不计)外,得到的小闭区域 Δv_i 都是长方体.设长方体 Δv_i 的边长分别为 $\Delta x_j, \Delta y_k, \Delta z_l$,则 $\Delta \sigma_i = \Delta x_j \Delta y_k \Delta z_l$.因此取极限后,直角坐标系中的体积微元为 $\mathrm{d}v = \mathrm{d}x \mathrm{d}y \mathrm{d}z$,从而可以把三重积分记作

$$\iiint\limits_{\Omega} f(x,y,z) \mathrm{d}v = \iiint\limits_{\Omega} f(x,y,z) \mathrm{d}x \mathrm{d}y \mathrm{d}z.$$

当函数 $f(x,y,z)$ 在有界闭区域 Ω 上连续,则 $f(x,y,z)$ 在 Ω 上可积.为方便

计,以后我们总假定函数 $f(x,y,z)$ 在有界闭区域 Ω 上连续,同时,三重积分有着与二重积分完全类似的性质,这里不再一一赘述.

特别地,当 $f(x,y,z)\equiv 1$ 时,我们可以得到利用三重积分计算空间几何体体积的公式.

$$V = \iiint_\Omega 1\mathrm{d}v = \iiint_\Omega \mathrm{d}v.$$

如果 $f(x,y,z)$ 表示某物体在点 (x,y,z) 处的体积密度,Ω 是该物体所占有的空间闭区域,则该物体的质量 M 就是下述三重积分:

$$M = \iiint_\Omega f(x,y,z)\mathrm{d}v.$$

三重积分计算的基本方法仍是将其化为累次积分进行计算. 下面根据积分区域的特点分别讨论在不同的坐标系下三重积分的计算方法.

三、直角坐标系下的三重积分计算

下面从计算空间物体的质量出发,导出三重积分的计算公式.

1. 投影法

先给出空间区域 Ω 是 XY 型的定义.

所谓 XY 型的空间区域 Ω 是指它具有如下特点:它在 xOy 面上的投影区域为 D_{xy},用任何平行于 z 轴的直线穿过区域 Ω 内部时与区域 Ω 的边界曲面 Σ 最多相交于两点. 这样,以 D_{xy} 的边界曲线为准线作母线平行于 Oz 轴的柱面,则该柱面分边界曲面 Σ 为三部分:上、下两底面 Σ_1,Σ_2 及侧柱面 Σ_3:

$$\Sigma_1 = \{(x,y,z) \mid z = z_1(x,y), (x,y) \in D_{xy}\};$$
$$\Sigma_2 = \{(x,y,z) \mid z = z_2(x,y), (x,y) \in D_{xy}\};$$
$$\Sigma_3 = \{(x,y,z) \mid z_1(x,y) \leqslant z \leqslant z_2(x,y), (x,y) \in \partial D_{xy}\},$$

其中 ∂D_{xy} 表示投影区域 D_{xy} 的边界曲线.

如图 10.31 所示的区域都是 XY 型,对于 XY 型的 Ω 区域均可用不等式表示为

$$\Omega = \{(x,y,z) \mid z_1(x,y) \leqslant z \leqslant z_2(x,y), (x,y) \in D_{xy}\}.$$

类似地,可得到空间区域 Ω 是 YZ,ZX 型的定义,及相应的图形和不等式表示方法.

下面从另一个角度来计算 Ω 的质量.

假设空间区域 Ω 是 XY 型,将其投影区域 D_{xy} 分成 n 小块,从中任取一个小区域 $\Delta\sigma$($\mathrm{d}\sigma$ 代表其面积)(图 10.31(b)),以小区域 $\Delta\sigma$ 的边界曲线为准线,作母线平行于 z 轴的柱面,此柱面截得 Ω 的部分可看作一根"细棒",由此将 Ω 分割成 n 根

(a)   (b)

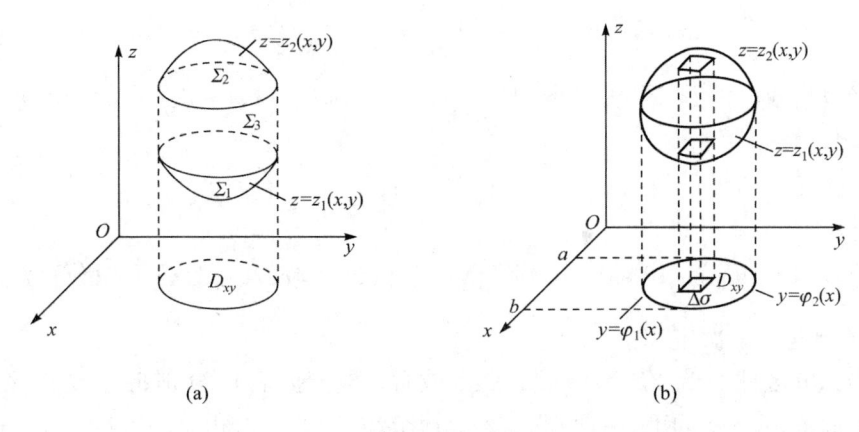

图 10.31

细棒,在 $\Delta\sigma$ 内任取一点 $M(x,y,0)$,过点 $M(x,y,0)$ 作平行于 z 轴的直线,此直线交 Ω 的上、下边界曲面于点 P_2 和 P_1,其交点的竖坐标分别为 $z_2(x,y)$ 和 $z_1(x,y)$. 在线段 P_1P_2 对应的区间 $[z_1(x,y),z_2(x,y)]$ 上作定积分,即得线段 P_1P_2 对应的质量为

$$\int_{z_1(x,y)}^{z_2(x,y)} f(x,y,z)\mathrm{d}z,$$

当点 (x,y) 变动时,上述积分是 x,y 的二元函数,于是"细棒"的质量可近似地表示为

$$\left(\int_{z_1(x,y)}^{z_2(x,y)} f(x,y,z)\mathrm{d}z\right) \cdot \mathrm{d}\sigma,$$

把所有的小区域 $\Delta\sigma$ 上对应的"细棒"的质量加起来,就得到物体 Ω 的质量

$$M = \iiint_\Omega f(x,y,z)\mathrm{d}v = \iint_{D_{xy}} \left(\int_{z_1(x,y)}^{z_2(x,y)} f(x,y,z)\mathrm{d}z\right)\mathrm{d}\sigma.$$

撇开被积函数的物理意义,可以证明,当函数 $f(x,y,z)$ 在 Ω 上连续时,上述积分一定存在,由此得三重积分化为先计算定积分后计算二重积分的计算公式:

$$\iiint_\Omega f(x,y,z)\mathrm{d}v = \iint_{D_{xy}} \left(\int_{z_1(x,y)}^{z_2(x,y)} f(x,y,z)\mathrm{d}z\right)\mathrm{d}\sigma. \tag{10.18}$$

该公式适合积分区域 Ω 为 XY 型域的三重积分. 在计算内层定积分 $\int_{z_1(x,y)}^{z_2(x,y)} f(x,y,z)\mathrm{d}z$ 时,其中 z 是积分变量,x,y 看作常量,所以该定积分是 x,y 的二元函数 $I(x,y)$,然后再将 $I(x,y)$ 在区域 D_{xy} 作二重积分,此二重积分还可进一步化为二次积分. 例如,

当 D_{xy} 为 X 型区域,即 $D_{xy} = \{(x,y) \mid \varphi_1(x) \leqslant y \leqslant \varphi_2(x), a \leqslant x \leqslant b\}$ 时,代入式(10.18)得

$$\iiint_\Omega f(x,y,z)\mathrm{d}v = \int_a^b \mathrm{d}x \int_{\varphi_1(x)}^{\varphi_2(x)} \mathrm{d}y \int_{z_1(x,y)}^{z_2(x,y)} f(x,y,z)\mathrm{d}z, \tag{10.19}$$

当 D_{xy} 为 Y 型区域，即 $D_{xy} = \{(x,y) \mid \psi_1(y) \leqslant x \leqslant \psi_2(y), c \leqslant y \leqslant d\}$，由式(10.18)得

$$\iiint_\Omega f(x,y,z)\mathrm{d}v = \int_c^d \mathrm{d}y \int_{\psi_1(y)}^{\psi_2(y)} \mathrm{d}x \int_{z_1(x,y)}^{z_2(x,y)} f(x,y,z)\mathrm{d}z. \tag{10.20}$$

公式(10.19)与(10.20)分别将 XY 型积分区域 Ω 上的三重积分 $\iiint_\Omega f(x,y,z)\mathrm{d}v$ 最终化为三次定积分．

当积分区域 Ω 为 YZ 型域或 ZX 型域时，类似地，可以分别将区域 Ω 投影到 yOz 平面或 xOz 平面上，由此将三重积分化成相应的三次积分．

上面这种按照先"定积分"后"二重积分"的步骤计算三重积分的方法简称为**"投影法"**或**"先一后二法"**．由于在直角坐标系中，体积元素 $\mathrm{d}v$ 也记为 $\mathrm{d}x\mathrm{d}y\mathrm{d}z$，故式(10.18)也可写为

$$\iiint_\Omega f(x,y,z)\mathrm{d}x\mathrm{d}y\mathrm{d}z = \iint_{D_{xy}} \mathrm{d}x\mathrm{d}y \int_{z_1(x,y)}^{z_2(x,y)} f(x,y,z)\mathrm{d}z.$$

如果平行于坐标轴的直线与 Ω 的边界曲面的交点多于两个，就用一些平行于坐标面的平面将 Ω 分成几块，使得每一块是 XY 型域或是 YZ 型域或是 ZX 型域，利用积分对区域的可加性先将区域 Ω 上的三重积分化为各小区域上的三重积分，然后再用投影法将它们化为累次积分，从而求得结果．

例 1 计算 $I = \iiint_\Omega xy\mathrm{d}v$，其中 Ω 是由三个坐标面及平面 $x+y+z=1$ 所围成的有界闭区域．

解 积分区域 Ω 为 XY 型(图 10.32)，将 Ω 向 xOy 面投影，得投影区域

$$D_{xy} = \{(x,y) \mid 0 \leqslant x \leqslant 1, 0 \leqslant y \leqslant 1-x\},$$

则积分区域 Ω 为

$$\Omega = \{(x,y,z) \mid 0 \leqslant x \leqslant 1, 0 \leqslant y \leqslant 1-x, 0 \leqslant z \leqslant 1-x-y\},$$

由公式(10.19)，得

$$I = \iiint_\Omega xy\mathrm{d}v = \int_0^1 \mathrm{d}x \int_0^{1-x} \mathrm{d}y \int_0^{1-x-y} xy\mathrm{d}z$$

$$= \int_0^1 \mathrm{d}x \int_0^{1-x} xy(1-x-y)\mathrm{d}y$$

$$= \int_0^1 \frac{x}{6}(1-x)^3 \mathrm{d}x = \frac{1}{120}.$$

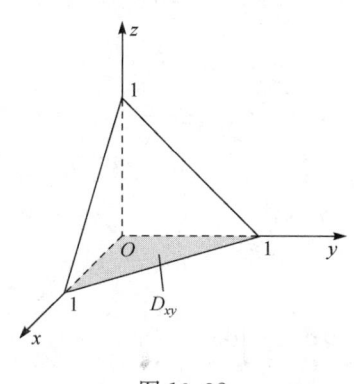

图 10.32 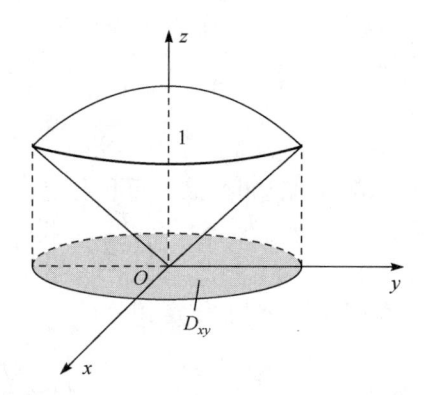   图 10.33

例 2 计算 $I = \iiint\limits_{\Omega} z \mathrm{d}x\mathrm{d}y\mathrm{d}z$,其中 Ω 由锥面 $z = \sqrt{x^2+y^2}$ 与球面 $z = \sqrt{2-x^2-y^2}$ 所围成.

解 如图 10.33,两曲面的交线为 $\begin{cases} z = \sqrt{x^2+y^2}, \\ z = \sqrt{2-x^2-y^2}, \end{cases}$ 消去 z,得 Ω 在 xOy 面上的投影区域:

$$D_{xy} = \{(x,y) \mid x^2+y^2 \leqslant 1\}.$$

故积分区域 Ω 可表示为

$$\Omega = \{(x,y,z) \mid \sqrt{x^2+y^2} \leqslant z \leqslant \sqrt{2-x^2-y^2}, (x,y) \in D_{xy}\},$$

则

$$I = \iint\limits_{D_{xy}} \mathrm{d}x\mathrm{d}y \int_{\sqrt{x^2+y^2}}^{\sqrt{2-x^2-y^2}} z\mathrm{d}z = \iint\limits_{D_{xy}} (1-x^2-y^2)\mathrm{d}x\mathrm{d}y$$

$$= \int_0^{2\pi} \mathrm{d}\theta \int_0^1 (1-\rho^2)\rho\mathrm{d}\rho = 2\pi\left(\frac{1}{2}-\frac{1}{4}\right) = \frac{\pi}{2}.$$

2. 截面法

当积分区域 Ω 夹在两个平行于某坐标面的平面之间,且其平行坐标面的截面形状较为规则时,三重积分的计算也可通过先求一个二重积分再计算一个定积分来进行,即"先二后一",这样的方法也称为**截面法**. 具体做法如下:

如将积分区域 Ω 投影到 z 轴上,得投影区间 $[c,d]$(图 10.34),再在区间 $[c,d]$ 内任取一点 z,过点 $(0,0,z)$ 作平行于 xOy 面的平面去截 Ω 得一平面区域 D_z,则 Ω 可表示为

$$\Omega = \{(x,y,z) \mid c \leqslant z \leqslant d, (x,y) \in D_z\}.$$

当函数 $f(x,y,z)$ 在 Ω 上连续时，对每一个固定的 $z\in[c,d]$，在截面 D_z 上作二重积分

$$\iint_{D_z} f(x,y,z)\mathrm{d}x\mathrm{d}y,$$

当 z 在 $[c,d]$ 上变动时，该二重积分是 z 的函数

$$I(z) = \iint_{D_z} f(x,y,z)\mathrm{d}x\mathrm{d}y,$$

对 $I(z)$ 在区间 $[c,d]$ 上作定积分

$$\int_c^d I(z)\mathrm{d}z = \int_c^d \Big[\iint_{D_z} f(x,y,z)\mathrm{d}x\mathrm{d}y\Big]\mathrm{d}z,$$

即

$$\iiint_\Omega f(x,y,z)\mathrm{d}v = \int_c^d \mathrm{d}z \iint_{D_z} f(x,y,z)\mathrm{d}x\mathrm{d}y. \tag{10.21}$$

这样就将三重积分化成了"先二后一"的累次积分.

当 $\iint_{D_z} f(x,y,z)\mathrm{d}x\mathrm{d}y$ 容易积出时，用该方法计算较简便.

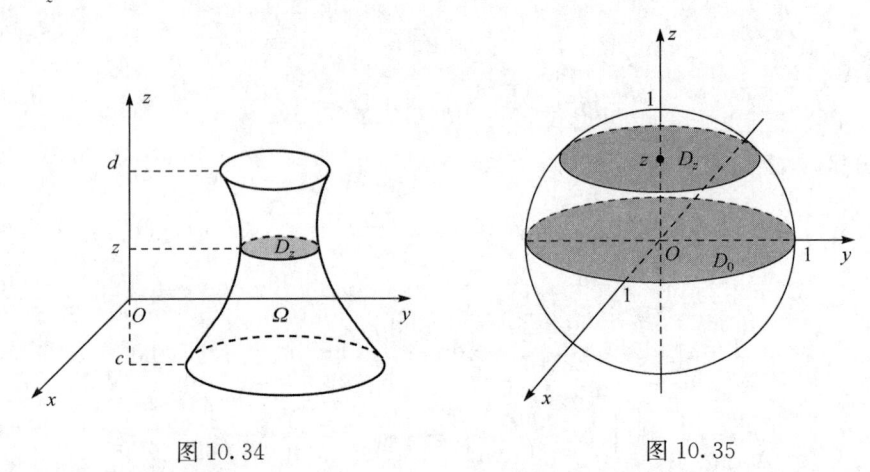

图 10.34

图 10.35

例 3 计算 $I = \iiint_\Omega z^2 \mathrm{d}x\mathrm{d}y\mathrm{d}z$，其中 Ω 为球体 $x^2+y^2+z^2 \leqslant 1$.

解 由区域特征，我们采用截面法化为"先二后一"的累次积分. 用平面 $z=z$ 截空间区域 Ω 得截面(图 10.35)：

$$D_z = \{(x,y) \mid x^2+y^2 \leqslant 1-z^2\}, \quad (-1 \leqslant z \leqslant 1),$$

于是由式(10.21)可得

$$I = \int_{-1}^1 \mathrm{d}z \iint_{D_z} z^2 \mathrm{d}x\mathrm{d}y = \int_{-1}^1 z^2 \mathrm{d}z \iint_{D_z} \mathrm{d}x\mathrm{d}y = \int_{-1}^1 z^2 S(D_z)\mathrm{d}z,$$

这里 $S(D_z)$ 表示截面区域 D_z 的面积,由圆面积公式
$$S(D_z)=\pi(1-z^2),$$
因此
$$I=\int_{-1}^{1}z^2\pi(1-z^2)\mathrm{d}z=\frac{4}{15}\pi.$$

例 4 计算 $I=\iiint\limits_{\Omega}(x^2+y^2)\mathrm{d}x\mathrm{d}y\mathrm{d}z$,其中 Ω 为平面曲线 $\begin{cases}y^2=2z,\\x=0\end{cases}$ 绕 z 轴旋转一周形成的曲面与平面 $z=8$ 所围成的区域.

解 平面曲线 $\begin{cases}y^2=2z,\\x=0\end{cases}$ 绕 z 轴旋转一周形成的曲面方程为旋转抛物面 $x^2+y^2=2z$ (图 10.36).考虑到 Ω 的特点,用截面方法计算较为方便,其截面可以表示为
$$D_z:x^2+y^2\leqslant 2z,$$
此时 Ω 可表示为
$$\Omega=\{(x,y,z)\,|\,0\leqslant z\leqslant 8,(x,y)\in D_z\}.$$
故

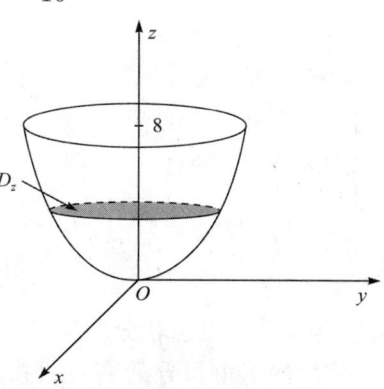

图 10.36

$$\begin{aligned}I&=\int_0^8\mathrm{d}z\iint\limits_{x^2+y^2\leqslant 2z}(x^2+y^2)\mathrm{d}x\mathrm{d}y\\&=\int_0^8\mathrm{d}z\int_0^{2\pi}\mathrm{d}\theta\int_0^{\sqrt{2z}}\rho^2\cdot\rho\mathrm{d}\rho\\&=2\pi\int_0^8\frac{(\sqrt{2z})^4}{4}\mathrm{d}z\\&=\frac{1024\pi}{3}.\end{aligned}$$

四、三重积分的变量代换

为给出三重积分在其他常见坐标系下的计算公式,这里不加证明先介绍一个三重积分的一般变量代换公式.

设函数 $\varphi(u,v,w),\psi(u,v,w),\chi(u,v,w)$ 都有一阶连续偏导函数,且雅可比行列式

$$J(u,v,w)=\frac{\partial(\varphi,\psi,\chi)}{\partial(u,v,w)}=\begin{vmatrix} \frac{\partial \varphi}{\partial u} & \frac{\partial \varphi}{\partial v} & \frac{\partial \varphi}{\partial w} \\ \frac{\partial \psi}{\partial u} & \frac{\partial \psi}{\partial v} & \frac{\partial \psi}{\partial w} \\ \frac{\partial \chi}{\partial u} & \frac{\partial \chi}{\partial v} & \frac{\partial \chi}{\partial w} \end{vmatrix} \neq 0,$$

则变换 $T: x=\varphi(u,v,w), y=\psi(u,v,w), z=\chi(u,v,w)$ 是 $O-uvw$ 空间到 $O-xyz$ 空间的一个一对一的变换. 若函数 $f(x,y,z)$ 在区域 Ω 上连续,区域 Ω 关于变换 T 的像为区域 Ω',则有

$$\iiint_\Omega f(x,y,z)\mathrm{d}v = \iiint_{\Omega'} f[\varphi(u,v,w),\psi(u,v,w),\chi(u,v,w)]|J|\mathrm{d}u\mathrm{d}v\mathrm{d}w.$$

(10.22)

称式(10.22)为**三重积分的变量代换公式**.

常用的三重积分的变量代换主要有**柱面坐标变换**与**球面坐标变换**. 利用公式(10.22)可以很方便地得到三重积分在其他常见坐标系下的计算公式.

五、柱面坐标系下三重积分的计算

设 $M(x,y,z)$ 为空间内一点,它在 xOy 面上的投影 P 的极坐标为 (ρ,θ),则点 $M(x,y,z)$ 也可用坐标 (ρ,θ,z) 表示,称 (ρ,θ,z) 为点 M 的柱面坐标(图10.37),这里规定 ρ,θ,z 的变化范围为

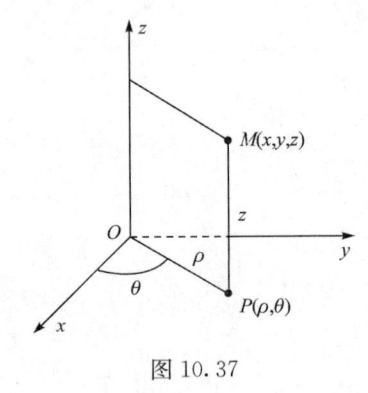

$$0 \leqslant \rho < +\infty, \quad 0 \leqslant \theta \leqslant 2\pi, \quad -\infty < z < +\infty,$$

柱面坐标系中的三组坐标面如下:

$\rho=$ 常数,表示以 z 轴为中心的圆柱面,其直角坐标系下方程为 $x^2+y^2=\rho^2$;

$\theta=$ 常数,表示过 z 轴的半平面,其直角坐标系下方程为 $y=x\tan\theta$;

$z=$ 常数,表示与 xOy 面平行的平面.

图 10.37

显然,点 M 的直角坐标与柱面坐标间的关系为

$$\begin{cases} x=\rho\cos\theta, \\ y=\rho\sin\theta, \\ z=z, \end{cases}$$

(10.23)

式(10.23)即为柱面坐标系到直角坐标系的一个变换公式,易算得其雅可比行列式

$$J(\rho,\theta,z)=\frac{\partial(x,y,z)}{\partial(\rho,\theta,z)}=\begin{vmatrix} \cos\theta & -\rho\sin\theta & 0 \\ \sin\theta & \rho\cos\theta & 0 \\ 0 & 0 & 1 \end{vmatrix}=\rho,$$

代入公式(10.22),就推得在柱面坐标系下三重积分的计算公式

$$\iiint_\Omega f(x,y,z)\mathrm{d}v = \iiint_\Omega f(\rho\cos\theta,\rho\sin\theta,z)\rho\mathrm{d}\rho\mathrm{d}\theta\mathrm{d}z. \tag{10.24}$$

其中 $\rho\mathrm{d}\rho\mathrm{d}\theta\mathrm{d}z$ 为柱面坐标系中的**体积微元**,即

$$\mathrm{d}v = \rho\mathrm{d}\rho\mathrm{d}\theta\mathrm{d}z.$$

对式(10.24)同样可化为 ρ,θ,z 的累次积分来计算,一般可依照先 z 后 ρ,最后 θ 的次序,其积分限则可根据 ρ,θ,z 在积分域 Ω 中的变化范围来确定. 将积分区域 Ω 投影到 xOy 面,并将投影区域 D_{xy} 用极坐标表示,如 D_{xy} 可用极坐标不等式表示为 $\alpha \leqslant \theta \leqslant \beta, \rho_1(\theta) \leqslant \rho \leqslant \rho_2(\theta)$;再把 Ω 的上、下表面分别用柱面坐标表示,设为 $z=z_2(\rho,\theta), z=z_1(\rho,\theta)$. 这时立体 Ω 可用柱面坐标表示为

$$\Omega:\begin{cases} \alpha \leqslant \theta \leqslant \beta, \\ \rho_1(\theta) \leqslant \rho \leqslant \rho_2(\theta), \\ z_1(\rho,\theta) \leqslant z \leqslant z_2(\rho,\theta). \end{cases}$$

当函数 $f(x,y,z)$ 在 Ω 上连续时,有

$$\iiint_\Omega f(x,y,z)\mathrm{d}v = \int_\alpha^\beta \mathrm{d}\theta \int_{\rho_1(\theta)}^{\rho_2(\theta)} \rho\mathrm{d}\rho \int_{z_1(\rho,\theta)}^{z_2(\rho,\theta)} f(\rho\cos\theta,\rho\sin\theta,z)\mathrm{d}z. \tag{10.25}$$

例 5 计算 $I = \iiint_\Omega (x^2+y^2)\mathrm{d}v$,其中 Ω 为曲面 $z=x^2+y^2, z=4$ 所围成的区域.

解 在柱面坐标系下,闭区域 Ω 可用不等式组(图 10.38)

$$\Omega:\begin{cases} 0 \leqslant \theta \leqslant 2\pi, \\ 0 \leqslant \rho \leqslant 2, \\ \rho^2 \leqslant z \leqslant 4 \end{cases}$$

来表示,代入式(10.24)有

$$I = \iiint_\Omega (x^2+y^2)\mathrm{d}v = \iint_{D_{\rho\theta}} \rho^3 \mathrm{d}\rho\mathrm{d}\theta \int_{\rho^2}^4 \mathrm{d}z$$

$$= \int_0^{2\pi} \mathrm{d}\theta \int_0^2 \rho^3 \mathrm{d}\rho \int_{\rho^2}^4 \mathrm{d}z$$

$$= \int_0^{2\pi} \mathrm{d}\theta \int_0^2 \rho^3(4-\rho^2)\mathrm{d}\rho = \frac{32\pi}{3}.$$

图 10.38

图 10.39

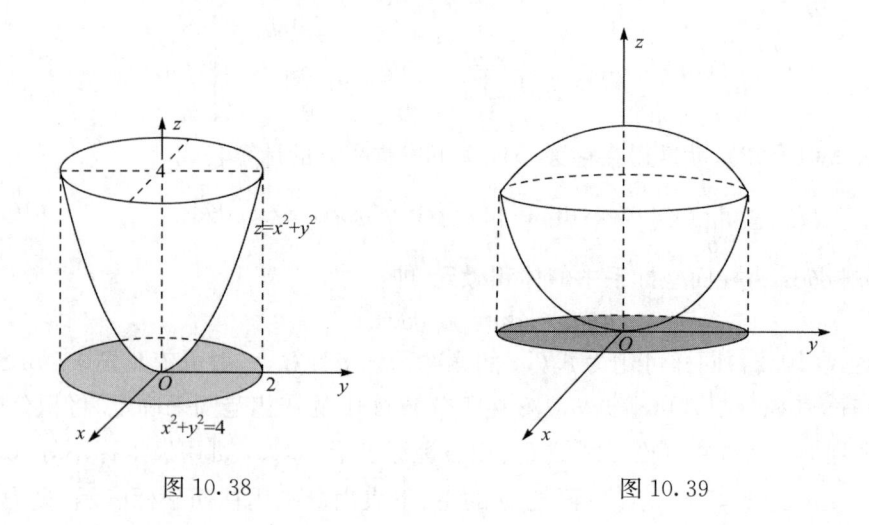

例 6 计算 $\iiint\limits_{\Omega}(x+y+z)^2 \mathrm{d}x\mathrm{d}y\mathrm{d}z$,其中 Ω 为 $z \geqslant x^2+y^2$ 与 $x^2+y^2+z^2 \leqslant 2$ 所围成的空间闭区域.

解 积分区域 Ω 如图 10.39 所示,Ω 关于 xOz 坐标面对称,也关于 yOz 坐标面对称,虽然被积函数 $(x+y+z)^2$ 对于 y 及 x 都没有对称性,但可考虑先将被积函数变形:

$$(x+y+z)^2 = x^2+y^2+z^2+2xy+2yz+2zx.$$

由于 $2xy+2yz$ 为 y 的奇函数,因此 $\iiint\limits_{\Omega}(2xy+2yz)\mathrm{d}x\mathrm{d}y\mathrm{d}z = 0$,由于 $2zx$ 为 x 的奇函数,因此 $\iiint\limits_{\Omega}2zx\,\mathrm{d}x\mathrm{d}y\mathrm{d}z = 0$,由此可得

$$\iiint\limits_{\Omega}(x+y+z)^2 \mathrm{d}x\mathrm{d}y\mathrm{d}z = \iiint\limits_{\Omega}(x^2+y^2+z^2)\mathrm{d}x\mathrm{d}y\mathrm{d}z.$$

考虑到积分区域 Ω 与被积函数的特点,采用柱面坐标系计算较好. Ω 由不等式

$$\Omega: 0 \leqslant \theta \leqslant 2\pi, \quad 0 \leqslant \rho \leqslant 1, \quad \rho^2 \leqslant z \leqslant \sqrt{2-\rho^2}$$

给出. 故

$$\iiint\limits_{\Omega}(x+y+z)^2 \mathrm{d}x\mathrm{d}y\mathrm{d}z = \iiint\limits_{\Omega}(x^2+y^2+z^2)\mathrm{d}x\mathrm{d}y\mathrm{d}z$$

$$= \int_0^{2\pi} d\theta \int_0^1 d\rho \int_{\rho^2}^{\sqrt{2-\rho^2}} (\rho^2+z^2)\rho dz$$

$$= 2\pi \cdot \int_0^1 \left[\rho^3 z + \frac{1}{3}\rho z^3\right]_{\rho^2}^{\sqrt{2-\rho^2}} d\rho$$

$$= 2\pi \int_0^1 \left\{\rho^3(\sqrt{2-\rho^2}-\rho^2) + \frac{1}{3}\rho[(2-\rho^2)^{3/2}-\rho^6]\right\} d\rho$$

$$= \frac{\pi}{60}(96\sqrt{2}-89).$$

六、球面坐标系下的三重积分计算

空间点 $M(x,y,z)$ 还可以用以下三个有次序的数组 r,φ,θ 来确定，其中 r 为原点 O 与点 M 间的距离，即向径 $\overrightarrow{OM}$ 的长度；φ 为 $\overrightarrow{OM}$ 与 z 轴正向所夹的角；θ 为从正 z 轴来看自 x 轴按逆时针方向转到 $\overrightarrow{OM}$ 在 xOy 面上的投影向量 $\overrightarrow{OP}$ 的夹角（图 10.40），数组 (r,φ,θ) 称为点 M 的球面坐标. 由图 10.40 易见，直角坐标与球面坐标的关系为

$$\begin{cases} x = r\sin\varphi\cos\theta, \\ y = r\sin\varphi\sin\theta, \\ z = r\cos\varphi, \end{cases} \quad (10.26)$$

其中 $r \geqslant 0, 0 \leqslant \varphi \leqslant \pi, 0 \leqslant \theta \leqslant 2\pi$. 容易看出，若把 r 固定为某正常数，那公式(10.26)就是半径为 r 的球面的参数方程.

球面坐标系中的三组坐标面分别为

$r = $ 常数，表示以原点为中心半径为 r 的球面，其直角坐标系下的方程为 $x^2+y^2+z^2=r^2$；

$\varphi = $ 常数，表示以原点为顶点，z 轴为中心轴，半顶角为 φ 的圆锥面，其直角坐标系下的方程为 $x^2+y^2=z^2\tan^2\varphi$；

$\theta = $ 常数，表示过 z 轴的半平面，该半平面与含 x 轴正向的坐标面 xOz 面成 θ 角.

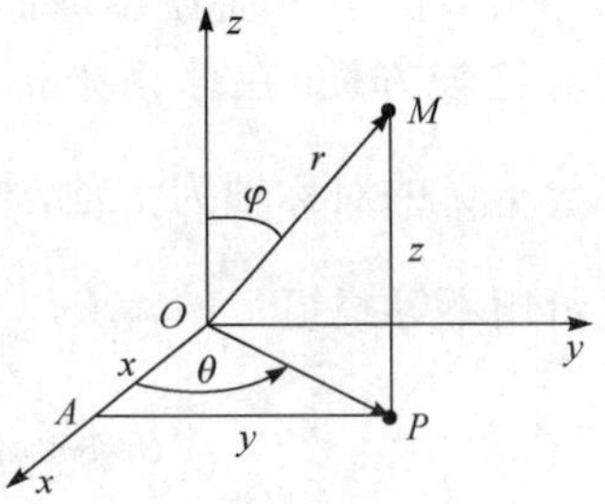

图 10.40

式(10.26)即为球面坐标系到直角坐标系的一个变换公式. 易算得其雅可比行列式

$$J(r,\varphi,\theta) = \frac{\partial(x,y,z)}{\partial(r,\varphi,\theta)} = \begin{vmatrix} \cos\varphi\sin\theta & r\cos\varphi\cos\theta & -r\sin\varphi\sin\theta \\ \sin\varphi\sin\theta & r\cos\varphi\sin\theta & r\sin\varphi\cos\theta \\ \cos\varphi & -r\sin\varphi & 0 \end{vmatrix} = r^2\sin\varphi.$$

这样当 $f(x,y,z)$ 在 Ω 上连续时，由公式(10.22)可得球面坐标系下三重积分的计

算公式

$$\iiint\limits_{\Omega} f(x,y,z)\mathrm{d}v = \iiint\limits_{\Omega} f(r\sin\varphi\cos\theta, r\sin\varphi\sin\theta, r\cos\varphi)r^2\sin\varphi \mathrm{d}r\mathrm{d}\varphi\mathrm{d}\theta, \quad (10.27)$$

其中 $r^2\sin\varphi\mathrm{d}r\mathrm{d}\varphi\mathrm{d}\theta$ 为球面坐标系中的体积微元，即

$$\mathrm{d}v = r^2\sin\varphi\mathrm{d}r\mathrm{d}\varphi\mathrm{d}\theta.$$

此三重积分同样可化为 r,φ,θ 的累次积分来计算，一般可依照先 r 后 φ，最后 θ 的次序。

例 7 计算 $\iiint\limits_{\Omega}\sqrt{x^2+y^2+z^2}\mathrm{d}v$，其中 Ω 是由上半球面 $z=\sqrt{2-x^2-y^2}$ 与平面 $z=0$ 所围成的闭区域。

解 由于区域 Ω 为上半球体，故选择使用球面坐标系进行计算比较简单。在球面坐标系下，所给球面方程为 $r=\sqrt{2}$，而平面 $z=0$ 的方程为 $\varphi=\dfrac{\pi}{2}$。则所给区域 Ω 可用不等式组

$$0 \leqslant r \leqslant \sqrt{2}, \quad 0 \leqslant \varphi \leqslant \frac{\pi}{2}, \quad 0 \leqslant \theta \leqslant 2\pi$$

来表示，所以

$$\iiint\limits_{\Omega}\sqrt{x^2+y^2+z^2}\,\mathrm{d}v = \int_0^{2\pi}\mathrm{d}\theta \int_0^{\frac{\pi}{2}}\sin\varphi\mathrm{d}\varphi \int_0^{\sqrt{2}} r\cdot r^2\mathrm{d}r = 2\pi.$$

例 8 设 Ω 为球面 $x^2+y^2+z^2=2az(a>0)$ 和锥面 $z=\sqrt{x^2+y^2}$ 所围的空间区域（含 z 轴的那部分），求 Ω 的体积。

解 由于区域 Ω 由球面和锥面围成（图 10.41），故选择使用球面坐标系进行计算比较方便。在球面坐标系下，所给球面的方程为 $r=2a\cos\varphi$，而圆锥面 $z=\sqrt{x^2+y^2}$ 的对称轴为 z 轴，半顶角为 $\dfrac{\pi}{4}$，因此其方程为 $\varphi=\dfrac{\pi}{4}$。容易看出，所给区域 Ω 可用不等式组

$$0 \leqslant r \leqslant 2a\cos\varphi, \quad 0 \leqslant \varphi \leqslant \frac{\pi}{4}, \quad 0 \leqslant \theta \leqslant 2\pi$$

来表示，所以

$$V = \iiint\limits_{\Omega}\mathrm{d}v = \iiint\limits_{\Omega} r^2\sin\varphi\mathrm{d}r\mathrm{d}\varphi\mathrm{d}\theta$$

$$= \int_0^{2\pi}\mathrm{d}\theta \int_0^{\frac{\pi}{4}}\sin\varphi\mathrm{d}\varphi \int_0^{2a\cos\varphi} r^2\mathrm{d}r = 2\pi \int_0^{\frac{\pi}{4}}\sin\varphi\mathrm{d}\varphi \int_0^{2a\cos\varphi} r^2\mathrm{d}r$$

$$= \frac{16\pi a^3}{3}\int_0^{\frac{\pi}{4}}\cos^3\varphi\sin\varphi\mathrm{d}\varphi = \frac{4\pi a^3}{3}\left(1-\cos^4\frac{\pi}{4}\right) = \pi a^3.$$

图 10.41　　　　　　　　　图 10.42

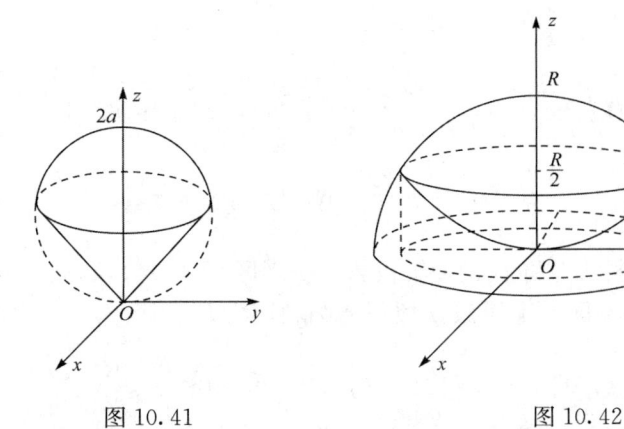

例 9　计算三重积分 $I = \iiint\limits_{\Omega} z\,\mathrm{d}x\mathrm{d}y\mathrm{d}z$, 其中 $\Omega = \{(x,y,z) \mid x^2+y^2+z^2 \leqslant R^2, x^2+y^2+(z-R)^2 \leqslant R^2\}$ (图 10.42).

解　**解法一**　利用柱面坐标,将 Ω 的边界曲面方程化成柱面坐标形式,分别得
$$z = \sqrt{R^2-\rho^2}, \quad z = R - \sqrt{R^2-\rho^2}.$$
它们的交线在 xOy 平面上的投影曲线方程为
$$\begin{cases} \rho = \dfrac{\sqrt{3}}{2}R, \\ z = 0. \end{cases}$$
于是
$$\iiint\limits_{\Omega} z^2\,\mathrm{d}x\mathrm{d}y\mathrm{d}z = \int_0^{2\pi} \mathrm{d}\varphi \int_0^{\frac{\sqrt{3}}{2}R} \rho\,\mathrm{d}\rho \int_{R-\sqrt{R^2-\rho^2}}^{\sqrt{R^2-\rho^2}} z\,\mathrm{d}z$$
$$= \frac{2\pi}{2} \int_0^{\frac{\sqrt{3}}{2}R} \rho\left[(R^2-\rho^2) - (R-\sqrt{R^2-\rho^2})^2\right]\mathrm{d}\rho$$
$$= \frac{5\pi}{24}R^4.$$

解法二　利用球面坐标,把 Ω 的边界曲面方程化为球面坐标形式,得 $r = R$, $r = 2R\cos\varphi$,它们的交线为圆
$$\begin{cases} r = R, \\ \varphi = \dfrac{\pi}{3}. \end{cases}$$
因此,Ω 的边界曲面由 $r = 2R\cos\varphi \left(\dfrac{\pi}{3} \leqslant \varphi \leqslant \dfrac{\pi}{2}\right)$ 与 $r = R \left(0 \leqslant \varphi \leqslant \dfrac{\pi}{3}\right)$ 组成,于是

$$\iiint_\Omega z\mathrm{d}x\mathrm{d}y\mathrm{d}z = \iiint_\Omega r\cos\varphi \cdot r^2\sin\varphi \mathrm{d}r\mathrm{d}\varphi\mathrm{d}\theta$$

$$= \int_0^{2\pi}\mathrm{d}\theta\int_0^{\frac{\pi}{3}}\cos\varphi\sin\varphi\mathrm{d}\varphi\int_0^R r^3\mathrm{d}r + \int_0^{2\pi}\mathrm{d}\theta\int_{\frac{\pi}{3}}^{\frac{\pi}{2}}\cos\varphi\sin\varphi\mathrm{d}\varphi\int_0^{2R\cos\varphi}r^3\mathrm{d}r$$

$$= \frac{2\pi}{4}R^4\left(-\frac{1}{2}\cos^2\varphi\right)\Big|_0^{\frac{\pi}{3}} + \frac{2\pi}{4}(2R)^4\left(-\frac{1}{6}\cos^6\varphi\right)\Big|_{\frac{\pi}{3}}^{\frac{\pi}{2}} = \frac{5\pi}{24}R^4.$$

解法三 利用"截面法",将 Ω 向 z 轴投影得投影区间 $[0,R]$,$\forall z\in[0,R]$,过点 $(0,0,z)$ 且平行于 xOy 面的平面截 Ω 所得的圆域记为 D_z,则

$$D_z = \begin{cases} \{(x,y) \mid x^2+y^2 \leqslant R^2-(z-R)^2\}, & 0 \leqslant z \leqslant \dfrac{R}{2}, \\ \{(x,y) \mid x^2+y^2 \leqslant R^2-z^2\}, & \dfrac{R}{2} \leqslant z \leqslant R, \end{cases}$$

因此

$$\iiint_\Omega z\mathrm{d}x\mathrm{d}y\mathrm{d}z = \int_0^{\frac{R}{2}} z\mathrm{d}z\iint_{D_z}\mathrm{d}\sigma + \int_{\frac{R}{2}}^R z\mathrm{d}z\iint_{D_z}\mathrm{d}\sigma$$

$$= \pi\int_0^{\frac{R}{2}} z[R^2-(z-R)^2]\mathrm{d}z + \pi\int_{\frac{R}{2}}^R z(R^2-z^2)\mathrm{d}z$$

$$= \frac{5\pi}{24}R^4.$$

从上面例题的解法中可以看出,本题用第一种方法即利用柱面坐标的解法相对较简便。

一般地,三重积分计算的繁简取决于坐标系的选择,坐标系的选择取决于积分域 Ω 的形状,当积分域 Ω 的形状为柱体、锥体或由柱面、锥面、旋转面与其他曲面围成的立体时,宜用柱面坐标系;当积分域 Ω 的形状为球体或球体的一部分、锥体时宜用球面坐标系;当积分域 Ω 的形状为长方体、四面体等其他立体时,则用直角坐标系计算较简便。

习 题 10.3

(A)

1. 设有一物体,占有空间闭区域 $\Omega:0\leqslant x\leqslant 1, 0\leqslant y\leqslant 1, 0\leqslant z\leqslant 1$,在点 (x,y,z) 处的密度为 $\rho(x,y,z)=x+y+z$,计算该物体的质量。

2. 设 $V=\{(x,y,z) \mid a\leqslant x\leqslant b, c\leqslant y\leqslant d, k\leqslant z\leqslant m\}$,$f(x),g(y),h(z)$ 连续,证明:
$$\iiint_V f(x)g(y)h(z)\mathrm{d}V = \left(\int_a^b f(x)\mathrm{d}x\right)\left(\int_c^d g(y)\mathrm{d}y\right)\left(\int_k^m h(z)\mathrm{d}z\right).$$

3. 计算下列三重积分：

(1) $\iiint\limits_{\Omega} x\,\mathrm{d}x\mathrm{d}y\mathrm{d}z$，$\Omega$ 由三个坐标面及 $x+2y+z=1$ 所围成的四面体；

(2) $\iiint\limits_{\Omega} \cos y\,\mathrm{d}v$，$\Omega$ 是由 $0\leqslant x\leqslant \dfrac{\pi}{2}$，$0\leqslant y\leqslant \dfrac{\pi}{2}$ 及 $0\leqslant z\leqslant \sin(x+y)$ 所确定的立体；

(3) 计算 $\iiint\limits_{\Omega} \dfrac{\mathrm{d}x\mathrm{d}y\mathrm{d}z}{(1+x+y+z)^3}$，其中 Ω 为平面 $x=0,y=0,z=0,x+y+z=1$ 所围成的四面体；

(4) 计算 $\iiint\limits_{\Omega} z\,\mathrm{d}x\mathrm{d}y\mathrm{d}z$，其中 Ω 是由锥面 $z=\sqrt{x^2+y^2}$ 与平面 $z=1$ 所围成的闭区域；

(5) 计算 $\iiint\limits_{\Omega} z^2\,\mathrm{d}x\mathrm{d}y\mathrm{d}z$，其中 Ω 是两个球体 $x^2+y^2+z^2\leqslant R^2$ 和 $x^2+y^2+z^2\leqslant 2Rz(R>0)$ 的公共部分；

(6) 计算 $\iiint\limits_{\Omega} z\,\mathrm{d}x\mathrm{d}y\mathrm{d}z$，其中 Ω 是由 $x^2+y^2+z^2=4,x^2+y^2=3z$ 所围成的闭区域.

4. 利用柱面坐标计算下列积分：

(1) $\iiint\limits_{\Omega}(x+y)\,\mathrm{d}v$，$\Omega$ 是由柱面 $x^2+y^2=1$ 和平面 $z=0,z=2$ 所围成的闭区域；

(2) $\iiint\limits_{\Omega}(x^2+y^2)\,\mathrm{d}v$，其中 Ω 是由曲面 $x^2+y^2=2z$ 及平面 $z=2$ 所围成的闭区域；

(3) $\iiint\limits_{\Omega} \dfrac{1}{\sqrt{z}}\,\mathrm{d}v$，其中 Ω 是由 $z=4-x^2-y^2,z=0$ 的所围成的闭区域；

(4) 计算 $I=\iiint\limits_{\Omega}(x^2+y^2)\,\mathrm{d}x\mathrm{d}y\mathrm{d}z$，其中 Ω 由平面曲线 $\begin{cases}y^2=2z\\x=0\end{cases}$ 绕 z 轴旋转一周形成的曲面与平面 $z=2,z=8$ 所围成的区域.

5. 在球面坐标系下将三重积分 $I=\iiint\limits_{\Omega} f(x,y,z)\,\mathrm{d}v$ 化为三次积分，其中积分域 Ω 是球面 $x^2+y^2+z^2=a^2(a>0)$ 围成的区域.

6. 利用球面坐标计算下列积分：

(1) $\iiint\limits_{\Omega} \sqrt{x^2+y^2+z^2}\,\mathrm{d}v$，其中闭区域 Ω 是由球面 $x^2+y^2+z^2=z$ 所围成的闭区域；

(2) $\iiint\limits_{\Omega} z\,\mathrm{d}v$，其中闭区域 Ω 由不等式 $x^2+y^2+(z-a)^2\leqslant a^2,x^2+y^2\leqslant z^2$ 所确定；

(3) $\iiint\limits_{\Omega} z e^{(x^2+y^2+z^2)^2}\,\mathrm{d}v$，其中闭区域 Ω 是球体 $x^2+y^2+z^2\leqslant 1,z\geqslant 0$.

7. 选用适当的坐标系计算下列三重积分：

(1) $\iiint\limits_{\Omega}(x^2+y^2)\,\mathrm{d}v$，其中 Ω 是由曲面 $4z^2=25(x^2+y^2)$ 及平面 $z=5$ 所围成的闭区域；

(2) $\iiint\limits_{\Omega} z\,\mathrm{d}v$，$\Omega$ 是 $x^2+y^2+z^2\leqslant 2$ 与 $z\geqslant x^2+y^2$ 所确定.

8. 利用三重积分计算下列立体 Ω 的体积：

(1) Ω 由 $z=x^2+y^2$ 和 $z=1$ 围成；

(2) Ω 由曲面 $z=\sqrt{5-x^2-y^2}$ 及 $4z=x^2+y^2$ 所围成的立体的体积；

(3) Ω 是由 $x^2+y^2+z^2=a^2$, $x^2+y^2+z^2=b^2$ 与 $z=\sqrt{x^2+y^2}$ 所围成的立体 $(b>a>0)$.

(B)

1. 计算下列三重积分：

(1) $\iiint\limits_{\Omega}(x^2+y^2+z^2)\mathrm{d}v$, 其中 Ω 是由曲线 $\begin{cases}y^2=2z,\\x=0\end{cases}$ 绕 z 轴旋转一周而成的曲面与平面 $z=4$ 所围成的立体；

(2) $\iiint\limits_{\Omega}|\sqrt{x^2+y^2+z^2}-1|\mathrm{d}v$, 其中 Ω 是由 $z=\sqrt{x^2+y^2}$ 和 $z=1$ 围成的圆锥体.

(3) $\iiint\limits_{\Omega}(x^2+y^2+z^2)\mathrm{d}x\mathrm{d}y\mathrm{d}z$, 其中 Ω 为椭球体: $\dfrac{x^2}{a^2}+\dfrac{y^2}{b^2}+\dfrac{z^2}{c^2}\leqslant 1$.

2. (1) 设 $f(x)$ 在 $[0,1]$ 上可积，设区域 $\Omega: x^2+y^2+z^2\leqslant 1$, 证明：
$$\iiint\limits_{\Omega}f(z)\mathrm{d}x\mathrm{d}y\mathrm{d}z=\pi\int_{-1}^{1}f(z)(1-z^2)\mathrm{d}z.$$

(2) 若 $f(z)=a_4z^4+a_3z^3+a_2z^2+a_1z+a_0$, 试计算 $\iiint\limits_{\Omega}f(z)\mathrm{d}x\mathrm{d}y\mathrm{d}z$.

3. 设 $F(t)=\iiint\limits_{\Omega(t)}f(x^2+y^2+z^2)\mathrm{d}v$, f 为连续函数，$\Omega(t)$ 是 $x^2+y^2+z^2\leqslant t^2(t>0)$, 试求 $F'(t)$.

4. 设有内壁形状为抛物面 $z=x^2+y^2$ (cm) 的容器，原来盛有 8 (cm) 的水，后来又注入 64 (cm³) 的水，试求水面比原来升高了多少？

10.4 重积分的应用

在引入重积分概念时，已涉及了重积分在实际中的应用问题，如用二重积分可以计算平面薄片的质量、曲顶柱体的体积；用三重积分可以计算空间物体的质量、体积. 下面进一步介绍重积分在几何及物理问题方面的一些其他应用.

一、曲面的面积

设空间有界曲面 Σ 为
$$z=f(x,y) \quad (x,y)\in D_{xy},$$
其中 D_{xy} 是 Σ 在 xOy 面上的投影区域，$f(x,y)$ 在 D_{xy} 上具有连续的偏导数，下面讨论曲面 Σ 的面积的计算.

现用平行于 x 轴,y 轴的两组平行直线分割投影区域 D_{xy}(图 10.43),任取其中的一块记作 $d\sigma$,其面积也记作 $d\sigma$,则当 $d\sigma$ 的直径很小时,$d\sigma = dxdy$. $\Delta\Sigma$ 表示以 $d\sigma$ 的边界为准线,母线平行于 z 轴的柱面截得曲面 Σ 上的那部分,设 $P(x,y,z)$ 是 $\Delta\Sigma$ 的上任一点,根据条件,曲面 Σ 在点 P 处有切平面,则柱面截得切平面上的那一小片平面的面积 dS 可以近似地代替 $\Delta\Sigma$ 的面积 ΔS. 即

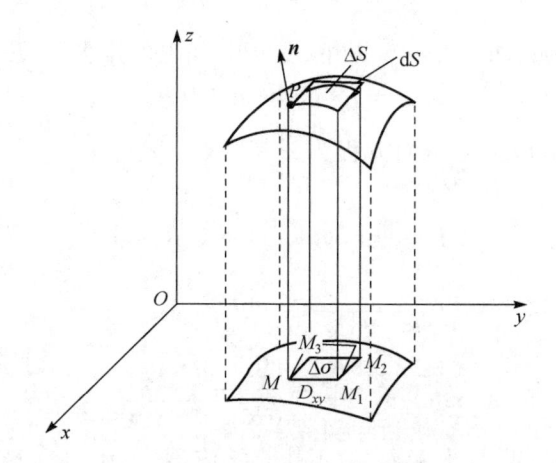

图 10.43

$$\Delta S \approx dS = \frac{1}{|\cos\gamma|} \cdot d\sigma, \tag{10.28}$$

其中 γ 是切平面与 xOy 面的夹角,也就是切平面的法向量 $\boldsymbol{n}$(指向朝上)与 z 轴的夹角,而

$$\boldsymbol{n} = \{-f_x, -f_y, 1\},$$

所以,

$$|\cos\gamma| = \frac{1}{\sqrt{f_x^2 + f_y^2 + 1}},$$

代入式(10.28)得

$$\Delta S \approx \sqrt{1 + f_x^2 + f_y^2}\, d\sigma.$$

则曲面的面积微元

$$dS = \sqrt{1 + f_x^2 + f_y^2}\, dxdy. \tag{10.29}$$

将 dS 在投影区域 D_{xy} 上积分,便得计算曲面面积的二重积分公式

$$S = \iint_{D_{xy}} \sqrt{1 + f_x^2 + f_y^2}\, dxdy. \tag{10.30}$$

如果所求曲面的方程用 $x = x(y,z)$ 或 $y = y(x,z)$ 表示比较方便,则可将曲面投影到 yOz 面或 zOx 面,类似的讨论可得相应曲面的面积计算公式,分别为

$$S = \iint\limits_{D_{yz}} \sqrt{1+\left(\frac{\partial x}{\partial y}\right)^2+\left(\frac{\partial x}{\partial z}\right)^2}\,dydz, \tag{10.31}$$

或

$$S = \iint\limits_{D_{zx}} \sqrt{1+\left(\frac{\partial y}{\partial x}\right)^2+\left(\frac{\partial y}{\partial z}\right)^2}\,dzdx. \tag{10.32}$$

其中 D_{yz} 及 D_{zx} 分别为曲面 Σ 在 yOz 面或 zOx 面上的投影区域.

例1 证明球面 $x^2+y^2+z^2=R^2$ 的表面积为 $S=4\pi R^2$.

解 由对称性,取上半球面方程为 $z=\sqrt{R^2-x^2-y^2}$,它在 xOy 面上的投影区域为

$$D=\{(x,y)\,|\,x^2+y^2\leqslant R^2\},$$

由 $z_x=\dfrac{-x}{\sqrt{R^2-x^2-y^2}}$, $z_y=\dfrac{-y}{\sqrt{R^2-x^2-y^2}}$,得

$$\sqrt{1+z_x^2+z_y^2}=\dfrac{R}{\sqrt{R^2-x^2-y^2}}.$$

因为这个函数在闭区域 D 上无界,故不能直接应用式(10.30),但可以用类似处理一元函数反常积分的方法解决. 先取闭区域 $D_1=\{(x,y)\,|\,x^2+y^2\leqslant r^2\}(0<r<R)$ 为积分区域,计算出被积函数 $\dfrac{R}{\sqrt{R^2-x^2-y^2}}$ 在 D_1 上的积分,再令 $r\to R$ 即可(这个极限事实上就是函数 $\dfrac{R}{\sqrt{R^2-x^2-y^2}}$ 在闭区域 D 上的反常二重积分),综上,

$$S=\lim_{r\to R}\iint\limits_{D_1}\sqrt{1+z_x^2+z_y^2}\,dxdy=\lim_{r\to R}2R\iint\limits_{D_1}\dfrac{1}{\sqrt{R^2-x^2-y^2}}\,dxdy$$

$$=\lim_{r\to R}2R\int_0^{2\pi}d\theta\int_0^r\dfrac{1}{\sqrt{R^2-\rho^2}}\rho\,d\rho=\lim_{r\to R}2\pi R(R-\sqrt{R^2-r^2})=4\pi R^2.$$

例2 求抛物面 $z=x^2+y^2$ 位于 $0\leqslant z\leqslant 9$ 之间的那一部分的面积.

解 曲面在 xOy 面上的投影区域 $D=\{(x,y)\,|\,x^2+y^2\leqslant 9\}$,由式(10.30),得

$$S=\iint\limits_D\sqrt{1+(2x)^2+(2y)^2}\,dxdy=\iint\limits_D\sqrt{1+4(x^2+y^2)}\,dxdy$$

$$=\int_0^{2\pi}d\theta\int_0^3\sqrt{4\rho^2+1}\,\rho\,d\rho=\dfrac{\pi}{6}(37\sqrt{37}-1).$$

*利用曲面的参数方程求曲面的面积

下面不加证明给出曲面在参数方程情形下的曲面面积计算公式. 若曲面 Σ 由参数方程

给出,其中 D 是一个平面有界区域,又 $x=x(u,v),y=y(u,v),z=z(u,v)$ 在 D 上具有一阶连续偏导数,且

$$\frac{\partial(x,y)}{\partial(u,v)},\ \frac{\partial(y,z)}{\partial(u,v)},\ \frac{\partial(z,x)}{\partial(u,v)}$$

$$\begin{cases} x=x(u,v),\\ y=y(u,v),\quad (u,v)\in D\\ z=z(u,v) \end{cases}$$

不全为零,则曲面 Σ 的面积

$$S=\iint_D \sqrt{AC-B^2}\,\mathrm{d}u\mathrm{d}v, \tag{10.33}$$

其中 $A=x_u^2+y_u^2+z_u^2$, $B=x_u x_v+y_u y_v+z_u z_v$, $C=x_v^2+y_v^2+z_v^2$.

例 3 设有一颗地球同步轨道通信卫星,距地面的高度为 $h=36000\mathrm{km}$,运行的角速度与地球自转的角速度相同. 试计算该通信卫星的覆盖面积与地球表面积的比值(地球半径 $R\approx 6400\mathrm{km}$).

解 取球心为坐标原点,地心到通信卫星中心的连线为 z 轴,建立坐标系,如图 10.44.

设通信卫星覆盖的曲面为 Σ 是上半球面被半顶角为 α 的圆锥面所截得的部分. Σ 的参数方程为

$$\begin{cases} x=R\sin\varphi\cos\theta,\\ y=R\sin\varphi\sin\theta,\quad (\varphi,\theta)\in D_{\varphi\theta},\\ z=R\cos\varphi \end{cases}$$

其中 $D_{\varphi\theta}=\{(\varphi,\theta)\,|\,0\leqslant\varphi\leqslant\alpha,0\leqslant\theta\leqslant 2\pi\}$.
由于

$$\sqrt{AC-B^2}=R^2\sin\varphi,$$

故由式(10.33)可得通信卫星覆盖的曲面为

$$S=\iint_{D_{\varphi\theta}}\sqrt{AC-B^2}\,\mathrm{d}\varphi\mathrm{d}\theta=\iint_{D_{\varphi\theta}}R^2\sin\varphi\mathrm{d}\varphi\mathrm{d}\theta$$

$$=R^2\int_0^{2\pi}\mathrm{d}\theta\int_0^{\alpha}\sin\varphi\mathrm{d}\varphi=2\pi R^2(1-\cos\alpha)$$

$$=\frac{2\pi R^2 h}{R+h}.$$

图 10.44

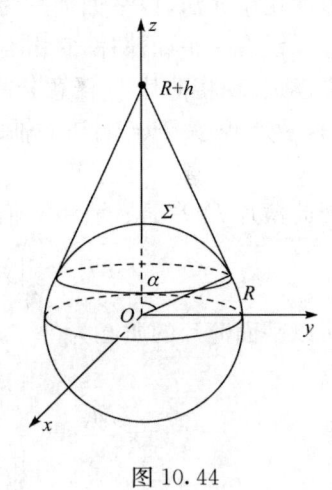

由此可得这颗通信卫星的覆盖面积与地球表面积之比为

$$\frac{S}{4\pi R^2}=\frac{h}{2(R+h)}$$

$$= \frac{3.6 \cdot 10^7}{2(6.4 \cdot 10^6 + 3.6 \cdot 10^7)} \approx 42.5\%.$$

由以上结果可知，卫星覆盖了地球表面三分之一以上的面积，故使用三颗相隔 $\frac{2}{3}\pi$ 角度的通信卫星就可以几乎覆盖地球的全部表面.

二、质心和转动惯量

设平面上有 n 个质点，其质量分别为 $m_i(i=1,2,\cdots,n)$，对应坐标为 $(x_i,y_i)(i=1,2,\cdots,n)$，由物理学知识可知，该组质点系的质心坐标 $(\bar{x},\bar{y})$ 为

$$\bar{x} = \frac{1}{M}\sum_{i=1}^n m_i x_i, \quad \bar{y} = \frac{1}{M}\sum_{i=1}^n m_i y_i,$$

其中 $M = \sum_{i=1}^n m_i$ 为质点系的总质量，而 $M_y = \sum_{i=1}^n m_i x_i$，$M_x = \sum_{i=1}^n m_i y_i$ 分别称为质点系关于 y 轴和 x 轴的静力矩.

下面将上述关于质点系的质心计算公式推广到平面薄片和空间物体上去，这里使用微元法，以平面薄片为例进行讨论.

设有一平面薄片，它占有 xOy 面上的有界闭区域 D，其密度函数 $\rho(x,y)$ 在 D 上连续. 现将薄片 D 任意分割成 n 个小块，取任意一小块，该小块及其面积均记作 $\mathrm{d}\sigma$，于是 $\mathrm{d}\sigma$ 关于 x 轴和 y 轴的静力矩微元分别为

$$\mathrm{d}M_x = y\rho(x,y)\mathrm{d}\sigma, \quad \mathrm{d}M_y = x\rho(x,y)\mathrm{d}\sigma.$$

因此薄片 D 关于 x 轴和 y 轴的静力矩分别为

$$M_x = \iint_D y\rho(x,y)\mathrm{d}\sigma, \quad M_y = \iint_D x\rho(x,y)\mathrm{d}\sigma.$$

所以平面薄片的质心为

$$\bar{x} = \frac{M_y}{M} = \frac{\iint_D x\rho(x,y)\mathrm{d}\sigma}{\iint_D \rho(x,y)\mathrm{d}\sigma}, \quad \bar{y} = \frac{M_x}{M} = \frac{\iint_D y\rho(x,y)\mathrm{d}\sigma}{\iint_D \rho(x,y)\mathrm{d}\sigma}. \tag{10.34}$$

类似地，利用微元法，可以求得平面薄片对 x 轴和 y 轴的转动惯量分别为

$$I_x = \iint_D y^2 \rho(x,y)\mathrm{d}\sigma, \quad I_y = \iint_D x^2 \rho(x,y)\mathrm{d}\sigma. \tag{10.35}$$

若空间物体占有的空间有界区域为 Ω，其密度函数 $\rho(x,y,z)$ 在 Ω 上连续，则类似可得其质心坐标为

$$\bar{x}=\frac{1}{M}\iiint\limits_{\Omega}x\rho(x,y,z)\mathrm{d}v,\quad \bar{y}=\frac{1}{M}\iiint\limits_{\Omega}y\rho(x,y,z)\mathrm{d}v,\quad \bar{z}=\frac{1}{M}\iiint\limits_{\Omega}z\rho(x,y,z)\mathrm{d}v,\tag{10.36}$$

其中

$$M=\iiint\limits_{\Omega}\rho(x,y,z)\mathrm{d}v.$$

显然，当密度 $\rho(x,y,z)$ 为常数时，其质心为

$$\bar{x}=\frac{1}{V}\iiint\limits_{\Omega}x\,\mathrm{d}v,\quad \bar{y}=\frac{1}{V}\iiint\limits_{\Omega}y\,\mathrm{d}v,\quad \bar{z}=\frac{1}{V}\iiint\limits_{\Omega}z\,\mathrm{d}v.$$

这时物体的质心完全取决于区域 Ω 的形状，故质量密度为常数的物体质心也称为**形心**.

用类似的方法可得空间有界区域 Ω 对应的空间物体对 x 轴、y 轴和 z 轴的转动惯量分别为

$$\begin{aligned}I_x&=\iiint\limits_{\Omega}(y^2+z^2)\rho(x,y,z)\mathrm{d}v;\\ I_y&=\iiint\limits_{\Omega}(x^2+z^2)\rho(x,y,z)\mathrm{d}v;\\ I_z&=\iiint\limits_{\Omega}(x^2+y^2)\rho(x,y,z)\mathrm{d}v.\end{aligned}\tag{10.37}$$

例 4 求位于两圆 $\rho=2\sin\theta$ 与 $\rho=4\sin\theta$ 之间均匀薄片的质心(图 10.45).

解 利用对称性可知 $\bar{x}=0$. 又

$$\begin{aligned}\bar{y}&=\frac{1}{A}\iint\limits_{D}y\,\mathrm{d}x\mathrm{d}y=\frac{1}{3\pi}\iint\limits_{D}\rho^2\sin\theta\mathrm{d}\rho\mathrm{d}\theta\\ &=\frac{1}{3\pi}\int_0^{\pi}\sin\theta\mathrm{d}\theta\int_{2\sin\theta}^{4\sin\theta}\rho^2\mathrm{d}\rho=\frac{56}{9\pi}\int_0^{\pi}\sin^4\theta\mathrm{d}\theta\\ &=\frac{56}{9\pi}\cdot 2\int_0^{\frac{\pi}{2}}\sin^4\theta\mathrm{d}\theta=\frac{7}{3},\end{aligned}$$

所求质心坐标为 $\left(0,\dfrac{7}{3}\right)$.

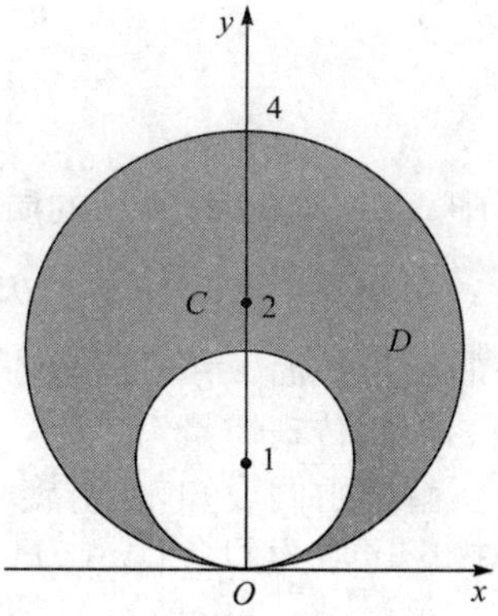

图 10.45

例 5 求半径为 a 的半球体的形心.

解 建立如图 10.46 所示的坐标系，则球面方程为 $x^2+y^2+z^2=a^2$ 及 $z\geqslant 0$. 由题设知，由半球体 Ω 关于 xOz，yOz 两个坐标面均对称，故

$$\bar{x}=0,\quad \bar{y}=0.$$

而

$$\bar{z} = \frac{\iiint\limits_{\Omega} z\,dv}{\iiint\limits_{\Omega} dv} = \frac{1}{V}\int_0^{2\pi}d\theta\int_0^{\frac{\pi}{2}}d\varphi\int_0^R r\cos\varphi r^2\sin\varphi dr = \frac{3}{8}a,$$

所求半球体 Ω 的形心坐标为 $\left(0, 0, \dfrac{3}{8}a\right)$.

注 形心坐标与坐标系的选取有关.

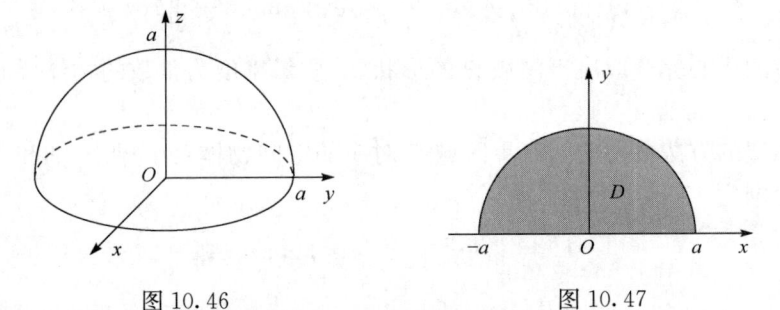

图 10.46   图 10.47

例 6 求半径为 a 的均匀半圆薄片(面密度为常数 μ)对其直径的转动惯量.

解 取坐标系如图 10.47 所示,则薄片所占区域
$$D = \{(x, y) \mid x^2 + y^2 \leqslant a^2, y \geqslant 0\},$$
故所求的转动惯量也即薄片对于 x 的转动惯量 I_x 为

$$I_x = \iint\limits_D \mu y^2\,dxdy = \mu\iint\limits_D \rho^3 \sin^2\theta d\rho d\theta$$
$$= \mu\int_0^\pi \sin^2\theta d\theta\int_0^a \rho^3\,d\rho = \frac{\pi}{8}\mu a^4 = \frac{1}{4}Ma^2,$$

其中 $M = \dfrac{\pi}{2}\mu a^2$ 为薄片的质量.

例 7 已知 yOz 平面内一条曲线 $z = y^2$,将它绕 z 轴旋转一周得一旋转曲面,该曲面与平面 $z = 3$ 所围成的立体为 Ω,其密度函数为 $\rho(x, y, z) = \sqrt{x^2 + y^2}$,求 Ω 绕 z 轴的转动惯量.

解 由假设知,Ω 由旋转曲面 $z = x^2 + y^2$ 与平面 $z = 3$ 所围成,Ω 在 xOy 面上的投影区域为 $D = \{(x, y) \mid x^2 + y^2 \leqslant 3\}$,故

$$I_z = \iiint\limits_{\Omega}(x^2 + y^2)\sqrt{x^2 + y^2}\,dv = \int_0^{2\pi}d\theta\int_0^{\sqrt{3}}d\rho\int_{\rho^2}^3 \rho^4\,dz = \frac{108}{35}\sqrt{3}\pi.$$

三、引力

设有质量分别为 m 和 m' 的质点位于点 $M(x, y, z)$ 和 $M'(x', y', z')$ 处,由万有

引力定律可知两质点间的引力为

$$F = G\frac{mm'}{r^2}e_r, \tag{10.38}$$

其中 r 为两质点间的距离，e_r 为点 M 与 M' 连线方向的单位向量，G 为引力常数，即

$$e_r = \pm\frac{1}{r}\{x-x', y-y', z-z'\} = \pm\frac{1}{r}\mathbf{r},$$

$$r = |\mathbf{r}| = |MM'| = \sqrt{(x-x')^2+(y-y')^2+(z-z')^2}.$$

设物体的几何形体用 Ω 表示，密度为 $f(x,y,z)$，有一质点 M 位于 (x_0, y_0, z_0) 处，其质量为 m，求物体 Ω 对质点的引力.

将 Ω 分成 n 小块，设其中任一小块的体积微元为 $\mathrm{d}v$，并将其看作一质点，位于点 $P(x,y,z)$ 处，该小块的质量微元为 $f(x,y,z)\mathrm{d}v$，则小块对质点的引力微元为

$$\mathrm{d}\mathbf{F} = \frac{Gmf(x,y,z)\mathrm{d}v}{(x-x_0)^2+(y-y_0)^2+(z-z_0)^2}e_r,$$

其中 e_r 为从点 P 指向 M 的连线方向的单位向量，即

$$e_r = \frac{(x-x_0)\mathbf{i}+(y-y_0)\mathbf{j}+(z-z_0)\mathbf{k}}{\sqrt{(x-x_0)^2+(y-y_0)^2+(z-z_0)^2}},$$

在 Ω 上积分得

$$\mathbf{F} = \iiint_\Omega Gm\frac{f(x,y,z)[(x-x_0)\mathbf{i}+(y-y_0)\mathbf{j}+(z-z_0)\mathbf{k}]}{((x-x_0)^2+(y-y_0)^2+(z-z_0)^2)^{3/2}}\mathrm{d}v. \tag{10.39}$$

例 8 设由 $z=\sqrt{x^2+y^2}$ 和 $z=2$ 所围成的均匀圆锥体 Ω 的密度为 ρ_0，求锥体对位于原点处的单位质量的质点的引力.

解 如图 10.48，由于锥体 Ω 的对称性和密度为常数，因此锥体 Ω 对质点 O 的引力沿 z 轴的正向，即 $\mathbf{F} = F_z\mathbf{k}$. 由式(10.39)得

$$\begin{aligned}
F_z &= \iiint_\Omega G\frac{z\rho_0}{(x^2+y^2+z^2)^{\frac{3}{2}}}\mathrm{d}v \\
&= G\rho_0\int_0^{2\pi}\mathrm{d}\theta\int_0^{\frac{\pi}{4}}\mathrm{d}\varphi\int_0^{\frac{2}{\cos\varphi}}\frac{r\cos\varphi}{r^3}r^2\sin\varphi\mathrm{d}r \\
&= 4\pi G\rho_0\int_0^{\frac{\pi}{4}}\sin\varphi\mathrm{d}\varphi = 2\pi G\rho_0(2-\sqrt{2}).
\end{aligned}$$

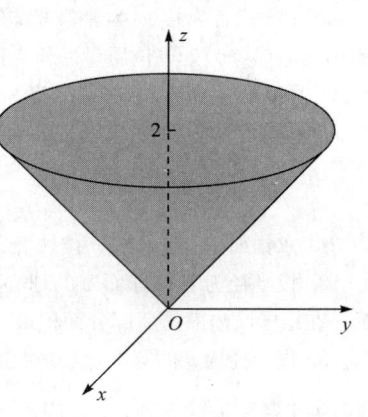

图 10.48

所以，

$$\mathbf{F} = 2\pi G\rho_0(2-\sqrt{2})\mathbf{k}.$$

习　题　10.4

（A）

1. 求下列曲面的面积：
   (1) 求球面 $x^2+y^2+z^2=a^2$ 含在圆柱面 $x^2+y^2=ax$ 内部的那部分面积；
   (2) 求底圆半径相等的两个直交圆柱面 $x^2+y^2=R^2$ 及 $x^2+z^2=R^2$ 所围立体的表面积；
   (3) 求曲面 $x^2+y^2=az(a>0)$ 被曲面 $z=2a-\sqrt{x^2+y^2}$ 所截下部分的面积.

2. 求下列各几何体的质心或形心：
   (1) 半径为 a 的半圆形薄片，其上任一点密度与该点到圆心距离成正比；
   (2) 由心脏线 $\rho=1+\cos\theta$ 所围成的平面图形（密度为常数）；
   (3) 求由旋转抛物面 $z=x^2+y^2$ 与平面 $z=1$ 所围成的均匀立体的质心；
   (4) 设球体占有闭区域 $\Omega=(x,y,z)|x^2+y^2+z^2\leqslant 2Rz\}$，它在内部各点处的密度的大小等于该点到坐标原点的距离的平方. 试求这球体的质心.

3. 求下列各题的转动惯量：
   (1) 已知均匀薄片（面密度 ρ 为常数）所占的闭区域 D 由抛物线 $y^2=\dfrac{9}{2}x$ 及直线 $x=2$ 所围成，求该薄片转动惯量 I_x 和 I_y；
   (2) 求密度 $\mu=1$ 的均薄片 $D=\{(r,\theta)\,|\,2\sin\theta\leqslant r\leqslant 4\sin\theta\}$ 绕极轴的转动惯量；
   (3) 求密度 $\mu=1$ 的均匀球体 $\Omega=\{(x,y,z)\,|\,x^2+y^2+z^2\leqslant R^2\}$ 绕 z 轴的转动惯量.

4. 求下列各题的引力：
   (1) 求面密度 μ 为常数的均匀圆环薄片 $r^2\leqslant x^2+y^2\leqslant R^2, z=0$，对位于 z 轴上的点 $M(0,0,a)(a>0)$ 处单位质量的质点的引力；
   (2) 设有密度均匀（设密度为1）的圆柱体，它的底半径为 R，高为 H，另有位于圆柱底面中心的单位质量的质点，求圆柱体对该质点的引力.

（B）

1. 求锥面 $z=\sqrt{x^2+y^2}$ 被柱面 $z^2=2x$ 所割下的部分的曲面面积.

2. 设半径为 R 的球面 Σ 的球心在定球面 $x^2+y^2+z^2=a^2(a>0)$ 上，问当 R 取什么值时，球面 Σ 在定球面内部的那部分面积最大？

3. 设半径为 a 的圆盘，其各点密度与到圆心的距离成反比（设比例系数为1），令内切于圆盘截去半径为 $\dfrac{a}{2}$ 的小圆，求余下圆盘的重心坐标.

4. 求以平面 $x+y+z=1$ 与三坐标面围成的四面体的质心，其密度函数为 $\rho(x,y,z)=y$.

5. 求由曲线 $y^2=x$ 与直线 $x=1$ 所围成的平面均匀薄片（μ 为常数）对于通过坐标原点的任一直线的转动惯量，并讨论在何种情况下，取得最大值或最小值.

6. 一均匀物体（面密度 ρ 为常量）占有的闭区域 Ω 由曲面 $z=x^2+y^2$ 和平面 $z=0,|x|=a$，$|y|=a$ 所围成.
   (1) 求物体的体积； (2) 求物体的质心； (3) 求物体关于 z 轴的转动惯量.

7. 有一半径为 R 高为 H 的均匀圆柱体,其中心轴上低于下底为 a 处有一质量为 m 的质点. 试求此柱体对该质点的引力.

小　　结

本章通过"分割取近似,求和取极限"的步骤,将某一分布在平面或空间区域上量的求和问题归结为一种特定和式的极限,从而引出相应区域上的重积分的概念,着重介绍了二重积分、三重积分的概念、性质及其计算. 最后还介绍了重积分的一些应用. 这里应重点掌握直角坐标系和极坐标系下的二重积分计算,较熟练地掌握三重积分在直角坐标系、柱面坐标系及球面坐标系下的计算方法. 本章难点在于重积分计算时坐标系的选择,以及在各种坐标系下化为累次积分时积分限的确定.

本章学习中还应注意以下问题:

1. 正确绘出平面、空间积分区域的图形.

这是适当地选取坐标系、积分次序和确定积分限的依据.

2. 选择适当的坐标系.

这不仅关系到计算过程的繁简,有时还影响到能否求出结果. 选择坐标系应从积分区域和被积函数两方面去考虑. 当积分区域(或空间区域的投影)为圆域、扇型域或圆环域,被积函数为 $f(x^2+y^2)$ 型时常考虑用极坐标(或柱面坐标)计算;当积分区域为球体或锥体,被积函数为 $f(x^2+y^2+z^2)$ 型常考虑用球面坐标计算. 其他则宜用直角坐标计算.

3. 选取合适的积分次序.

一般原则为:应使积分区域不分块或少分块;要使累次积分的被积函数的原函数好求. 例如当遇到如此形式的积分: $\int \dfrac{\sin x}{x} dx, \int \sin \dfrac{1}{x} dx, \int \dfrac{\cos x}{x} dx, \int e^{x^2} dx,$ $\int e^{-x^2} dx$ 等等,一定要交换次序后再积分.

4. 重积分化为累次积分时积分限的确定.

重积分化为累次积分时,先将积分区域在选定的坐标系中用相应的不等式组表示,则不等式的范围就是重积分中的上、下限. 且上限必须大于下限. 这是因为 $d\sigma$(或 dv)是面积微元(或体积微元)必大于 0.

复习练习题 10

1. 选择题

   (1) $I = \int_0^1 dy \int_0^{\sqrt{1-y}} 3x^2 y^2 dx$，则交换积分次序后 $I = ($ $)$

      (A) $\int_0^1 dx \int_0^{\sqrt{1-x}} 3x^2 y^2 dy$ (B) $\int_0^{\sqrt{1-y}} dx \int_0^1 3x^2 y^2 dy$

      (C) $\int_0^1 dx \int_0^{1-x^2} 3x^2 y^2 dy$ (D) $\int_0^1 dx \int_0^{1+x^2} 3x^2 y^2 dy$

   (2) 累次积分 $I = \int_0^{\frac{\pi}{2}} d\theta \int_0^{\cos\theta} f(\rho\cos\theta, \rho\sin\theta) \rho d\rho$ 可以写成(   )

      (A) $\int_0^1 dy \int_0^{\sqrt{y-y^2}} f(x,y) dx$ (B) $\int_0^1 dy \int_0^{\sqrt{1-y^2}} f(x,y) dx$

      (C) $\int_0^1 dx \int_0^1 f(x,y) dy$ (D) $\int_0^1 dx \int_0^{\sqrt{x-x^2}} f(x,y) dy$

   (3) 由 $x^2 + y^2 + z^2 \leqslant 2z, z \leqslant x^2 + y^2$ 所确定的立体的体积是(   )

      (A) $\int_0^{2\pi} d\theta \int_0^1 r dr \int_{r^2}^{\sqrt{1-r^2}} dz$ (B) $\int_0^{2\pi} d\theta \int_0^1 r dr \int_1^{1-\sqrt{1-r^2}} dz$

      (C) $\int_0^{2\pi} d\theta \int_0^1 r dr \int_{1-\sqrt{1-r^2}}^{r^2} dz$ (D) $\int_0^{2\pi} d\theta \int_0^1 r dr \int_2^{1-r^2} dz$

2. 填空题

   (1) 设 $I = \iiint\limits_{\substack{|x|\leqslant 1 \\ |y|\leqslant 1 \\ |z|\leqslant 1}} (e^{y^2} \sin y^3 + z^2 \tan x + 3) dv$，则 $I = $ _____；

   (2) 设 $D: x^2 + y^2 \leqslant 2x$，由二重积分的几何意义知 $\iint\limits_D \sqrt{2x - x^2 - y^2} dxdy = $ _____．

3. 计算下列重积分：

   (1) $\iint\limits_D y\sqrt{1+x^2-y^2} dxdy$，其中 D 是由直线 $y=x, y=1, x=-1$ 所围成的闭区域；

   (2) $\iint\limits_D \sin(\sqrt{x^2+y^2}) dxdy$，其中 D 是由 $x^2+y^2 \leqslant 4\pi^2, x^2+y^2 \geqslant \pi^2$ 所确定的闭区域；

   (3) $\iint\limits_D x[1+yf(x^2+y^2)] d\sigma$，其中 D 是由 $y=x^3, y=1, x=-1$ 所围成的区域，$f(x)$ 为连续函数；

   (4) $\iiint\limits_\Omega (x^2+y^2) dv$，$\Omega$ 是由柱面 $y=\sqrt{x}$ 及平面 $y+z=1, x=0, z=0$ 所围成的区域；

   (5) $\iiint\limits_\Omega \dfrac{1}{\sqrt{x^2+y^2+z^2}} dv$，$\Omega$ 是由 $x^2+y^2+(z-1)^2 \leqslant 1, z \geqslant 1, y \geqslant 0$ 所确定的区域；

   (6) $\iiint\limits_\Omega (x^2+y^2) dv$，其中 Ω 是由曲面 $2z = x^2+y^2$ 与平面 $z=2, z=8$ 围成的区域．

4. 求由曲面 $x^2+y^2=az, z=2a-\sqrt{x^2+y^2}$ 所围立体的表面积$(a>0)$.

5. 设 $\int_a^b dx \int_{\varphi_1(x)}^{\varphi_2(x)} f(x,y)dy = \int_0^\pi d\theta \int_0^{2\sin\theta} f(\rho\cos\theta, \rho\sin\theta)\rho d\rho$, 求 $a, b, \varphi_1(x), \varphi_2(x)$.

6. 设 $f(x)$ 连续, Ω 是由 $x^2+y^2=t^2, z=0, z=h(h>0)$ 所围成的区域, $F(t) = \iiint_\Omega [z^2+f(x^2+y^2)]dv$, 求 $\dfrac{dF}{dt}$ 和 $\lim\limits_{t\to 0^+}\dfrac{F(t)}{t^2}$.

7. 设 $f(x)$ 为连续函数, Ω 是球体 $x^2+y^2+z^2\leqslant 1$, 求证:
$$\iiint_\Omega f(z)dV = \pi\int_{-1}^1 f(u)(1-u^2)du.$$

第 11 章　曲线积分与曲面积分

在重积分中,我们知道非均匀分布在平面或空间上的量的求和问题分别可以用二重积分与三重积分来计算,由此我们是否可以推断其他几何体上量的求和问题也可以用相应区域上的积分来表示呢?例如,曲线型的、曲面型的等,答案是肯定的.本章将讨论非均匀分布在曲线或曲面上的量的求和问题,这就是曲线积分与曲面积分.先讨论曲线积分,积分区域是一段弧;然后讨论曲面积分,积分区域是一片曲面.并讨论它们在实际问题中的应用.

11.1　对弧长的曲线积分

一、对弧长的曲线积分的概念

先考察曲线型构件的质量.

设有一曲线型构件,它在平面上占有曲线弧段 $L=\overset{\frown}{AB}$,其线密度是非负的连续函数 $\mu=\mu(x,y)$,试求这构件的质量.

如果这构件的线密度是常量,那么其质量就等于线密度与曲线弧长度之积.现在构件的质量是非均匀分布的,即线密度是变量,这方法就不适用了.但由于质量具有可加性,故也可采用"分割取近似,求和取极限"的方法解决.如图 11.1,首先用 $n-1$ 个分点 $M_1,M_2,\cdots,M_{n-1}$ 将 L 分成 n 个小弧段,设 $\Delta s_i=\overset{\frown}{M_{i-1}M_i}$ ($i=1,2,\cdots,n$,其中 $M_0=A,M_n=B$),Δs_i 也表示该小弧段的长度. 在 Δs_i 弧段上任取一点 (ξ_i,η_i),则相应于 Δs_i 段上的质量

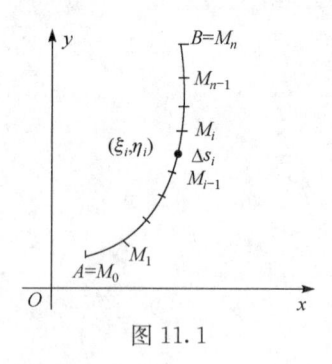

$$\Delta m_i \approx \mu(\xi_i,\eta_i)\Delta s_i,$$

于是,整个曲线型构件的总质量近似为

$$M=\sum_{i=1}^{n}\Delta m_i \approx \sum_{i=1}^{n}\mu(\xi_i,\eta_i)\Delta s_i.$$

记 $\lambda=\max_{1\leqslant i\leqslant n}\{\Delta s_i\}$,若上述式子右端当 $\lambda\to 0$ 时极限存

图 11.1

在,则该极限就定义为该曲线型构件的质量. 即
$$M = \lim_{\lambda \to 0} \sum_{i=1}^{n} \mu(\xi_i, \eta_i) \Delta s_i.$$

上述和式的极限在其他很多实际问题中也会遇到,撇开该实际问题的具体意义,从数学上就抽象出下述对弧长的曲线积分的概念.

定义 设 $f(x,y)$ 是定义在光滑曲线弧段 $L = \overparen{AB}$ 上的有界函数,在 L 上任意插入一个有序点列 $A = M_0, M_1, \cdots, M_{n-1}, M_n = B$,把 L 分成 n 个小弧段,记 $\Delta s_i = \overparen{M_{i-1}M_i}(i=1,2,\cdots,n)$,对应的长度也记为 Δs_i,任取点 $P_i(\xi_i, \eta_i) \in \Delta s_i (i=1,2,\cdots,n)$,作和式 $\sum_{i=1}^{n} f(\xi_i, \eta_i) \Delta s_i$,如果无论曲线 L 的分法如何及点 P_i 在 Δs_i 上的取法如何,当 $\lambda = \max_{1 \leqslant i \leqslant n}\{\Delta s_i\} \to 0$ 时,极限 $\lim_{\lambda \to 0} \sum_{i=1}^{n} f(\xi_i, \eta_i) \Delta s_i$ 总存在,且与曲线弧 L 的分法及点 (ξ_i, η_i) 的取法无关,则称此极限为函数 $f(x,y)$ 在曲线 L 上**对弧长的曲线积分**,或称为**第一类曲线积分**,记作 $\int_L f(x,y) ds$. 即

$$\int_L f(x,y) ds = \lim_{\lambda \to 0} \sum_{i=1}^{n} f(\xi_i, \eta_i) \Delta s_i, \tag{11.1}$$

其中 $f(x,y)$ 称为**被积函数**,L 称为**积分弧段**,ds 称为**弧长微元**.

在本节的第二部分中我们会看到,当函数 $f(x,y)$ 在光滑曲线弧 L 上连续,对弧长的曲线积分 $\int_L f(x,y) ds$ 总是存在的. 为了方便,以后我们总假定 $f(x,y)$ 在 L 上是连续的.

由定义知,上述曲线型构件质量 M 当密度函数 $\mu(x,y)$ 在 L 上连续时,就等于函数 $\mu(x,y)$ 对弧长的曲线积分

$$M = \int_L \mu(x,y) ds.$$

如果 L 是闭曲线,常将函数 $f(x,y)$ 在闭曲线 L 上的对弧长的曲线积分记作 $\oint_L f(x,y) ds$.

如果 L 是分段光滑的,则规定函数在曲线 L 上的曲线积分等于函数在各光滑弧段上的曲线积分之和. 例如,设 L 可分成两段光滑曲线弧 L_1 及 L_2(记作 $L = L_1 + L_2$),就规定

$$\int_{L_1+L_2} f(x,y) ds = \int_{L_1} f(x,y) ds + \int_{L_2} f(x,y) ds.$$

利用定义及多元函数极限的运算性质,可以推出对弧长的曲线积分有与定积分相类似的性质(假设以下所涉及的积分都存在):

性质1(线性性质) 对任意的 $k_1, k_2 \in \mathbf{R}$,有
$$\int_L [k_1 f(x,y) + k_2 g(x,y)] ds = k_1 \int_L f(x,y) ds + k_2 \int_L g(x,y) ds.$$

性质2(对于曲线弧的可加性) 设 L 由两段光滑曲线弧 L_1 及 L_2 连接而成,则
$$\int_L f(x,y) ds = \int_{L_1} f(x,y) ds + \int_{L_2} f(x,y) ds.$$

性质3 $\int_L 1 \cdot ds = \int_L ds = l$ (l 为曲线弧 L 的长度).

性质4(不等式性质) 如果 $f(x,y) \leqslant g(x,y)$ $((x,y) \in L)$,则
$$\int_L f(x,y) ds \leqslant \int_L g(x,y) ds.$$

特别地,有

推论 $\left| \int_L f(x,y) ds \right| \leqslant \int_L |f(x,y)| ds.$

性质5(估值定理) 设 M, m 分别是函数 $f(x,y)$ 在 L 上取得的最大值和最小值,l 表示其长度,则有
$$ml \leqslant \int_L f(x,y) ds \leqslant Ml.$$

性质6(积分中值定理) 设函数 $f(x,y)$ 在光滑曲线段 L 上连续,l 表示其长度,则在 L 上至少存在一点 (ξ, η),使得
$$\int_L f(x,y) ds = f(\xi, \eta) l.$$

上述定义可类似地推广到积分弧段为空间曲线弧 Γ 情形,即函数 $f(x,y,z)$ 在空间曲线段 Γ 上对弧长的曲线积分,定义为

$$\int_\Gamma f(x,y,z) ds = \lim_{\lambda \to 0} \sum_{i=1}^n f(\xi_i, \eta_i, \zeta_i) \Delta s_i. \tag{11.2}$$

上述关于平面曲线弧的曲线积分的六条性质同样适合于空间曲线弧上对弧长的曲线积分。

二、对弧长的曲线积分的计算

当对弧长的曲线积分存在时,可以化为定积分来计算,下面以平面上对弧长的曲线积分为例进行推导,所得的结论可推广到空间对弧长的曲线积分上。

定理 设平面曲线弧段 L 由参数方程
$$\begin{cases} x=x(t), \\ y=y(t) \end{cases} (\alpha \leqslant t \leqslant \beta)$$
给出,其中 $x(t)$,$y(t)$ 均在区间 $[\alpha,\beta]$ 上具有连续的导数,且 $x'^2(t)+y'^2(t) \neq 0$,函数 $f(x,y)$ 在 L 上连续,则积分 $\int_L f(x,y)\mathrm{d}s$ 存在,且

$$\int_L f(x,y)\mathrm{d}s = \int_\alpha^\beta f[x(t),y(t)]\sqrt{x'^2(t)+y'^2(t)}\,\mathrm{d}t, \tag{11.3}$$

其中 $t=\alpha,\beta$ 分别对应于 L 的两端点,且 $\alpha<\beta$.

证 在曲线 L 上,插入 $n-1$ 个分点
$$A=M_0,M_1,\cdots,M_i,\cdots,M_{n-1},M_n=B,$$
将 L 分成 n 个小弧段,并设分点 M_i 的坐标为 $(x(t_i),y(t_i))(i=0,1,\cdots,n)$,它们对应一列单调增加的参数值
$$\alpha=t_0<t_1<t_2<\cdots<t_n=\beta.$$
由于
$$\int_L f(x,y)\mathrm{d}s = \lim_{\lambda \to 0}\sum_{i=1}^n f(\xi_i,\eta_i)\Delta s_i,$$
设点 (ξ_i,η_i) 对应的参数值为 τ_i,即 $\xi_i=x(\tau_i),\eta_i=y(\tau_i)$,其中 $t_{i-1}\leqslant \tau_i \leqslant t_i(i=1,2,\cdots,n)$.

又因为第 i 个小弧段 $\overparen{M_{i-1}M_i}$ 的弧长 Δs_i 为
$$\Delta s_i = \int_{t_{i-1}}^{t_i} \sqrt{x'^2(t)+y'^2(t)}\,\mathrm{d}t,$$
由积分中值定理
$$\Delta s_i = \sqrt{x'^2(\tau'_i)+y'^2(\tau'_i)}\,\Delta t_i,$$
这里 $\Delta t_i=t_i-t_{i-1}$,$\tau'_i \in [t_{i-1},t_i](i=1,2,\cdots,n)$,所以有
$$\int_L f(x,y)\mathrm{d}s = \lim_{\lambda \to 0}\sum_{i=1}^n f[(x(\tau_i),y(\tau_i)]\sqrt{x'^2(\tau'_i)+y'^2(\tau'_i)}\,\Delta t_i$$
由于函数 $\sqrt{x'^2(t)+y'^2(t)}$ 在闭区间 $[\alpha,\beta]$ 上连续,因此可以将上式中的 τ'_i 换成 τ_i(它的证明需要用到函数 $\sqrt{x'^2(t)+y'^2(t)}$ 在闭区间 $[\alpha,\beta]$ 的一致连续性,这里从略),故有
$$\int_L f(x,y)\mathrm{d}s = \lim_{\lambda \to 0}\sum_{i=1}^n f[(x(\tau_i),y(\tau_i)]\sqrt{x'^2(\tau_i)+y'^2(\tau_i)}\,\Delta t_i.$$
由于 $\lambda = \max_{1\leqslant i\leqslant n}\{\Delta s_i\} \to 0$ 与 $\max_{1\leqslant i\leqslant n}\{\Delta t_i\} \to 0$ 等价,因此上式右端极限式为函数 $f[x(t),y(t)]\sqrt{x'^2(t)+y'^2(t)}$ 在区间 $[\alpha,\beta]$ 上的定积分,由函数的连续性,该定积分是存在的,故

$$\int_L f(x,y)\mathrm{d}s = \int_\alpha^\beta f[x(t),y(t)]\sqrt{x'^2(t)+y'^2(t)}\,\mathrm{d}t.$$

式(11.3)表明,计算对弧长的曲线积分 $\int_L f(x,y)\mathrm{d}s$ 时,只需把 x、y 用曲线 L 的参数方程 $x=x(t), y=y(t)$ 代入,而弧长元素 $\mathrm{d}s$ 用弧微分 $\sqrt{x'^2(t)+y'^2(t)}\,\mathrm{d}t$ 替换,然后从 α 到 β 作定积分即可.这过程可归结为"一代,二换,三定限".

注 式(11.3)右端的定积分下限 α 必须小于上限 β,因为在公式推导过程中 Δs_i 总是正的,从而对应的 $\Delta t_i > 0$,故必有 $\alpha < \beta$.

如果曲线弧 L 的方程为
$$y=y(x) \quad (a \leqslant x \leqslant b),$$
则可将 x 看作参数,因此有
$$\mathrm{d}s = \sqrt{1+y'^2(x)}\,\mathrm{d}x,$$
故
$$\int_L f(x,y)\mathrm{d}s = \int_a^b f[x,y(x)]\sqrt{1+y'^2(x)}\,\mathrm{d}x. \tag{11.4}$$

如果曲线弧 L 的方程是极坐标形式
$$\rho=\rho(\theta) \quad (\alpha \leqslant \theta \leqslant \beta),$$
则可将它转化为参数方程形式:
$$\begin{cases} x(\theta)=\rho(\theta)\cos\theta, \\ y(\theta)=\rho(\theta)\sin\theta, \end{cases}$$
将 θ 看作参数,易算得
$$\mathrm{d}s = \sqrt{x'^2(\theta)+y'^2(\theta)}\,\mathrm{d}\theta = \sqrt{\rho^2(\theta)+\rho'^2(\theta)}\,\mathrm{d}\theta,$$
因此
$$\int_L f(x,y)\mathrm{d}s = \int_\alpha^\beta f[\rho(\theta)\cos\theta,\rho(\theta)\sin\theta]\sqrt{\rho^2(\theta)+\rho'^2(\theta)}\,\mathrm{d}\theta. \tag{11.5}$$

将式(11.3)推广到空间曲线 Γ 也有类似的结果.

设空间光滑曲线 Γ 的参数方程为 $x=x(t), y=y(t), z=z(t)(\alpha \leqslant t \leqslant \beta), f(x,y,z)$ 在 Γ 上连续,则有
$$\int_\Gamma f(x,y,z)\mathrm{d}s = \int_\alpha^\beta f(x(t),y(t),z(t))\sqrt{x'^2(t)+y'^2(t)+z'^2(t)}\,\mathrm{d}t. \tag{11.6}$$

例1 计算 $\int_L \sqrt{y}\,\mathrm{d}s$,其中 L 是抛物线 $y=x^2$ 介于点 $O(0,0)$ 与点 $B(1,1)$ 之间的一段弧.

解 曲线 L 的方程为 $y=x^2 (0 \leqslant x \leqslant 1)$(图 11.2),由式(11.4)得
$$\int_L \sqrt{y}\,\mathrm{d}s = \int_0^1 \sqrt{x^2}\sqrt{1+(2x)^2}\,\mathrm{d}x$$
$$= \int_0^1 x\sqrt{1+4x^2}\,\mathrm{d}x = \frac{5\sqrt{5}-1}{12}.$$

图 11.2　　　　　　　　　　　图 11.3

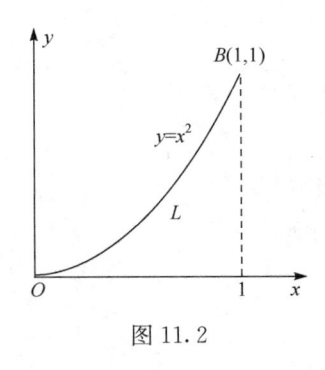

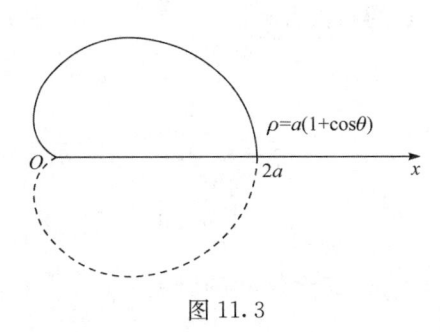

例 2　计算曲线积分 $\int_L y \mathrm{d}s$，其中 L 为心脏线 $\rho = a(1+\cos\theta)$ 的上半部分.

解　(图 11.3)由式(11.5)得
$$\int_L y\mathrm{d}s = \int_0^\pi \rho(\theta)\sin\theta \sqrt{\rho^2(\theta)+\rho'^2(\theta)}\mathrm{d}\theta$$
$$= \int_0^\pi a(1+\cos\theta)\sin\theta \sqrt{[a(1+\cos\theta)]^2+(-a\sin\theta)^2}\mathrm{d}\theta$$
$$= 8a^2 \int_0^\pi \cos^4\frac{\theta}{2}\sin\frac{\theta}{2}\mathrm{d}\theta = \frac{16}{5}a^2.$$

例 3　计算曲线积分 $\oint_L \sqrt{x^2+y^2}\mathrm{d}s$，其中 L 为圆周 $x^2+y^2=2Rx$.

解　曲线 L 的参数方程为 $x=R+R\cos t, y=R\sin t (0 \leqslant t \leqslant 2\pi)$. 则
$$\mathrm{d}s = \sqrt{x'^2(t)+y'^2(t)}\mathrm{d}t$$
$$= \sqrt{R^2\sin^2 t+R^2\cos^2 t}\mathrm{d}t = R\mathrm{d}t,$$
于是
$$\oint_L \sqrt{x^2+y^2}\mathrm{d}s = \int_0^{2\pi} \sqrt{2R^2(1+\cos t)}R\mathrm{d}t$$
$$= 2R^2 \int_0^{2\pi} \left|\cos\frac{t}{2}\right|\mathrm{d}t = 2R^2\left(\int_0^\pi \cos\frac{t}{2}\mathrm{d}t - \int_\pi^{2\pi}\cos\frac{t}{2}\mathrm{d}t\right) = 8R^2.$$

例 4　设有一半径为 a 的半圆形的金属丝，质量均匀分布. 求其对直径的转动惯量.

解　取半圆的直径所在的直线为 x 轴，建立直角坐标系(图 11.4). 设半圆形的金属丝 L 的线密度为 μ，在弧上任取一点 $P(x,y)$，其弧微元 $\mathrm{d}s$ 对直径(即 x 轴)的转动惯量，即转动惯量微元为
$$\mathrm{d}I_x = y^2\mathrm{d}m = y^2\mu\mathrm{d}s,$$
于是，金属丝对其直径的转动惯量为
$$I_x = \int_L \mu y^2 \mathrm{d}s.$$

半圆弧 L 的参数方程为
$$x=a\cos\theta, \quad y=a\sin\theta \quad (0\leqslant\theta\leqslant\pi).$$
则
$$\mathrm{d}s=\sqrt{x'^2(\theta)+y'^2(\theta)}\,\mathrm{d}\theta=a\mathrm{d}\theta,$$
$$I_x=\int_L \mu y^2 \mathrm{d}s=\mu\int_0^\pi a^3\sin^2\theta\mathrm{d}\theta=\frac{\mu\pi a^3}{2}=\frac{m}{2}a^2,$$
其中 $m=\mu\pi a$ 是金属丝的质量.

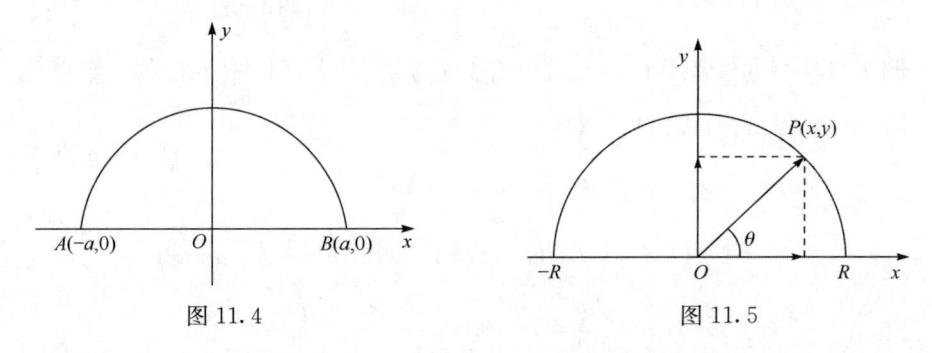

图 11.4

图 11.5

例 5 有一半圆弧 $x=R\cos\theta, y=R\sin\theta(0\leqslant\theta\leqslant\pi)$,其线密度 $\mu=2\theta$,求它对原点处单位质量质点的引力.

解 由图 11.5 可知,在弧上任取一点 $P(x,y)$,其弧微元 $\mathrm{d}s$ 对原点处单位质量的引力的微元为
$$\mathrm{d}F_x=G\frac{\mu\mathrm{d}s}{R^2}\cos\theta=\frac{2G}{R}\theta\cos\theta\mathrm{d}\theta,$$
$$\mathrm{d}F_y=G\frac{\mu\mathrm{d}s}{R^2}\sin\theta=\frac{2G}{R}\theta\sin\theta\mathrm{d}\theta,$$
其中 G 是万有引力常数,故有
$$F_x=\frac{2G}{R}\int_0^\pi \theta\cos\theta\mathrm{d}\theta=\frac{2G}{R}[\theta\sin\theta+\cos\theta]_0^\pi=-\frac{4G}{R},$$
$$F_y=\frac{2G}{R}\int_0^\pi \theta\sin\theta\mathrm{d}\theta=\frac{2G}{R}[-\theta\cos\theta+\sin\theta]_0^\pi=\frac{2G\pi}{R},$$
故所求引力为
$$\boldsymbol{F}=\left(-\frac{4G}{R},\frac{2G\pi}{R}\right).$$

例 6 计算曲线积分 $\int_\Gamma \sqrt{2y^2+z^2}\,\mathrm{d}s$,其中 Γ 为球面 $x^2+y^2+z^2=R^2$ 与平面 $y=x$ 的交线.

解 首先确定 Γ 的参数方程.

在表示曲线 Γ 的方程组中消去 y,得曲线 Γ 在 xOz 坐标面上的投影为椭圆

$$\frac{x^2}{\left[\dfrac{R}{\sqrt{2}}\right]^2}+\frac{z^2}{R^2}=1,$$

则 Γ 可表示为

$$\begin{cases}\dfrac{x^2}{\left[\dfrac{R}{\sqrt{2}}\right]^2}+\dfrac{z^2}{R^2}=1,\\ y=x,\end{cases}$$

根据椭圆的参数方程的写法,可将 Γ 的参数方程写为

$$x=\frac{R}{\sqrt{2}}\cos t,\quad y=\frac{R}{\sqrt{2}}\cos t,\quad z=R\sin t\quad(0\leqslant t\leqslant 2\pi).$$

从而可得

$$\int_\Gamma \sqrt{2y^2+z^2}\,\mathrm{d}s = \int_0^{2\pi}\sqrt{R^2\cos^2 t+R^2\sin^2 t}\cdot\sqrt{\frac{R^2}{2}\sin^2 t+\frac{R^2}{2}\sin^2 t+R^2\cos^2 t}\,\mathrm{d}t$$
$$= R^2\int_0^{2\pi}\mathrm{d}t = 2\pi R^2.$$

本题也可以视 x 为参数,将曲线 Γ 分为上($z>0$)、下($z<0$)两段 Γ_1,Γ_2 来做,请读者自行完成.

习 题 11.1

(A)

1. 设有一空间曲线型构件 Γ,其线密度为 $\mu(x,y,z)$,用第一类曲线积分分别表示:
   (1) 该曲线型构件 Γ 的质量;
   (2) 该曲线型构件关于 x 轴和 y 轴的转动惯量.

2. 计算下列对弧长的曲线积分:

   (1) $\int_L x\,\mathrm{d}s$, L 为抛物线 $y=2x^2-1$ 上介于 $x=0$ 与 $x=1$ 之间的一段弧;

   (2) $\int_L(x+y)\,\mathrm{d}s$, 其中 L 是上半圆周 $y=\sqrt{a^2-x^2}$;

   (3) $\oint_L(x+y)\,\mathrm{d}s$, 其中 L 是以点 $O(0,0),A(1,0),B(0,1)$ 为顶点的三角形闭折线;

   (4) $\oint_L(|x|+|y|)\,\mathrm{d}s$, 其中 L 为闭折线 $|x|+|y|=2$;

   (5) $\int_L y^2\,\mathrm{d}s$, 其中 L 为摆线的一拱 $x=a(t-\sin t),y=a(1-\cos t)(0\leqslant t\leqslant 2\pi)$;

(6) $\int_L (x^2+y^2) ds$，其中 L 为曲线 $x = a(\cos t + t\sin t), y = a(\sin t - t\cos t)(0 \leqslant t \leqslant 2\pi)$；

(7) $\oint_L e^{\sqrt{x^2+y^2}} ds$，其中 L 为圆周 $x^2 + y^2 = a^2$，直线 $y = x$ 及 x 轴在第一象限内所围成的扇形的整个边界；

(8) $\int_\Gamma \dfrac{1}{x^2+y^2+z^2} ds$，其中 Γ 为曲线 $x = e^t \cos t, y = e^t \sin t, z = e^t$ 上相应于 t 从 0 变到 2 的这段弧.

3. 求均匀圆摆线 $\begin{cases} x = a(t-\sin t), \\ y = a(1-\cos t) \end{cases} (0 \leqslant t \leqslant \pi)$ 的质心.

4. 设曲线 L 是半径为 R，中心角为 2α 的圆弧，其线密度为常数 μ，求 L 关于它的对称轴的转动惯量.

(B)

1. 计算 $\oint_\Gamma |y| ds$，Γ 为球面 $x^2 + y^2 + z^2 = 2$ 与平面 $y = x$ 的交线.

2. 计算 $\oint_L [5xy + (x^2+y^2)^2] ds$，其中 L 为圆周：$x^2 + y^2 = a^2$.

3. 螺旋形弹簧一圈的方程为 $x = a\cos t, y = a\sin t, z = kt$，其中 $0 \leqslant t \leqslant 2\pi$，其线密度为 $\mu(x,y,z) = x^2+y^2+z^2$. 求：

(1) 它的质量；

(2) 它关于 z 轴的转动惯量 I_z；

(3) 它的质心.

4. 设有一线密度为 $\mu = a\theta(a$ 为常数$)$ 的半圆弧 $x = R\cos\theta, y = R\sin\theta (0 \leqslant \theta \leqslant \pi)$，求它对位于原点 $(0,0)$ 处质量为 m 的质点的引力.

11.2 对坐标的曲线积分

一、对坐标的曲线积分的概念与性质

1. 变力沿有向曲线所做的功

质点在力场中运动，场力会对其做功. 定积分的应用中我们已经解决了质点沿直线运动时变力做功问题. 但有时质点的运动轨迹是一条有向曲线(规定了正方向的曲线称为有向曲线)，所受的力不仅大小改变，而且方向也在改变，这时该如何求场力沿曲线所做的功呢？

设平面上有一个连续的力场

$$\boldsymbol{F}(x,y) = P(x,y)\boldsymbol{i} + Q(x,y)\boldsymbol{j},$$

以及一条有向光滑曲线弧 $L=\widehat{AB}$,曲线 L 的起点为 A,终点为 B,如果一质点在场力 F 的作用下,从点 A 沿曲线 L 运动到点 B,求场力 F 对此质点所做的功.

由物理学我们知道,如果力 F 是恒力,且质点从 A 沿直线移动到 B,那么恒力 F 所做的功 W 等于向量 F 与向量 $\overrightarrow{AB}$ 的数量积,即

$$W = \boldsymbol{F} \cdot \overrightarrow{AB},$$

现在力 $\boldsymbol{F}=\boldsymbol{F}(x,y)$ 是变力,且质点是沿曲线 L 移动,功 W 就不能直接用上述公式计算.由于场力 $\boldsymbol{F}$ 对质点所做的功关于曲线弧段具有可加性,因此,11.1 节关于曲线型构件质量问题的处理方法,同样也适合本问题.

在曲线弧 $L=\widehat{AB}$ 上从点 A 到点 B 依次插入 $n-1$ 个分点 $M_1,\cdots,M_{n-1}$ (图 11.6),将 L 分成 n 个有向小弧段 $L_i=\widehat{M_{i-1}M_i}$,其长度记作 Δs_i ($i=1,2,\cdots,n$),这里记 $A=M_0$, $B=M_n$. 当各有向小弧段 $\widehat{M_{i-1}M_i}$ 的弧长 Δs_i 很短时,可近似地看成弦向量 $\overrightarrow{M_{i-1}M_i}$,而力 $\boldsymbol{F}$ 在该小弧段上变化也很小,可将其上任一点 K_i 处的力 $\boldsymbol{F}(K_i)$ 近似地看成弧段 $\widehat{M_{i-1}M_i}$ 上各点处的力. 这样,场力 $\boldsymbol{F}$ 在有向小弧段 $\widehat{M_{i-1}M_i}$ 上所做的功可近似表示为

$$\Delta W_i \approx \boldsymbol{F}(K_i) \cdot \overrightarrow{M_{i-1}M_i} \quad (i=1,2\cdots n),$$

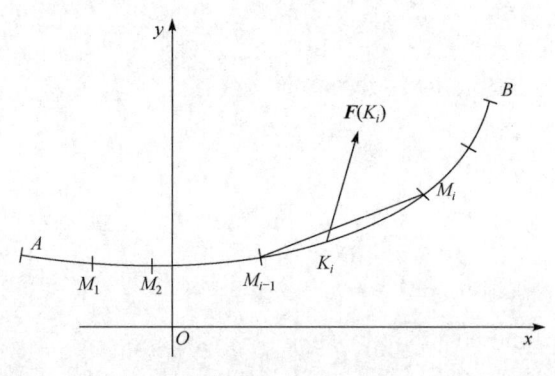

图 11.6

将各有向小弧段上所做的功相加,即得所求功的近似值

$$W = \sum_{i=1}^{n} \Delta W_i \approx \sum_{i=1}^{n} \boldsymbol{F}(K_i) \cdot \overrightarrow{M_{i-1}M_i}.$$

记 K_i 点的坐标为 (ξ_i,η_i),而

$$\overrightarrow{M_{i-1}M_i} = (\Delta x_i)\boldsymbol{i} + (\Delta y_i)\boldsymbol{j},$$

于是

$$W \approx \sum_{i=1}^{n} [P(\xi_i,\eta_i)\Delta x_i + Q(\xi_i,\eta_i)\Delta y_i].$$

当各小弧段长的最大值 $\lambda = \max\limits_{1 \leqslant i \leqslant n}\{\Delta s_i\} \to 0$ 时,所得极限就定义为场力 $\boldsymbol{F}$ 沿有向曲

线 $L=\widehat{AB}$ 对质点所做的功，即

$$W = \lim_{\lambda \to 0} \sum_{i=1}^{n} [P(\xi_i, \eta_i) \Delta x_i + Q(\xi_i, \eta_i) \Delta y_i].$$

此类和式的极限在研究其他应用问题时也会出现，由此抽象出下述向量函数沿有向曲线积分的概念．

2. 对坐标的曲线积分的概念及性质

定义 设 L 是 xOy 平面内从点 A 到点 B 的一条有向光滑曲线弧，向量值函数

$$\boldsymbol{F}(x,y) = P(x,y)\boldsymbol{i} + Q(x,y)\boldsymbol{j}$$

在曲线 L 上有界，在曲线 L 上任意插入 $n-1$ 个有序点列 $M_1, \cdots, M_{n-1}$，令 $A = M_0$，$M_n = B$，把 L 分成 n 个有向小弧段 $\widehat{M_{i-1}M_i}(i=1,2,\cdots,n)$，其长度记作 $\Delta s_i (i=1, 2,\cdots,n)$．设 $\Delta x_i = x_i - x_{i-1}$，$\Delta y_i = y_i - y_{i-1}$，任取点 $(\xi_i, \eta_i) \in \widehat{M_{i-1}M_i}(i=1,2,\cdots,n)$，作和式 $\sum_{i=1}^{n} P(\xi_i, \eta_i) \Delta x_i$，如果当各小弧段长度的最大值 $\lambda = \max_{1 \leqslant i \leqslant n} \{\Delta s_i\} \to 0$ 时，极限

$$\lim_{\lambda \to 0} \sum_{i=1}^{n} P(\xi_i, \eta_i) \Delta x_i$$

存在，则称此极限为函数 $P(x,y)$ 在有向曲线弧 L 上对坐标 x 的曲线积分，记作 $\int_L P(x,y) \mathrm{d}x$．即

$$\int_L P(x,y) \mathrm{d}x = \lim_{\lambda \to 0} \sum_{i=1}^{n} P(\xi_i, \eta_i) \Delta x_i. \tag{11.7}$$

类似地，如果极限

$$\lim_{\lambda \to 0} \sum_{i=1}^{n} Q(\xi_i, \eta_i) \Delta y_i$$

存在，则称此极限为函数 $Q(x,y)$ 在有向曲线弧 L 上对坐标 y 的曲线积分，记作 $\int_L Q(x,y) \mathrm{d}y$．即

$$\int_L Q(x,y) \mathrm{d}y = \lim_{\lambda \to 0} \sum_{i=1}^{n} Q(\xi_i, \eta_i) \Delta y_i, \tag{11.8}$$

其中 $P(x,y), Q(x,y)$ 称为被积函数，L 称为积分弧段．

以上两个积分统称为**对坐标的曲线积分**，亦称为**第二类曲线积分**．

当以上两个积分同时存在时，则有向曲线弧 L 上，向量函数

$$\boldsymbol{F} = P(x,y)\boldsymbol{i} + Q(x,y)\boldsymbol{j}$$

对坐标的曲线积分为
$$\int_L P(x,y)\mathrm{d}x + \int_L Q(x,y)\mathrm{d}y.$$
常将上式简记为
$$\int_L P(x,y)\mathrm{d}x + Q(x,y)\mathrm{d}y. \tag{11.9}$$
即
$$\int_L P(x,y)\mathrm{d}x + Q(x,y)\mathrm{d}y = \lim_{\lambda \to 0}\sum_{i=1}^n [P(\xi_i,\eta_i)\Delta x_i + Q(\xi_i,\eta_i)\Delta y_i].$$
也可写作向量形式
$$\int_L P(x,y)\mathrm{d}x + Q(x,y)\mathrm{d}y = \int_L \boldsymbol{F}(x,y)\cdot \mathrm{d}\boldsymbol{s}, \tag{11.10}$$
其中 $\boldsymbol{F}=(P(x,y),Q(x,y)), \mathrm{d}\boldsymbol{s}=(\mathrm{d}x,\mathrm{d}y).$

与第一类曲线积分类似,当向量值函数 $\boldsymbol{F}$ 在曲线 L 上连续(即指其分量函数 $P(x,y),Q(x,y)$ 均在 L 上连续),第二类曲线积分(11.9)必定存在. 故以后我们总假定函数 $P(x,y),Q(x,y)$ 均在 L 上连续.

上述定义可类似地推广到空间有向光滑曲线弧 Γ 情形:
$$\int_\Gamma P(x,y,z)\mathrm{d}x = \lim_{\lambda \to 0}\sum_{i=1}^n P(\xi_i,\eta_i,\zeta_i)\Delta x_i,$$
$$\int_\Gamma Q(x,y,z)\mathrm{d}y = \lim_{\lambda \to 0}\sum_{i=1}^n Q(\xi_i,\eta_i,\zeta_i)\Delta y_i,$$
$$\int_\Gamma R(x,y,z)\mathrm{d}z = \lim_{\lambda \to 0}\sum_{i=1}^n R(\xi_i,\eta_i,\zeta_i)\Delta z_i.$$
类似地,把
$$\int_\Gamma P(x,y,z)\mathrm{d}x + \int_\Gamma Q(x,y,z)\mathrm{d}y + \int_\Gamma R(x,y,z)\mathrm{d}z$$
简记为
$$\int_\Gamma P(x,y,z)\mathrm{d}x + \int_\Gamma Q(x,y,z)\mathrm{d}y + \int_\Gamma R(x,y,z)\mathrm{d}z$$
$$= \int_\Gamma P(x,y,z)\mathrm{d}x + Q(x,y,z)\mathrm{d}y + R(x,y,z)\mathrm{d}z \tag{11.11}$$
或写成
$$\int_\Gamma P(x,y,z)\mathrm{d}x + Q(x,y,z)\mathrm{d}y + R(x,y,z)\mathrm{d}z = \int_\Gamma \boldsymbol{F}\cdot \mathrm{d}\boldsymbol{s}.$$
其中 $\boldsymbol{F}(x,y,z)=P(x,y,z)\boldsymbol{i}+Q(x,y,z)\boldsymbol{j}+R(x,y,z)\boldsymbol{k}, \mathrm{d}\boldsymbol{s}=(\mathrm{d}x,\mathrm{d}y,\mathrm{d}z).$

由定义可知,场力 $\boldsymbol{F}(x,y)=P(x,y)\boldsymbol{i}+Q(x,y)\boldsymbol{j}$ 沿有向曲线弧 L 所做的功为
$$W = \int_L P(x,y)\mathrm{d}x + Q(x,y)\mathrm{d}y = \int_L \boldsymbol{F}(x,y)\cdot \mathrm{d}\boldsymbol{s}. \tag{11.12}$$

当 L 为有向闭曲线时,对坐标的曲线积分也常记为

$$\oint_L P(x,y)\mathrm{d}x + Q(x,y)\mathrm{d}y.$$

根据定义,易知对坐标的曲线积分有下列性质,为了表述简便,这里用向量形式,并假设其中的向量值函数在曲线 L 上连续.

性质 1(线性性质)

$$\int_L (k_1\boldsymbol{F} + k_2\boldsymbol{G}) \cdot \mathrm{d}\boldsymbol{s} = k_1\int_L \boldsymbol{F} \cdot \mathrm{d}\boldsymbol{s} + k_2\int_L \boldsymbol{G} \cdot \mathrm{d}\boldsymbol{s} \quad (k_1, k_2 \text{ 均为常数}).$$

性质 2(对于有向曲线弧段的可加性) 若把有向曲线弧段 L 分成 L_1 和 L_2,即 $L = L_1 + L_2$,则

$$\int_L \boldsymbol{F} \cdot \mathrm{d}\boldsymbol{s} = \int_{L_1} \boldsymbol{F} \cdot \mathrm{d}\boldsymbol{s} + \int_{L_2} \boldsymbol{F} \cdot \mathrm{d}\boldsymbol{s}.$$

性质 3(方向性) 设 L 为有向曲线弧,与 L 方向相反的有向曲线弧记作 L^-,则有

$$\int_{L^-} \boldsymbol{F} \cdot \mathrm{d}\boldsymbol{s} = -\int_L \boldsymbol{F} \cdot \mathrm{d}\boldsymbol{s}.$$

这是因为有向曲线弧 L 的弧微分向量 $\mathrm{d}\boldsymbol{s}$ 与有向曲线弧 L^- 的弧微分向量 $-\mathrm{d}\boldsymbol{s}$ 方向正好相反.

性质 3 表明,当积分弧段的方向改变时,对坐标的曲线积分要改变符号,因此关于对坐标的曲线积分,必须注意积分弧段的方向.

二、对坐标的曲线积分的计算

对坐标的曲线积分的计算可以转化为对参数的定积分进行.

定理 1 设 xOy 平面内有向曲线 L 的参数方程为 $x = x(t), y = y(t), t : \alpha \to \beta$,函数 $x(t), y(t)$ 在以 α 与 β 为端点的闭区间上具有一阶连续导数,且 $x'^2(t) + y'^2(t) \neq 0$,函数 $P(x,y)$、$Q(x,y)$ 在曲线 L 上连续,则积分 $\int_L P(x,y)\mathrm{d}x + Q(x,y)\mathrm{d}y$ 存在,且

$$\int_L P(x,y)\mathrm{d}x + Q(x,y)\mathrm{d}y = \int_\alpha^\beta \{P[x(t), y(t)]x'(t) + Q[x(t), y(t)]y'(t)\}\mathrm{d}t, \tag{11.13}$$

其中 α 对应 L 的起点,β 对应其终点.

证 下面先证

$$\int_L P(x,y)\mathrm{d}x = \int_\alpha^\beta P[x(t), y(t)]x'(t)\mathrm{d}t,$$

由定义知,
$$\int_L P(x,y)\mathrm{d}x = \lim_{\lambda \to 0} \sum_{i=1}^n P(\xi_i,\eta_i)\Delta x_i.$$

设分点 x_i 对应的参数为 t_i,点 (ξ_i,η_i) 对应的参数为 τ_i,这里 τ_i 介于 t_{i-1} 与 t_i 之间.由微分中值定理,有
$$\Delta x_i = x_i - x_{i-1} = x_i(t_i) - x_{i-1}(t_{i-1}) = x'(\tau_i')\Delta t_i,$$
这里 $\Delta t_i = t_i - t_{i-1}$,$\tau_i'$ 介于 t_{i-1} 与 t_i 之间.于是
$$\int_L P(x,y)\mathrm{d}x = \lim_{\lambda \to 0} \sum_{i=1}^n P[x(\tau_i),y(\tau_i)]x'(\tau_i')\Delta t_i,$$
因为函数 $x'(t)$ 在以 α 与 β 为端点的闭区间上连续,因此可以将上式中的 τ_i' 换成 τ_i (它的证明需要用到函数 $x'(t)$ 在闭区间上的一致连续性,这里从略),从而
$$\int_L P(x,y)\mathrm{d}x = \lim_{\lambda \to 0} \sum_{i=1}^n P[x(\tau_i),y(\tau_i)]x'(\tau_i)\Delta t_i.$$

上式右端和的极限恰好就是定积分 $\int_L P[x(t),y(t)]x'(t)\mathrm{d}t$,由于函数 $P[x(t),y(t)]x'(t)$ 连续,这个积分是存在的,因此上式左端的曲线积分 $\int_L P(x,y)\mathrm{d}x$ 也存在,并且有
$$\int_L P(x,y)\mathrm{d}x = \int_\alpha^\beta P[x(t),y(t)]x'(t)\mathrm{d}t.$$

同理可证
$$\int_L Q(x,y)\mathrm{d}y = \int_\alpha^\beta Q[x(t),y(t)]y'(t)\mathrm{d}t,$$

将上两式相加,得
$$\int_L P(x,y)\mathrm{d}x + Q(x,y)\mathrm{d}y = \int_\alpha^\beta \{P[x(t),y(t)]x'(t) + Q[x(t),y(t)]y'(t)\}\mathrm{d}t.$$
这里下限 α 对应于 L 的起点,上限 β 对应于 L 的终点.

证毕.

由式(11.13)可见,在计算对坐标的曲线积分
$$\int_L P(x,y)\mathrm{d}x + Q(x,y)\mathrm{d}y$$
时,只要将其中的 $x,y,\mathrm{d}x,\mathrm{d}y$ 依次换成 $x(t),y(t),x'(t)\mathrm{d}t,y'(t)\mathrm{d}t$,然后从 L 的起点所对应的参数值 α 到 L 的终点所对应的参数值 β 作定积分就行了.这里需要指出的是,下限 α 对应于 L 的起点,上限 β 对应于 L 的终点,α 不一定小于 β.

如果 L 的方程是 $y = y(x)$(或 $x = x(y)$),则可以将它看作是以坐标 x(或 y) 为参数的参数方程.例如 $y = y(x)$,这时式(11.13)化为
$$\int_L P(x,y)\mathrm{d}x + Q(x,y)\mathrm{d}y = \int_a^b \{P[x,y(x)] + Q[x,y(x)]y'(x)\}\mathrm{d}x.$$

其中下限 $x=a$ 对应 L 的起点，上限 $x=b$ 对应 L 的终点.

定理 1 的结论可推广到空间曲线情形.

定理 2 设空间有向曲线 Γ 的参数方程为 $x=x(t), y=y(t), z=z(t), t:\alpha \rightarrow \beta$，函数 $x(t), y(t), z(t)$ 在以 α 与 β 为端点的闭区间上具有一阶连续导数，且 $x'^2(t)+y'^2(t)+z'^2(t)\neq 0$，函数 $P(x,y,z)$、$Q(x,y,z), R(x,y,z)$ 在曲线 Γ 上连续，则有

$$\int_\Gamma P(x,y,z)\mathrm{d}x+Q(x,y,z)\mathrm{d}y+R(x,y,z)\mathrm{d}z$$
$$=\int_\alpha^\beta \{P[x(t),y(t),z(t)]x'(t)+Q[x(t),y(t),z(t)]y'(t)$$
$$+R[x(t),y(t),z(t)]z'(t)\}\mathrm{d}t. \tag{11.14}$$

其中定积分下限 α 对应 Γ 的起点，上限 β 对应 Γ 的终点.

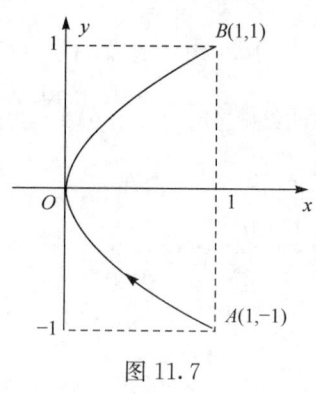

图 11.7

例 1 计算 $\int_L y\mathrm{d}x+2x\mathrm{d}y$，其中 L 为抛物线 $y^2=x$ 上从点 $A(1,-1)$ 到点 $B(1,1)$ 的一段有向曲线弧(图 11.7).

解 解法一 将所给的积分化为对 x 的定积分来计算.

由于 $y=\pm\sqrt{x}$ 不是单值函数，所以要把 L 分为 $\widehat{AO}$ 和 $\widehat{OB}$ 两部分. 在 AO 上，$y=-\sqrt{x}$，x 从 1 变到 0；在 OB 上，$y=\sqrt{x}$，x 从 0 变到 1. 因此

$$\int_L y\mathrm{d}x+2x\mathrm{d}y=\int_{\widehat{AO}} y\mathrm{d}x+2x\mathrm{d}y+\int_{\widehat{OB}} y\mathrm{d}x+2x\mathrm{d}y$$
$$=\int_1^0\left[-\sqrt{x}+2x\cdot\left(-\frac{1}{2\sqrt{x}}\right)\right]\mathrm{d}x+\int_0^1\left(\sqrt{x}+2x\cdot\frac{1}{2\sqrt{x}}\right)\mathrm{d}x$$
$$=-2\int_1^0\sqrt{x}\,\mathrm{d}x+2\int_0^1\sqrt{x}\,\mathrm{d}x=\frac{8}{3}.$$

解法二 将所给的积分化为对 y 的定积分来计算. 这里，$x=y^2$，y 从 -1 变到 1. 因此

$$\int_L y\mathrm{d}x+2x\mathrm{d}y=\int_{-1}^1 y\cdot 2y\mathrm{d}y+2y^2\mathrm{d}y$$
$$=4\int_{-1}^1 y^2\mathrm{d}y=\frac{8}{3}.$$

例 2 计算 $\int_L (x^2+y^2)\mathrm{d}x+(x^2-y^2)\mathrm{d}y$，其中起点和终点分别为点 $A(1,0)$

与 $B(-1,0)$ 的有向曲线 L 为

(1) 以原点为圆心,半径为 1,按逆时针方向绕行的上半圆周；

(2) 有向线段 $\overrightarrow{AB}$.

解 （1）上半圆周 $\overparen{AB}$（图 11.8）的参数方程：

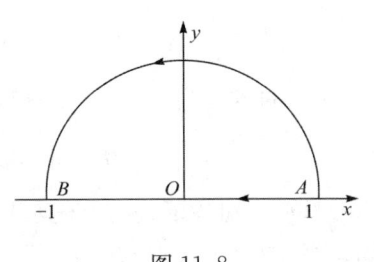

$$x=\cos t, \quad y=\sin t, \quad t:0\to\pi$$

$$\int_{\overparen{AB}}(x^2+y^2)\mathrm{d}x+(x^2-y^2)\mathrm{d}y$$

$$=\int_0^\pi[(-\sin t)+\cos 2t\cos t]\mathrm{d}t=\int_0^\pi\left[(-\sin t)+\frac{1}{2}(\cos 3t+\cos t)\right]\mathrm{d}t$$

$$=\left[\cos t+\frac{\sin 3t}{6}+\frac{\sin t}{2}\right]_0^\pi=-2.$$

图 11.8

（2）有向线段 $\overrightarrow{AB}$ 写成以 x 为参数的参数方程形式：

$$\begin{cases}x=x,\\ y=0,\end{cases} x:1\to-1,$$

于是

$$\int_{\overrightarrow{AB}}(x^2+y^2)\mathrm{d}x+(x^2-y^2)\mathrm{d}y=\int_1^{-1}(x^2+0^2)\mathrm{d}x=-\frac{2}{3}.$$

例 2 结果表明,虽然两个曲线积分的被积函数相同,起点和终点也相同,但当积分路径不同时,其积分值却不相等. 一般地,对坐标的曲线积分与路径有关.

例 3 计算 $I=\int_L 2yx^3\mathrm{d}y+3x^2y^2\mathrm{d}x$,其中起点和终点分别为 $O(0,0)$ 和 $B(1,1)$ 的有向曲线 L 为(图 11.9)

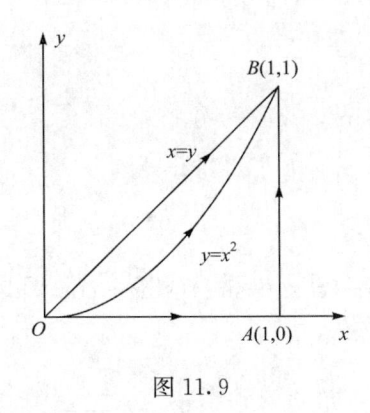

(1) 抛物线 $y=x^2$；

(2) 直线段 $y=x$；

(3) 依次连接 $O(0,0), A(1,0)$ 和 $B(1,1)$ 的有向折线.

解 （1）把 x 看作参数,则有

$$I=\int_0^1(2x^5\cdot 2x+3x^6)\mathrm{d}x=\int_0^1 7x^6\mathrm{d}x=1;$$

（2）以 x 为参数,得

$$I=\int_0^1(2x^4+3x^4)\mathrm{d}x=\int_0^1 5x^4\mathrm{d}x=1;$$

图 11.9

(3) $I = \int_{\overrightarrow{OA}} 2yx^3 dy + 3x^2 y^2 dx + \int_{\overrightarrow{AB}} 2yx^3 dy + 3x^2 y^2 dx$

线段 $\overrightarrow{OA}$ 的方程为 $y=0, x:0 \to 1$,线段 $\overrightarrow{AB}$ 的方程为 $x=1, y:0 \to 1$,于是

$$I = \int_0^1 3x^2 \cdot 0 dx + \int_0^1 2y \cdot 1^3 dy = 1.$$

从例 3 可以看出,对于某些对坐标的曲线积分,沿不同的路径时,其积分值相同,它仅取决于起点和终点,而与积分路径无关.

例 4 计算 $\int_\Gamma yz dx - xz dy + 2y^2 dz$,其中 Γ 是从点 $A(2,2,1)$ 到点 $B(0,1,0)$ 的有向线段.

解 线段 AB 的直线方程为

$$\frac{x}{2} = \frac{y-1}{1} = \frac{z}{1},$$

故有向线段 $\overrightarrow{AB}$ 的参数方程为

$$x = 2t, \quad y = 1+t, \quad z = t, \quad t:1 \to 0,$$

$$\int_\Gamma yz dx - xz dy + 2y^2 dz = \int_1^0 [2(1+t)t - 2t \cdot t + 2(1+t)^2] dt$$

$$= -\int_0^1 (2t^2 + 6t + 2) dt = -5\frac{2}{3}.$$

例 5 计算曲线积分 $\oint_\Gamma (z-y) dx + (x-z) dy + (x-y) dz$,其中 Γ 是有向闭曲线 $\begin{cases} x^2 + y^2 = 1, \\ x - y + z = 2, \end{cases}$ 其方向从 z 轴正方向看 Γ 是顺时针的.

解 Γ 在 xOy 面上的投影曲线为 $x^2 + y^2 = 1$,则其参数方程为

$$x = \cos t, \quad y = \sin t, \quad t:2\pi \to 0,$$

将其代入 $x - y + z = 2$ 得 $z = 2 - \cos t + \sin t$,

从而得 Γ 的参数方程为

$$x = \cos t, \quad y = \sin t, \quad z = 2 - \cos t + \sin t, \quad t:2\pi \to 0,$$

于是

$$\oint_L (z-y) dx + (x-z) dy + (x-y) dz$$

$$= \int_{2\pi}^0 [(2-\cos t)(-\sin t) + (2\cos t - \sin t - 2)\cos t + (\cos t - \sin t)(\sin t + \cos t)] dt$$

$$= \int_0^{2\pi} [2(\cos t + \sin t) - 2\cos 2t - 1] dt = -2\pi.$$

例 6 如图 11.10,设质点 A 位于点 $(0,1)$,质点 M 沿曲线 $y = \sqrt{2x - x^2}$ 从点 $B(2,0)$ 运动到点 $O(0,0)$,质点 A 对质点 M 的引力为

$$\boldsymbol{F} = \frac{k}{p^3}\boldsymbol{p} \quad (k>0, \boldsymbol{p} = \overrightarrow{MA}, p = |\boldsymbol{p}|),$$

质点 M 从 B 点运动到 O 点时，引力 $\boldsymbol{F}$ 对其所做的功.

解 设 $M(x,y)$，则 $\boldsymbol{p} = \overrightarrow{MA} = (-x, 1-y)$，所以

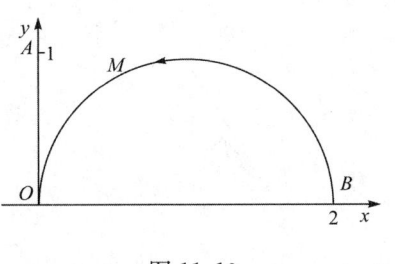

$$p = |\boldsymbol{p}| = \sqrt{x^2 + (1-y)^2},$$

图 11.10

则

$$\boldsymbol{F} = \boldsymbol{F}(x,y) = \frac{k}{p^3}\boldsymbol{p} = \frac{k}{p^3}[(-x)\boldsymbol{i} + (1-y)\boldsymbol{j}],$$

故

$$W = \int_{\widehat{BO}} \boldsymbol{F} \cdot \mathrm{d}\boldsymbol{s} = k\int_{\widehat{BO}} \frac{-x\mathrm{d}x + (1-y)\mathrm{d}y}{[x^2 + (1-y)^2]^{3/2}}.$$

又曲线 $\widehat{BO}$ 的方程可化为 $(x-1)^2 + y^2 = 1$，则其参数方程为

$$x = 1 + \cos t, \quad y = \sin t,$$

起点 B 到终点 O 对应的参数 t 从 0 变到 π，故

$$\begin{aligned}
W &= k\int_0^\pi \frac{-(1+\cos t)(-\sin t) + (1-\sin t)\cos t}{[(1+\cos t)^2 + (1-\sin t)^2]^{3/2}}\mathrm{d}t \\
&= k\int_0^\pi \frac{\sin t + \cos t}{[3 + 2\cos t - 2\sin t]^{3/2}}\mathrm{d}t \\
&= k\int_0^\pi \frac{-\mathrm{d}(\cos t - \sin t)}{[3 + 2\cos t - 2\sin t]^{3/2}} \\
&= \left(-\frac{k}{2}\right) \cdot \left.\frac{-2}{\sqrt{3 + 2\cos t - 2\sin t}}\right|_0^\pi \\
&= k\left(1 - \frac{1}{\sqrt{5}}\right).
\end{aligned}$$

三、两类曲线积分之间的联系

尽管对弧长的曲线积分和对坐标的曲线积分来自不同的物理模型，但它们之间还是有着密切的联系.

设有向光滑曲线弧 $L = \widehat{AB}$ 的参数方程形式可表示为

$$x = x(t), \quad y = y(t), \quad (t:\alpha \to \beta),$$

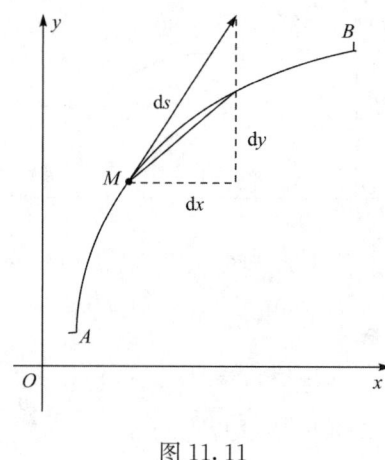

上式中，$t=\alpha$ 对应有向曲线 L 的起点 A，$t=\beta$ 对应其终点 B(图 11.11)，不妨设 $\alpha<\beta$(若 $\alpha>\beta$，只要令 $s=-t$，A 对应 $s=-\alpha$，B 对应 $s=-\beta$，就有 $-\alpha<-\beta$，由此下面的讨论对参数 s 也适用)，函数 $x=x(t)$，$y=y(t)$ 在 $[\alpha,\beta]$ 上具有一阶连续导数，则对应于参数 t 的点 $M(x(t),y(t))$ 处有切线，其切向量为

$$\boldsymbol{\tau}=(x'(t),y'(t))=\left(\frac{\mathrm{d}x}{\mathrm{d}t},\frac{\mathrm{d}y}{\mathrm{d}t}\right),$$

该切向量 $\boldsymbol{\tau}=(x'(t),y'(t))$ 的指向与参数 t 增大的方向一致，则当 $\alpha<\beta$ 时，$\boldsymbol{\tau}$ 的指向就是有向曲线弧 L 的走向. 这种指向与有向曲线弧 L 的走向一致的切向量称为**有向曲线弧的切向量**.

图 11.11

由弧微分的性质可知

$$(\mathrm{d}s)^2=(\mathrm{d}x)^2+(\mathrm{d}y)^2,$$

则有向曲线 L 在点 M 处的单位切向量 $\boldsymbol{e}_\tau$ 可表示为

$$\boldsymbol{e}_\tau=\frac{1}{\mathrm{d}s}(\mathrm{d}x,\mathrm{d}y),$$

记 $\mathrm{d}\boldsymbol{s}=\mathrm{d}s\boldsymbol{e}_\tau$，故有

$$\mathrm{d}\boldsymbol{s}=(\mathrm{d}s)\boldsymbol{e}_\tau=(\mathrm{d}x,\mathrm{d}y),$$

这里 $\mathrm{d}\boldsymbol{s}$ 的方向就是 L 上与点 M 处的有向曲线弧走向一致的切线方向，其长度等于 $\mathrm{d}s$. 称 $\mathrm{d}\boldsymbol{s}$ 为有向曲线弧 L 上点 $M(x(t),y(t))$ 处的**弧微分向量**(图 11.11)，$\mathrm{d}x,\mathrm{d}y$ 分别为该向量 $\mathrm{d}\boldsymbol{s}$ 在 x 轴与 y 轴上的投影.

由此，有向光滑曲线弧 L 上对坐标的曲线积分可用向量形式表示为

$$\int_L P(x,y)\mathrm{d}x+Q(x,y)\mathrm{d}y=\int_L \boldsymbol{F}\cdot\mathrm{d}\boldsymbol{s}=\int_L(\boldsymbol{F}\cdot\boldsymbol{e}_\tau)\mathrm{d}s. \tag{11.15}$$

设 α,β 分别为有向曲线弧的切向量 $\boldsymbol{\tau}$ 的方向角，则有向曲线 L 在点 M 处的单位切向量也可表示为

$$\boldsymbol{e}_\tau=(\cos\alpha,\cos\beta),$$

将上式代入式(11.15)中，有

$$\int_L P(x,y)\mathrm{d}x+Q(x,y)\mathrm{d}y=\int_L[P(x,y)\cos\alpha+Q(x,y)\cos\beta]\mathrm{d}s.$$

上式可简记为

$$\int_L P\mathrm{d}x+Q\mathrm{d}y=\int_L(P\cos\alpha+Q\cos\beta)\mathrm{d}s. \tag{11.16}$$

则与上式相对应的向量形式为
$$\int_L \boldsymbol{F} \cdot \mathrm{d}\boldsymbol{s} = \int_L (\boldsymbol{F} \cdot \boldsymbol{e}_\tau) \mathrm{d}s. \tag{11.17}$$

式(11.16)或(11.17)给出了平面上**两类曲线积分之间的相互联系**.

上述结论对于空间曲线的积分也有类似的的结论.事实上,设 α,β,γ 分别为空间有向曲线弧 Γ 的切向量 $\boldsymbol{\tau}$ 的方向角,则有向曲线 Γ 在点 $M(x,y,z)$ 处的单位切向量可表示为

$$\boldsymbol{e}_\tau = (\cos\alpha, \cos\beta, \cos\gamma),$$

类似可推得空间曲线上两类曲线积分之间有如下的联系:

$$\int_\Gamma P\mathrm{d}x + Q\mathrm{d}y + R\mathrm{d}z = \int_\Gamma (P\cos\alpha + Q\cos\beta + R\cos\gamma)\mathrm{d}s. \tag{11.18}$$

若令 $\boldsymbol{F}=(P,Q,R), \mathrm{d}\boldsymbol{s}=\boldsymbol{e}_\tau \mathrm{d}s=(\mathrm{d}x,\mathrm{d}y,\mathrm{d}z)$,则上式又可写成向量形式

$$\int_\Gamma \boldsymbol{F} \cdot \mathrm{d}\boldsymbol{s} = \int_\Gamma (\boldsymbol{F} \cdot \boldsymbol{e}_\tau) \mathrm{d}s = \int_\Gamma F_{e_\tau} \mathrm{d}s. \tag{11.19}$$

其中 F_{e_τ} 是向量 $\boldsymbol{F}$ 在切向量 $\boldsymbol{e}_\tau$ 上的投影.

例7 设 $M=\max \sqrt{P^2+Q^2}$,$P(x,y),Q(x,y)$ 在 L 上连续,曲线段 L 的长度为 l,证明:

$$\left|\int_L P\mathrm{d}x + Q\mathrm{d}y\right| \leqslant Ml.$$

证 因为 $\left|\int_L P\mathrm{d}x + Q\mathrm{d}y\right| = \left|\int_L (P\cos\alpha + Q\cos\beta)\mathrm{d}s\right|$
$$\leqslant \int_L |P\cos\alpha + Q\cos\beta|\mathrm{d}s,$$

令 $\boldsymbol{F}=(P,Q), \boldsymbol{\tau}=(\cos\alpha,\cos\beta)$,且 $\boldsymbol{F}$ 与 $\boldsymbol{\tau}$ 的夹角为 θ,则

$$\left|\int_L P\mathrm{d}x + Q\mathrm{d}y\right| \leqslant \int_L |\boldsymbol{F} \cdot \boldsymbol{\tau}|\mathrm{d}s$$
$$= \int_L |\boldsymbol{F}||\cos\theta|\mathrm{d}s \leqslant \int_L |\boldsymbol{F}|\mathrm{d}s \leqslant Ml.$$

习 题 11.2

(A)

1. 设 L_1 为 xOy 平面内直线 $x=a$ 上的一段,L_2 为直线 $y=b$ 上的一段,证明:
$$\int_{L_1} P(x,y)\mathrm{d}x = 0, \quad \int_{L_2} Q(x,y)\mathrm{d}y = 0.$$

2. 计算下列对坐标的曲线积分:

(1) $\int_L (x^2-2xy)\mathrm{d}x + (y^2-2xy)\mathrm{d}y$, L 为抛物线 $y=x^2$ 上对应于 x 由 -1 增加到 1 的那一段;

(2) $\oint_L xy dx$，其中 L 为圆周 $(x-a)^2+y^2=a^2(a>0)$ 及 x 轴所围成的在第一象限内的区域的整个边界(按逆时针方向绕行)；

(3) $\oint_L \dfrac{dx+dy}{|x|+|y|}$，其中 L 为以点 $A(1,0), B(0,1), C(-1,0), D(0,-1)$ 为顶点的正方形边界，取逆时针方向；

(4) $\oint_L y dx - x dy$，L 为椭圆 $\dfrac{x^2}{a^2}+\dfrac{y^2}{b^2}=1$，方向为逆时针；

(5) $\oint_L \dfrac{(x+y)dx-(x-y)dy}{x^2+y^2}$，其中 L 为圆周 $x^2+y^2=a^2$，方向为逆时针；

(6) $\int_\Gamma x dx + y dy + (x+y-1) dz$，其中 Γ 是从点 $(1,1,1)$ 到点 $(2,3,4)$ 的一段直线；

(7) $\int_\Gamma y dx + z dy + x dz$，$\Gamma$ 为 $x=a\cos t, y=a\sin t, z=bt$ 上对应于 $t=0$ 到 $t=2\pi$ 的一段弧.

3. 计算 $\int_L (x+y)dx+(y-x)dy$，其中 L 是

(1) 抛物线 $x=y^2$ 上从点 $(1,1)$ 到点 $(4,2)$ 的一段；

(2) 先沿直线从点 $(1,1)$ 到点 $(1,2)$，再沿直线到点 $(4,2)$ 的折线；

(3) 曲线 $x=2t^2+t+1$，$y=t^2+1$ 上从点 $(1,1)$ 到点 $(4,2)$ 的一段弧.

4. 设有一平面力场 $\mathbf{F}$，$\mathbf{F}$ 在任一点的大小等于该点到原点的距离的平方，而方向与 y 轴正方向相反，求质量为 m 的质点在力场 $\mathbf{F}$ 的作用下沿抛物线 $1-x=y^2$ 从点 $(1,0)$ 移动到点 $(0,1)$ 时，$\mathbf{F}$ 所做的功.

5. 把对坐标的曲线积分 $\int_L P(x,y)dx+Q(x,y)dy$ 化成对弧长的积分，其中 L 为

(1) 在 xOy 面内沿直线从点 $(0,0)$ 到点 $(1,1)$；

(2) 沿抛物线 $y=x^2$ 从点 $(0,0)$ 到点 $(1,1)$；

(3) 沿上半圆周 $x^2+y^2=2x$ 从点 $(0,0)$ 到点 $(1,1)$.

(B)

1. 计算下列第二类曲线积分：

(1) $\int_L \dfrac{x^2 dy - y^2 dx}{x^{\frac{5}{3}}+y^{\frac{5}{3}}}$，其中 L 为星形线 $x=a\cos^3 t, y=a\sin^3 t(a>0)$ 从点 $(a,0)$ 到点 $(0,a)$ 的位于第一象限的一段；

(2) $\int_\Gamma -y^2 dx + x dy + z^2 dz$，其中 Γ 为平面 $y+z=2$ 与柱面 $x^2+y^2=1$ 的交线，方向为从原点向 z 轴正向看去为顺时针方向.

2. 计算曲线积分 $I=\int_L \dfrac{-y dx + x dy}{x^2+y^2}$，其中 L 为

(1) 由点 $A(-a,0)$ 到点 $B(a,0)$ 的上半圆周 $(a>0)$；

(2) 由点 $A(-a,0)$ 到点 $B(a,0)$ 的下半圆周$(a>0)$.

3. 在变力 $\boldsymbol{F}=yz\boldsymbol{i}+zx\boldsymbol{j}+xy\boldsymbol{k}$ 的作用下,质点 M 由原点沿直线运动到椭球面 $\dfrac{x^2}{a^2}+\dfrac{y^2}{b^2}+\dfrac{z^2}{c^2}=1$ 上第一卦限内的点(ξ,η,ζ)处,求变力 $\boldsymbol{F}$ 所作的功 W.

4. 在过原点$(0,0)$ 和点 $A(\pi,0)$ 的曲线族 $y=a\sin x(a>0)$ 中,求一条曲线 L,使沿 L 从原点到点 A 的积分 $I=\displaystyle\int_L(1+y^3)\mathrm{d}x+(2x+y)\mathrm{d}y$ 的值最小.

5. 设 Γ 为曲线 $x=t,y=t^2,z=t^3$ 上相应于 t 从 0 变到 1 的曲线弧.把对坐标的曲线积分 $\displaystyle\int_\Gamma P\mathrm{d}x+Q\mathrm{d}y+R\mathrm{d}z$ 化为对弧长的曲线积分.

11.3 格林(Green)公式及其应用

一、格林(Green)公式

1825 年,英国数学家格林发现了平面上沿有向封闭曲线的对坐标的曲线积分与由该封闭曲线围成的有界闭区域上的二重积分之间存在着某种联系,表达这种联系的重要公式就是格林公式.格林公式揭示了一个平面区域 D 上的二重积分与沿区域 D 边界曲线 L 上的曲线积分之间的关系.而这种关系正是定积分计算中牛顿—莱布尼茨公式 $\displaystyle\int_a^b F'(x)\mathrm{d}x=F(b)-F(a)$(即 $F'(x)$ 在区间 $[a,b]$ 上的定积分可以通过它的原函数 $F(x)$ 在这个区间端点上的值来表达)在二维空间的一个推广.它为计算某些对坐标的曲线积分、讨论对坐标的曲线积分与路径无关等重要结论创造了条件,因此它在积分理论中占有重要地位.

首先,我们介绍平面连通区域和区域正向边界的概念.

设 D 为一平面区域,如果 D 内任一闭曲线所围的有界区域都属于 D,则称 D 是**单连通区域**.不是单连通的区域称为**复连通区域**.例如平面区域 $\{(x,y)\mid x^2+y^2<1\}$ 就是一个单连通区域;而 $\{(x,y)\mid 0<x^2+y^2<1\}$ 是一个复连通区域,因为原点不属于该区域.通俗地说,单连通区域是没有"洞"的区域,复连通区域是有"洞"的区域.

设曲线 L 为平面有界闭区域 D 的边界,若当某人沿曲线 L 的某一方向行走时,D 内靠近此人近旁的区域部分始终保持在此人的左侧,则称此行走的方向为**边界曲线 L 的正方向**,记作 L^+(常简记为 L).与之相反的方向则称为 L **的负方向**,记作 L^-.由此定义易知,单连通区域的边界曲线的正方向为逆时针方向,如图 11.12(a)所示,而复连通区域的边界曲线的正方向是指其外边界曲线为逆时针方向,内边界曲线则为顺时针方向,它们共同构成复连通区域的边界曲线的正方向,如图 11.12(b)所示.

(a)　　　　　　　　　　(b)

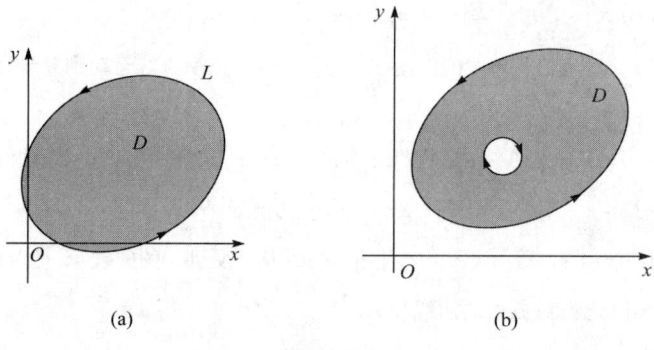

图 11.12

定理 1　设 D 是由分段光滑的曲线 L 围成的平面闭区域,如果函数 $P(x,y)$, $Q(x,y)$ 在 D 上具有一阶连续偏导数,则

$$\oint_L P(x,y)\mathrm{d}x + Q(x,y)\mathrm{d}y = \iint_D \left(\frac{\partial Q}{\partial x} - \frac{\partial P}{\partial y}\right)\mathrm{d}x\mathrm{d}y, \tag{11.20}$$

其中 L 是区域 D 取正方向的边界曲线,公式(11.20)称为**格林公式**.

证　根据区域 D 的情况分成三种类型,分别证明.

(1) 当 D 为单连通区域,且 D 既是 X 型又是 Y 型区域,如图 11.13(a)所示,由于 D 是 X 型区域,可设 $D=\{(x,y) \mid a \leqslant x \leqslant b, y_1(x) \leqslant y \leqslant y_2(x)\}$,则区域 D 的边界 L 由两条曲线 $L_1: y=y_1(x), x:a \to b$,与 $L_2: y=y_2(x), x:b \to a$ 围成,于是

$$\oint_L P(x,y)\mathrm{d}x = \int_{L_1} P(x,y)\mathrm{d}x + \int_{L_2} P(x,y)\mathrm{d}x$$
$$= \int_a^b P[x,y_1(x)]\mathrm{d}x + \int_b^a P[x,y_2(x)]\mathrm{d}x$$
$$= \int_a^b \{P[x,y_1(x)] - P[x,y_2(x)]\}\mathrm{d}x.$$

又

$$\iint_D \frac{\partial P}{\partial y}\mathrm{d}x\mathrm{d}y = \int_a^b \mathrm{d}x \int_{y_1(x)}^{y_2(x)} \frac{\partial P}{\partial y}\mathrm{d}y$$
$$= \int_a^b \{P[x,y_2(x)] - P[x,y_1(x)]\}\mathrm{d}x,$$

比较上面两式得

$$\oint_L P(x,y)\mathrm{d}x = \iint_D \left(-\frac{\partial P}{\partial y}\right)\mathrm{d}x\mathrm{d}y.$$

又 D 也是 Y 型区域,同理可证

$$\oint_L Q(x,y)\mathrm{d}y = \iint_D \frac{\partial Q}{\partial x}\mathrm{d}x\mathrm{d}y.$$

所以当 D 既是 X 型又是 Y 型区域时,有

$$\oint_L P(x,y)\mathrm{d}x + Q(x,y)\mathrm{d}y = \iint_D \left(\frac{\partial Q}{\partial x} - \frac{\partial P}{\partial y}\right)\mathrm{d}x\mathrm{d}y.$$

(2) 对于不同时为 X 型和 Y 型的有界闭区域 D,如果 D 是单连通区域,则通常添加几条辅助线可将它分成有限个既是 X 型又是 Y 型的部分区域,如图 11.13(b) 所示的区域,通过图中的虚线将其分成了 D_1, D_2, D_3 三个子区域,它们既是 X 型又是 Y 型的区域,于是格林公式在这些 $D_i(i=1,2,3)$ 上成立,即

$$\iint_{D_i} \left(\frac{\partial Q}{\partial x} - \frac{\partial P}{\partial y}\right)\mathrm{d}x\mathrm{d}y = \oint_{L_i} P\mathrm{d}x + Q\mathrm{d}y, \quad (i=1,2,3),$$

其中 L_i 为 D_i 正向边界曲线.则有

$$\iint_D \left(\frac{\partial Q}{\partial x} - \frac{\partial P}{\partial y}\right)\mathrm{d}x\mathrm{d}y = \sum_{i=1}^3 \iint_{D_i} \left(\frac{\partial Q}{\partial x} - \frac{\partial P}{\partial y}\right)\mathrm{d}x\mathrm{d}y$$

$$= \sum_{i=1}^3 \oint_{L_i} P\mathrm{d}x + Q\mathrm{d}y = \oint_L P\mathrm{d}x + Q\mathrm{d}y,$$

这些辅助线上都经过一个来回,由于方向相反,积分相加时,其第二类曲线积分相互抵消,最后只剩下有界闭区域 D 整个边界的积分项.因此公式 (11.20) 仍然成立.

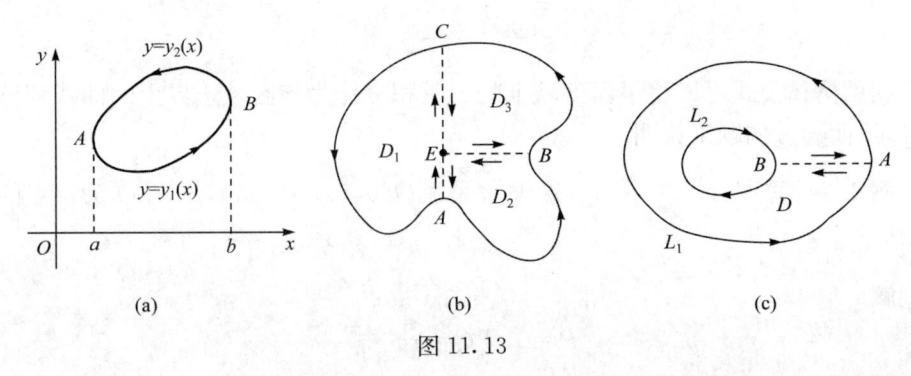

图 11.13

(3) 当区域 D 是复连通区域时,则可添加辅助线将其"割开"而成为单连通区域.例如图 11.13(c) 所示的区域 D 沿辅助线 AB 割开后,可以看成是以 $L_1 + \overrightarrow{AB} + L_2 + \overrightarrow{BA}$(这里 L_1 取逆时针方向 L_2 取顺时针方向)为正向边界曲线的单连通区域,由已讨论的结果有

$$\iint_D \left(\frac{\partial Q}{\partial x} - \frac{\partial P}{\partial y}\right)\mathrm{d}x\mathrm{d}y = \oint_{L_1 + \overrightarrow{BA} + L_2 + \overrightarrow{AB}} P\mathrm{d}x + Q\mathrm{d}y.$$

并注意到在辅助线 AB 上经一个来回后曲线积分相抵消,因而有

$$\iint_D \left(\frac{\partial Q}{\partial x} - \frac{\partial P}{\partial y}\right)\mathrm{d}x\mathrm{d}y = \oint_{L_1 + L_2} P\mathrm{d}x + Q\mathrm{d}y.$$

由于 L_1(逆时针方向)$+L_2$(顺时针方向)正好构成了 D 的整个正向边界曲线 L,故

$$\iint_D \left(\frac{\partial Q}{\partial x} - \frac{\partial P}{\partial y}\right) dx dy = \oint_L P dx + Q dy.$$

由此可见,在定理条件下,格林公式(11.20)都是成立的.

格林公式给出了二重积分与曲线积分之间的相互联系,从而可使平面上沿闭曲线的曲线积分化为由此曲线围成的区域上的二重积分,反之亦然.

特别地,令 $P=-y, Q=x$,则可以得到一个利用曲线积分计算平面区域 D 的面积公式

$$D = \frac{1}{2}\oint_L x dy - y dx. \tag{11.21}$$

式(11.21)中的 L 为平面区域 D 的正向边界曲线.

例1 计算椭圆 $x = a\cos\theta, y = b\sin\theta$ 所围图形的面积.

解 设 L 为椭圆域的正向边界曲线($\theta: 0 \to 2\pi$),由公式(11.21),椭圆面积为

$$A = \frac{1}{2}\oint_L x dy - y dx$$

$$= \frac{1}{2}\int_0^{2\pi}(ab\cos^2\theta + ab\sin^2\theta) d\theta$$

$$= \frac{ab}{2}\int_0^{2\pi} d\theta = \pi ab.$$

利用格林公式可以将平面区域上的二重积分化为该区域边界上的曲线积分来计算,下面通过例题来说明.

例2 计算积分 $\iint_D e^{-y^2} dx dy$,这里 D 是以 $O(0,0), A(1,1), B(0,1)$ 为顶点的三角形(图 11.14).

解 取

$$P = 0, \quad Q = xe^{-y^2},$$

由格林公式

$$\iint_D e^{-y^2} dx dy = \oint_L xe^{-y^2} dy$$

$$= \int_{\overrightarrow{OA}} xe^{-y^2} dy + \int_{\overrightarrow{AB}} xe^{-y^2} dy + \int_{\overrightarrow{BO}} xe^{-y^2} dy$$

$$= \int_{\overrightarrow{OA}} xe^{-y^2} dy$$

$$= \int_0^1 ye^{-y^2} dy = -\frac{1}{2}e^{-y^2}\Big|_0^1 = \frac{1}{2}(1-e^{-1}).$$

由例2可知,将平面区域上的二重积分化为该区域边界上的曲线积分来计算

时,曲线积分中的被积函数 P、Q 需要读者根据具体问题灵活地选取,所以,对于一般的二重积分计算采用该方法时有一定的难度.

另外,当 $\dfrac{\partial Q}{\partial x}-\dfrac{\partial P}{\partial y}$ 在闭曲线 L 围成的区域 D 上连续且易于积分时,则可利用格林公式,将曲线积分转化为由它围成的平面区域 D 上的二重积分来计算,下面通过例题来说明.

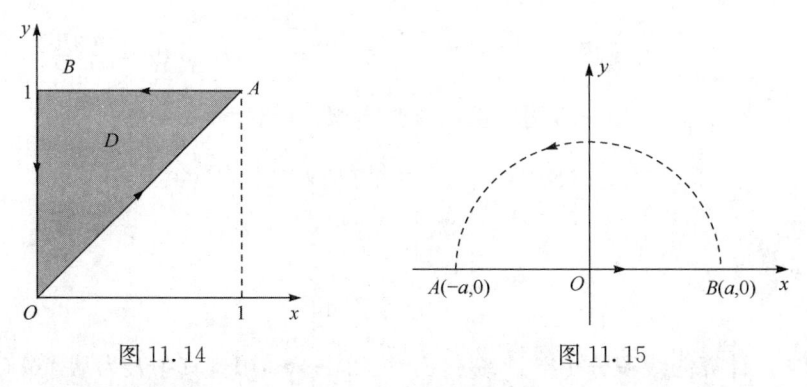

图 11.14

图 11.15

例 3 计算 $I=\int_L (x^3-x^2y)\mathrm{d}x+(y^3+xy^2)\mathrm{d}y$,其中

(1) L 为圆周 $x^2+y^2=a^2$ 的正向;

(2) L 为上半圆周 $y=\sqrt{a^2-x^2}$,方向从 $B(a,0)$ 到 $A(-a,0)$.

解 (1) 该积分可以通过圆的参数方程化为定积分来计算,该方法由读者自己完成. 这里考虑到 L 为封闭曲线,因此下面利用格林公式将它化为二重积分来计算更为简单.

令 $P=x^3-x^2y$,$Q=y^3+xy^2$,则

$$\dfrac{\partial Q}{\partial x}=y^2, \quad \dfrac{\partial P}{\partial y}=-x^2,$$

由 L 围成的闭区域为 $D=\{(x,y)\mid x^2+y^2\leqslant a^2\}$,代入格林公式得

$$\oint_L (x^3-x^2y)\mathrm{d}x+(y^3+xy^2)\mathrm{d}y = \iint_D (y^2+x^2)\mathrm{d}x\mathrm{d}y$$

$$= \int_0^{2\pi}\mathrm{d}\theta\int_0^a \rho^3\mathrm{d}\rho = \dfrac{\pi a^4}{2}.$$

(2) L 不是封闭曲线,不能直接应用格林公式计算,但从(1)看出,用格林公式计算较为简便. 为此先补上有向直线段

$$\overrightarrow{AB}: y=0, \quad x:-a\to a,$$

使其封闭(图 11.15),从而有

$$\int_L (x^3-x^2y)\mathrm{d}x+(y^3+xy^2)\mathrm{d}y$$

$$= \oint_{L+\overrightarrow{AB}} (x^3 - x^2 y)\mathrm{d}x + (y^3 + xy^2)\mathrm{d}y$$
$$- \int_{\overrightarrow{AB}} (x^3 - x^2 y)\mathrm{d}x + (y^3 + xy^2)\mathrm{d}y.$$

记 L 与 $\overrightarrow{AB}$ 所围的区域为 D，则对上式中的闭曲线上的积分应用格林公式，得
$$\oint_{L+\overrightarrow{AB}} (x^3 - x^2 y)\mathrm{d}x + (y^3 + xy^2)\mathrm{d}y = \iint_D (y^2 + x^2)\mathrm{d}x\mathrm{d}y$$
$$= \int_0^\pi \mathrm{d}\theta \int_0^a \rho^3 \mathrm{d}\rho = \frac{\pi a^4}{4}.$$

在线段 $\overrightarrow{AB}: y=0, x: -a \to a$，用直接法化为定积分计算
$$\int_{\overrightarrow{AB}} (x^3 - x^2 y)\mathrm{d}x + (y^3 + xy^2)\mathrm{d}y = \int_{-a}^a x^3 \mathrm{d}x = 0,$$

综上
$$I = \frac{\pi a^4}{4} - 0 = \frac{\pi a^4}{4}.$$

例 4 计算曲线积分 $I = \int_L \frac{y}{x^2} \mathrm{e}^{\frac{1}{x}} \mathrm{d}x + (2x - \mathrm{e}^{\frac{1}{x}})\mathrm{d}y$，其中 L 为从点 $A(2,1)$ 沿右半圆周 $(x-2)^2 + (y-2)^2 = 1 (x \geqslant 2)$ 到点 $B(2,3)$ 的有向曲线（图 11.16）.

解 本题若将 L 化成参数式来计算曲线积分是困难的，可先补上有向直线段 $\overrightarrow{BA}$，它与 L 构成封闭的曲线，再利用格林公式进行计算. 令
$$P = \frac{y}{x^2} \mathrm{e}^{\frac{1}{x}}, \quad Q = 2x - \mathrm{e}^{\frac{1}{x}},$$
则
$$\frac{\partial P}{\partial y} = \frac{1}{x^2} \mathrm{e}^{\frac{1}{x}}, \quad \frac{\partial Q}{\partial x} = 2 + \frac{1}{x^2} \mathrm{e}^{\frac{1}{x}},$$

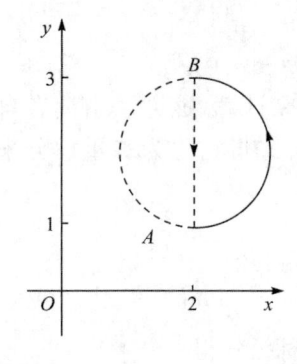

图 11.16

在 $x > 0$ 时，其偏导数连续且
$$\frac{\partial Q}{\partial x} - \frac{\partial P}{\partial y} = 2,$$

由图 11.16，补充有向直线段 $\overrightarrow{BA}: x=2, y: 3 \to 1$，记 L 与 $\overrightarrow{BA}$ 所围的区域为 D，则
$$I = \oint_{L+\overrightarrow{BA}} \frac{y}{x^2} \mathrm{e}^{\frac{1}{x}} \mathrm{d}x + (2x - \mathrm{e}^{\frac{1}{x}})\mathrm{d}y - \int_{\overrightarrow{BA}} \frac{y}{x^2} \mathrm{e}^{\frac{1}{x}} \mathrm{d}x + (2x - \mathrm{e}^{\frac{1}{x}})\mathrm{d}y$$
$$= \iint_D \left(\frac{\partial Q}{\partial x} - \frac{\partial P}{\partial y}\right)\mathrm{d}\sigma - \int_3^1 (4 - \mathrm{e}^{\frac{1}{2}})\mathrm{d}y = 2\iint_D \mathrm{d}\sigma + 2(4 - \mathrm{e}^{\frac{1}{2}})$$
$$= \pi + 2(4 - \mathrm{e}^{\frac{1}{2}}).$$

由以上的例题可见，当 $\frac{\partial Q}{\partial x} - \frac{\partial P}{\partial y}$ 在曲线围成的区域上处处连续且易于积分时，

常考虑应用格林公式计算对坐标的曲线积分,当积分曲线为非闭曲线(例3(2)与例4)时,虽不能直接用格林公式,但可通过补上适当的有向曲线,使其封闭后,再用格林公式,也起到了简化计算的显著效果.

例5 计算 $\oint_L \dfrac{x\mathrm{d}y - y\mathrm{d}x}{x^2 + y^2}$,其中 L 是平面上任一不经过原点且无重点的封闭光滑曲线,方向取逆时针方向.

解 记 L 所围的区域为 D,令 $P = \dfrac{-y}{x^2+y^2}$,$Q = \dfrac{x}{x^2+y^2}$. 则

$$\frac{\partial P}{\partial y} = \frac{y^2 - x^2}{(x^2+y^2)^2} = \frac{\partial Q}{\partial x}, \quad (x,y) \neq (0,0).$$

(1) 当 L 是不包围原点的任一封闭光滑曲线时(图 11.17(a)),即 $(0,0) \notin D$,故在 D 内恒有 $\dfrac{\partial Q}{\partial x} = \dfrac{\partial P}{\partial y}$,由格林公式得

$$\oint_L \frac{x\mathrm{d}y - y\mathrm{d}x}{x^2+y^2} = \iint_D \left(\frac{\partial Q}{\partial x} - \frac{\partial P}{\partial y}\right)\mathrm{d}x\mathrm{d}y = \iint_D 0\,\mathrm{d}x\mathrm{d}y = 0.$$

(2) 当 L 是包围原点的封闭光滑曲线时,由于在点 $O(0,0)$ 处,$\dfrac{\partial Q}{\partial x}$,$\dfrac{\partial P}{\partial y}$ 无意义,故此时,在区域 D 内格林公式的条件不满足.因此不能直接用格林公式计算.

以原点为圆心,作圆周线 $C:\begin{cases} x = \rho\cos\theta \\ y = \rho\sin\theta \end{cases}$,$(\rho > 0)$. 取足够小的 ρ,使圆周线 C 整个含在曲线 L 内,C 取顺时针方向(图 11.17(b)).

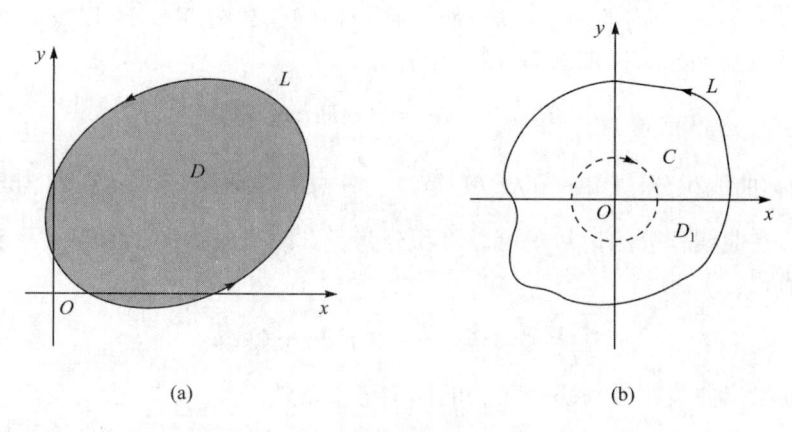

图 11.17

这样在以 $L + C$ 为边界的环域 D_1 内,$\dfrac{\partial Q}{\partial x}$,$\dfrac{\partial P}{\partial y}$ 连续,且 $\dfrac{\partial Q}{\partial x} = \dfrac{\partial P}{\partial y}$,应用格林公式,得

$$\oint_L \frac{x\,dy - y\,dx}{x^2+y^2} = \oint_{L+C} \frac{x\,dy - y\,dx}{x^2+y^2} - \oint_C \frac{x\,dy - y\,dx}{x^2+y^2}$$
$$= \iint_D \left(\frac{\partial Q}{\partial x} - \frac{\partial P}{\partial y}\right) dx\,dy - \int_{2\pi}^0 \frac{\rho^2 \cos^2\theta + \rho^2 \sin^2\theta}{\rho^2} d\theta$$
$$= 0 + \int_0^{2\pi} 1 \cdot d\theta = 2\pi.$$

由例 5 可知,对于闭曲线上的曲线积分,必须验证 $\dfrac{\partial Q}{\partial x}, \dfrac{\partial P}{\partial y}$ 在闭曲线围成的闭区域上的连续性,只有当它们在该闭区域上处处连续时,才可用格林公式来计算.

二、平面曲线积分与路径无关的条件

从 11.2 节例 2、例 3 可以看到,曲线积分 $\int_L P(x,y)\,dx + Q(x,y)\,dy$ 的值与积分路径有时有关,有时又无关.那么在什么条件下,曲线积分与路径无关呢?这个问题在物理学中有着重要的意义,当曲线积分 $\int_L P\,dx + Q\,dy$ 在平面区域 D 内与路径无关时,称向量场 $\boldsymbol{F}(M) = (P(x,y), Q(x,y))$ 为**保守场**. 例如,重力场就是一个保守场. 要研究一个向量场 $\boldsymbol{F}(M)$ 是否为保守场,就是要研究场力所做的功,即曲线积分 $\int_L P(x,y)\,dx + Q(x,y)\,dy$ 是否与路径无关.

下面我们来讨论平面上曲线积分与路径无关的条件.

设 D 是 xOy 面内的一个区域,如果对 D 内的任意两点 A、B,以及 D 内从点 A 到点 B 的任意两条有向曲线 L_1, L_2,恒有

$$\int_{L_1} P\,dx + Q\,dy = \int_{L_2} P\,dx + Q\,dy$$

成立,则称曲线积分 $\int_L P\,dx + Q\,dy$ (L 是 D 内任意一条曲线,下略) 在 D 内与路径无关. 这时,在曲线积分的记号里可以将积分路径 L 改写成路径 L 的起点 A 和终点 B 的如下形式:

$$\int_L P\,dx + Q\,dy = \int_A^B P\,dx + Q\,dy.$$

下面给出曲线积分与路径无关的四个等价条件.

定理 2 设 D 是平面上的单连通区域,函数 $P(x,y), Q(x,y)$ 在 D 上具有一阶连续偏导数,那么以下四个命题相互等价:

(1) 沿 D 内的任意一条光滑或分段光滑的有向闭曲线 L, 有
$$\oint_L P(x,y)\mathrm{d}x + Q(x,y)\mathrm{d}y = 0;$$

(2) 曲线积分 $\int_L P(x,y)\mathrm{d}x + Q(x,y)\mathrm{d}y$ 在 D 内只与曲线 L 的起点和终点有关, 而与积分路径 L 无关;

(3) 在 D 内存在一个二元函数 $u(x,y)$, 使得 $P(x,y)\mathrm{d}x + Q(x,y)\mathrm{d}y$ 在 D 内是该函数的全微分, 即
$$\mathrm{d}u(x,y) = P(x,y)\mathrm{d}x + Q(x,y)\mathrm{d}y;$$

(4) 在 D 内恒有:
$$\frac{\partial Q}{\partial x} = \frac{\partial P}{\partial y}.$$

证 (1)⇒(2).

设 L_1, L_2 是平面区域 D 内连接起点 A 和终点 B 的任意两曲线(图 11.18), 沿以 A 为起点, B 为终点的有向曲线记为 L_1, 以 B 为起点, A 为终点的有向曲线记为 L_2^-, 则 $L_1 + L_2^-$ 是一条经过 AB 两点逆时针方向的闭曲线, 由(1)可知

$$\oint_{L_1+L_2^-} P(x,y)\mathrm{d}x + Q(x,y)\mathrm{d}y = 0,$$

于是

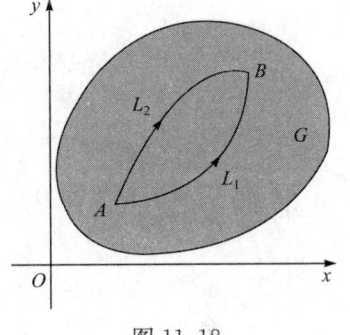

图 11.18

$$\oint_{L_1+L_2^-} P\mathrm{d}x + Q\mathrm{d}y = \int_{L_1} P\mathrm{d}x + Q\mathrm{d}y + \int_{L_2^-} P\mathrm{d}x + Q\mathrm{d}y$$
$$= \int_{L_1} P\mathrm{d}x + Q\mathrm{d}y - \int_{L_2} P\mathrm{d}x + Q\mathrm{d}y = 0,$$

则

$$\int_{L_1} P\mathrm{d}x + Q\mathrm{d}y = \int_{L_2} P\mathrm{d}x + Q\mathrm{d}y.$$

由 L_1, L_2 的任意性可知, 曲线积分 $\int_L P(x,y)\mathrm{d}x + Q(x,y)\mathrm{d}y$ 在 D 内与路径无关.

(2)⇒(3).

设 $A(x_0, y_0)$, $B(x,y)$ 是 D 内两点, 则在(2)的条件下, 曲线积分 $\int_{\widehat{AB}} P\mathrm{d}x + Q\mathrm{d}y$ 与路径无关, 而仅依赖于起点 A 和终点 B 的位置, 这时, 该积分可记作

$$\int_{(x_0,y_0)}^{(x,y)} P\mathrm{d}x + Q\mathrm{d}y,$$

当 A 点为固定点时，则上述积分的值将随着上限 (x,y) 的变化而变化，因而是上限 (x,y) 的一个二元函数，记作 $u(x,y)$，即

$$u(x,y) = \int_{(x_0,y_0)}^{(x,y)} P(x,y)\mathrm{d}x + Q(x,y)\mathrm{d}y.$$

下面证明 $\mathrm{d}u = P(x,y)\mathrm{d}x + Q(x,y)\mathrm{d}y$. 由于 $P(x,y)$ 及 $Q(x,y)$ 是连续的，只需证

$$\frac{\partial u}{\partial x} = P(x,y), \quad \frac{\partial u}{\partial y} = Q(x,y)$$

成立.

由偏导数的定义

$$\frac{\partial u}{\partial x} = \lim_{\Delta x \to 0} \frac{u(x+\Delta x, y) - u(x,y)}{\Delta x},$$

而

$$u(x+\Delta x, y) = \int_{(x_0,y_0)}^{(x+\Delta x, y)} P(x,y)\mathrm{d}x + Q(x,y)\mathrm{d}y,$$

由于该曲线积分与路径无关，上述积分的路径可选择为 $\overset{\frown}{AB} + \overrightarrow{BM}$，这里 $M(x+\Delta x, y)$，如图 11.19 所示，从而

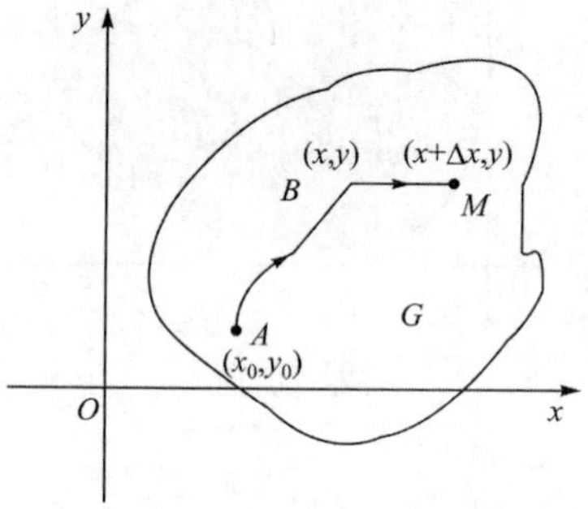

图 11.19

$$\begin{aligned} u(x+\Delta x, y) &= \int_{(x_0,y_0)}^{(x,y)} P\mathrm{d}x + Q\mathrm{d}y \\ &\quad + \int_{(x,y)}^{(x+\Delta x, y)} P\mathrm{d}x + Q\mathrm{d}y \\ &= u(x,y) + \int_{(x,y)}^{(x+\Delta x, y)} P\mathrm{d}x + Q\mathrm{d}y, \end{aligned}$$

于是

$$u(x+\Delta x, y) - u(x,y) = \int_{(x,y)}^{(x+\Delta x, y)} P(x,y)\mathrm{d}x + Q(x,y)\mathrm{d}y.$$

右端积分路径为直线段 $\overrightarrow{BM}$：$y=y$，x：$x \to x+\Delta x$. 将此曲线积分化为定积分，并应用积分中值定理，得

$$\begin{aligned} u(x+\Delta x, y) - u(x,y) &= \int_{(x,y)}^{(x+\Delta x, y)} P(x,y)\mathrm{d}x = \int_{x}^{x+\Delta x} P(x,y)\mathrm{d}x \\ &= P(x+\theta\Delta x, y)\Delta x \quad (0<\theta<1), \end{aligned}$$

由 $P(x,y)$ 的连续性，得

$$\frac{\partial u}{\partial x} = \lim_{\Delta x \to 0} \frac{u(x+\Delta x, y) - u(x,y)}{\Delta x} = \lim_{\Delta x \to 0} P(x+\theta\Delta x, y) = P(x,y).$$

同理可证
$$\frac{\partial u}{\partial y}=Q(x,y).$$

由题设可知，函数 $P(x,y),Q(x,y)$ 在 D 上具有一阶连续偏导数，即 $\frac{\partial Q}{\partial x}$、$\frac{\partial P}{\partial y}$ 在 D 上连续，因此函数 $u(x,y)$ 在 D 上可微．且
$$\begin{aligned}\mathrm{d}u &= \frac{\partial u}{\partial x}\mathrm{d}x+\frac{\partial u}{\partial y}\mathrm{d}y \\ &= P(x,y)\mathrm{d}x+Q(x,y)\mathrm{d}y.\end{aligned}$$

(3)$\Rightarrow$(4).

根据(3)，存在 $u(x,y)$，使得 $\mathrm{d}u=P(x,y)\mathrm{d}x+Q(x,y)\mathrm{d}y$，则
$$\frac{\partial u}{\partial x}=P(x,y),\quad \frac{\partial u}{\partial y}=Q(x,y).$$

由题设，函数 $P(x,y),Q(x,y)$ 在 D 上具有一阶连续偏导数，对上式求偏导数得
$$\frac{\partial P}{\partial y}=\frac{\partial^2 u}{\partial x\partial y},\quad \frac{\partial Q}{\partial x}=\frac{\partial^2 u}{\partial y\partial x},$$

由于 $\frac{\partial P}{\partial y}$ 与 $\frac{\partial Q}{\partial x}$ 在 D 内连续，故有 $\frac{\partial^2 u}{\partial x\partial y},\frac{\partial^2 u}{\partial y\partial x}$ 在 D 内连续，则
$$\frac{\partial^2 u}{\partial x\partial y}=\frac{\partial^2 u}{\partial y\partial x},$$

即在 D 内
$$\frac{\partial Q}{\partial x}=\frac{\partial P}{\partial y}.$$

(4)$\Rightarrow$(1).

由(4)，在 D 内每点处 $\frac{\partial Q}{\partial x}=\frac{\partial P}{\partial y}$，又 D 是单连通区域，故对 D 内任一条光滑或分段光滑的有向闭曲线 L，设 D_1 为 L 所围的闭区域，应用格林公式有
$$\oint_L P(x,y)\mathrm{d}x+Q(x,y)\mathrm{d}y=\pm\iint_{D_1}\left(\frac{\partial Q}{\partial x}-\frac{\partial P}{\partial y}\right)\mathrm{d}x\mathrm{d}y=\pm\iint_{D_1}0\cdot\mathrm{d}x\mathrm{d}y=0.$$

注 定理中区域 D 为单连通的条件必不可少，否则定理结论未必成立，这从(4)$\Rightarrow$(1)的证明过程中可以看出（参阅例 5）.

在定理 2 的四个等价条件中，条件(4)比较容易检验，因此常通过检验条件(4)来推断其他三个命题是否成立．特别地，如果条件(4)成立，则在 D 内非闭曲线的曲线积分 $\int_L P(x,y)\mathrm{d}x+Q(x,y)\mathrm{d}y$ 只与曲线 L 的起点和终点有关，而与其积分的路径 L 无关，因此常常选择 D 内平行于坐标轴的直线段构成的折线段代替 L 来计

算该曲线积分.

例6 计算曲线积分 $I = \int_L \cos(x+y^2)\,dx + \left[2y\cos(x+y^2) - \dfrac{1}{\sqrt{1+y^4}}\right]dy$，其中 L 为摆线 $x = a(t-\sin t), y = a(1-\cos t)$ 上由 $O(0,0)$ 点到 $A(2\pi a, 0)$ 点的一拱.

解 此题若直接利用摆线的参数方程化成定积分计算很复杂，令

$$P = \cos(x+y^2), \quad Q = 2y\cos(x+y^2) - \dfrac{1}{\sqrt{1+y^4}}.$$

由于

$$\dfrac{\partial P}{\partial y} = -\sin(x+y^2) \cdot 2y = \dfrac{\partial Q}{\partial x}.$$

所以，该曲线积分 I 与路径无关，故可取有向线段 $\overrightarrow{OA}, y=0, x:0 \to 2\pi a$，代替有向曲线 L 计算该积分，即

$$I = \int_{\overrightarrow{OA}} \cos(x+y^2)\,dx + \left[2y\cos(x+y^2) - \dfrac{1}{\sqrt{1+y^4}}\right]dy$$

$$= \int_0^{2\pi a} \cos x\,dx = \sin 2\pi a.$$

一般地，若定理 2 中条件(4)成立，则由定理 2 的(3)知，在 D 内必存在一个可微的二元函数 $u(x,y)$，使得

$$du(x,y) = P(x,y)\,dx + Q(x,y)\,dy.$$

故 $u(x,y)$ 是 $P(x,y)\,dx + Q(x,y)\,dy$ 的一个原函数，由定理 2 的证明过程可知

$$u(x,y) = \int_{(x_0,y_0)}^{(x,y)} P(x,y)\,dx + Q(x,y)\,dy,$$

且该积分与路径无关，故可取平行于 x 轴的直线段 AM 及平行于 y 轴的直线段 MB 为积分路径，这时要求折线段 AMB 完全位于 D 内(图 11.20(a))，得

$$u(x,y) = \int_{x_0}^x P(x,y_0)\,dx + \int_{y_0}^y Q(x,y)\,dy, \tag{11.22}$$

或者也可取平行于 y 轴的直线段 AM' 及平行于 x 轴的直线段 $M'B$ 为积分路径，这时要求折线段 $AM'B$ 完全位于 D 内(图 11.20(b))，函数 $u(x,y)$ 也可表示为

$$u(x,y) = \int_{y_0}^y Q(x_0,y)\,dy + \int_{x_0}^x P(x,y)\,dx, \tag{11.23}$$

沿 D 内不同的路径求出的二元函数 $u(x,y)$ 之间一般会相差一个常数，但都有

$$du = P(x,y)\,dx + Q(x,y)\,dy.$$

第 11 章 曲线积分与曲面积分 · 211 ·

(a)　　　　　　　　　　　　　　(b)

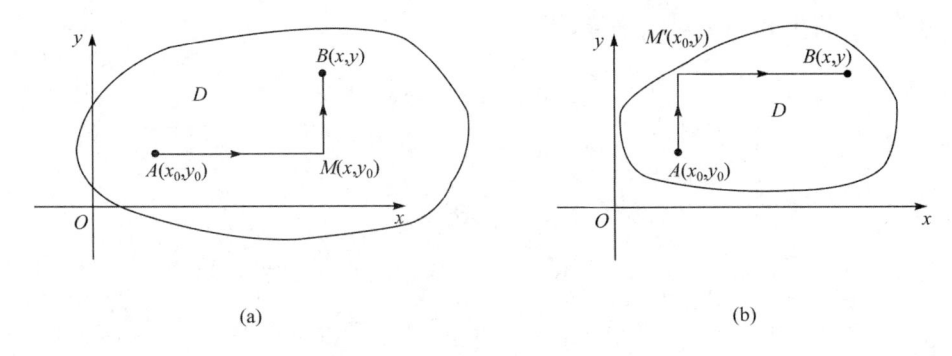

图 11.20

例 7 验证 $(3x^2-6xy)dx+(3y^2-3x^2)dy$ 是某个二元函数的全微分，并求一个这样的函数.

解 令 $P=3x^2-6xy, Q=3y^2-3x^2$，则

$$\frac{\partial P}{\partial y}=-6x=\frac{\partial Q}{\partial x}.$$

由定理 2，存在 $u(x,y)$，使得

$$du=(3x^2-6xy)dx+(3y^2-3x^2)dy.$$

取定点 (x_0,y_0) 为 $O(0,0)$，于是

$$\begin{aligned}u(x,y)&=\int_{(0,0)}^{(x,y)}(3x^2-6xy)dx+(3y^2-3x^2)dy\\&=\int_0^x 3x^2 dx+\int_0^y(3y^2-3x^2)dy\\&=x^3+y^3-3x^2y.\end{aligned}$$

除了上述用曲线积分求 $u(x,y)$ 外，我们也可用下述偏积分法求出 $u(x,y)$.

由

$$du=(3x^2-6xy)dx+(3y^2-3x^2)dy,$$

则

$$\frac{\partial u}{\partial x}=3x^2-6xy,\quad \frac{\partial u}{\partial y}=3y^2-3x^2,$$

于是

$$\begin{aligned}u(x,y)&=\int\frac{\partial u}{\partial x}dx=\int(3x^2-6xy)dx\\&=x^3-3x^2y+\varphi(y),\end{aligned}$$

故有

$$u(x,y)=x^3-3x^2y+\varphi(y).$$

上面积分过程中因将 y 看作为常数，故积分常数中可能含有 y，从而积分常数

写为 $\varphi(y)$. 将上式两端对 y 求导,得

$$\frac{\partial u}{\partial y}=-3x^2+\varphi'(y)=3y^2-3x^2,$$

即

$$\varphi'(y)=3y^2,$$

故

$$\varphi(y)=\int 3y^2\mathrm{d}y=y^3+C,$$

从而

$$u(x,y)=x^3-3x^2y+y^3+C.$$

三、全微分方程

如果一阶微分方程

$$P(x,y)\mathrm{d}x+Q(x,y)\mathrm{d}y=0 \tag{11.24}$$

的左端是某个二元函数 $u(x,y)$ 的全微分,则称其为**全微分方程**.

全微分方程也可写成

$$\mathrm{d}u(x,y)=0,$$

故

$$u(x,y)=C \quad (C \text{ 为任意常数})$$

就是**全微分方程(11.24)的通解**.

并非一切形如式(11.24)的方程都是全微分方程,利用定理 2 的结论可知,当 $P(x,y),Q(x,y)$ 在单连通区域内具有一阶连续偏导数时,一阶微分方程(11.24)是全微分方程的充要条件为

$$\frac{\partial Q}{\partial x}=\frac{\partial P}{\partial y}.$$

这时,有

$$u(x,y)=\int_{(x_0,y_0)}^{(x,y)} P(x,y)\mathrm{d}x+Q(x,y)\mathrm{d}y.$$

由此

$$\int_{(x_0,y_0)}^{(x,y)} P(x,y)\mathrm{d}x+Q(x,y)\mathrm{d}y=C \tag{11.25}$$

为全微分方程(11.24)的通解,其中 (x_0,y_0) 是区域 D 内任意取定点的坐标.

例 8 求微分方程 $(5x^4+3xy^2-y^3)\mathrm{d}x+(3x^2y-3xy^2+y^2)\mathrm{d}y=0$ 的通解.

解 令 $P=5x^4+3xy^2-y^3$,$Q=3x^2y-3xy^2+y^2$,则

$$\frac{\partial P}{\partial y} = 6xy - 3y^2 = \frac{\partial Q}{\partial x},$$

故该微分方程是全微分方程，取 (x_0, y_0) 为 $O(0,0)$，则

$$\begin{aligned} u(x,y) &= \int_{(0,0)}^{(x,y)} (5x^4 + 3xy^2 - y^3) \mathrm{d}x + (3x^2 y - 3xy^2 + y^2) \mathrm{d}y \\ &= \int_0^x 5x^4 \mathrm{d}x + \int_0^y (3x^2 y - 3xy^2 + y^2) \mathrm{d}y \\ &= x^5 + \frac{3}{2} x^2 y^2 - xy^3 + \frac{1}{3} y^3. \end{aligned}$$

因此方程的通解为

$$x^5 + \frac{3}{2} x^2 y^2 - xy^3 + \frac{1}{3} y^3 = C.$$

例 9 解微分方程

$$\cos x(\cos x - \sin y)\mathrm{d}x + \cos y(\cos y - \sin x)\mathrm{d}y = 0.$$

解 令 $P = \cos x(\cos x - \sin y)$，$Q = \cos y(\cos y - \sin x)$，则

$$\frac{\partial P}{\partial y} = -\cos x \cos y = \frac{\partial Q}{\partial x},$$

在 xOy 面内成立，取定点 A 为 $O(0,0)$，动点 $B(x,y)$，得

$$\begin{aligned} u(x,y) &= \int_{(0,0)}^{(x,y)} (\cos x(\cos x - \sin y)) \mathrm{d}x + (\cos^2 y - \sin x \cos y) \mathrm{d}y \\ &= \int_0^x \cos^2 x \mathrm{d}x + \int_0^y (\cos^2 y - \sin x \cos y) \mathrm{d}y \\ &= \int_0^x \frac{1}{2}(1 + \cos 2x) \mathrm{d}x + \int_0^y \left(\frac{1}{2}(1 + \cos 2y) - \sin x \cos y \right) \mathrm{d}y \\ &= \frac{1}{2}(x + y) + \frac{1}{4}(\sin 2x + \sin 2y) - \sin x \sin y, \end{aligned}$$

因此方程的通解为

$$2(x+y) + \sin 2x + \sin 2y - 4\sin x \sin y = C.$$

对于一些简单的全微分方程，也可用凑微分方法求解．

例 10 解微分方程

$$(1 + \mathrm{e}^{2y})\mathrm{d}x + 2x\mathrm{e}^{2y} \mathrm{d}y = 0.$$

解 方程可化为

$$\mathrm{d}x + \mathrm{e}^{2y} \mathrm{d}x + x\mathrm{d}\mathrm{e}^{2y} = 0,$$

由观察可得

$$\mathrm{d}(x + x\mathrm{e}^{2y}) = 0,$$

因此方程的通解为

$$x + x\mathrm{e}^{2y} = C.$$

例 11 已知函数 $f(x)$ 具有连续导数,且 $f(0)=\dfrac{1}{2}$,试确定 $f(x)$,使得 $[e^x+f(x)]y\mathrm{d}x+f(x)\mathrm{d}y=0$ 为全微分方程,并解此全微分方程.

解 令 $P=[e^x+f(x)]y, Q=f(x)$.

由于所给方程是全微分方程,所以应有 $\dfrac{\partial P}{\partial y}=\dfrac{\partial Q}{\partial x}$,从而 $e^x+f(x)=f'(x)$,即

$$f'(x)-f(x)=e^x \quad \text{或} \quad y'-y=e^x,$$

这是一阶线性微分方程. 所以

$$y=f(x)=e^{-\int(-1)\mathrm{d}x}\left(\int e^x e^{\int(-1)\mathrm{d}x}\mathrm{d}x+C\right)=e^x(x+C).$$

代入初始条件 $f(0)=\dfrac{1}{2}$,得 $C=\dfrac{1}{2}$,所以 $f(x)=e^x\left(x+\dfrac{1}{2}\right)$.

于是得到全微分方程

$$\left[e^x+e^x\left(x+\dfrac{1}{2}\right)\right]y\mathrm{d}x+e^x\left(x+\dfrac{1}{2}\right)\mathrm{d}y=0.$$

取定点 A 为 $O(0,0)$,动点 $B(x,y)$,得

$$u(x,y)=\int_{(0,0)}^{(x,y)}\left[e^x+e^x\left(x+\dfrac{1}{2}\right)\right]y\mathrm{d}x+e^x\left(x+\dfrac{1}{2}\right)\mathrm{d}y$$

$$=\int_0^y e^x\left(x+\dfrac{1}{2}\right)\mathrm{d}y=ye^x\left(x+\dfrac{1}{2}\right),$$

所以,此全微分方程的通解为 $ye^x\left(x+\dfrac{1}{2}\right)=C'$.

习 题 11.3

(A)

1. 利用格林公式计算下列曲线积分:

(1) $\oint_L y(e^x-1)\mathrm{d}x+e^x\mathrm{d}y$, 其中 L 为曲线 $x+y=1$ 及坐标轴围成的三角形的正向边界曲线;

(2) $\oint_L xy^2\mathrm{d}y-x^2y\mathrm{d}x$, 其中 L 为圆周 $x^2+y^2=a^2$,方向为逆时针方向;

(3) $\oint_L (x+y)\mathrm{d}x-(x-y)\mathrm{d}y$, 其中 L 为椭圆 $\dfrac{x^2}{a^2}+\dfrac{y^2}{b^2}=1$,方向为逆时针方向;

(4) $\oint_L (x^2y\cos x+2xy\sin x-y^2 e^x)\mathrm{d}x+(x^2\sin x-2ye^x)\mathrm{d}y$, 其中 L 为正向星形线 $x^{\frac{2}{3}}+y^{\frac{2}{3}}=a^{\frac{2}{3}}$ $(a>0)$;

(5) $\int_L (e^x\sin y-2y)\mathrm{d}x+(e^x\cos y-2)\mathrm{d}y$, 其中 L 为上半圆周 $(x-a)^2+y^2=a^2, y\geqslant$

0,沿逆时针方向;

(6) $\int_L (y^3 e^x - 2y)dx + (3y^2 e^x - 2)dy$, L 是一条有向折线段 $\overrightarrow{OAB}$,其中 $O(0,0)$, $A(2,2)$, $B(4,0)$ 为该折线段的顶点.

2. 利用曲线积分计算由星形线 $x=a\cos^3 t, y=a\sin^3 t$ 所围成的图形的面积.

3. 验证下列各式为某一函数 $u(x,y)$ 的全微分,并求出一个这样的函数 $u(x,y)$:

(1) $(x^2+2xy-y^2)dx+(x^2-2xy-y^2)dy$;

(2) $(3x^2y+xe^x)dx+(x^3-y\sin y)dy$;

(3) $(2x+\sin y)dx+(x\cos y)dy$.

4. 证明下列曲线积分在有定义的单连通域内与路径无关,并计算积分值:

(1) $\int_{(0,0)}^{(2,3)} (2x\cos y - y^3 \sin x)dx + (2y\cos x - x^2 \sin y)dy$;

(2) $\int_{(0,1)}^{(3,-4)} xdx + ydy$;

(3) $\int_{(0,1)}^{(2,3)} (x+y)dx + (x-y)dy$;

(4) $\int_{(0,0)}^{(a,b)} e^x(\cos y dx - \sin y dy)$.

5. 求下列微分方程的通解:

(1) $(y^2-2x)dx+(2xy-1)dy=0$;

(2) $\sin x \sin 2y dx - 2\cos x \cos 2y dy = 0$;

(3) $e^y dx + (xe^y - 2y)dy = 0$;

(4) $(3x^2+6xy^2)dx+(6x^2y+4y^2)dy=0$;

(5) $\left(\dfrac{xy}{\sqrt{1+x^2}}+2xy-\dfrac{y}{x}\right)dx + \left(\sqrt{1+x^2}+x^2-\ln x\right)dy = 0$;

(6) $(1+e^{2\theta})d\rho + 2\rho e^{2\theta} d\theta = 0$.

6. 设平面力场 $\boldsymbol{F} = (2xy^3 - y^2\cos x)\boldsymbol{i} + (1-2y\sin x + 3x^2y^2)\boldsymbol{j}$,求质点沿曲线 $L:2x=\pi y^2$ 上从点 $(0,0)$ 移动到点 $\left(\dfrac{\pi}{2}, 1\right)$ 时,力 $\boldsymbol{F}$ 所做的功.

(B)

1. 已知 $\varphi(y)$ 具有连续导数,$\varphi(0)=0$,曲线 L 的极坐标方程为 $\rho=a(1-\cos\theta)$,$(a>0, 0 \leqslant \theta \leqslant \pi)$,曲线 L 的方向对应于 θ 从 0 到 π,计算曲线积分:

$$\int_L [\varphi(y)e^x - \pi y]dx + [\varphi'(y)e^x - \pi]dy.$$

2. 计算 $I = \int_L \dfrac{ydx - xdy}{x^2+y^2}$,其中 L 为

(1) 椭圆 $\dfrac{(x-2)^2}{2} + \dfrac{y^2}{3} = 1$ 的正向;

(2) 正方形边界 $|x|+|y|=1$ 的正向.

3. 设 $f(u)$ 为连续函数，证明
$$\int_{(0,1)}^{(a,b)} f(x+y)(\mathrm{d}x+\mathrm{d}y) = \int_0^{a+b} f(u)\mathrm{d}u.$$

4. 计算曲线积分
$$\int_{\widehat{AMO}} (e^x\sin y - my)\mathrm{d}x + (e^x\cos y - m)\mathrm{d}y,$$
其中 $\widehat{AMO}$ 为由点 $A(a,0)$ 至点 $O(0,0)$ 的上半圆周 $x^2+y^2=ax$.

5. 证明曲线积分 $\int_{(1,0)}^{(6,8)} \dfrac{x\mathrm{d}x+y\mathrm{d}y}{\sqrt{x^2+y^2}}$（沿不通过原点的路径），在有定义的单连通域内与路径无关，并计算其积分值.

6. 试确定 λ，使得 $\dfrac{x}{y}r^\lambda \mathrm{d}x - \dfrac{x^2}{y^2}r^\lambda \mathrm{d}y$ 是某个函数 $u(x,y)$ 的全微分，其中 $r=\sqrt{x^2+y^2}$，并求 $u(x,y)$.

11.4 对面积的曲面积分

一、对面积的曲面积分的概念与性质

在 11.1 节我们讨论了曲线型构件质量的求法，利用同样的方法可计算非均匀分布的曲面型构件的质量，并可得到相类似的结论. 相应地，只要将曲线型构件的线密度函数 $\mu(x,y,z)$ 改为定义在曲面 Σ 上的面密度函数 $\mu(x,y,z)$，当面密度 $\mu(x,y,z)$ 在曲面 Σ 上连续时，通过"分割取近似，求和取极限"的四个步骤便可将曲面 Σ 的质量 M 表示为下列和式的极限：
$$M = \lim_{\lambda \to 0} \sum_{i=1}^n \mu(\xi_i, \eta_i, \zeta_i)\Delta S_i,$$
这里 ΔS_i 为曲面 Σ 上第 i 小块曲面的面积，λ 表示 n 个小块曲面的直径的最大值.

上述形式的和式极限在其他许多实际问题中也会遇到，抽去其具体意义，就得到对面积的曲面积分的概念.

定义 设 Σ 是一片有界的光滑曲面，函数 $f(x,y,z)$ 在 Σ 上有界，将 Σ 划分成 n 个小块 $\Delta S_1, \Delta S_2, \cdots, \Delta S_n$，（$\Delta S_i$ 同时也表示第 i 小块曲面的面积），在 ΔS_i 上任取一点 $P_i(\xi_i, \eta_i, \zeta_i)$，作和式
$$\sum_{i=1}^n f(\xi_i, \eta_i, \zeta_i)\Delta S_i,$$
令 λ 为各小块曲面的直径的最大值，若当 $\lambda \to 0$ 时，该和式的极限总存在，且与曲面 Σ 的分法及点 $P_i(\xi_i, \zeta_i, \eta_i)$ 的取法无关，则称此极限为函数 $f(x,y,z)$ 在曲面 Σ 上

的对面积的曲面积分,亦称**第一类曲面积分**,记为 $\iint_{\Sigma} f(x,y,z)\mathrm{d}S$,即

$$\iint_{\Sigma} f(x,y,z)\mathrm{d}S = \lim_{\lambda \to 0} \sum_{i=1}^{n} f(\xi_i, \eta_i, \zeta_i) \Delta S_i, \tag{11.26}$$

其中 $f(x,y,z)$ 称为**被积函数**,Σ 称为**积分曲面**,$\mathrm{d}S$ 称为曲面的**面积微元**.

若 Σ 为封闭曲面,常将对面积的曲面积分记为 $\oiint_{\Sigma} f(x,y,z)\mathrm{d}S$.

可以证明,函数 $f(x,y,z)$ 在光滑曲面 Σ 上连续时,曲面积分 $\iint_{\Sigma} f(x,y,z)\mathrm{d}S$ 一定存在. 今后总假定 $f(x,y,z)$ 在曲面 Σ 上连续.

根据定义,面密度为连续函数 $\mu(x,y,z)$ 的曲面型构件 Σ 的质量可用对面积的曲面积分表示为

$$M = \iint_{\Sigma} \mu(x,y,z)\mathrm{d}S. \tag{11.27}$$

如果曲面 Σ 是分片光滑的(指由有限个光滑曲面所组成的曲面),我们规定函数在 Σ 上对面积的曲面积分等于函数在光滑的各片曲面上对面积的曲面积分之和. 例如,设曲面 Σ 可分成两片光滑曲面 Σ_1 与 Σ_2(记作 $\Sigma = \Sigma_1 + \Sigma_2$),则

$$\iint_{\Sigma} f(x,y,z)\mathrm{d}S = \iint_{\Sigma_1} f(x,y,z)\mathrm{d}S + \iint_{\Sigma_2} f(x,y,z)\mathrm{d}S.$$

从对面积的曲面积分的定义可知它与对弧长的曲线积分有完全类似的性质,在此不再重复. 特别地,当 $f(x,y,z) \equiv 1$ 时,有

$$\iint_{\Sigma} 1 \cdot \mathrm{d}S = \iint_{\Sigma} \mathrm{d}S = S, \tag{11.28}$$

上式中 S 表示曲面 Σ 的面积.

二、对面积的曲面积分的计算

当对面积的曲面积分存在时,可以化为二重积分来计算.

定理 设曲面 Σ 的方程为 $z = z(x,y)$,Σ 在 xOy 面上的投影区域为 D_{xy},函数 $z = z(x,y)$ 在区域 D_{xy} 上具有连续的偏导数,且函数 $f(x,y,z)$ 在 Σ 上连续,则

$$\iint_{\Sigma} f(x,y,z)\mathrm{d}S = \iint_{D_{xy}} f[x,y,z(x,y)]\sqrt{1+z_x^2(x,y)+z_y^2(x,y)}\,\mathrm{d}x\mathrm{d}y.$$

$$\tag{11.29}$$

证 设曲面 Σ 如图 11.21 所示，按对面积的曲面积分的定义，有

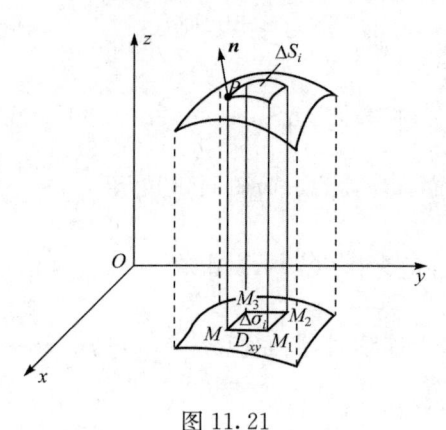

$$\iint_\Sigma f(x,y,z)\mathrm{d}S = \lim_{\lambda \to 0} \sum_{i=1}^n f(\xi_i,\eta_i,\zeta_i)\Delta S_i.$$

设第 i 块小曲面 ΔS_i（其面积也用 ΔS_i 表示）在坐标面 xOy 上的投影区域为 $\Delta\sigma_i$，同时也用 $\Delta\sigma_i$ 表示其面积，则第 i 块小曲面 ΔS_i 的面积

$$\Delta S_i = \iint_{\Delta\sigma_i} \sqrt{1+z_x^2(x,y)+z_y^2(x,y)}\,\mathrm{d}\sigma,$$

由二重积分的中值定理，则存在 $(\xi_i',\eta_i') \in \Delta\sigma_i$，使得

$$\Delta S_i = \sqrt{1+z_x^2(\xi_i',\eta_i')+z_y^2(\xi_i',\eta_i')}\,\Delta\sigma_i,$$

又因 (ξ_i,η_i,ζ_i) 为 ΔS_i 上的一点，故 $\zeta_i = z(\xi_i,\eta_i)$，这里 $(\xi_i,\eta_i,0)$ 也是小区域 $\Delta\sigma_i$ 上的点. 于是

$$\sum_{i=1}^n f(\xi_i,\eta_i,\zeta_i)\Delta S_i = \sum_{i=1}^n f(\xi_i,\eta_i,z(\xi_i,\eta_i))\sqrt{1+z_x^2(\xi_i',\eta_i')+z_y^2(\xi_i',\eta_i')}\,\Delta\sigma_i.$$

由于函数 $f(x,y,z(x,y))$ 以及函数 $z_x(x,y),z_y(x,y)$ 都在闭区域 D_{xy} 上连续，可以证明，当 $\lambda \to 0$ 时，上式右端的极限与下式

$$\sum_{i=1}^n f(\xi_i,\eta_i,\zeta_i)\Delta S_i = \sum_{i=1}^n f(\xi_i,\eta_i,z(\xi_i,\eta_i))\sqrt{1+z_x^2(\xi_i,\eta_i)+z_y^2(\xi_i,\eta_i)}\,\Delta\sigma_i$$

右端的极限相等. 而这个极限在定理的条件下是存在的，它等于二重积分

$$\iint_{D_{xy}} f[x,y,z(x,y)]\sqrt{1+z_x^2(x,y)+z_y^2(x,y)}\,\mathrm{d}\sigma.$$

因此左端的极限，即 $\iint_\Sigma f(x,y,z)\mathrm{d}S$ 也存在，且有

$$\iint_\Sigma f(x,y,z)\mathrm{d}S = \iint_{D_{xy}} f[x,y,z(x,y)]\sqrt{1+z_x^2(x,y)+z_y^2(x,y)}\,\mathrm{d}\sigma.$$

公式(11.29) 表明，在计算曲面积分 $\iint_\Sigma f(x,y,z)\mathrm{d}S$ 时，如果曲面 Σ 由方程 $z=z(x,y)$ 给出，则只要把被积函数 $f(x,y,z)$ 中的变量 z 用曲面方程 $z=z(x,y)$ 代入，曲面的面积微元 $\mathrm{d}S$ 用 $\sqrt{1+z_x^2+z_y^2}\,\mathrm{d}x\mathrm{d}y$ 替换，并确定 Σ 在 xOy 面上的投影 D_{xy}，这样就把对面积的曲面积分化为投影区域 D_{xy} 上的二重积分了. 这里对面积的曲面积分中的面积微元 $\mathrm{d}S$ 常化为其投影区域上的面积微元

$$\mathrm{d}S = \sqrt{1+z_x^2(x,y)+z_y^2(x,y)}\,\mathrm{d}\sigma.$$

类似地，如果积分曲面 Σ 由方程 $x=x(y,z)$ 或 $y=y(z,x)$ 给出，则只要将曲面 Σ 分别向坐标面 yOz 面或 zOx 面投影，即可将对面积的曲面积分化为相应投影区域上的二重积分，即

$$\iint_\Sigma f(x,y,z)\mathrm{d}S = \iint_{D_{yz}} f[x(y,z),y,z]\sqrt{1+x_y^2(y,z)+x_z^2(y,z)}\mathrm{d}y\mathrm{d}z; \quad (11.30)$$

或

$$\iint_\Sigma f(x,y,z)\mathrm{d}S = \iint_{D_{zx}} f[x,y(z,x),z]\sqrt{1+y_x^2(z,x)+y_z^2(z,x)}\mathrm{d}z\mathrm{d}x. \quad (11.31)$$

例1 计算 $\iint_\Sigma z\sqrt{x^2+y^2}\mathrm{d}S$，其中曲面 Σ 是圆锥面 $z=\sqrt{x^2+y^2}$ 介于平面 $z=1$ 与 $z=2$ 间的部分.

解 由于曲面 Σ 的方程表示为 $z=\sqrt{x^2+y^2}$，则将曲面 Σ 向在 xOy 面投影，得到其投影区域为

$$D_{xy}=\{(x,y)\,|\,1\leqslant x^2+y^2\leqslant 4\},$$

$$\mathrm{d}S=\sqrt{1+z_x^2(x,y)+z_y^2(x,y)}\mathrm{d}\sigma$$

$$=\sqrt{1+\frac{x^2}{x^2+y^2}+\frac{y^2}{x^2+y^2}}\mathrm{d}x\mathrm{d}y=\sqrt{2}\mathrm{d}x\mathrm{d}y,$$

由公式(11.29)得

$$\iint_\Sigma z\sqrt{x^2+y^2}\mathrm{d}S = \iint_{D_{xy}} (x^2+y^2)\sqrt{2}\mathrm{d}x\mathrm{d}y$$

$$=\sqrt{2}\int_0^{2\pi}\mathrm{d}\theta\int_1^2\rho^3\mathrm{d}\rho=\frac{15}{2}\sqrt{2}\pi.$$

例2 计算曲面积分 $\iint_\Sigma \frac{\mathrm{d}S}{z}$，其中 Σ 是球面 $x^2+y^2+z^2=R^2$ 被平面 $z=a(0<a<R)$ 截出的顶部(图 11.22).

解 Σ 的方程为

$$z=\sqrt{R^2-x^2-y^2},$$

它在 xOy 平面上的投影区域 $D_{xy}:x^2+y^2\leqslant R^2-a^2$，又

$$z_x=\frac{-x}{\sqrt{R^2-x^2-y^2}}, \quad z_y=\frac{-y}{\sqrt{R^2-x^2-y^2}},$$

则

$$\mathrm{d}S=\sqrt{1+z_x^2+z_y^2}\mathrm{d}x\mathrm{d}y=\frac{R}{\sqrt{R^2-x^2-y^2}}\mathrm{d}x\mathrm{d}y$$

根据公式(11.29)，有

$$\iint_\Sigma \frac{\mathrm{d}S}{z} = \iint_{D_{xy}} \frac{R}{R^2 - x^2 - y^2} \mathrm{d}x\mathrm{d}y = R\int_0^{2\pi} \mathrm{d}\theta \int_0^{\sqrt{R^2-a^2}} \frac{\rho}{R^2-\rho^2}\mathrm{d}\rho$$

$$= 2\pi R\left[-\frac{1}{2}\ln(R^2-\rho^2)\right]_0^{\sqrt{R^2-a^2}} = 2\pi R\ln\frac{R}{a}.$$

图 11.22　　　　　　　　图 11.23

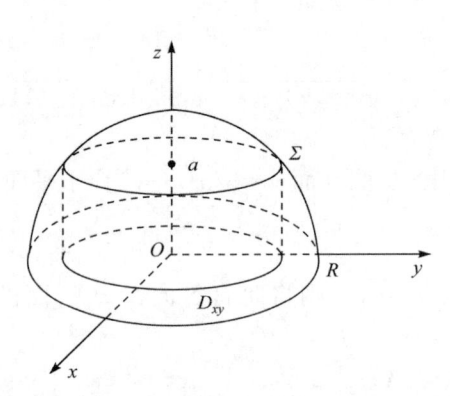

例 3　计算曲面积分 $\iint_\Sigma \dfrac{\mathrm{d}S}{x^2+y^2+z^2}$，其中 Σ 是圆柱面 $x^2+y^2=1$ 介于平面 $z=0$ 及 $z=3$ 之间的部分.

解　曲面 Σ 在 xOy 面上的投影区域(图 11.23)为圆周曲线 $x^2+y^2=1$，面积为零，故不能作为曲面 Σ 的投影区域进行计算，由图 11.23 可知，可以选择曲面 Σ 向 yOz 面投影，这时其投影区域为矩形区域：

$$D_{yz} = \{(y,z) \mid -1 \leqslant y \leqslant 1, 0 \leqslant z \leqslant 3\},$$

由于曲面 Σ 与平行 x 轴的直线交点有两个，故积分要分块进行. 曲面 Σ 被 yOz 面分为前后两块，分别记作 Σ_1, Σ_2，其中

$$\Sigma_1: x = \sqrt{1-y^2}, \quad \Sigma_2: x = -\sqrt{1-y^2},$$

于是

$$\iint_\Sigma \frac{\mathrm{d}S}{x^2+y^2+z^2} = \iint_{\Sigma_1}\frac{\mathrm{d}S}{x^2+y^2+z^2} + \iint_{\Sigma_2}\frac{\mathrm{d}S}{x^2+y^2+z^2},$$

由公式(11.30)得

$$\iint_\Sigma \frac{\mathrm{d}S}{x^2+y^2+z^2} = \iint_{D_{yz}} \frac{1}{1+z^2}\sqrt{1+\left(\frac{-y}{\sqrt{1-y^2}}\right)^2}\mathrm{d}y\mathrm{d}z$$

$$+ \iint_{D_{yz}} \frac{1}{1+z^2}\sqrt{1+\left(\frac{y}{\sqrt{1-y^2}}\right)^2}\mathrm{d}y\mathrm{d}z$$

$$= 2\iint_{D_{yz}} \frac{1}{1+z^2}\frac{1}{\sqrt{1-y^2}}\mathrm{d}y\mathrm{d}z$$

$$= 2\int_0^3 \frac{1}{1+z^2}dz \int_{-1}^1 \frac{1}{\sqrt{1-y^2}}dy = 4\arctan 3 \cdot \arcsin 1.$$

例 4 已知曲面壳的方程为 $z=3-(x^2+y^2)$，其面密度为 $\mu=x^2+y^2+z$. 求此曲面壳在平面 $z=1$ 以上部分 Σ 的质量.

解 曲面 Σ 在 xOy 面上的投影区域为
$$D_{xy}: x^2+y^2 \leqslant 2,$$
由公式(11.27)及公式(11.29)得
$$M = \iint_\Sigma \mu dS = \iint_\Sigma (x^2+y^2+z)dS$$
$$= \iint_{D_{xy}} 3\sqrt{1+4(x^2+y^2)}\,dxdy$$
$$= 3\int_0^{2\pi}d\theta \int_0^{\sqrt{2}} \rho\sqrt{1+4\rho^2}\,d\rho$$
$$= 6\pi \cdot \frac{1}{8}\int_0^{\sqrt{2}} \sqrt{1+4\rho^2}\,d(1+4\rho^2)$$
$$= 13\pi.$$

例 5 求质量均匀分布的球面 $\Sigma: x^2+y^2+z^2=a^2$ 关于 z 轴的转动惯量.

解 设球面的面密度为 μ (μ 为常数)，则
$$I_z = \oiint_\Sigma \mu(x^2+y^2)dS = \mu \oiint_\Sigma (x^2+y^2)dS.$$
由于该球面的方程具有轮换对称性[①]，故有
$$\oiint_\Sigma x^2 dS = \oiint_\Sigma y^2 dS = \oiint_\Sigma z^2 dS,$$
于是
$$I_z = 2\mu \oiint_\Sigma x^2 dS = \frac{2}{3}\mu \oiint_\Sigma (x^2+y^2+z^2)dS$$
$$= \frac{2\mu a^2}{3} \oiint_\Sigma dS = \frac{2\mu a^2}{3} \cdot 4\pi a^2 = \frac{8\pi\mu a^4}{3}.$$

由上述例题可以看出，在计算对面积的曲面积分时，要注意以下几点：

1. 对面积的曲面积分是将其化为投影区域上的二重积分，因此必须选择投影面积不为零的投影区域.

2. 若曲面 Σ 与平行于坐标轴的直线的交点超过一个，则必须将曲面分成若干块，使每一块与平行于坐标轴的直线的交点只有一个.

3. 曲面积分计算时要将曲面 Σ 方程直接代入积分表达式中，这是因为被积函

---

① 用 x 换 y，y 换 z，z 换 x 后，所求的量或式不变，称该性质为轮换对称性.

数是定义在曲面上的. 这一点在重积分中是不可以的!

习 题 11.4

(A)

1. 计算下列对面积的曲面积分:

(1) $\iint\limits_{\Sigma} z \mathrm{d}S$, 其中 Σ 为半球面 $x^2+y^2+z^2=R^2(y\geqslant 0)$;

(2) $\oiint\limits_{\Sigma} xyz \mathrm{d}S$, Σ 为平面 $x+y+z=1$ 及三个坐标平面所围成的四面体的表面;

(3) $\iint\limits_{\Sigma} z \mathrm{d}S$, 其中 Σ 为抛物面 $z=2-(x^2+y^2)$ 在 xoy 面上方的部分;

(4) $\iint\limits_{\Sigma} (x+y+z) \mathrm{d}S$, 其中 Σ 为球面 $x^2+y^2+z^2=a^2$ 上 $z\geqslant h$ $(0<h<a)$ 的部分;

(5) $\iint\limits_{\Sigma} (x^2+y^2+z^2) \mathrm{d}S$, 其中 Σ 是介于平面 $z=0$ 和 $z=H$ 之间的圆柱面 $x^2+y^2=R^2$;

(6) $\iint\limits_{\Sigma} (x^2+y^2) z \mathrm{d}S$, 其中 Σ 是上半球面 $x^2+y^2+z^2=4, z\geqslant 0$;

(7) $\iint\limits_{\Sigma} (x+z) \mathrm{d}S$, 其中 Σ 是平面 $x+z=1$ 位于柱面 $x^2+y^2=1$ 内的那部分;

(8) $\iint\limits_{\Sigma} (xy+yz+zx) \mathrm{d}S$, 其中 Σ 为圆锥面 $z=\sqrt{x^2+y^2}$ 被曲面 $x^2+y^2=2ax$ 所割下的部分;

(9) $\oiint\limits_{\Sigma} \dfrac{\mathrm{d}S}{x^2+y^2+z^2}$, 其中 Σ 是圆柱面 $x^2+y^2=R^2$ 介于平面 $z=0$ 与 $z=H$ 部分;

(10) $\oiint\limits_{\Sigma} |xyz| \mathrm{d}S$, 其中 Σ 是曲面 $z=x^2+y^2$ 介于平面 $z=0$ 与 $z=1$ 部分.

2. 求抛物面壳 $z=\dfrac{1}{2}(x^2+y^2)(0\leqslant z\leqslant 1)$ 的质量, 此壳的面密度的大小为 $\rho=z$.

3. 求半径为 R 的均匀半球壳 Σ 的重心.

4. 求密度为常数 μ 的均匀半球壳 $z=\sqrt{a^2-x^2-y^2}$ 的质心坐标, 及关于 z 轴的转动惯量.

(B)

1. 计算下列对面积的曲面积分:

(1) $\iint\limits_{\Sigma} z \mathrm{d}S$, 其中 Σ 是由圆柱面 $x^2+y^2=a^2(a>0)$、平面 $z=0$ 及 $z=a+x$ 所围立体的表面;

(2) $\iint\limits_{\Sigma} (x^3+x^2y+z) \mathrm{d}S$, 其中 Σ 是球面 $z=\sqrt{a^2-x^2-y^2}$ 位于平面 $z=h(0<h<a)$ 上方的部分;

(3) $\iint\limits_{\Sigma} (xy+yz+zx) \mathrm{d}S$, 其中 Σ 为上半圆锥面 $z=\sqrt{x^2+y^2}$ 被柱面 $x^2+y^2=2x$ 截

2. 计算 $\iint_\Sigma |y|\sqrt{z}\,\mathrm{d}S$，其中 Σ 是曲面 $z=x^2+y^2(0\leqslant z\leqslant 1)$.

3. 求面密度为常数 μ 的圆锥面 $z^2=x^2+y^2(0\leqslant z\leqslant a)$ 的重心.

4. 设 p 表示从原点到椭球面 $\dfrac{x^2}{a^2}+\dfrac{y^2}{b^2}+\dfrac{z^2}{c^2}=1$ 上 $W(x,y,z)$ 点的切平面的垂直距离，求证 $\iint_\Sigma p\,\mathrm{d}S=4\pi abc$，式中 Σ 为椭球面 $\dfrac{x^2}{a^2}+\dfrac{y^2}{b^2}+\dfrac{z^2}{c^2}=1$.

11.5 对坐标的曲面积分

在流体力学中，常常需要研究流体通过曲面的流量，在电学中为了研究电磁场，需要研究电力线通过曲面的电通量. 上述问题中的流场、电场都是某个向量场，流体或电力线都是按预先指定的方向穿过某曲面，它们可归结为同一类数学问题——对坐标的曲面积分问题.

下面首先给曲面定向，然后讨论穿过曲面的流量、通量对应的计算方法.

一、曲面的定向

在光滑曲面 Σ 上任取一点 P_0，过点 P_0 的法线有两个方向，选定一个方向为指定的方向，当点在曲面上连续移动时，法线也连续变动，当动点从 P_0 出发沿着曲面上任意一条不越过曲面边界的封闭曲线又回到原位置 P_0 时，法线的指向不变，称这种曲面为**双侧曲面**，否则称为**单侧曲面**. 单侧曲面是存在的，其中较为典型的例子是 Mobius 带，有兴趣的读者可参阅其他有关书籍.

通常遇到的曲面都是双侧的. 如果曲面是封闭的曲面，则有内侧和外侧，如果曲面不封闭，根据其位置，有上侧和下侧，左侧与右侧，前侧与后侧等. 根据研究问题的需要，要在双侧曲面上选定某一侧，常通过曲面上法向量的指向来区别曲面的两侧，这种确定了法向量的指向（或选定了侧）的曲面称为**有向曲面**. 当用 Σ 表示一张指定了侧的有向曲面时，则选定了其相反侧的有向曲面称为 Σ **的反向曲面**，记作 Σ^-，注意 Σ 与 Σ^- 作为有向曲面它们是不同的曲面.

我们只讨论有向曲面. 在空间直角坐标系中，设曲面 Σ 上点 M 处的法向量用 $\boldsymbol{n}$ 表示，如果恒有 $\langle \boldsymbol{n},\boldsymbol{k}\rangle<\dfrac{\pi}{2}\left(>\dfrac{\pi}{2}\right)$，则称曲面 Σ 取上（下）侧，如图 11.24 所示；如果恒有 $\langle \boldsymbol{n},\boldsymbol{i}\rangle<\dfrac{\pi}{2}\left(>\dfrac{\pi}{2}\right)$，则称曲面 Σ 取前（后）侧；如果恒有 $\langle \boldsymbol{n},\boldsymbol{j}\rangle<\dfrac{\pi}{2}\left(>\dfrac{\pi}{2}\right)$，则

称曲面 Σ 取右(左)侧. 对于封闭曲面,如果曲面上每一点的法向量 $\boldsymbol{n}$ 都指向曲面的外(内)部,则称曲面 Σ 取外(内)侧,如图 11.25 所示.

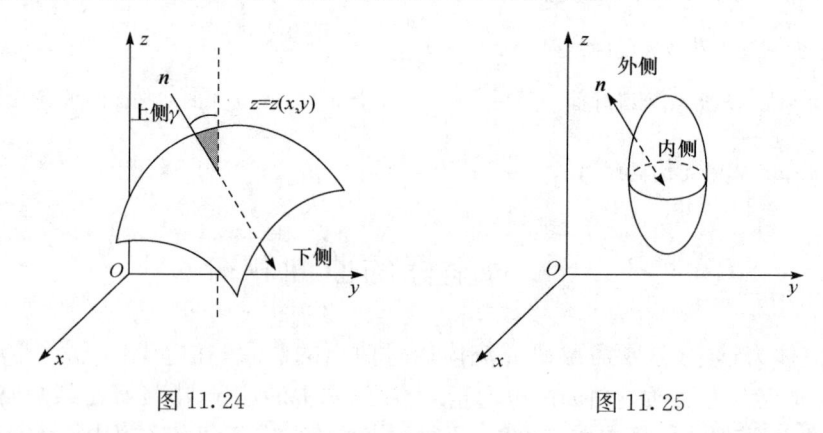

图 11.24

图 11.25

设 Σ 是有向曲面. 在 Σ 上取一小块曲面 ΔS,将 ΔS 投影到 xOy 面上得一投影区域,这投影区域的面积记为 $(\Delta\sigma)_{xy}$,假定 ΔS 上各点处的法向量与 z 轴的夹角 γ 的余弦 $\cos\gamma$ 有相同的符号(即 $\cos\gamma$ 都是正的、负的或都为零,参阅图 11.24). 我们规定 ΔS 在 xOy 面上的投影 $(\Delta S)_{xy}$ 为

$$(\Delta S)_{xy} = \begin{cases} (\Delta\sigma)_{xy}, & \cos\gamma > 0, \\ 0, & \cos\gamma \equiv 0, \\ -(\Delta\sigma)_{xy}, & \cos\gamma < 0. \end{cases}$$

事实上,ΔS 在 xOy 面上的投影 $(\Delta S)_{xy}$ 实际上就是 ΔS 在 xOy 面上的投影区域的面积赋以一定的正负号. 类似地可以定义 ΔS 在 yOz 及 zOx 面上的投影 $(\Delta S)_{yz}$ 及 $(\Delta S)_{zx}$.

二、流体流向曲面一侧的流量

设有稳定流动[①]不可压缩的流体(设其密度为 1)的速度场为

$$\boldsymbol{v}(x,y,z) = P(x,y,z)\boldsymbol{i} + Q(x,y,z)\boldsymbol{j} + R(x,y,z)\boldsymbol{k},$$

Σ 是速度场中一片有向光滑曲面,向量值函数 $\boldsymbol{v}(x,y,z)$ 在曲面 Σ 上连续,求流体流向曲面 Σ 指定一侧的流量 Φ(单位时间内通过曲面指定侧的流体的质量).

当曲面 Σ 是面积为 A 的平面,而流体在 Σ 上各点处的流速为常向量 $\boldsymbol{v}$ 时,若 Σ 指定侧的单位法向量为 $\boldsymbol{e}_n$,那么单位时间内通过曲面 Σ 流向指定一侧的流体就组成一个底面积为 A,斜高为 $|\boldsymbol{v}|$ 的斜柱体(图 11.26),这时流体流向曲面 Σ 指定一侧的流量 Φ 就等于该斜柱体的体积,即

[①] 稳定流动是指速度与时间 t 无关.

$$\Phi = A|v|\cos\theta = A(v \cdot e_n).$$

但如果流速场不是常向量场，Σ 不是平面而是一片有向曲面，此时流量的计算就不能直接用上述方法计算. 但由于所求的流量对于曲面 Σ 具有可加性，故可用积分法来讨论.

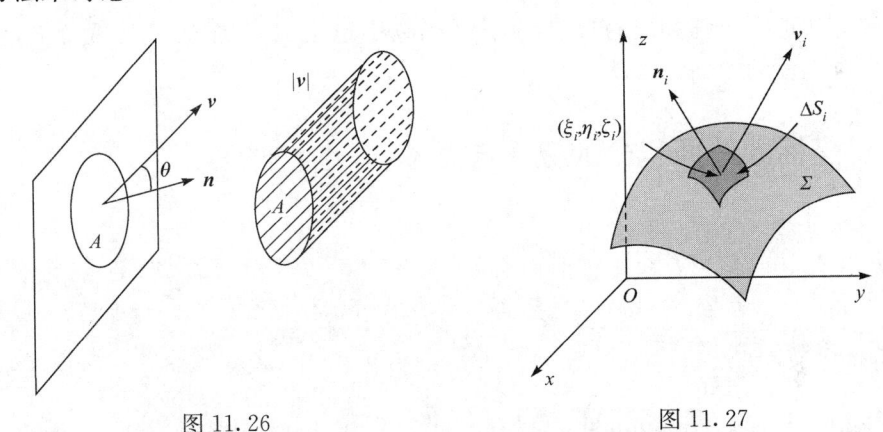

图 11.26   图 11.27

先把曲面 Σ 分成 n 块小曲面 ΔS_i（ΔS_i 同时也表示第 i 小块的面积，$i=1,2,\cdots,n$）；由于 Σ 是光滑的，向量值函数 $v(x,y,z)$ 在 Σ 上连续，因此只要 ΔS_i 的直径很小，就可用 ΔS_i 上任一点 (ξ_i,η_i,ζ_i) 处的速度

$$v_i = v(\xi_i,\eta_i,\zeta_i) = P(\xi_i,\eta_i,\zeta_i)i + Q(\xi_i,\eta_i,\zeta_i)j + R(\xi_i,\eta_i,\zeta_i)k$$

来近似代替 ΔS_i 上其他各点处的速度，用有向小曲面 ΔS_i 上点 (ξ_i,η_i,ζ_i) 处的单位法向量（指向预先给定的一侧）

$$e_{n_i}(\xi_i,\eta_i,\zeta_i) = \cos\alpha_i i + \cos\beta_i j + \cos\gamma_i k$$

近似代替 ΔS_i 上各点处的法向量，如图 11.27，由此，通过小曲面 ΔS_i 指定一侧的流量 $\Delta\Phi_i$，可近似表示为

$$\Delta\Phi_i \approx [v(\xi_i,\eta_i,\zeta_i) \cdot e_{n_i}(\xi_i,\eta_i,\zeta_i)]\Delta S_i.$$

将流过各小曲面 ΔS_i 的流量的近似值相加，得流过曲面 Σ 指定侧的总流量 Φ 的近似值

$$\Phi = \sum_{i=1}^{n}\Delta\Phi_i \approx \sum_{i=1}^{n}[v(\xi_i,\eta_i,\zeta_i) \cdot e_{n_i}(\xi_i,\eta_i,\zeta_i)]\Delta S_i$$

$$= \sum_{i=1}^{n}[P(\xi_i,\eta_i,\zeta_i)\cos\alpha_i + Q(\xi_i,\eta_i,\zeta_i)\cos\beta_i + R(\xi_i,\eta_i,\zeta_i)\cos\gamma_i]\Delta S_i,$$

又

$$\cos\alpha_i \cdot \Delta S_i \approx (\Delta S_i)_{yz},\quad \cos\beta_i \cdot \Delta S_i \approx (\Delta S_i)_{zx},\quad \cos\gamma_i \cdot \Delta S_i \approx (\Delta S_i)_{xy},$$

因此上式可以写成

$$\Phi \approx \sum_{i=1}^{n}[P(\xi_i,\eta_i,\zeta_i)(\Delta S_i)_{yz} + Q(\xi_i,\eta_i,\zeta_i)(\Delta S_i)_{zx} + R(\xi_i,\eta_i,\zeta_i)(\Delta S_i)_{xy}],$$

令 $\lambda = \max\limits_{1 \leqslant i \leqslant n} \{\Delta S_i \text{ 的直径}\}$，若当 $\lambda \to 0$ 时，上述和式的极限存在，则该极限就定义为流体流向曲面 Σ 指定一侧的流量 Φ，即

$$\Phi = \lim_{\lambda \to 0} \sum_{i=1}^{n} [P(\xi_i, \eta_i, \zeta_i)(\Delta S_i)_{yz} + Q(\xi_i, \eta_i, \zeta_i)(\Delta S_i)_{zx} + R(\xi_i, \eta_i, \zeta_i)(\Delta S_i)_{xy}].$$

像上式这类特殊和式的极限，在其他问题中也会出现，抽去其物理意义，就得到下列对坐标的曲面积分.

三、对坐标的曲面积分的概念与性质

定义 设 Σ 是一片光滑的有向曲面，$R(x,y,z)$ 在 Σ 上有界，将曲面 Σ 任意分成 n 块小曲面 ΔS_i（ΔS_i 同时也表示第 i 小块的面积，$i=1,2,\cdots,n$），在 ΔS_i 上任取一点 $M_i(\xi_i, \eta_i, \zeta_i)$，作和

$$\sum_{i=1}^{n} R(\xi_i, \eta_i, \zeta_i)(\Delta S_i)_{xy},$$

如果当各小块曲面的直径的最大值 $\lambda \to 0$ 时，这和式的极限总存在，且与曲面 Σ 的分法及点 $M_i(\xi_i, \eta_i, \zeta_i)$ 的取法无关，则称此极限为函数 $R(x,y,z)$ 在有向曲面 Σ 上对坐标 x、y 的曲面积分，记作 $\iint\limits_{\Sigma} R(x,y,z) \mathrm{d}x\mathrm{d}y$，即

$$\iint\limits_{\Sigma} R(x,y,z) \mathrm{d}x\mathrm{d}y = \lim_{\lambda \to 0} \sum_{i=1}^{n} R(\xi_i, \eta_i, \zeta_i)(\Delta S_i)_{xy}. \tag{11.32}$$

其中 $R(x,y,z)$ 称做被积函数，Σ 称做积分曲面.

类似地可以定义函数 $P(x,y,z)$ 在有向曲面 Σ 上对坐标 y,z 的曲面积分 $\iint\limits_{\Sigma} P(x,y,z) \mathrm{d}y\mathrm{d}z$ 及函数 $Q(x,y,z)$ 在有向曲面 Σ 上对坐标 z,x 的曲面积分 $\iint\limits_{\Sigma} Q(x,y,z) \mathrm{d}z\mathrm{d}x$ 分别为

$$\iint\limits_{\Sigma} P(x,y,z) \mathrm{d}y\mathrm{d}z = \lim_{\lambda \to 0} \sum_{i=1}^{n} P(\xi_i, \eta_i, \zeta_i)(\Delta S_i)_{yz}, \tag{11.33}$$

$$\iint\limits_{\Sigma} Q(x,y,z) \mathrm{d}z\mathrm{d}x = \lim_{\lambda \to 0} \sum_{i=1}^{n} Q(\xi_i, \eta_i, \zeta_i)(\Delta S_i)_{zx}. \tag{11.34}$$

以上三个曲面积分也称为**第二类曲面积分**.

需要指出的是，当 $P(x,y,z), Q(x,y,z), R(x,y,z)$ 有向曲面 Σ 上连续时，对坐标的曲面积分是存在的，以后总假定 $P(x,y,z), Q(x,y,z), R(x,y,z)$ 在 Σ 上连续.

应用上常将积分

$$\iint_{\Sigma} P(x,y,z)\mathrm{d}y\mathrm{d}z + \iint_{\Sigma} Q(x,y,z)\mathrm{d}z\mathrm{d}x + \iint_{\Sigma} R(x,y,z)\mathrm{d}x\mathrm{d}y$$

简记为

$$\iint_{\Sigma} P(x,y,z)\mathrm{d}y\mathrm{d}z + Q(x,y,z)\mathrm{d}z\mathrm{d}x + R(x,y,z)\mathrm{d}x\mathrm{d}y. \tag{11.35}$$

由此定义可知,上述流向 Σ 指定侧的流量 Φ 可表示为

$$\Phi = \iint_{\Sigma} P(x,y,z)\mathrm{d}y\mathrm{d}z + Q(x,y,z)\mathrm{d}z\mathrm{d}x + R(x,y,z)\mathrm{d}x\mathrm{d}y.$$

如果 Σ 是分片光滑的有向曲面,则规定函数在 Σ 上对坐标的曲面积分等于函数在各片光滑曲面上对坐标的曲面积分之和.

由定义可知,对坐标的曲面积分的定义与对坐标的曲线积分非常类似,因此它们也有相类似的性质,例如(以下均假设性质中所涉及的积分都存在):

性质 1(可加性) 若将曲面 Σ 分成两块 Σ_1 与 Σ_2(即 $\Sigma = \Sigma_1 + \Sigma_2$),则

$$\iint_{\Sigma} P\mathrm{d}y\mathrm{d}z + Q\mathrm{d}z\mathrm{d}x + R\mathrm{d}x\mathrm{d}y = \iint_{\Sigma_1} P\mathrm{d}y\mathrm{d}z + Q\mathrm{d}z\mathrm{d}x + R\mathrm{d}x\mathrm{d}y$$
$$+ \iint_{\Sigma_2} P\mathrm{d}y\mathrm{d}z + Q\mathrm{d}z\mathrm{d}x + R\mathrm{d}x\mathrm{d}y.$$

性质 2(有向性)

$$\iint_{\Sigma^-} P\mathrm{d}y\mathrm{d}z + Q\mathrm{d}z\mathrm{d}x + R\mathrm{d}x\mathrm{d}y = -\iint_{\Sigma} P\mathrm{d}y\mathrm{d}z + Q\mathrm{d}z\mathrm{d}x + R\mathrm{d}x\mathrm{d}y.$$

其中 Σ^- 表示与 Σ 取相反侧的有向曲面.

性质 2 表明,当积分曲面改为相反的侧时,对坐标的曲面积分要改变符号.因此关于对坐标的曲面积分,一定要注意积分曲面所取的侧.

四、对坐标的曲面积分的计算

对坐标的曲面积分在直角坐标系中可化为二重积分来计算.

定理 设光滑的有向曲面 Σ 的方程为 $z = z(x,y)$,Σ 在 xOy 面上的投影区域为 D_{xy},函数 $z = z(x,y)$ 在 D_{xy} 上具有一阶连续偏导数,函数 $R(x,y,z)$ 在 Σ 上连续,则

$$\iint_{\Sigma} R(x,y,z)\mathrm{d}x\mathrm{d}y = \pm \iint_{D_{xy}} R[x,y,z(x,y)]\mathrm{d}\sigma, \tag{11.36}$$

积分号前的"$\pm$"号,当 Σ 为上侧时取"$+$"、当 Σ 为下侧时取"$-$".

证 不失一般性,假设 Σ 取上侧. 由对坐标的曲面积分定义有

$$\iint_{\Sigma} R(x,y,z)\mathrm{d}x\mathrm{d}y = \lim_{\lambda \to 0} \sum_{i=1}^{n} R(\xi_i, \eta_i, \zeta_i)(\Delta S_i)_{xy}.$$

因为 Σ 取上侧,故 $\cos\gamma > 0$,且

$$(\Delta S_i)_{xy} = (\Delta\sigma_i)_{xy},$$

又 (ξ_i, η_i, ζ_i) 是曲面 Σ 上的一点,故 $\zeta_i = z(\xi_i, \eta_i)$. 从而有

$$\sum_{i=1}^{n} R(\xi_i, \eta_i, \zeta_i)(\Delta S_i)_{xy} = \sum_{i=1}^{n} R(\xi_i, \eta_i, z(\xi_i, \eta_i))(\Delta\sigma_i)_{xy},$$

令各小块曲面的直径的最大值 $\lambda \to 0$ 时,取上式两端的极限,就得到

$$\iint_{\Sigma} R(x,y,z)\mathrm{d}x\mathrm{d}y = \iint_{D_{xy}} R[x,y,z(x,y)]\mathrm{d}x\mathrm{d}y,$$

如果 Σ 取下侧,$\cos\gamma < 0$,则 $(\Delta S_i)_{xy} = -(\Delta\sigma_i)_{xy}$,因此有

$$\iint_{\Sigma} R(x,y,z)\mathrm{d}x\mathrm{d}y = -\iint_{D_{xy}} R[x,y,z(x,y)]\mathrm{d}x\mathrm{d}y.$$

这就是将对坐标的曲面积分化为二重积分的公式. 公式(11.36)表明,计算曲面积分时,首先将 Σ 投影到 xOy 面上得一投影区域 D_{xy},然后将被积函数中的变量 z 换成表示曲面 Σ 的函数 $z = z(x,y)$,最后根据 Σ 取定的侧来确定积分前的符号,再计算在 D_{xy} 上二重积分即可. 可以归结为"一投,二代,三定号".

可将该定理类推到对坐标 y,z 的曲面积分及对坐标 z,x 的曲面积分的情形.

推论1 设光滑的有向曲面 Σ 的方程为 $x = x(y,z)$,函数 $P(x,y,z)$ 在 Σ 上连续,则

$$\iint_{\Sigma} P(x,y,z)\mathrm{d}y\mathrm{d}z = \pm\iint_{D_{yz}} P[x(y,z),y,z]\mathrm{d}y\mathrm{d}z, \qquad (11.37)$$

其中 D_{yz} 是曲面 Σ 在 yOz 面上的投影区域,积分号前的"$\pm$"号,当 Σ 为前侧时取"$+$"、当 Σ 为后侧时取"$-$".

推论2 设光滑的有向曲面 Σ 的方程为 $y = y(z,x)$,函数 $Q(x,y,z)$ 在 Σ 上连续,则

$$\iint_{\Sigma} Q(x,y,z)\mathrm{d}z\mathrm{d}x = \pm\iint_{D_{zx}} Q[x,y(z,x),z]\mathrm{d}z\mathrm{d}x. \qquad (11.38)$$

其中 D_{zx} 是曲面 Σ 在 zOx 面上的投影区域,积分号前的"$\pm$"号,当 Σ 为右侧时取"$+$"、当 Σ 为左侧时取"$-$".

由定理及其推论1、推论2可见,计算对坐标的曲面积分时,首先要分清对坐标的曲面积分与二重积分的区别,并考察是对哪两个坐标的曲面积分;然后分类按定理或其推论来计算. 如计算对坐标 y,z 的曲面积分 $\iint_{\Sigma} P(x,y,z)\mathrm{d}y\mathrm{d}z$ 时,首先要将曲面 Σ

的方程表达式化为 $x=x(y,z)$ 的形式,并将它代入被积函数 $P(x,y,z)$ 中;然后求出 Σ 在 yOz 面上的投影区域 D_{yz},再根据 Σ 指定的侧来确定积分号前的符号. 这样就将 Σ 上对坐标的曲面积分 $\iint\limits_{\Sigma}P(x,y,z)\mathrm{d}y\mathrm{d}z$ 化为了二重积分 $\iint\limits_{D_{yz}}P[x(y,z),y,z]\mathrm{d}y\mathrm{d}z$ 或 $-\iint\limits_{D_{yz}}P[x(y,z),y,z]\mathrm{d}y\mathrm{d}z$.

由此可将对坐标的曲面积分(11.35)化为三个二重积分的和,计算时必须注意以下几点:

(1) 公式(11.36)、(11.37)、(11.38)中右端各项二重积分的符号要根据曲面 Σ 指定侧的法向量来确定,当该法向量 **n** 分别指向前侧、右侧、上侧时,等式右端的积分号前均取正号,否则,相应的积分号前要取负号.

(2) D_{yz},D_{zx},D_{xy} 分别表示曲面 Σ 在对应的三个坐标面上的投影区域.

(3) 积分式(11.36)、(11.37)、(11.38)中的 P,Q,R 均为定义在曲面 Σ 上的函数,因而它们的坐标 (x,y,z) 应满足曲面 Σ 的方程. 故在式(11.36)、(11.37)、(11.38)中右端各项二重积分的被积函数中,需要将曲面 Σ 的方程代入,从而将被积函数化为相应的投影区域上的二元函数.

例1 计算曲面积分 $\iint\limits_{\Sigma}xyz\,\mathrm{d}x\mathrm{d}y$,其中 Σ 是球面 $x^2+y^2+z^2=1$ 上 $x\geqslant 0,y\geqslant 0$ 的部分的外侧.

解 首先将曲面 Σ 用显式方程 $z=z(x,y)$ 来表示,由于平行 z 轴的直线交曲面多于一点,此时需将 Σ 分成上、下两片,上片 Σ_1 的方程为
$$z=\sqrt{1-x^2-y^2},\quad (x,y)\in D_{xy},$$
D_{xy} 为 Σ 在 xOy 面上的投影区域,
故 $D_{xy}=\{(x,y)\mid x^2+y^2\leqslant 1,x\geqslant 0,y\geqslant 0\}$.
下片 Σ_2 的方程为
$$z=-\sqrt{1-x^2-y^2},\quad (x,y)\in D_{xy},$$
根据曲面 Σ 的侧的取法,Σ_1 取上侧,Σ_2 取下侧(图 11.28). 应用曲面积分的性质及其计算公式,将它化为二重积分,有

$$\begin{aligned}\iint\limits_{\Sigma}xyz\,\mathrm{d}x\mathrm{d}y&=\iint\limits_{\Sigma_1}xyz\,\mathrm{d}x\mathrm{d}y+\iint\limits_{\Sigma_2}xyz\,\mathrm{d}x\mathrm{d}y\\&=\iint\limits_{D_{xy}}xy\cdot\sqrt{1-x^2-y^2}\,\mathrm{d}x\mathrm{d}y-\iint\limits_{D_{xy}}xy(-\sqrt{1-x^2-y^2})\,\mathrm{d}x\mathrm{d}y\\&=2\iint\limits_{D_{xy}}xy\cdot\sqrt{1-x^2-y^2}\,\mathrm{d}x\mathrm{d}y=2\int_0^{\frac{\pi}{2}}\mathrm{d}\theta\int_0^1\rho^2\sin\theta\cos\theta\sqrt{1-\rho^2}\,\rho\mathrm{d}\rho\\&=\int_0^{\frac{\pi}{2}}\sin2\theta\mathrm{d}\theta\int_0^1\rho^3\sqrt{1-\rho^2}\,\mathrm{d}\rho=\frac{2}{15}.\end{aligned}$$

注 在计算对坐标的曲面积分时,若 Σ 由几片光滑的曲面组成时,应分片计算,然后把结果相加.

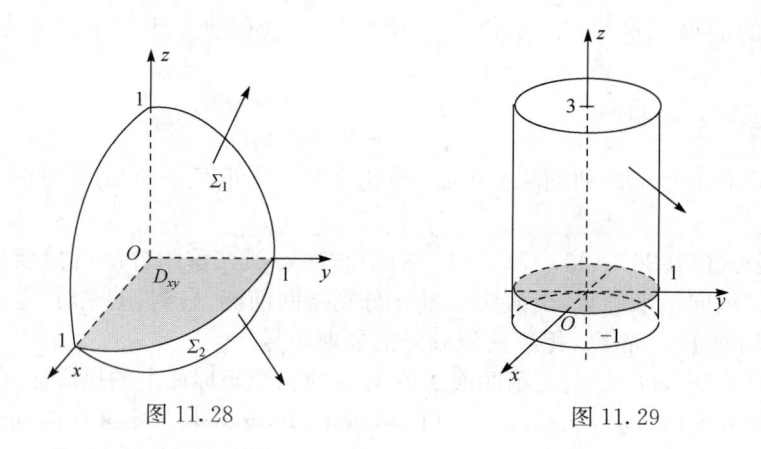

图 11.28

图 11.29

例 2 计算 $\iint\limits_{\Sigma} x\mathrm{d}y\mathrm{d}z + y\mathrm{d}z\mathrm{d}x + z\mathrm{d}x\mathrm{d}y$,其中 Σ 是柱面 $x^2 + y^2 = 1$ 介于 $z = -1$ 和 $z = 3$ 之间部分的外侧(图 11.29).

解 由于 Σ 垂直于坐标面 xOy,其在 xOy 坐标面的投影为 0,所以 $\iint\limits_{\Sigma} z\mathrm{d}x\mathrm{d}y = 0$,对于 $\iint\limits_{\Sigma} x\mathrm{d}y\mathrm{d}z$,要将 Σ 向 yOz 坐标面投影,得

$$D_{yz} = \{(y,z) \mid -1 \leqslant y \leqslant 1, -1 \leqslant z \leqslant 3\}.$$

又 Σ 的方程可化为 $x = \pm\sqrt{1-y^2}$,故此时需将 Σ 分成前后两片:

$$\Sigma_1: x = \sqrt{1-y^2}, (y,z) \in D_{yz},$$
$$\Sigma_2: x = -\sqrt{1-y^2}, (y,z) \in D_{yz},$$

根据 Σ 的侧的取法,Σ_1 取前侧,Σ_2 取后侧. 于是

$$\iint\limits_{\Sigma} x\mathrm{d}y\mathrm{d}z = \iint\limits_{\Sigma_1} x\mathrm{d}y\mathrm{d}z + \iint\limits_{\Sigma_2} x\mathrm{d}y\mathrm{d}z$$

$$= \iint\limits_{D_{yz}} \sqrt{1-y^2}\,\mathrm{d}y\mathrm{d}z - \iint\limits_{D_{yz}} (-\sqrt{1-y^2})\,\mathrm{d}y\mathrm{d}z$$

$$= 2\iint\limits_{D_{yz}} \sqrt{1-y^2}\,\mathrm{d}y\mathrm{d}z$$

$$= 2\int_{-1}^{3} \mathrm{d}z \int_{-1}^{1} \sqrt{1-y^2}\,\mathrm{d}y$$

$$= 2 \cdot 4 \cdot \frac{\pi}{2} = 4\pi.$$

类似可求得
$$\iint_\Sigma y\mathrm{d}z\mathrm{d}x = 4\pi.$$
因此
$$\iint_\Sigma x\mathrm{d}y\mathrm{d}z + y\mathrm{d}z\mathrm{d}x + z\mathrm{d}x\mathrm{d}y = 4\pi + 4\pi + 0 = 8\pi.$$

五、两类曲面积分之间的联系

对面积的曲面积分与对坐标的曲面积分虽然来自不同的物理模型,但它们有着密切的联系.

设有向曲面 Σ 的方程为 $z=z(x,y)$,Σ 在 xOy 面上的投影区域为 D_{xy},函数 $z=z(x,y)$ 在 D_{xy} 上具有一阶连续偏导数,函数 $R(x,y,z)$ 在 Σ 上连续,如果取 Σ 为上侧,则
$$\iint_\Sigma R(x,y,z)\mathrm{d}x\mathrm{d}y = \iint_{D_{xy}} R[x,y,z(x,y)]\mathrm{d}x\mathrm{d}y.$$
另一方面,Σ 在 (x,y,z) 处的单位法向量 $\boldsymbol{e}_n$ 的方向余弦为
$$\cos\alpha = \frac{-z_x}{\sqrt{1+z_x^2+z_y^2}}, \quad \cos\beta = \frac{-z_y}{\sqrt{1+z_x^2+z_y^2}}, \quad \cos\gamma = \frac{1}{\sqrt{1+z_x^2+z_y^2}},$$
故由对面积的曲面积分计算公式有
$$\iint_\Sigma R(x,y,z)\cos\gamma\mathrm{d}S = \iint_{D_{xy}} R(x,y,z(x,y))\frac{1}{\sqrt{1+z_x^2+z_y^2}}\sqrt{1+z_x^2+z_y^2}\mathrm{d}x\mathrm{d}y$$
$$= \iint_{D_{xy}} R(x,y,z(x,y))\mathrm{d}x\mathrm{d}y = \iint_\Sigma R(x,y,z)\mathrm{d}x\mathrm{d}y,$$
即
$$\iint_\Sigma R(x,y,z)\mathrm{d}x\mathrm{d}y = \iint_\Sigma R(x,y,z)\cos\gamma\mathrm{d}S, \tag{11.39}$$
类似地,如果取 Σ 为下侧,由于 $\cos\gamma = -\dfrac{1}{\sqrt{1+z_x^2+z_y^2}}$,上式同样成立.

类似可得
$$\iint_\Sigma P(x,y,z)\mathrm{d}y\mathrm{d}z = \iint_\Sigma P(x,y,z)\cos\alpha\mathrm{d}S, \tag{11.40}$$
$$\iint_\Sigma Q(x,y,z)\mathrm{d}z\mathrm{d}x = \iint_\Sigma Q(x,y,z)\cos\beta\mathrm{d}S, \tag{11.41}$$
将式(11.39),(11.40),(11.41)相加,得两类曲面积分之间的联系:
$$\iint_\Sigma P\mathrm{d}y\mathrm{d}z + Q\mathrm{d}z\mathrm{d}x + R\mathrm{d}x\mathrm{d}y = \iint_\Sigma (P\cos\alpha + Q\cos\beta + R\cos\gamma)\mathrm{d}S. \tag{11.42}$$

两类曲面积分之间的联系还可用向量表示：
$$\iint_\Sigma (\boldsymbol{v} \cdot \boldsymbol{e}_n)\mathrm{d}S = \iint_\Sigma \boldsymbol{v} \cdot \mathrm{d}\boldsymbol{S} = \iint_\Sigma v_n \mathrm{d}S,$$

其中 $\boldsymbol{v}(x,y,z)=(P,Q,R)$, $\boldsymbol{e}_n=(\cos\alpha,\cos\beta,\cos\gamma)$ 为有向曲面 Σ 在 (x,y,z) 处的单位法向量, $\mathrm{d}\boldsymbol{S}=\boldsymbol{e}_n \mathrm{d}S=(\mathrm{d}y\mathrm{d}z,\mathrm{d}z\mathrm{d}x,\mathrm{d}x\mathrm{d}y)$ 称为点 (x,y,z) 处的有向曲面微元, v_n 为向量 $\boldsymbol{v}$ 在向量 $\boldsymbol{e}_n$ 的投影.

两类曲面积分之间的联系, 不仅可以用来作为理论上的探讨, 在实际计算中也有很多方便之处. 下面通过例题来介绍这一方法.

例 3 计算 $\iint_\Sigma x\mathrm{d}y\mathrm{d}z + y\mathrm{d}z\mathrm{d}x + z\mathrm{d}x\mathrm{d}y$, 其中 Σ 分别为

(1) 平面 $x-y-z+1=0$ 在第二卦限部分的上侧;

(2) 柱面 $x^2+y^2=1$ 介于 $z=0$ 和 $z=2$ 之间部分的外侧.

解 (1) 平面 $\Sigma: x-y-z+1=0$ 取上侧, 则法向量
$$\boldsymbol{n}=(-1,1,1),$$
再单位化, 得 $\boldsymbol{e}_n = \dfrac{1}{\sqrt{3}}(-1,1,1)$, 则
$$\cos\alpha = -\frac{1}{\sqrt{3}}, \quad \cos\beta = \frac{1}{\sqrt{3}}, \quad \cos\gamma = \frac{1}{\sqrt{3}},$$
代入公式(11.42)得
$$\iint_\Sigma x\mathrm{d}y\mathrm{d}z + y\mathrm{d}z\mathrm{d}x + z\mathrm{d}x\mathrm{d}y = \frac{1}{\sqrt{3}}\iint_\Sigma (-x+y+z)\mathrm{d}S$$
$$= \frac{1}{\sqrt{3}}\iint_\Sigma \mathrm{d}S = \frac{1}{\sqrt{3}} \cdot \frac{\sqrt{3}}{2} = \frac{1}{2}.$$

最后的积分结果是利用了 $\iint_\Sigma \mathrm{d}S$ 等于 Σ 的面积, 这里 Σ 是边长为 $\sqrt{2}$ 的等边三角形, 其面积为 $\dfrac{\sqrt{3}}{2}$.

(2) 圆柱面 $\Sigma: x^2+y^2=1 (0\leqslant z\leqslant 2)$ 取外侧, 则其法向量
$$\boldsymbol{n}=(x,y,0),$$
再单位化, 得 $\boldsymbol{e}_n = \dfrac{1}{\sqrt{x^2+y^2}}(x,y,0) = (x,y,0)$, 则
$$\cos\alpha = x, \quad \cos\beta = y, \quad \cos\gamma = 0,$$
代入公式(11.42)得
$$\iint_\Sigma x\mathrm{d}y\mathrm{d}z + y\mathrm{d}z\mathrm{d}x + z\mathrm{d}x\mathrm{d}y = \iint_\Sigma (x^2+y^2)\mathrm{d}S$$
$$= \iint_\Sigma \mathrm{d}S = 2\pi \cdot 2 = 4\pi.$$

最后的积分结果中利用了 $\iint_{\Sigma} \mathrm{d}S$ 等于圆柱面 Σ 的面积,其高为 2,周长为 2π,故其面积等于 4π.

例 4 计算曲面积分
$$I = \oiint_{\Sigma} xz\,\mathrm{d}y\mathrm{d}z + yz\,\mathrm{d}z\mathrm{d}x + z\,\mathrm{d}x\mathrm{d}y,$$
其中 Σ 为球面 $x^2+y^2+z^2=1$ 的外侧.

解 本题若直接化为二重积分,则计算量很大,下面利用公式(11.42)将它化为对面积的曲面积分来计算.

球面 $\Sigma: x^2+y^2+z^2=1$ 取外侧,则法向量
$$\boldsymbol{n} = (x, y, z),$$
再单位化,得
$$\boldsymbol{e}_n = \frac{1}{\sqrt{x^2+y^2+z^2}}(x,y,z) = (x,y,z),$$
则
$$\cos\alpha = x, \quad \cos\beta = y, \quad \cos\gamma = z,$$
代入公式(11.42)得
$$I = \oiint_{\Sigma} xz\,\mathrm{d}y\mathrm{d}z + yz\,\mathrm{d}z\mathrm{d}x + z\,\mathrm{d}x\mathrm{d}y = \oiint_{\Sigma} (x^2z + y^2z + z^2)\,\mathrm{d}S.$$
将球面 Σ 分成上半球面 $\Sigma_{\text{上}}$ 和下半球面 $\Sigma_{\text{下}}$,它们在 xOy 面上的投影区域都为
$$D_{xy}: x^2+y^2 \leqslant 1,$$
又上半球面 $\Sigma_{\text{上}}$ 的方程为 $z = \sqrt{1-x^2-y^2}$,下半球面 $\Sigma_{\text{下}}$ 的方程为 $z = -\sqrt{1-x^2-y^2}$,易算得 $\Sigma_{\text{上}}$ 与 $\Sigma_{\text{下}}$ 对应的面积微元相等,为
$$\mathrm{d}S_{\text{上}} = \mathrm{d}S_{\text{下}} = \frac{1}{\sqrt{1-x^2-y^2}}\mathrm{d}x\mathrm{d}y,$$
则
$$I = \oiint_{\Sigma}(x^2z + y^2z + z^2)\,\mathrm{d}S = \iint_{\Sigma_{\text{上}}}(x^2z + y^2z + z^2)\,\mathrm{d}S + \iint_{\Sigma_{\text{下}}}(x^2z + y^2z + z^2)\,\mathrm{d}S$$
$$= \iint_{D_{xy}} \left[(x^2+y^2)\sqrt{1-x^2-y^2} + (1-x^2-y^2)\right]\frac{1}{\sqrt{1-x^2-y^2}}\mathrm{d}x\mathrm{d}y$$
$$+ \iint_{D_{xy}} \left[(x^2+y^2)(-\sqrt{1-x^2-y^2}) + (1-x^2-y^2)\right]\frac{1}{\sqrt{1-x^2-y^2}}\mathrm{d}x\mathrm{d}y$$
$$= 2\iint_{D_{xy}}(1-x^2-y^2)\frac{1}{\sqrt{1-x^2-y^2}}\mathrm{d}x\mathrm{d}y$$
$$= 2\iint_{D_{xy}}\sqrt{1-x^2-y^2}\,\mathrm{d}x\mathrm{d}y = 2\int_0^{2\pi}\mathrm{d}\theta\int_0^1\sqrt{1-\rho^2}\,\rho\,\mathrm{d}\rho$$

$$=\frac{4\pi}{3}.$$

习 题 11.5

(A)

1. 计算下列对坐标的曲面积分：

(1) $\iint_{\Sigma}(x^2+y^2)\mathrm{d}x\mathrm{d}y$，其中 Σ 是上半球面 $x^2+y^2+z^2=R^2$ 的下侧；

(2) $\iint_{\Sigma}z\mathrm{d}x\mathrm{d}y$，其中 Σ 是上半球面 $z=\sqrt{4-x^2-y^2}$ 的上侧；

(3) $\iint_{\Sigma}x^2y^2z\mathrm{d}x\mathrm{d}y$，其中 Σ 是球面 $x^2+y^2+z^2=R^2$ 下半部分的上侧；

(4) $\iint_{\Sigma}(x^2+y^2)\mathrm{d}z\mathrm{d}x+z\mathrm{d}x\mathrm{d}y$，其中 Σ 是 $z=\sqrt{x^2+y^2}(z<1)$ 的下侧；

(5) $\oiint_{\Sigma}xy\mathrm{d}y\mathrm{d}z+yz\mathrm{d}z\mathrm{d}x+xz\mathrm{d}x\mathrm{d}y$，其中 Σ 是由平面 $x=0,y=0,z=0$，与 $x+y+z=1$ 所围成的空间区域的整个边界曲面的外侧；

(6) $\iint_{\Sigma}y^2\mathrm{d}z\mathrm{d}x$，其中 Σ 为圆柱面 $x^2+y^2=R^2$ 上由 $y\geqslant 0,0\leqslant z\leqslant 3$ 所确定的部分，取右侧 $(R>0)$．

2. (1) 计算 $\iint_{\Sigma}x\mathrm{d}y\mathrm{d}z+y\mathrm{d}z\mathrm{d}x+z\mathrm{d}x\mathrm{d}y$，其中 Σ 为上半球面 $x^2+y^2+z^2=1(z\geqslant 0)$ 的上侧；

(2) 计算 $\iint_{\Sigma}xy\mathrm{d}y\mathrm{d}z+yz\mathrm{d}z\mathrm{d}x+xz\mathrm{d}x\mathrm{d}y$，其中 Σ 为 $z=\sqrt{1-x^2-y^2}$ 的上侧．

3. 求向量 $\boldsymbol{V}=(yz,xz,xy)$ 穿过下列有向曲面 Σ 的流量：

(1) Σ 为圆柱面 $x^2+y^2=3(0\leqslant z\leqslant h)$ 的侧面的外侧；

(2) Σ 为抛物面 $x^2+y^2=z(0\leqslant z\leqslant h)$ 的侧面的外侧．

4. 计算曲面积分 $\iint_{\Sigma}(z^2+x)\mathrm{d}y\mathrm{d}z-x\mathrm{d}x\mathrm{d}y$，其中 Σ 是旋转抛物面 $2z=x^2+y^2$ 介于平面 $z=0$ 及 $z=2$ 之间的部分的下侧．

5. 把对坐标的曲面积分
$$\iint_{\Sigma}P(x,y,z)\mathrm{d}y\mathrm{d}z+Q(x,y,z)\mathrm{d}z\mathrm{d}x+R(x,y,z)\mathrm{d}x\mathrm{d}y$$
化成对面积的曲面积分，其中 Σ 是平面 $3x+2y+2\sqrt{3}z=6$ 在第一卦限的部分的上侧．

(B)

1. 计算下列对坐标的曲面积分：

(1) $\iint_{\Sigma}2(1+x)\mathrm{d}y\mathrm{d}z$，其中 Σ 为 $x=y^2+z^2((0\leqslant x\leqslant 1)$ 的外侧；

(2) $\oiint_{\Sigma} \dfrac{\mathrm{e}^z}{\sqrt{x^2+y^2}} \mathrm{d}x\mathrm{d}y$,其中 Σ 为锥面 $z=\sqrt{x^2+y^2}$ 与平面 $z=1, z=2$ 所围成立体表面,取外侧;

(3) 计算 $I=\iint_{\Sigma}[f(x,y,z)+x]\mathrm{d}y\mathrm{d}z+[2f(x,y,z)+y]\mathrm{d}z\mathrm{d}x+[f(x,y,z)+z]\mathrm{d}x\mathrm{d}y$,其中 $f(x,y,z)$ 为连续函数,Σ 为平面 $x-y+z=1$ 在第四卦限部分的上侧.

2. 求向径 r 穿过曲面 $z=1-\sqrt{x^2+y^2}$ $(0\leqslant z\leqslant 1)$ 上侧的流量.

3. 设 $\Sigma: z=\sqrt{1-x^2-y^2}$,$\gamma$ 是其外法线与 z 轴正向夹成的锐角,计算 $I=\iint_{\Sigma}z^2\cos\gamma \mathrm{d}S$.

11.6 高斯(Gauss)公式 通量与散度

一、高斯(Gauss)公式

高斯公式

格林公式表达了平面有界闭区域上的二重积分与其边界曲线上的曲线积分之间的联系.德国数学家高斯(Gauss)将格林公式进行推广,建立了空间闭区域上的三重积分与该区域有向边界曲面上的曲面积分之间的联系,这就是高斯公式.

定理 设空间有界闭区域 Ω 的边界曲面 Σ 是光滑的或分片光滑的曲面组成,函数 $P(x,y,z), Q(x,y,z), R(x,y,z)$ 在 Ω 上具有连续的一阶偏导数,则

$$\iiint_{\Omega}\left(\dfrac{\partial P}{\partial x}+\dfrac{\partial Q}{\partial y}+\dfrac{\partial R}{\partial z}\right)\mathrm{d}v=\oiint_{\Sigma}P\mathrm{d}y\mathrm{d}z+Q\mathrm{d}z\mathrm{d}x+R\mathrm{d}x\mathrm{d}y, \quad (11.43)$$

或

$$\iiint_{\Omega}\left(\dfrac{\partial P}{\partial x}+\dfrac{\partial Q}{\partial y}+\dfrac{\partial R}{\partial z}\right)\mathrm{d}v=\oiint_{\Sigma}(P\cos\alpha+Q\cos\beta+R\cos\gamma)\mathrm{d}S. \quad (11.44)$$

其中积分曲面 Σ 取外侧,$\cos\alpha, \cos\beta, \cos\gamma$ 是曲面 Σ 上点 (x,y,z) 处的外法线方向的方向余弦.式(11.43)与(11.44)均称为**高斯公式**.

证 首先由公式(11.42)可知,公式(11.43)及(11.44)的右端是相等的,因此只要证明公式(11.43)就可以了.

为此,先设空间区域 Ω 是 XY 型的,如图 11.30,则其边界曲面 Σ 由下、上两底面 Σ_1, Σ_2 及侧柱面 Σ_3 围成,并设

$\Sigma_1=\{(x,y,z)\mid z=z_1(x,y),(x,y)\in D_{xy}\}$,取下侧;

$\Sigma_2=\{(x,y,z)\mid z=z_2(x,y),(x,y)\in D_{xy}\}$,

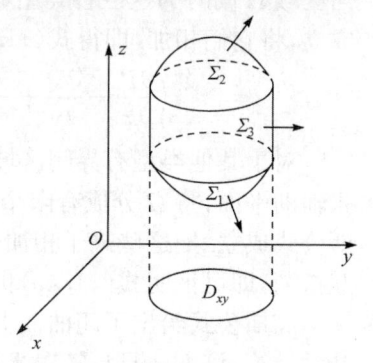

图 11.30

取上侧；
$$\Sigma_3 = \{(x,y,z) \mid z_1(x,y) \leqslant z \leqslant z_2(x,y), (x,y) \in \partial D_{xy}\},$$
取外侧.

因此，可将 XY 型的 Ω 区域表示为
$$\Omega = \{(x,y,z) \mid z_1(x,y) \leqslant z \leqslant z_2(x,y), (x,y) \in D_{xy}\}.$$

于是，由三重积分的投影法，得
$$\iiint_\Omega \frac{\partial R}{\partial z} dv = \iint_{D_{xy}} dx dy \int_{z_1(x,y)}^{z_2(x,y)} \frac{\partial R}{\partial z} dz$$
$$= \iint_{D_{xy}} \{R[x,y,z_2(x,y)] - R[x,y,z_1(x,y)]\} dx dy.$$

另一方面，由第二类曲面积分的计算法，得
$$\oiint_\Sigma R(x,y,z) dx dy = \iint_{\Sigma_1} R(x,y,z) dx dy + \iint_{\Sigma_2} R(x,y,z) dx dy + \iint_{\Sigma_3} R(x,y,z) dx dy$$
$$= -\iint_{D_{xy}} R[x,y,z_1(x,y)] dx dy + \iint_{D_{xy}} R[x,y,z_2(x,y)] dx dy + 0$$
$$= \iint_{D_{xy}} \{R[x,y,z_2(x,y)] - R[x,y,z_1(x,y)]\} dx dy,$$

所以有
$$\iiint_\Omega \frac{\partial R}{\partial z} dv = \oiint_\Sigma R(x,y,z) dx dy.$$

类似地，当区域 Ω 分别为 YZ 型与 ZX 型时，只要把区域 Ω 投影到 yOz 面和 zOx 面，类似可证得
$$\iiint_\Omega \frac{\partial P}{\partial x} dv = \oiint_\Sigma P(x,y,z) dy dz,$$
$$\iiint_\Omega \frac{\partial Q}{\partial y} dv = \oiint_\Sigma Q(x,y,z) dz dx.$$

当区域 Ω 同时为这三种类型（这三种区域统称为简单空间区域）时，上述三式同时成立，将它们相加，即得式(11.43)：
$$\iiint_\Omega \left(\frac{\partial P}{\partial x} + \frac{\partial Q}{\partial y} + \frac{\partial R}{\partial z}\right) dv = \oiint_\Sigma P dy dz + Q dz dx + R dx dy.$$

对于其他类型有界闭区域 Ω，则可仿照格林公式证明中的处理方法，引进若干张辅助平面，将 Ω 分成有限个符合条件的简单空间子区域，从而在各子区域上高斯公式成立．把这些式子相加，注意到曲面积分在辅助平面的正、反两侧上的值相互抵消，即可证明式(11.43)仍成立．

高斯公式给出了闭曲面上对坐标的曲面积分化为对应的空间区域上的三重积分的计算．该方法是计算对坐标的曲面积分的重要方法．必须指出，使用高斯公式

时,要注意检查它的条件是否满足.

例 1 计算曲面积分
$$\oiint_{\Sigma}(x+y)\mathrm{d}y\mathrm{d}z+(y+z)\mathrm{d}z\mathrm{d}x+(z+x)\mathrm{d}x\mathrm{d}y,$$
其中 Σ 是边长为 a 的正方体表面的外侧.

解 设 Σ 围成的闭区域为 Ω(边长为 a 的正方体),则由高斯公式
$$\oiint_{\Sigma}(x+y)\mathrm{d}y\mathrm{d}z+(y+z)\mathrm{d}z\mathrm{d}x+(z+x)\mathrm{d}x\mathrm{d}y$$
$$=\iiint_{\Omega}(1+1+1)\mathrm{d}v=3\iiint_{\Omega}\mathrm{d}v=3V_{\Omega}=3a^3.$$

例 2 利用高斯公式计算曲面积分
$$I=\iint_{\Sigma}(z^2+x)\mathrm{d}y\mathrm{d}z-z\mathrm{d}x\mathrm{d}y,$$
其中 Σ 是曲面 $z=\dfrac{1}{2}(x^2+y^2)$ 上介于 $0\leqslant z\leqslant 2$ 之间部分的下侧.

解 注意到曲面 $\Sigma:z=\dfrac{1}{2}(x^2+y^2)$(取下侧),不是封闭曲面(图 11.31),故不能直接用高斯公式计算,为此先补一个平面 Σ_1,
$$\Sigma_1:z=2(x^2+y^2\leqslant 4),\text{取上侧}.$$

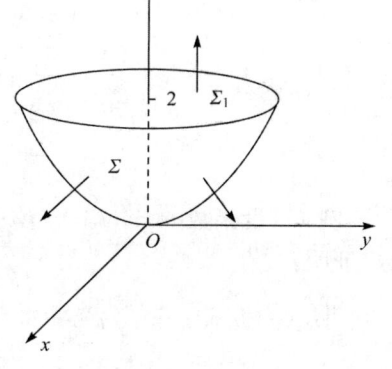

图 11.31

这样有向曲面 $\Sigma+\Sigma_1$ 构成了其所围立体 Ω 的表面的外侧,则
$$I=\oiint_{\Sigma+\Sigma_1}(z^2+x)\mathrm{d}y\mathrm{d}z-z\mathrm{d}x\mathrm{d}y-\iint_{\Sigma_1}(z^2+x)\mathrm{d}y\mathrm{d}z-z\mathrm{d}x\mathrm{d}y,$$
由高斯公式,
$$\oiint_{\Sigma+\Sigma_1}(z^2+x)\mathrm{d}y\mathrm{d}z-z\mathrm{d}x\mathrm{d}y=\iiint_{\Omega}(1+0-1)\mathrm{d}v=0,$$
而在 Σ_1 上,$z=2(x^2+y^2\leqslant 4)$,所以 Σ_1 在 xOy 面上的投影区域 $D_{xy}=\{(x,y)\mid x^2+y^2\leqslant 4\}$,又注意到 Σ_1 垂直于 yOz 面,则
$$\iint_{\Sigma_1}(z^2+x)\mathrm{d}y\mathrm{d}z=0,$$
因此
$$\iint_{\Sigma_1}(z^2+x)\mathrm{d}y\mathrm{d}z-z\mathrm{d}x\mathrm{d}y=-\iint_{\Sigma_1}z\mathrm{d}x\mathrm{d}y$$
$$=-\iint_{D_{xy}}2\mathrm{d}x\mathrm{d}y=-2\cdot 4\pi=-8\pi.$$

最后可得

$$I = 0 - (-8\pi) = 8\pi.$$

例 3 计算 $I = \oiint_{\Sigma} \dfrac{x}{r^3} \mathrm{d}y\mathrm{d}z + \dfrac{y}{r^3} \mathrm{d}z\mathrm{d}x + \dfrac{z}{r^3} \mathrm{d}x\mathrm{d}y$,其中 $r = \sqrt{x^2 + y^2 + z^2}$,$\Sigma$ 为球面 $x^2 + y^2 + z^2 = a^2$ 的外侧.

解 设 Ω 是以 Σ 为边界曲面的球体:$x^2 + y^2 + z^2 \leqslant a^2$. 因为点 $O(0,0,0) \in \Omega$,所以 $P = \dfrac{x}{r^3}, Q = \dfrac{y}{r^3}, R = \dfrac{z}{r^3}$ 在 Ω 内不满足高斯公式的条件,因此该题不能直接应用高斯公式. 但可以先将曲面 Σ 的方程 $r = a$ 代入积分式中,把被积函数简化,由于简化后的被积函数在积分区域 Ω 内满足高斯公式的条件,这时再用高斯公式. 即

$$I = \frac{1}{a^3} \oiint_{\Sigma} x \mathrm{d}y\mathrm{d}z + y\mathrm{d}z\mathrm{d}x + z\mathrm{d}x\mathrm{d}y$$

$$= \frac{1}{a^3} \iiint_{\Omega} (1 + 1 + 1) \mathrm{d}v$$

$$= \frac{3}{a^3} \iiint_{\Omega} \mathrm{d}v = \frac{3}{a^3} \cdot \frac{4\pi a^3}{3} = 4\pi.$$

例 4 设函数 $u(x,y,z), v(x,y,z)$ 在闭区域 Ω 上具有一阶和二阶连续偏导数,证明:

$$\iiint_{\Omega} u \Delta v \mathrm{d}x\mathrm{d}y\mathrm{d}z = \oiint_{\Sigma} u \frac{\partial v}{\partial \boldsymbol{n}} \mathrm{d}S - \iiint_{\Omega} \left(\frac{\partial u}{\partial x} \cdot \frac{\partial v}{\partial x} + \frac{\partial u}{\partial y} \cdot \frac{\partial v}{\partial y} + \frac{\partial u}{\partial z} \cdot \frac{\partial v}{\partial z} \right) \mathrm{d}x\mathrm{d}y\mathrm{d}z.$$

其中 Σ 是闭区域 Ω 的整个边界曲面,$\dfrac{\partial v}{\partial \boldsymbol{n}}$ 为函数 $v(x,y,z)$ 沿 Σ 的外法线方向的方向导数,符号 $\Delta = \dfrac{\partial^2}{\partial x^2} + \dfrac{\partial^2}{\partial y^2} + \dfrac{\partial^2}{\partial z^2}$ 称为**拉普拉斯**(Laplace)**算子**. 这个公式叫做格林第一公式.

证 因为方向导数

$$\frac{\partial v}{\partial \boldsymbol{n}} = \frac{\partial v}{\partial x} \cos\alpha + \frac{\partial v}{\partial y} \cos\beta + \frac{\partial v}{\partial z} \cos\gamma,$$

其中 $\cos\alpha, \cos\beta, \cos\gamma$ 是 Σ 在点 (x,y,z) 处的外法线向量的方向余弦. 于是曲面积分

$$\oiint_{\Sigma} u \frac{\partial v}{\partial \boldsymbol{n}} \mathrm{d}S = \oiint_{\Sigma} u \left(\frac{\partial v}{\partial x} \cos\alpha + \frac{\partial v}{\partial y} \cos\beta + \frac{\partial v}{\partial z} \cos\gamma \right) \mathrm{d}S$$

$$= \oiint_{\Sigma} \left(\left(u \frac{\partial v}{\partial x}\right) \cos\alpha + \left(u \frac{\partial v}{\partial y}\right) \cos\beta + \left(u \frac{\partial v}{\partial z}\right) \cos\gamma \right) \mathrm{d}S,$$

由高斯公式(11.44)可得

$$\oiint_{\Sigma} u \frac{\partial v}{\partial \boldsymbol{n}} \mathrm{d}S = \iiint_{\Omega} \left[\frac{\partial}{\partial x} \left(u \frac{\partial v}{\partial x} \right) + \frac{\partial}{\partial y} \left(u \frac{\partial v}{\partial y} \right) + \frac{\partial}{\partial z} \left(u \frac{\partial v}{\partial z} \right) \right] \mathrm{d}x\mathrm{d}y\mathrm{d}z$$

$$= \iiint_\Omega u\Delta v\,dxdydz + \iiint_\Omega \left(\frac{\partial u}{\partial x}\cdot\frac{\partial v}{\partial x}+\frac{\partial u}{\partial y}\cdot\frac{\partial v}{\partial y}+\frac{\partial u}{\partial z}\cdot\frac{\partial v}{\partial z}\right)dxdydz,$$

即

$$\iiint_\Omega u\Delta v\,dxdydz = \oiint_\Sigma u\frac{\partial v}{\partial \boldsymbol{n}}dS - \iiint_\Omega \left(\frac{\partial u}{\partial x}\cdot\frac{\partial v}{\partial x}+\frac{\partial u}{\partial y}\cdot\frac{\partial v}{\partial y}+\frac{\partial u}{\partial z}\cdot\frac{\partial v}{\partial z}\right)dxdydz.$$

二、通量与散度

下面简单介绍一下高斯公式的物理意义,并给出通量与散度的概念.

设某空间闭区域 Ω 内充满不可压缩且作稳定流动的流体,其流速为

$$\boldsymbol{v}(x,y,z)=P(x,y,z)\boldsymbol{i}+Q(x,y,z)\boldsymbol{j}+R(x,y,z)\boldsymbol{k},$$

又设 Σ 为该空间区域内一有向光滑曲面,P,Q,R 在 Ω 上具有连续的一阶偏导数,$\boldsymbol{e}_n=\cos\alpha\boldsymbol{i}+\cos\beta\boldsymbol{j}+\cos\gamma\boldsymbol{k}$ 是 Σ 上点 (x,y,z) 处的单位法向量,其指向与 Σ 的侧一致. 则由 11.5 节知,单位时间内穿过曲面 Σ 指定侧的流体总质量

$$\Phi = \iint_\Sigma P\,dydz+Q\,dzdx+R\,dxdy = \iint_\Sigma (P\cos\alpha+Q\cos\beta+R\cos\gamma)dS$$

$$= \iint_\Sigma (\boldsymbol{v}(x,y,z)\cdot\boldsymbol{e}_n)dS = \iint_\Sigma v_n\,dS. \tag{11.45}$$

这里 $v_n=\boldsymbol{v}\cdot\boldsymbol{e}_n$ 是 $\boldsymbol{v}$ 在有向曲面 Σ 的法向量 $\boldsymbol{e}_n$ 上的投影.

如果 Σ 是区域内某封闭的曲面,方向取外侧,由其围成的区域记为 Ω_1,那么由高斯公式可得

$$\oiint_\Sigma v_n\,dS = \iiint_{\Omega_1}\left(\frac{\partial P}{\partial x}+\frac{\partial Q}{\partial y}+\frac{\partial R}{\partial z}\right)dv. \tag{11.46}$$

上式的左端表示单位时间内流出区域 Ω_1 的流体的总质量 Φ. 由于流体是不可压缩和稳定流动的,因此在流体流出 Ω_1 的同时,Ω_1 内必定要有流体产生的"源"(就如同喷泉的泉眼),产生同样多的流体来补充. 从而上式的左端可理解为分布在 Ω_1 内的源在单位时间内所产生的流体的总质量.

现在的问题是,在 Ω 内一点 $M(x,y,z)$ 处源的强度有多大呢?

将式(11.46)的两边同除以 Ω_1 的体积 V 得

$$\frac{1}{V}\iiint_{\Omega_1}\left(\frac{\partial P}{\partial x}+\frac{\partial Q}{\partial y}+\frac{\partial R}{\partial z}\right)dv = \frac{1}{V}\oiint_\Sigma v_n\,dS, \tag{11.47}$$

式(11.47)左端表示在 Ω_1 内的流场 $\boldsymbol{v}$ 在单位时间单位体积内产生的流体的质量的平均值(源的平均强度).

对上式左端的三重积分应用积分中值定理得

$$\left(\frac{\partial P}{\partial x}+\frac{\partial Q}{\partial y}+\frac{\partial R}{\partial z}\right)\bigg|_{(\xi,\eta,\zeta)} = \frac{1}{V}\oiint_\Sigma v_n\,dS,$$

其中(ξ,η,ζ)是Ω_1内的某一点. 令Ω_1收缩到点$M(x,y,z)$, 则点$(\xi,\eta,\zeta)\to M(x,y,z)$, 于是得

$$\frac{\partial P}{\partial x}+\frac{\partial Q}{\partial y}+\frac{\partial R}{\partial z}=\lim_{\Omega_1\to M}\frac{1}{V}\oiint_{\Sigma}v_n\mathrm{d}S. \tag{11.48}$$

由式(11.48)所确定的值称为向量场$v(x,y,z)$在点M处的散度, 记作$\mathrm{div}\boldsymbol{v}$. 即

$$\mathrm{div}\boldsymbol{v}=\frac{\partial P}{\partial x}+\frac{\partial Q}{\partial y}+\frac{\partial R}{\partial z}. \tag{11.49}$$

$\mathrm{div}\boldsymbol{v}$代表了流速场$\boldsymbol{v}$在点$M$处的源的强度. 当$\mathrm{div}\boldsymbol{v}>0$表示流体从点$M$流出(有"源"), 当$\mathrm{div}\boldsymbol{v}<0$表示流体从点$M$处消失(有"洞").

一般地, 设Σ为某向量场

$$\boldsymbol{v}(x,y,z)=P(x,y,z)\boldsymbol{i}+Q(x,y,z)\boldsymbol{j}+R(x,y,z)\boldsymbol{k}$$

内一有向曲面, $\boldsymbol{e}_n$是Σ上点$M(x,y,z)$处的单位法向量, 函数P,Q,R在Σ上具有连续的一阶偏导数, 则称

$$\iint_{\Sigma}P\mathrm{d}y\mathrm{d}z+Q\mathrm{d}z\mathrm{d}x+R\mathrm{d}x\mathrm{d}y \tag{11.50}$$

为**向量场v通过有向曲面Σ的通量**(或**流量**).

利用散度的概念, 高斯公式可以写成

$$\oiint_{\Sigma}P\mathrm{d}y\mathrm{d}z+Q\mathrm{d}z\mathrm{d}x+R\mathrm{d}x\mathrm{d}y=\iiint_{\Omega}\mathrm{div}\boldsymbol{v}\mathrm{d}v. \tag{11.51}$$

例5 求向量场$\boldsymbol{A}=xyz\boldsymbol{r}(\boldsymbol{r}=x\boldsymbol{i}+y\boldsymbol{j}+z\boldsymbol{k})$在点$M(1,3,2)$处的散度.

解 $\boldsymbol{A}=xyz\boldsymbol{r}=x^2yz\boldsymbol{i}+xy^2z\boldsymbol{j}+xyz^2\boldsymbol{k}$.

设$P=x^2yz, Q=xy^2z, R=xyz^2$, 则

$$\frac{\partial P}{\partial x}=\frac{\partial Q}{\partial y}=\frac{\partial R}{\partial z}=2xyz,$$

$$\mathrm{div}\boldsymbol{A}(M)=6xyz|_M=36.$$

例6 将电量为q的点电荷放置在原点处, 则在该电场中, 点M(异于原点O)处的电位移为向量场

$$\boldsymbol{D}=\varepsilon\boldsymbol{E}=\frac{q}{4\pi r^2}\boldsymbol{e}_r,$$

其中$r=|OM|$, $\boldsymbol{e}_r$是与$\overrightarrow{OM}$同向的单位向量. $\boldsymbol{E}$为电场强度, 求

(1) $\mathrm{div}\boldsymbol{D}(M)$;

(2) $\boldsymbol{D}$穿过不包含原点的任意闭曲面向外侧的电位移通量.

解 (1) 设$M(x,y,z)$, 则$\overrightarrow{OM}=(x,y,z)$, 由题设可知, $\boldsymbol{e}_r=\frac{1}{r}(x,y,z)$. 则

$$\boldsymbol{D}(M)=\frac{q}{4\pi r^2}\boldsymbol{e}_r=\frac{q}{4\pi r^3}(x,y,z),$$

因此
$$P=\frac{qx}{4\pi r^3}, \quad \frac{\partial P}{\partial x}=\frac{q}{4\pi}\frac{r^2-3x^2}{r^5};$$

同理
$$Q=\frac{qy}{4\pi r^3}, \quad \frac{\partial Q}{\partial y}=\frac{q}{4\pi}\frac{r^2-3y^2}{r^5};$$
$$R=\frac{qz}{4\pi r^3}, \quad \frac{\partial R}{\partial z}=\frac{q}{4\pi}\frac{r^2-3z^2}{r^5}.$$

则
$$\mathrm{div}\boldsymbol{D}(M)=\left(\frac{\partial P}{\partial x}+\frac{\partial Q}{\partial y}+\frac{\partial R}{\partial z}\right)\bigg|_M=\frac{q}{4\pi}\left(\frac{r^2-3x^2}{r^5}+\frac{r^2-3y^2}{r^5}+\frac{r^2-3z^2}{r^5}\right)=0.$$

(2) 在不包含原点的任意闭曲面 Σ_1 所围的区域 Ω_1 上，$\mathrm{div}\boldsymbol{D}=0$，故
$$\Phi_{\boldsymbol{D}}=\oiint_{\Sigma_1} P\mathrm{d}y\mathrm{d}z+Q\mathrm{d}z\mathrm{d}x+R\mathrm{d}x\mathrm{d}y$$
$$=\iiint_{\Omega_1}\mathrm{div}\boldsymbol{D}\mathrm{d}V=0.$$

习 题 11.6

(A)

1. 利用高斯公式计算下列第二类曲面积分：

(1) $\oiint_{\Sigma} x\mathrm{d}y\mathrm{d}z+y\mathrm{d}z\mathrm{d}x+z\mathrm{d}x\mathrm{d}y$，其中闭曲面 Σ 是由 $x-y-z+1=0$ 与坐标面围成的部分的外侧；

(2) $\oiint_{\Sigma} x\mathrm{d}y\mathrm{d}z+y\mathrm{d}z\mathrm{d}x+z\mathrm{d}x\mathrm{d}y$，其中 Σ 是圆柱面 $x^2+y^2=1$、$z=0$ 和 $z=2$ 围成的整个表面的外侧；

(3) $\oiint_{\Sigma}(z+xy^2)\mathrm{d}y\mathrm{d}z+(yz^2-xz)\mathrm{d}z\mathrm{d}x+x^2z\mathrm{d}x\mathrm{d}y$，其中 Σ 为球面 $x^2+y^2+z^2=2Rz(R>0)$ 的外侧；

(4) $\oiint_{\Sigma}(x^2\cos\alpha+y^2\cos\beta+z^2\cos\gamma)\mathrm{d}S$，$\Sigma$ 为锥体 $x^2+y^2\leqslant z^2$，$0\leqslant z\leqslant h$ 的表面，$\cos\alpha$，$\cos\beta$，$\cos\gamma$ 为此曲面外法线方向余弦；

(5) $\oiint_{\Sigma} x^3\mathrm{d}y\mathrm{d}z+y^3\mathrm{d}z\mathrm{d}x+z^3\mathrm{d}x\mathrm{d}y$，其中 Σ 为球面 $x^2+y^2+z^2=a^2$ 外侧；

(6) $\oiint_{\Sigma} x\mathrm{d}y\mathrm{d}z+y\mathrm{d}z\mathrm{d}x+z\mathrm{d}x\mathrm{d}y$，其中 Σ 是介于 $z=0$ 和 $z=3$ 之间的圆柱体 $x^2+y^2\leqslant 9$ 的整个表面的外侧；

(7) $\iint\limits_{\Sigma} xz\,\mathrm{d}y\mathrm{d}z$，$\Sigma$ 是上半球面 $z = \sqrt{R^2 - x^2 - y^2}$ 的上侧.

(8) $\iint\limits_{\Sigma} x\,\mathrm{d}y\mathrm{d}z + y\,\mathrm{d}z\mathrm{d}x + (z^2 - 2z)\,\mathrm{d}x\mathrm{d}y$，其中 Σ 是锥面 $z = \sqrt{x^2 + y^2}$ 夹在 $0 \leqslant z \leqslant 1$ 之间的部分的上侧;

(9) $\iint\limits_{\Sigma} x\,\mathrm{d}y\mathrm{d}z + y\,\mathrm{d}z\mathrm{d}x + (2z - 1)\,\mathrm{d}x\mathrm{d}y$，其中 Σ 为锥面 $z = \sqrt{x^2 + y^2}$ 夹在 $0 \leqslant z \leqslant 1$ 部分的上侧;

(10) $\iint\limits_{\Sigma}(8y+1)x\,\mathrm{d}y\mathrm{d}z + 2(1-y^2)\,\mathrm{d}z\mathrm{d}x - 4yz\,\mathrm{d}x\mathrm{d}y$，其中 Σ 是曲线段 $\begin{cases} z = \sqrt{y-1}, \\ x = 0 \end{cases}$ $(1 \leqslant y \leqslant 3)$ 绕 Oy 轴旋转一周所形成的曲面,其法线向量与 Oy 轴正向的夹角恒大于 $\dfrac{\pi}{2}$.

2. 设 Σ 是一光滑的闭曲面,V 是 Σ 所围的立体的体积,r 是点 (x,y,z) 的向径,$r = |\boldsymbol{r}|$,θ 是 Σ 的外法线向量与 $\boldsymbol{r}$ 的夹角. 试证明: $V = \dfrac{1}{3}\oiint\limits_{\Sigma} r\cos\theta\,\mathrm{d}S$.

3. 求下列向量场的散度:
   (1) $\boldsymbol{V} = xy\boldsymbol{i} + \cos(xy)\boldsymbol{j} + \cos(xz)\boldsymbol{k}$;
   (2) $\boldsymbol{V} = 4x\boldsymbol{i} - 2xy\boldsymbol{j} + z^2\boldsymbol{k}$ 在点 $M(1,1,3)$ 处.

4. 设流体的速度为
$$\boldsymbol{v}(x,y,z) = x(y-z)\boldsymbol{i} + y(z-x)\boldsymbol{j} + z(x-y)\boldsymbol{k},$$
Σ 为椭球面 $\dfrac{x^2}{16} + \dfrac{y^2}{9} + \dfrac{z^2}{4} = 1$. 求在单位时间内,流体流向 Σ 外侧的流量.

(B)

1. 设空间闭区域 Ω 由曲面 $z = a^2 - x^2 - y^2$ $(a > 0)$ 及平面 $z = 0$ 所围成,Σ 为 Ω 的表面外侧,V 为 Ω 的体积. 试证明:
$$V = \oiint\limits_{\Sigma} x^2 yz^2\,\mathrm{d}y\mathrm{d}z - xy^2 z^2\,\mathrm{d}z\mathrm{d}x + z(1 + xyz)\,\mathrm{d}x\mathrm{d}y,$$
并求出 V.

2. 计算 $I = \oiint\limits_{\Sigma} \dfrac{z^3}{r^3}\,\mathrm{d}x\mathrm{d}y$,其中 $r = \sqrt{x^2 + y^2 + z^2}$,$\Sigma$ 为球面 $x^2 + y^2 + z^2 = a^2$ 的外侧.

3. 计算 $I = \oiint\limits_{\Sigma} \dfrac{\cos(\boldsymbol{r},\boldsymbol{n})}{r^2}\,\mathrm{d}S$,其中 Σ 为包含原点的任一光滑闭曲面,$\boldsymbol{n}$ 为 Σ 在点 $M(x,y,z)$ 处的外法线向量,$\boldsymbol{r} = \overrightarrow{OM}$,$r = |\boldsymbol{r}|$.

4. 设 Σ 是任一定向光滑闭曲面,证明:
$$\oiint\limits_{\Sigma} x^2 z(x\,\mathrm{d}y\mathrm{d}z - y\,\mathrm{d}z\mathrm{d}x - z\,\mathrm{d}x\mathrm{d}y) = 0.$$

5. 求向量 $\boldsymbol{A} = (2x-z)\boldsymbol{i} + x^2 y\boldsymbol{j} - xz^2\boldsymbol{k}$,穿过曲面 Σ 为立方体 $0 \leqslant x \leqslant a, 0 \leqslant y \leqslant a, 0 \leqslant z \leqslant a$ 的全表面,流向外侧的通量.

6. 求向量场 $\boldsymbol{A} = \mathrm{e}^{xy}\boldsymbol{i} + \cos(xy)\boldsymbol{j} + \cos(xz^2)\boldsymbol{k}$ 的散度.

11.7 斯托克斯公式 环流量与旋度

一、斯托克斯(Stokes)公式

格林公式的另一种形式的推广,就是把具有光滑或分段光滑的边界曲线的光滑曲面上的曲面积分,与其边界上的曲线积分联系起来,便可得到下面的斯托克斯(Stokes)公式.

设 Σ 是具有光滑或分段光滑的边界曲线 Γ 的有向曲面,Σ 的边界曲线 Γ 的正向这样规定:使这个正向与有向曲面 Σ 的法向量符合右手法则,即当右手除大拇指外的四指依曲线 Γ 的绕行方向时,竖起的大拇指的指向与曲面 Σ 的法向量的指向一致,如此定向的边界曲线 Γ 称为**有向曲面 Σ 的正向边界曲线**.

定理 1 设 Γ 为空间的一条分段光滑的有向曲线,Σ 是以 Γ 边界的分片光滑的有向曲面,Γ 的正向与 Σ 的侧符合右手法则,函数 $P(x,y,z)$、$Q(x,y,z)$、$R(x,y,z)$ 在包含 Σ 在内的一个空间区域上具有连续的一阶偏导数,则

$$\iint_{\Sigma}\left(\frac{\partial R}{\partial y}-\frac{\partial Q}{\partial z}\right)\mathrm{d}y\mathrm{d}z+\left(\frac{\partial P}{\partial z}-\frac{\partial R}{\partial x}\right)\mathrm{d}z\mathrm{d}x+\left(\frac{\partial Q}{\partial x}-\frac{\partial P}{\partial y}\right)\mathrm{d}x\mathrm{d}y$$
$$=\oint_{\Gamma}P\mathrm{d}x+Q\mathrm{d}y+R\mathrm{d}z. \tag{11.52}$$

式(11.52)称为**斯托克斯公式**.

*证 首先证明

$$\oint_{\Gamma}P\mathrm{d}x=\iint_{\Sigma}\frac{\partial P}{\partial z}\mathrm{d}z\mathrm{d}x-\frac{\partial P}{\partial y}\mathrm{d}x\mathrm{d}y, \tag{11.53}$$

先假定用平行于 z 轴的直线穿过曲面 Σ 时,只有一个交点.

Σ 的方向不妨取上侧,它在 xOy 面上的投影区域为 D_{xy},而 Σ 的边界曲线 Γ 在 xOy 面上的投影即为 D_{xy} 的边界曲线 L,且 L 的方向与 Γ 方向一致,如图 11.32 所示. 此时 Σ 的方程可写为 $z=z(x,y)$,$(x,y)\in D_{xy}$.

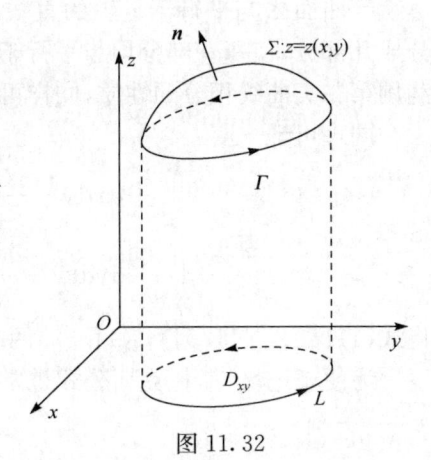

设 L 的参数方程为

$$x=x(t),\quad y=y(t)\quad (\alpha\leqslant t\leqslant\beta)$$

从而 Γ 的参数方程为

$$x=x(t),\quad y=y(t),$$

图 11.32

$$z = z[x(t), y(t)] \quad (\alpha \leqslant t \leqslant \beta).$$

t 的增大方向对应于 Γ 的正向，则由曲线积分计算法易于验证

$$\oint_\Gamma P(x,y,z)\mathrm{d}x = \oint_L P[x,y,z(x,y)]\mathrm{d}x.$$

由格林公式得

$$\oint_L P[x,y,z(x,y)]\mathrm{d}x = -\iint_{D_{xy}} \frac{\partial}{\partial y} P[x,y,z(x,y)]\mathrm{d}x\mathrm{d}y$$

$$= -\iint_{D_{xy}} \left(\frac{\partial P}{\partial y} + \frac{\partial P}{\partial z} \cdot \frac{\partial z}{\partial y} \right) \mathrm{d}x\mathrm{d}y.$$

另一方面，Σ 的法向量 $\boldsymbol{n} = (-z_x, -z_y, 1)$，设其单位法向量 $\boldsymbol{e}_n = (\cos\alpha, \cos\beta, \cos\gamma)$，于是

$$\frac{-z_x}{\cos\alpha} = \frac{-z_y}{\cos\beta} = \frac{1}{\cos\gamma},$$

从而 $-z_y = \dfrac{\cos\beta}{\cos\gamma}$，因此

$$\iint_\Sigma \frac{\partial P}{\partial z}\mathrm{d}z\mathrm{d}x - \frac{\partial P}{\partial y}\mathrm{d}x\mathrm{d}y = \iint_\Sigma \left(\frac{\partial P}{\partial z}\cos\beta - \frac{\partial P}{\partial y}\cos\gamma \right)\mathrm{d}S$$

$$= \iint_\Sigma \left(\frac{\partial P}{\partial z}\frac{\cos\beta}{\cos\gamma} - \frac{\partial P}{\partial y} \right)\cos\gamma\mathrm{d}S = -\iint_{D_{xy}} \left(\frac{\partial P}{\partial z}z_y + \frac{\partial P}{\partial y} \right)\mathrm{d}x\mathrm{d}y.$$

比较可得

$$\iint_\Sigma \frac{\partial P}{\partial z}\mathrm{d}z\mathrm{d}x - \frac{\partial P}{\partial y}\mathrm{d}x\mathrm{d}y = \oint_\Gamma P(x,y,z)\mathrm{d}x.$$

若 Σ 的方向取下侧，Γ 也相应地改取相反的方向，那么上式两端同时改变符号，因此上式仍成立.

当曲面 Σ 与平行于 z 轴的直线的交点多于一个时，可通过分割的方法，把 Σ 分成几部分，使每一部分均与平行于 z 轴的直线至多交于一点，然后分片讨论，再利用第二类曲线积分的性质，同样可证式(11.53)成立.

同理可证

$$\iint_\Sigma \frac{\partial Q}{\partial x}\mathrm{d}x\mathrm{d}y - \frac{\partial Q}{\partial z}\mathrm{d}y\mathrm{d}z = \oint_\Gamma Q(x,y,z)\mathrm{d}y, \tag{11.54}$$

$$\iint_\Sigma \frac{\partial R}{\partial y}\mathrm{d}y\mathrm{d}z - \frac{\partial R}{\partial x}\mathrm{d}z\mathrm{d}x = \oint_\Gamma R(x,y,z)\mathrm{d}z, \tag{11.55}$$

将式(11.53)，(11.54)，(11.55)两端分别相加即得(11.52)式.

为便于记忆，斯托克斯公式也常用如下的行列式来表示：

$$\iint_\Sigma \begin{vmatrix} \mathrm{d}y\mathrm{d}z & \mathrm{d}z\mathrm{d}x & \mathrm{d}x\mathrm{d}y \\ \dfrac{\partial}{\partial x} & \dfrac{\partial}{\partial y} & \dfrac{\partial}{\partial z} \\ P & Q & R \end{vmatrix} = \oint_\Gamma P\mathrm{d}x + Q\mathrm{d}y + R\mathrm{d}z. \tag{11.56}$$

式(11.56)左端的行列式按第一行展开,并把$\dfrac{\partial}{\partial y}$与$R$的乘积理解为$\dfrac{\partial R}{\partial y}$,$\dfrac{\partial}{\partial x}$与$Q$的乘积理解为$\dfrac{\partial Q}{\partial x}$,其他类似,展开后的表达式就是式(11.52)的左端.

利用两类曲面积分间的联系,可得斯托克斯公式的另一种形式:

$$\iint_\Sigma \begin{vmatrix} \cos\alpha & \cos\beta & \cos\gamma \\ \dfrac{\partial}{\partial x} & \dfrac{\partial}{\partial y} & \dfrac{\partial}{\partial z} \\ P & Q & R \end{vmatrix} \mathrm{d}S = \oint_\Gamma P\mathrm{d}x + Q\mathrm{d}y + R\mathrm{d}z, \tag{11.57}$$

其中$e_n = (\cos\alpha, \cos\beta, \cos\gamma)$为有向曲面$\Sigma$的单位法向量.

当曲面Σ是xOy面上的一块平面闭区域时,斯托克斯公式就变成格林公式. 因此斯托克斯公式是格林公式从平面形式到空间形式的一个推广.

例1 计算曲线积分$I = \oint_\Gamma (-y^2)\mathrm{d}x + x\mathrm{d}y + z^2\mathrm{d}z$,其中$\Gamma$是平面$y + z = 2$与柱面$x^2 + y^2 = 1$的交线,若从$z$轴正向看去,$\Gamma$取逆时针方向(图11.33).

解 用斯托克斯公式.

根据曲线Γ的方向,取Σ为平面$y + z = 2$上侧被Γ所围的部分,它在xOy面上的投影为圆域D_{xy}: $x^2 + y^2 \leq 1$,则由斯托克斯公式得

$$I = \begin{vmatrix} \mathrm{d}y\mathrm{d}z & \mathrm{d}z\mathrm{d}x & \mathrm{d}x\mathrm{d}y \\ \dfrac{\partial}{\partial x} & \dfrac{\partial}{\partial y} & \dfrac{\partial}{\partial z} \\ -y^2 & x & z^2 \end{vmatrix} = \iint_\Sigma (1 + 2y)\mathrm{d}x\mathrm{d}y$$

$$= \iint_{D_{xy}} (1 + 2y)\mathrm{d}x\mathrm{d}y = \int_0^{2\pi} \mathrm{d}\theta \int_0^1 (1 + 2\rho\sin\theta)\rho\mathrm{d}\rho$$

$$= \pi.$$

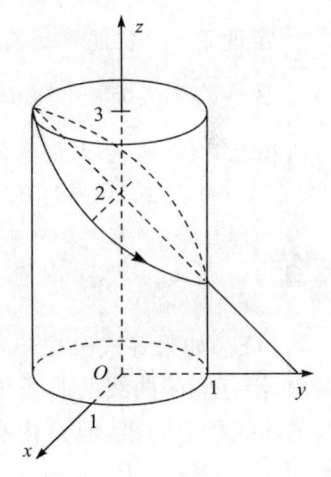

图11.33

例2 利用斯托克斯公式计算曲线积分

$$I = \oint_\Gamma (y^2 - z^2)\mathrm{d}x + (z^2 - x^2)\mathrm{d}y + (x^2 - y^2)\mathrm{d}z,$$

其中Γ是点以$A(1, 0, 0)$,$B(0, 1, 0)$,$C(0, 0, 1)$为顶点的三角形边界$ABCA$ (图11.34),若从z轴正向看去,Γ取逆时针方向.

图 11.34

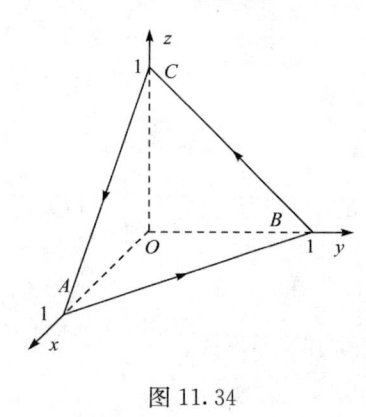

解 设 Σ 是 $\triangle ABC$，并取上侧，由于平面 ABC 的方程为 $x+y+z=1$，且单位法向量 $e_n = \left(\dfrac{\sqrt{3}}{3}, \dfrac{\sqrt{3}}{3}, \dfrac{\sqrt{3}}{3}\right)$，由斯托克斯公式得

$$I = \iint_\Sigma \begin{vmatrix} \dfrac{\sqrt{3}}{3} & \dfrac{\sqrt{3}}{3} & \dfrac{\sqrt{3}}{3} \\ \dfrac{\partial}{\partial x} & \dfrac{\partial}{\partial y} & \dfrac{\partial}{\partial z} \\ y^2-z^2 & z^2-x^2 & x^2-y^2 \end{vmatrix} dS$$

$$= -\dfrac{4\sqrt{3}}{3}\iint_\Sigma (x+y+z)dS = -\dfrac{4\sqrt{3}}{3}\iint_\Sigma dS = -2.$$

*二、空间曲线积分与路径无关的条件

在 11.3 节中，我们利用格林公式证明了平面曲线积分与路径无关的条件. 类似地，利用斯托克斯公式，可证明空间曲线积分与路径无关的条件.

首先需要指出的是，空间曲线积分与路径无关的条件相当于沿任意闭曲线的曲线积分为零. 关于空间曲线积分在什么条件下与路径无关的问题，有以下结论：

定理 2 设空间区域 Ω 是一单连通区域，函数 $P(x,y,z), Q(x,y,z), R(x,y,z)$ 在区域 Ω 内具有一阶连续偏导数，则空间曲线积分 $\int_\Gamma P dx + Q dy + R dz$ 在 Ω 内与路径无关（或沿 Ω 内任意闭曲线的曲线积分为零）的充分必要条件是

$$\dfrac{\partial R}{\partial y} = \dfrac{\partial Q}{\partial z}, \quad \dfrac{\partial P}{\partial z} = \dfrac{\partial R}{\partial x}, \quad \dfrac{\partial Q}{\partial x} = \dfrac{\partial P}{\partial y} \tag{11.58}$$

在 Ω 内恒成立.

*证 如果等式 (11.58) 在 Ω 内恒成立，则由斯托克斯公式 (11.52) 立即可以看出，沿任意闭曲线的曲线积分为零，因此条件是充分的. 反之，设沿 Ω 任意闭曲线的曲线积分为零，但 Ω 内有一点 $M_0(x_0, y_0, z_0)$ 使式 (11.58) 中的三个等式不全成立. 比如 $\dfrac{\partial Q}{\partial x} \neq \dfrac{\partial P}{\partial y}$. 不失一般性，不妨假定

$$\left(\dfrac{\partial Q}{\partial x} - \dfrac{\partial P}{\partial y}\right)_{M_0} = \varepsilon > 0.$$

过点 M_0 作平面 $z = z_0$，并在这个平面上取一个以 M_0 为圆心、半径足够小的圆形闭区域 K，使得在 K 上恒有

$$\frac{\partial Q}{\partial x} - \frac{\partial P}{\partial y} \geq \frac{\varepsilon}{2}.$$

设 γ 是 K 的正向边界曲线. 因为 γ 在平面 $z=z_0$ 上, 所以由定义有

$$\oint_\gamma P\,dx + Q\,dy + R\,dz = \oint_\gamma P\,dx + Q\,dy,$$

又由式(11.52)有

$$\oint_\gamma P\,dx + Q\,dy + R\,dz = \iint_K \left(\frac{\partial Q}{\partial x} - \frac{\partial P}{\partial y}\right)dx\,dy \geq \frac{\varepsilon}{2} \cdot \sigma,$$

其中 σ 是 K 的面积, 因为 $\varepsilon > 0, \sigma > 0$, 从而

$$\oint_\gamma P\,dx + Q\,dy + R\,dz > 0.$$

这个结果与假设矛盾, 从而(11.58)在 Ω 内恒成立. 证毕.

应用定理 2 并仿照 11.3 节定理 2 的证法, 类似可证得

定理 3 设空间区域 Ω 是一单连通区域, 函数 $P(x,y,z), Q(x,y,z), R(x,y,z)$ 在区域 Ω 内具有一阶连续偏导数, 则表达式 $P\,dx + Q\,dy + R\,dz$ 在 Ω 内为某一三元函数 $u(x,y,z)$ 的全微分的充分必要条件是等式(11.58)在 Ω 内恒成立; 当条件(11.58)满足时, 这函数(不计一常数之差)可用下式求出:

$$u(x,y,z) = \int_{(x_0,y_0,z_0)}^{(x,y,z)} P\,dx + Q\,dy + R\,dz. \tag{11.59}$$

或用定积分表示为(按图 11.35 取积分路径, 且积分路径在 Ω 内),

$$u(x,y,z) = \int_{x_0}^x P(x,y_0,z_0)\,dx + \int_{y_0}^y Q(x,y,z_0)\,dy + \int_{z_0}^z R(x,y,z)\,dz.$$

$$\tag{11.60}$$

例 3 验证 $(y+z)dx + (z+x)dy + (x+y)dz$ 是某个三元函数的全微分, 并求一个这样的原函数.

解 令 $P = y+z, Q = z+x, R = x+y$, 则

$$\frac{\partial R}{\partial y} = 1 = \frac{\partial Q}{\partial z}, \quad \frac{\partial P}{\partial z} = 1 = \frac{\partial R}{\partial x}, \quad \frac{\partial Q}{\partial x} = 1 = \frac{\partial P}{\partial y},$$

故由定理 2 知, 存在函数 $u(x,y,z)$, 使得

$$du(x,y,z) = (y+z)dx + (z+x)dy + (x+y)dz,$$

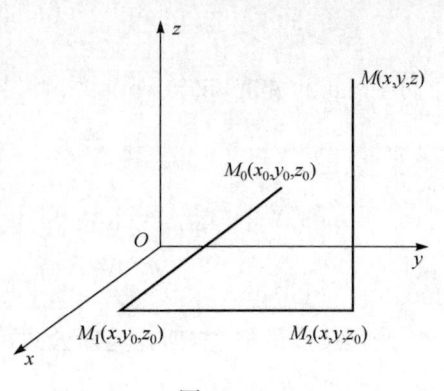

图 11.35

取定点 (x_0, y_0, z_0) 为 $(0,0,0)$，于是由式 (11.60) 得

$$u(x,y,z) = \int_{(0,0,0)}^{(x,y,z)} (y+z)\mathrm{d}x + (z+x)\mathrm{d}y + (x+y)\mathrm{d}z$$
$$= \int_0^x 0\mathrm{d}x + \int_0^y x\mathrm{d}y + \int_0^z (x+y)\mathrm{d}z = xy + yz + zx.$$

三、环流量与旋度

在向量场中，有时还要考察它有无旋转的情况. 例如，江河中有没有旋涡，大气中有没有气旋，以及它们的强度是多少，这是向量场中的又一个基本问题，旋涡或者气旋是由于流体沿闭曲线的环流产生的.

定义 1 向量场 $\boldsymbol{v}(x,y,z) = P(x,y,z)\boldsymbol{i} + Q(x,y,z)\boldsymbol{j} + R(x,y,z)\boldsymbol{k}$，在该向量场中沿某有向闭曲线 Γ 的曲线积分

$$\oint_\Gamma \boldsymbol{v} \cdot \mathrm{d}\boldsymbol{s} = \oint_\Gamma P\mathrm{d}x + Q\mathrm{d}y + R\mathrm{d}z$$

的值，称为向量场 $\boldsymbol{v}$ 沿有向闭曲线 Γ 的**环流量**，其中 $\mathrm{d}\boldsymbol{s} = (\mathrm{d}x, \mathrm{d}y, \mathrm{d}z)$.

环流量的大小反映了向量场 $\boldsymbol{v}$ 沿有向闭曲线 Γ 的旋转程度，但并不能反映在场中的点 M 处环流量密度或强度. 下面的旋度概念可以揭示向量场内点 M 处是不是有旋转，旋转的强度是多少.

定义 2 对于向量场 $\boldsymbol{v}(x,y,z) = P(x,y,z)\boldsymbol{i} + Q(x,y,z)\boldsymbol{j} + R(x,y,z)\boldsymbol{k}$，若 P、Q、R 具有一阶连续偏导数，称下述向量

$$\left(\frac{\partial R}{\partial y} - \frac{\partial Q}{\partial z}\right)\boldsymbol{i} + \left(\frac{\partial P}{\partial z} - \frac{\partial R}{\partial x}\right)\boldsymbol{j} + \left(\frac{\partial Q}{\partial x} - \frac{\partial P}{\partial y}\right)\boldsymbol{k} = \begin{vmatrix} \boldsymbol{i} & \boldsymbol{j} & \boldsymbol{k} \\ \dfrac{\partial}{\partial x} & \dfrac{\partial}{\partial y} & \dfrac{\partial}{\partial z} \\ P & Q & R \end{vmatrix}$$

为向量场 $\boldsymbol{v}$ 的**旋度**，记为 $\mathrm{rot}\boldsymbol{v}$，即

$$\mathrm{rot}\boldsymbol{v} = \begin{vmatrix} \boldsymbol{i} & \boldsymbol{j} & \boldsymbol{k} \\ \dfrac{\partial}{\partial x} & \dfrac{\partial}{\partial y} & \dfrac{\partial}{\partial z} \\ P & Q & R \end{vmatrix}. \tag{11.61}$$

利用旋度的概念，斯托克斯公式可以写成

$$\iint_{\Sigma} \text{rot}\boldsymbol{v} \cdot d\boldsymbol{S} = \oint_{\Gamma} \boldsymbol{v} \cdot d\boldsymbol{s}. \tag{11.62}$$

这里 $d\boldsymbol{S} = \boldsymbol{e}_n dS, d\boldsymbol{s} = (dx, dy, dz), \Gamma$ 的方向与 Σ 的单位法向量 $\boldsymbol{e}_n$ 满足右手法则.

由此,斯托克斯公式的物理意义是:向量场 $\boldsymbol{v}$ 沿有向闭曲线 Γ 的环流量等于向量场 $\boldsymbol{v}$ 的旋度场 $\text{rot}\boldsymbol{v}$ 通过曲线 Γ 所张曲面 Σ 指定侧的通量.

例 4 设有流体密度为常数 μ 的空间流体,其流速函数 $\boldsymbol{v} = xz^2\boldsymbol{i} + yx^2\boldsymbol{j} + zy^2\boldsymbol{k}$. 求流体在单位时间内流过曲面 $\Sigma: x^2 + y^2 + z^2 = 2z$ 的流量(流向外侧)和沿曲线 $L: \begin{cases} x^2 + y^2 + z^2 = 2z, \\ z = 1 \end{cases}$ 的环流量(从 z 轴正向看去是逆时针方向).

解 由对坐标曲面积分的意义,流量

$$\Phi = \oiint_{\Sigma} xz^2 dydz + yx^2 dzdx + zy^2 dxdy.$$

注意到曲面 Σ 的球坐标方程为 $r = 2\cos\varphi$,由高斯公式得

$$\Phi = \iiint_{\Omega} (x^2 + y^2 + z^2) dxdydz = \int_0^{2\pi} d\theta \int_0^{\frac{\pi}{2}} d\varphi \int_0^{2\cos\varphi} r^2 \cdot r^2 \sin\varphi dr$$

$$= 2\pi \cdot \frac{32}{5} \int_0^{\frac{\pi}{2}} \sin\varphi \cos^5\varphi d\varphi = \frac{32}{15}\pi.$$

由对坐标曲线积分的意义,环流量

$$K = \oint_{\Gamma} xz^2 dx + yx^2 dy + zy^2 dz,$$

注意到曲线 Γ 为平面 $z = 1$ 上的圆周 $x^2 + y^2 = 1$,其所围平面 Σ' 取上侧,由斯托克斯公式得

$$K = \oint_{\Gamma} xz^2 dx + yx^2 dy + zy^2 dz = 2\iint_{\Sigma'} yz dydz + zx dzdx + xy dxdy$$

$$= 2\iint_D xy dxdy = 0.$$

这里用到了区域 $D(\Sigma'$ 在 xOy 面上的投影)的对称性和被积函数是奇函数.

例 5 求向量场 $\boldsymbol{A} = (x - z)\boldsymbol{i} + (x + yz)\boldsymbol{j} - 3xy\boldsymbol{k}$ 的旋度.

解 $\text{rot}\boldsymbol{A} = \begin{vmatrix} \boldsymbol{i} & \boldsymbol{j} & \boldsymbol{k} \\ \dfrac{\partial}{\partial x} & \dfrac{\partial}{\partial y} & \dfrac{\partial}{\partial z} \\ x-z & x+yz & -3xy \end{vmatrix} = (-3x - y)\boldsymbol{i} - (-3y + 1)\boldsymbol{j} + (1 - 0)\boldsymbol{k}$

$= -(3x + y)\boldsymbol{i} + (3y - 1)\boldsymbol{j} + \boldsymbol{k}.$

习 题 11.7

(A)

1. 利用斯托克斯公式计算下列曲线积分：

(1) $I = \oint_\Gamma z\mathrm{d}x + x\mathrm{d}y + y\mathrm{d}z$，其中 Γ 是点以 $A(1,0,0), B(0,1,0), C(0,0,1)$ 为顶点的三角形边界 $ABCA$，若从 z 轴正向看去，Γ 取逆时针方向；

(2) $I = \oint_\Gamma y\mathrm{d}x + z\mathrm{d}y + x\mathrm{d}z$，其中 Γ 是球面 $x^2+y^2+z^2=1$ 与平面 $x+y+z=0$，从 z 轴正向看去，取逆时针方向；

(3) $I = \oint_\Gamma (z-y)\mathrm{d}x + (x-z)\mathrm{d}y + (y-x)\mathrm{d}z$，其中 Γ 为从 $(a,0,0)$ 经 $(0,a,0)$ 和 $(0,0,a)$ 回到 $(a,0,0)$ 的三角形；

(4) $I = \oint_\Gamma y^2\mathrm{d}x + z^2\mathrm{d}y + x^2\mathrm{d}z$，其中 Γ 是球面 $x^2+y^2+z^2=1$ 外侧位于第一卦限部分的正向边界；

(5) 计算 $\oint_\Gamma 3y\mathrm{d}x - xz\mathrm{d}y + yz^2\mathrm{d}z$，其中 Γ 是圆周 $x^2+y^2=2z, z=2$，若从 z 轴正向看去，这圆周是逆时针方向；

(6) 计算 $\oint_\Gamma y^2\mathrm{d}x + z^2\mathrm{d}y + x^2\mathrm{d}z$，其中 Γ 是球面 $x^2+y^2+z^2=a^2$ 和圆柱面 $x^2+y^2=ax$ 的交线 $(a>0, z\geqslant 0)$，从 x 轴正向看去，曲线为逆时针方向.

2. 求向量场 $\mathbf{A} = -y\mathbf{i} + x\mathbf{j} + 2\mathbf{k}$ 沿闭曲线 C 的环流量：

(1) C 为圆周 $x^2+y^2=1, z=0$，从 z 轴正向看 C 为逆时针；

(2) C 为圆周 $(x+2)^2+y^2=1, z=0$，从 z 轴正向看 C 为顺时针.

3. 求向量场的旋度：

(1) $\mathbf{F} = x\mathbf{i} + y\mathbf{j} + z\mathbf{k}$；

(2) $\mathbf{V} = x^2\mathbf{i} + y^2\mathbf{j} + z^2\mathbf{k}$；

(3) $\mathbf{F} = (2z-3y)\mathbf{i} + (3x-z)\mathbf{j} + (y-2x)\mathbf{k}$.

(B)

1. 计算下列曲线积分 $\oint_\Gamma (y^2-z^2)\mathrm{d}x + (2z^2-x^2)\mathrm{d}y + (3x^2-y^2)\mathrm{d}z$，其中 Γ 是平面 $x+y+z=2$ 与柱面 $|x|+|y|=1$ 的交线，从 z 轴正向看去 Γ 为逆时针方向.

2. 设向量场 $\mathbf{A} = (x^3-y^2)\mathbf{i} + (y^3-z^2)\mathbf{j} + (z^3-x^2)\mathbf{k}$，求

(1) 向量场 $\mathbf{A}$ 的散度和旋度；

(2) $\mathbf{A}$ 穿过曲面 Σ 的外侧的通量 Φ，其中曲面 Σ 是由半球面 $y = R + \sqrt{R^2-x^2-y^2}$ ($R>0$) 与半锥面 $y = \sqrt{x^2+z^2}$ 围成的闭曲面；

(3) $\mathbf{A}$ 沿曲线 Γ 的环流量. 其中 Γ 是圆柱面 $x^2+y^2=Rx$ 与半球面 $z=\sqrt{R^2-x^2-y^2}$ 的

交线,从 z 轴正向看 Γ 为逆时针方向.

3. 利用斯托克斯公式把曲面积分 $\iint_{\Sigma} \text{rot} \boldsymbol{v} \cdot \boldsymbol{e}_n \text{d}S$ 化成曲线积分,并计算积分值,其中 $\boldsymbol{v}, \Sigma$ 及 $\boldsymbol{e}_n$ 分别如下: $\boldsymbol{v} = y^2 \boldsymbol{i} + xy\boldsymbol{j} + xz\boldsymbol{k}, \Sigma$ 为上半个球面 $z = \sqrt{1-x^2-y^2}$ 的上侧, $\boldsymbol{e}_n$ 是 Σ 的单位法向量.

4. 设 $u = u(x,y,z)$ 具有二阶连续偏导数,求 $\text{rot}(\text{grad}u)$.

小　　结

本章主要讨论了两类线面积分的概念,要掌握两类线面积分的计算方法,熟悉各种积分之间的相互联系.本章重点是:线面积分计算,格林公式,平面曲线积分与路径无关的条件和高斯公式.

本章学习中应注意以下问题:

1. 正确区别两类不同的线面积分

事实上第一类线面积分讨论的是数量函数 $f(M)$ 与数量微元 $\text{d}m$ 的乘积 $f(M)\text{d}m$ 在相应积分区域上的积分,积分区域没有方向性;而第二类线面积分讨论的是向量函数 $\boldsymbol{F}(M)$ 与向量微元 $\text{d}\boldsymbol{m}$ 的数量积 $\boldsymbol{F}(M) \cdot \text{d}\boldsymbol{m}$ 在相应积分区域上的积分,积分区域有方向性.

2. 曲线积分的定限

对弧长的曲线积分的积分微元 $\text{d}s$ 是弧长微元,它总大于 0,因此把对弧长的曲线积分化为定积分时,积分上限必须大于下限.

而对坐标的曲线积分的积分微元 $\text{d}x$、$\text{d}y$ 和 $\text{d}z$ 是弧微分向量的投影,可正可负,所以对坐标的曲线积分与积分弧段的方向有关.因此,在把对坐标的曲线积分化为定积分时,积分下限必须对应于积分弧段的起点,而积分上限必须对应积分弧段的终点,积分下限不一定小于上限.

3. 曲面积分的计算

对面积的曲面积分化为二重积分计算时,其积分曲面原则上可向任何坐标面投影,不过当表示曲面的函数为多值函数时,应将曲面分块,以使每块曲面可用单值函数表示.

对坐标的曲面积分化为二重积分计算时,同样也要注意上述问题.除此之外,还要注意曲面的侧,正确给出二重积分前的符号.即计算对坐标的曲面积分时,要将曲面分别向相应的坐标面投影,然后化为该投影区域上的二重积分,同时还要注意根据曲面的侧的指向来确定相应的二重积分前的正、负号.

4. 线面积分计算时的共同点

对曲线或曲面积分,其被积函数均定义在相应的曲线或曲面上,故应将曲线或曲面的方程代入被积函数中,从而起到化简被积函数的作用.但要注意的是,重积分计算不具有该特点.

5. 格林公式、高斯公式和斯托克斯公式的应用

格林公式、高斯公式和斯托克斯公式是简化计算曲线积分与曲面积分的重要方法.应用时应注意公式成立的条件:(1) 积分区域的封闭性;(2) 被积函数在积分区域所包围的空间区域内偏导数的连续性;(3) 积分区域及其边界的方向性.

复习练习题 11

1. 选择题

   (1) 由摆线 $x=a(t-\sin t), y=a(1-\cos t), 0 \leqslant t \leqslant 2\pi$ 及 x 轴围成的平面图形的面积 $S=(\quad)$.

   (A) $2\pi a$ (B) $3\pi a$ (C) $3\pi a^2$ (D) $4\pi a^2$

   (2) 已知 $\dfrac{(x+ay)\mathrm{d}x+y\mathrm{d}y}{(x+y)^2}$ 为某二元函数的全微分,则 $a=(\quad)$.

   (A) -1 (B) 0 (C) 1 (D) 2

   (3) 设 Σ 为曲面 $z=2-(x^2+y^2)$ 在 xOy 平面上方的部分,则 $I=\iint\limits_{\Sigma} z\mathrm{d}S=(\quad)$.

   (A) $\int_0^{2\pi}\mathrm{d}\theta\int_0^{2-\rho^2}(2-\rho^2)\sqrt{1+4\rho^2}\rho\mathrm{d}\rho$ (B) $\int_0^{2\pi}\mathrm{d}\theta\int_0^{2}(2-\rho^2)\sqrt{1+4\rho^2}\rho\mathrm{d}\rho$

   (C) $\int_0^{2\pi}\mathrm{d}\theta\int_0^{\sqrt{2}}(2-\rho^2)\rho\mathrm{d}\rho$ (D) $\int_0^{2\pi}\mathrm{d}\theta\int_0^{\sqrt{2}}(2-\rho^2)\sqrt{1+4\rho^2}\rho\mathrm{d}\rho$

2. 填空题

   (1) 计算 $\int_L z\mathrm{d}s=$ _____,其中 L 为曲线 $x=t\cos t, y=t\sin t, z=t(0\leqslant t\leqslant\sqrt{2})$;

   (2) 设 $\boldsymbol{A}=\sin(xy)\boldsymbol{i}+\ln(x+y)\boldsymbol{j}+(2x+yz^4)\boldsymbol{k}$,则 $\mathrm{div}\boldsymbol{A}=$ _____;

   (3) 设 L 是单连通域上任意简单闭曲线,a,b 为常数,则 $\oint_{L^+}(a\mathrm{d}x+b\mathrm{d}y)=$ _____.

3. 计算题

   (1) 设螺旋线 $x=\cos t, y=\sin t, z=t\left(0\leqslant t\leqslant\dfrac{\pi}{2}\right)$ 的密度 $\mu=kz(k>0)$ 只与 z 成正比,求这段螺旋线的质量;

   (2) 计算 $\int_L[\cos(x+y^2)+2y^2]\mathrm{d}x+2y\cos(x+y^2)\mathrm{d}y$,其中 L 是由 $O(0,0)$ 沿 $y=\sin x$ 到 $A(\pi,0)$ 的弧;

(3) 计算曲线积分 $I = \oint_L \dfrac{x\mathrm{d}y - y\mathrm{d}x}{4x^2 + y^2}$,其中 L 是以 $(1,0)$ 为中心,R 为半径的圆周($R > 1$),取逆时针方向;

(4) 计算 $\iint_\Sigma z\mathrm{d}x\mathrm{d}y + \mathrm{d}y\mathrm{d}z$,其中 Σ 是平面 $x + y - z = 1$ 在第 V 卦限部分背向坐标原点的一侧;

(5) 计算 $\iint_\Sigma \sqrt{x^2 + y^2 + z^2}\,\mathrm{d}x\mathrm{d}y$,设 Σ 是柱面 $x^2 + y^2 = 4$ 介于 $1 \leqslant z \leqslant 3$ 之间部分曲面,它的法向量指向含 Ox 轴的一侧;

(6) 计算 $\oiint_\Sigma 2xz\mathrm{d}y\mathrm{d}z + yz\mathrm{d}z\mathrm{d}x - x^2\mathrm{d}x\mathrm{d}y$,其中 Σ 是由曲面 $z = \sqrt{x^2 + y^2}$ 与 $z = \sqrt{2 - x^2 - y^2}$ 所围立体的表面外侧;

(7) 计算曲面积分 $I = \iint_\Sigma (8y+1)x\mathrm{d}y\mathrm{d}z + 2(1 - y^2)\mathrm{d}z\mathrm{d}x - 4yz\mathrm{d}x\mathrm{d}y$,其中 Σ 是由曲线 $\begin{cases} z = \sqrt{y-1}, \\ x = 0 \end{cases}$ $(1 \leqslant y \leqslant 3)$ 绕 y 轴旋转一周所成的曲面,它的法向量与 y 轴正向的夹角恒大于 $\dfrac{\pi}{2}$;

(8) 求向量场 $\boldsymbol{A} = (x-z)\boldsymbol{i} + (x^3 + yz)\boldsymbol{j} - 3xy^2\boldsymbol{k}$ 沿封闭曲线 L: $\begin{cases} z = 2 - \sqrt{x^2 + y^2}, \\ z = 0, \end{cases}$ L 是从 z 轴正向看去依逆时针方向的环流量 Q;

(9) $\oint_\Gamma y^2\mathrm{d}x + z^2\mathrm{d}y + x^2\mathrm{d}z$,其中 Γ 为曲线 $\begin{cases} x^2 + y^2 + z^2 = a^2, \\ x^2 + y^2 = ax \end{cases}$ $(z \geqslant 0, a > 0)$ 从 x 轴正向看去,曲线沿逆时针方向.

4. 设函数 $Q(x,y)$ 在 xOy 平面上具有一阶连续偏导数,曲线积分 $\int_L 2xy\mathrm{d}x + Q(x,y)\mathrm{d}y$ 与路径无关,并对任意 t 恒有
$$\int_{(0,0)}^{(t,1)} 2xy\mathrm{d}x + Q(x,y)\mathrm{d}y = \int_{(0,0)}^{(1,t)} 2xy\mathrm{d}x + Q(x,y)\mathrm{d}y,$$
求 $Q(x,y)$.

5. 已知平面区域 $D = \{(x,y) \mid 0 \leqslant x \leqslant \pi, 0 \leqslant y \leqslant \pi\}$,$L$ 为 D 的正向边界,试证:

(1) $\oint_L x\mathrm{e}^{\sin y}\mathrm{d}y - y\mathrm{e}^{-\sin x}\mathrm{d}x = \oint_L x\mathrm{e}^{-\sin y}\mathrm{d}y - y\mathrm{e}^{\sin x}\mathrm{d}x$;

(2) $\oint_L x\mathrm{e}^{\sin y}\mathrm{d}y - y\mathrm{e}^{-\sin x}\mathrm{d}x \geqslant 2\pi^2$.

第 12 章 无穷级数

通常意义上的加法运算局限于对有限个数或算式作和,本章将把这种通常意义上的加法运算推广到对无穷多个数或算式作和——无穷级数. 无穷级数是高等数学的一个重要组成部分,它是表示函数、研究函数的性质以及进行数值计算的一种重要工具,其理论在现代数学方法中占有重要地位. 判断无穷级数的敛散性并借助无穷级数表示函数,进而利用无穷级数的方法来研究函数是无穷级数的主要内容.

无穷级数包括常数项级数和函数项级数两大部分,本章在介绍常数项级数的基本概念和性质的基础上着重讨论幂级数、傅里叶级数的收敛性及如何将函数展开成幂级数或傅里叶级数.

12.1 常数项级数的概念与性质

一、常数项级数的基本概念

常数项级数的概念与性质

我们先来看一个实例.

为了计算圆的面积,我们在圆内作内接正六边形,其面积记为 a_1(图 12.1),它是圆面积的一个粗糙的近似值;再以这正六边形的每一边为底边,在弓形内作顶点在圆周上的六个等腰三角形,得圆内接正十二边形,将这六个等腰三角形的面积和记为 a_2,则圆的内接正十二边形的面积为 a_1+a_2,它也是圆面积的一个近似值,其近似程度比正六边形的要好. 同样地,在这正十二边形的每一边上分别作顶点在圆上的等腰三角形,得圆内接正二十四边形,设这十二个等腰三角形的面积和为 a_3,则圆的内接正二十四边形的面积为 $a_1+a_2+a_3$,它是圆面积的一个更好的近似值. 依次进行 n 次,得内接正 3×2^n 边形,其面积为 $a_1+a_2+\cdots+a_n$,n 越大,内接正 3×2^n 边形越接近圆,其面积 $a_1+a_2+\cdots+a_n$ 就越接近圆面积 S,可以猜想圆面积为

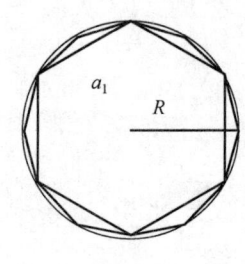

图 12.1

$$S = a_1 + a_2 + \cdots + a_n + \cdots, \tag{12.1}$$

上式右端从形式上看是无穷多个数用加号连接起来的一个表达式,实际上是指

$$S = \lim_{n \to \infty}(a_1 + a_2 + \cdots + a_n), \tag{12.2}$$

式(12.1)右端表示无穷多个数的累加,称它为无穷级数;式(12.2)启示我们无穷级数的这种和的运算有别于通常意义上的和,它是经过极限过程转化而来的.

定义 1 设有一个数列 $\{u_n\}$,则称表达式

$$u_1 + u_2 + \cdots + u_n + \cdots$$

为常数项无穷级数,简称**常数项级数**或**级数**. 记作 $\sum_{n=1}^{\infty} u_n$,即

$$\sum_{n=1}^{\infty} u_n = u_1 + u_2 + \cdots + u_n + \cdots, \tag{12.3}$$

称 $u_1, u_2, \cdots, u_n, \cdots$ 为这个级数的**项**,u_n 为这个级数的**一般项**或**通项**.

如

$$\sum_{n=1}^{\infty} \frac{1}{3^{n-1}} = 1 + \frac{1}{3} + \frac{1}{3^2} + \cdots + \frac{1}{3^{n-1}} + \cdots,$$

$$\sum_{n=1}^{\infty} \frac{1}{4n-1} = \frac{1}{3} + \frac{1}{7} + \cdots + \frac{1}{4n-1} + \cdots,$$

$$\sum_{n=1}^{\infty} (-1)^n = -1 + 1 - 1 + 1 + \cdots + (-1)^n + \cdots$$

都是常数项级数.

由定义 1 可知,常数项级数的定义只是形式上的,有限个数相加的结果可以用算术中的"和"来表示,但无限个数相加的结果又是什么呢?为此,我们利用极限的概念将有限项的和推广到无限项相加上去,从而得到无穷级数和的概念.

定义 2 称常数项级数 $\sum_{n=1}^{\infty} u_n$ 的前 n 项之和

$$s_n = \sum_{k=1}^{n} u_k = u_1 + u_2 + \cdots + u_n$$

为该级数的**前 n 项部分和**,简称**部分和**.

若部分和数列 $\{s_n\}$ 有极限 s,即 $\lim_{n \to \infty} s_n = s$,则称常数项级数 $\sum_{n=1}^{\infty} u_n$ 收敛,并称 s 为该级数的和,记作

$$\sum_{n=1}^{\infty} u_n = s.$$

若部分和数列 $\{s_n\}$ 的极限不存在,则称常数项级数 $\sum\limits_{n=1}^{\infty}u_n$ 发散. 发散的级数没有和.

显然,当级数 $\sum\limits_{n=1}^{\infty}u_n$ 收敛时,其部分和 s_n 是级数和 s 的近似值,称

$$r_n = s - s_n = \sum_{k=n+1}^{\infty}u_k = u_{n+1}+u_{n+2}+\cdots$$

为该级数的**余项**.

显然有 $\lim\limits_{n\to\infty}r_n = 0$,故 n 越大,误差 $|r_n| = |s-s_n|$ 越小.

从上述定义可知,级数与数列极限有着紧密的联系. 给定级数 $\sum\limits_{n=1}^{\infty}u_n$,就有部分和数列 $\{s_n = \sum\limits_{k=1}^{n}u_k\}$;反之,给定数列 $\{s_n\}$,就有以 $\{s_n\}$ 为部分和数列的级数

$$s_1+(s_2-s_1)+\cdots+(s_n-s_{n-1})+\cdots = s_1 + \sum_{n=2}^{\infty}(s_n-s_{n-1}) = \sum_{n=1}^{\infty}u_n,$$

其中 $u_1 = s_1, u_n = s_n - s_{n-1} (n \geqslant 2)$. 按定义,级数 $\sum\limits_{n=1}^{\infty}u_n$ 与数列 $\{s_n\}$ 同时收敛或同时发散,且在收敛时,有

$$\sum_{n=1}^{\infty}u_n = \lim_{n\to\infty}s_n,$$

即

$$\sum_{n=1}^{\infty}u_n = \lim_{n\to\infty}\sum_{k=1}^{n}u_k.$$

例1 讨论等比(几何)级数

$$\sum_{n=0}^{\infty}aq^n = a+aq+aq^2+\cdots+aq^{n-1}+\cdots \tag{12.4}$$

的敛散性(其中 a,q 均为常数,且 $a\neq 0$).

解 如果 $q\neq 1$,则部分和

$$s_n = a+aq+aq^2+\cdots+aq^{n-1} = \frac{a(1-q^n)}{1-q},$$

(1) 当 $|q|<1$ 时,

$$\lim_{n\to\infty}s_n = \lim_{n\to\infty}\frac{a(1-q^n)}{1-q} = \frac{a}{1-q},$$

则等比级数(12.4)收敛,其和为

$$s = \frac{a}{1-q};$$

(2) 当 $|q|>1$ 时,因为 $\lim\limits_{n\to\infty}q^n=\infty$,所以 $\lim\limits_{n\to\infty}s_n=\lim\limits_{n\to\infty}\dfrac{a(1-q^n)}{1-q}=\infty$,这时等比级数(12.4)发散;

(3) 当 $q=-1$ 时,级数(12.4)成为
$$a-a+a-a+\cdots+(-1)^{n-1}a+\cdots,$$
由于
$$s_n=\begin{cases}0, & \text{当 } n \text{ 为偶数时,}\\ a, & \text{当 } n \text{ 为奇数时,}\end{cases}$$
则 $\lim\limits_{n\to\infty}s_n$ 不存在,级数(12.4)发散;

(4) 当 $q=1$ 时,级数(12.4)成为
$$a+a+\cdots+a+\cdots,$$
则
$$s_n=a+a+\cdots+a=na,$$
由于 $\lim\limits_{n\to\infty}s_n=\infty$,故级数(12.4)也发散.

综合上述讨论,等比级数(12.4)当 $|q|<1$ 时收敛,其和为 $\dfrac{a}{1-q}$;当 $|q|\geqslant 1$ 时发散.

例 2 判定级数 $\sum\limits_{n=1}^{\infty}\dfrac{1}{n(n+1)}$ 的敛散性,如收敛,求它的和.

解 部分和
$$s_n=\dfrac{1}{1\cdot 2}+\dfrac{1}{2\cdot 3}+\dfrac{1}{3\cdot 4}+\cdots+\dfrac{1}{n\cdot(n+1)}$$
$$=\left(1-\dfrac{1}{2}\right)+\left(\dfrac{1}{2}-\dfrac{1}{3}\right)+\left(\dfrac{1}{3}-\dfrac{1}{4}\right)+\cdots+\left(\dfrac{1}{n}-\dfrac{1}{n+1}\right)$$
$$=1-\dfrac{1}{n+1},$$
$$\lim\limits_{n\to\infty}s_n=\lim\limits_{n\to\infty}\left(1-\dfrac{1}{n+1}\right)=1,$$
故级数 $\sum\limits_{n=1}^{\infty}\dfrac{1}{n(n+1)}$ 收敛,其和为 1.

例 3 证明调和级数
$$\sum_{n=1}^{\infty}\dfrac{1}{n}=1+\dfrac{1}{2}+\dfrac{1}{3}+\cdots+\dfrac{1}{n}+\cdots$$
发散.

证 由于当 $x>0$ 时有

故
$$x > \ln(1+x),$$

$$s_n = \sum_{k=1}^{n} \frac{1}{k} = 1 + \frac{1}{2} + \frac{1}{3} + \cdots + \frac{1}{n}$$
$$> \ln(1+1) + \ln\left(1+\frac{1}{2}\right) + \cdots + \ln\left(1+\frac{1}{n}\right)$$
$$= \ln 2 + \ln\frac{3}{2} + \cdots + \ln\frac{n+1}{n}$$
$$= \ln 2 + (\ln 3 - \ln 2) + \cdots + [\ln(n+1) - \ln n]$$
$$= \ln(n+1),$$

又
$$\lim_{n \to \infty} \ln(n+1) = +\infty,$$

故调和级数 $\sum_{n=1}^{\infty} \frac{1}{n}$ 发散.

二、常数项级数的基本性质

根据常数项级数的定义及其收敛、发散以及和的概念,再结合极限的运算性质,可得到级数有以下性质:

性质 1 设级数 $\sum_{n=1}^{\infty} u_n$ 收敛于 s,k 为任意常数,则级数 $\sum_{n=1}^{\infty} ku_n$ 也收敛,其和为 ks.

证 设
$$s_n = u_1 + u_2 + \cdots + u_n,$$
$$\sigma_n = ku_1 + ku_2 + \cdots + ku_n = ks_n,$$

因级数 $\sum_{n=1}^{\infty} u_n$ 收敛于 s,故有
$$\lim_{n \to \infty} s_n = s,$$

则
$$\lim_{n \to \infty} \sigma_n = \lim_{n \to \infty} ks_n = k \lim_{n \to \infty} s_n = ks.$$

所以,级数 $\sum_{n=1}^{\infty} ku_n$ 也收敛,且其和为 ks.

由关系式 $\sigma_n = ks_n$ 可知,如果数列 $\{s_n\}$ 没有极限且 $k \neq 0$,那么 $\{\sigma_n\}$ 也不可能有极限,因此综合性质 1 有

推论 k 为任意非零常数,级数 $\sum\limits_{n=1}^{\infty}u_n$ 与 $\sum\limits_{n=1}^{\infty}ku_n$ 同时敛散.

性质 2 设级数 $\sum\limits_{n=1}^{\infty}u_n$ 与 $\sum\limits_{n=1}^{\infty}v_n$ 均收敛,则级数 $\sum\limits_{n=1}^{\infty}(u_n\pm v_n)$ 也收敛,且

$$\sum_{n=1}^{\infty}(u_n\pm v_n)=\sum_{n=1}^{\infty}u_n\pm\sum_{n=1}^{\infty}v_n.$$

证 设级数 $\sum\limits_{n=1}^{\infty}u_n$ 与 $\sum\limits_{n=1}^{\infty}v_n$ 的部分和分别为 s_n 与 σ_n,且

$$\sum_{n=1}^{\infty}u_n=s,\quad \sum_{n=1}^{\infty}v_n=\sigma,$$

则 $\sum\limits_{n=1}^{\infty}(u_n\pm v_n)$ 的部分和为

$$(u_1\pm v_1)+(u_2\pm v_2)+\cdots+(u_n\pm v_n)$$
$$=(u_1+u_2+\cdots+u_n)\pm(v_1+v_2+\cdots+v_n)$$
$$=s_n\pm\sigma_n,$$

由于

$$\lim_{n\to\infty}(s_n\pm\sigma_n)=\lim_{n\to\infty}s_n\pm\lim_{n\to\infty}\sigma_n=s\pm\sigma,$$

则

$$\sum_{n=1}^{\infty}(u_n\pm v_n)=\sum_{n=1}^{\infty}u_n\pm\sum_{n=1}^{\infty}v_n.$$

性质 2 也说成:**两个收敛级数可以逐项相加与逐项相减.**

性质 3 任意增加、减少或改变级数的有限项,不改变级数的敛散性,但其和可能会改变.

证 考虑收敛级数

$$\sum_{n=1}^{\infty}u_n=u_1+u_2+\cdots+u_n+\cdots, \tag{12.5}$$

去掉 k 项后得级数

$$u_{k+1}+u_{k+2}+\cdots+u_{k+n}+\cdots, \tag{12.6}$$

级数(12.6)的部分和为

$$s_n'=u_{k+1}+u_{k+2}+\cdots+u_{k+n}=s_{k+n}-s_k,$$

当 $\lim\limits_{n\to\infty}s_n=s$ 时,$\lim\limits_{n\to\infty}s_{n+k}=s$,故

$$\lim_{n\to\infty}s_n'=\lim_{n\to\infty}(s_{k+n}-s_k)=s-s_k,$$

即级数(12.6)收敛,其和为 $s-s_k$. 其他情形类似可证.

性质 4 收敛级数任意加括号后所成的级数仍收敛,且和不改变.

证 设收敛级数

$$\sum_{n=1}^{\infty} u_n = u_1 + u_2 + \cdots + u_n + \cdots = s,$$

任意加括号后所成的级数的部分和数列为 $\{\sigma_n\}$,有

$$\sigma_1 = u_1 + u_2 + \cdots + u_{i_1} = s_{i_1},$$
$$\sigma_2 = (u_1 + u_2 + \cdots + u_{i_1}) + (u_{i_1+1} + u_{i_1+2} + \cdots + u_{i_2}) = s_{i_2},$$
$$\cdots \cdots$$
$$\sigma_n = (u_1 + u_2 + \cdots + u_{i_1}) + (u_{i_1+1} + u_{i_1+2} + \cdots + u_{i_2}) + \cdots$$
$$+ (u_{i_{n-1}+1} + u_{i_{n-1}+2} + \cdots + u_{i_n}) = s_{i_n},$$
$$\cdots \cdots$$

可见,$\{\sigma_n\}$ 实际上是 $\{s_n\}$ 的一个子数列,故由 $\{s_n\}$ 的收敛性即可推出 $\{\sigma_n\}$ 也收敛,且其极限值相同,也为 s(收敛数列的任何子数列都收敛且收敛于同一个值).

但收敛级数去括号后所成的级数不一定收敛,例如级数

$$(1-1) + (1-1) + \cdots + (1-1) + \cdots$$

收敛于 0,但级数

$$1 - 1 + 1 - 1 + \cdots$$

是发散的. 若级数的各项都为非负或非正时,则去括号后所成的级数敛散性不变.

三、常数项级数收敛的必要条件

定理(级数收敛的必要条件) 若级数 $\sum_{n=1}^{\infty} u_n$ 收敛,则 $\lim_{n \to \infty} u_n = 0$.

证 设收敛级数

$$\sum_{n=1}^{\infty} u_n = u_1 + u_2 + \cdots + u_n + \cdots$$

的部分和数列为 $\{s_n\}$,则 $\lim_{n \to \infty} s_n = s$,因为

$$u_n = s_n - s_{n-1},$$

所以

$$\lim_{n \to \infty} u_n = \lim_{n \to \infty} (s_n - s_{n-1}) = s - s = 0.$$

注意 级数的一般项趋于零并不是级数收敛的充分条件. 例如,调和级数 $\sum_{n=1}^{\infty} \frac{1}{n}$,例 3 已证明它是发散级数,但是 $\lim_{n \to \infty} \frac{1}{n} = 0$.

推论 若 $\lim\limits_{n\to\infty} u_n \neq 0$,则级数 $\sum\limits_{n=1}^{\infty} u_n$ 发散.

例 4 判定下列级数的敛散性:

(1) $\sum\limits_{n=1}^{\infty} \cos n\pi$; (2) $\sum\limits_{n=1}^{\infty} \left(1+\dfrac{1}{n}\right)^n$.

解 (1) $\lim\limits_{n\to\infty} u_n = \lim\limits_{n\to\infty} \cos n\pi$ 不存在,故级数 $\sum\limits_{n=1}^{\infty} \cos n\pi$ 发散;

(2) $\lim\limits_{n\to\infty} u_n = \lim\limits_{n\to\infty} \left(1+\dfrac{1}{n}\right)^n = e \neq 0$,故级数 $\sum\limits_{n=1}^{\infty} \left(1+\dfrac{1}{n}\right)^n$ 发散.

习 题 12.1

(A)

1. 已知 $\sum\limits_{n=1}^{\infty} (-1)^{n-1} u_n = 2$, $\sum\limits_{n=1}^{\infty} u_{2n-1} = 3$,求 $\sum\limits_{n=1}^{\infty} u_n$ 的和.

2. 设级数 $\sum\limits_{n=1}^{\infty} u_n$ 收敛,级数 $\sum\limits_{n=1}^{\infty} v_n$ 发散,判别级数 $\sum\limits_{n=1}^{\infty} (u_n \pm v_n)$ 的敛散性.

3. 根据级数 $\sum\limits_{n=1}^{\infty} u_n$ 的敛散性,讨论级数 $\sum\limits_{n=1}^{\infty} (u_n - 0.001)$ 的敛散性.

4. 写出下列级数的一般项:

(1) $\dfrac{1}{2} + \dfrac{3}{2^2} + \dfrac{1}{2^3} + \dfrac{3}{2^4} + \dfrac{1}{2^5} + \cdots$;

(2) $-\dfrac{1}{4} - \dfrac{1}{7} - \dfrac{1}{10} - \dfrac{1}{13} - \cdots$.

5. 判别下列级数的敛散性:

(1) $\sum\limits_{n=1}^{\infty} \dfrac{1}{\sqrt{n} - \sqrt{n-1}}$; (2) $\sum\limits_{n=1}^{\infty} \dfrac{1}{(2n-1)(2n+1)}$;

(3) $\sum\limits_{n=1}^{\infty} (\sqrt{n+1} - \sqrt{n})$; (4) $\sum\limits_{n=1}^{\infty} \dfrac{n+3^n}{n \cdot 3^n}$;

(5) $\sum\limits_{n=1}^{\infty} (-1)^n \left(\dfrac{3}{4}\right)^n$; (6) $\sum\limits_{n=1}^{\infty} \left(\dfrac{n}{n+1}\right)^n$.

(B)

1. 判别下列级数的敛散性:

(1) $\sum\limits_{n=1}^{\infty} \left(\dfrac{1}{2^n} + \dfrac{1}{3^n}\right)$; (2) $\sum\limits_{n=1}^{\infty} \ln\left(1 + \dfrac{1}{n}\right)$;

(3) $\sum_{n=1}^{\infty} \sqrt[n]{6}$;   (4) $\sum_{n=1}^{\infty} \frac{n}{2} \tan \frac{1}{n}$.

2. 已知 $\lim_{n\to\infty} nu_n = 0$,证明级数 $\sum_{n=1}^{\infty}(n+1)(u_{n+1}-u_n)$ 收敛的充要条件为级数 $\sum_{n=1}^{\infty} u_n$ 收敛.

12.2 常数项级数的审敛法

求一个级数的和通常是困难的,所以这里重点讨论级数的敛散性.要判断数项级数是否收敛,可以根据定义,看它的部分和数列有无极限.但部分和数列的极限一般是很难求的,因此需要建立判别级数敛散性的判别法.本节先讨论各项都是非负的常数项级数的审敛法,进而讨论一般的常数项级数审敛法.

一、正项级数及其审敛法

定义 1 若级数 $\sum_{n=1}^{\infty} u_n$ 的每一项都是非负的,即 $u_n \geqslant 0 (n=1,2,\cdots)$,则称级数 $\sum_{n=1}^{\infty} u_n$ 为**正项级数**.

正项级数 $\sum_{n=1}^{\infty} u_n$ 的部分和数列

$$s_n = \sum_{k=1}^{n} u_k (n=1,2,\cdots),$$

由于 $u_n \geqslant 0$,则

$$s_n = s_{n-1} + u_n \geqslant s_{n-1},$$

所以正项级数 $\sum_{n=1}^{\infty} u_n$ 的部分和数列 $\{s_n\}$ 是单调增加的,即

$$s_1 \leqslant s_2 \leqslant \cdots \leqslant s_n \leqslant \cdots,$$

根据数列极限的存在准则:单调有界数列必有极限.又根据极限的性质可知,有极限的数列必有界.故若数列 $\{s_n\}$ 有界,则 $\lim_{n\to\infty} s_n$ 存在,于是级数 $\sum_{n=1}^{\infty} u_n$ 收敛;若级数 $\sum_{n=1}^{\infty} u_n$ 收敛,即 $\lim_{n\to\infty} s_n$ 存在,于是数列 $\{s_n\}$ 有界.由此得到正项级数 $\sum_{n=1}^{\infty} u_n$ 收敛的充要条件.

定理 1 正项级数 $\sum_{n=1}^{\infty} u_n$ 收敛的充要条件是它的部分和数列 $\{s_n\}$ 有上界.

由定理 1 可知,如果正项级数 $\sum_{n=1}^{\infty} u_n$ 发散,那么它的部分和数列 $s_n \to +\infty (n \to \infty)$,即 $\sum_{n=1}^{\infty} u_n = +\infty$.

在实际判别级数的收敛性时,使用定理 1 并不方便,但以定理 1 为基础,可以得到其他一些判别正项级数是否收敛的方便实用的方法.

1. 比较审敛法

定理 2 设有两个正项级数 $\sum_{n=1}^{\infty} u_n$ 和 $\sum_{n=1}^{\infty} v_n$,常数 $c > 0$,且从某项起恒有
$$u_n \leqslant cv_n.$$
(1) 若 $\sum_{n=1}^{\infty} v_n$ 收敛,则 $\sum_{n=1}^{\infty} u_n$ 也收敛;

(2) 若 $\sum_{n=1}^{\infty} u_n$ 发散,则 $\sum_{n=1}^{\infty} v_n$ 也发散.

证 因改变级数的有限项不影响级数的敛散性,故不妨设对一切的 $n = 1, 2, \cdots$,都有
$$u_n \leqslant cv_n,$$
将正项级数 $\sum_{n=1}^{\infty} u_n$ 与 $\sum_{n=1}^{\infty} v_n$ 的前 n 项部分和分别记作 s_n 与 σ_n,则
$$s_n = \sum_{k=1}^{n} u_k \leqslant \sum_{k=1}^{n} cv_k = c\sigma_n,$$

(1) 当级数 $\sum_{n=1}^{\infty} v_n$ 收敛时,其部分和数列 $\{\sigma_n\}$ 必有上界 M,故数列 $\{s_n\}$ 也有上界 cM,因此级数 $\sum_{n=1}^{\infty} u_n$ 收敛;

(2) 当级数 $\sum_{n=1}^{\infty} u_n$ 发散时,其部分和数列 s_n 趋于 $+\infty (n \to \infty)$,于是数列 $\{\sigma_n\}$ 的极限也趋于 $+\infty$,故级数 $\sum_{n=1}^{\infty} v_n$ 发散.

例 1 判别级数 $\sum_{n=1}^{\infty} \dfrac{1}{3 + 5^n}$ 的敛散性.

解 由于 $\dfrac{1}{3 + 5^n} < \dfrac{1}{5^n}$,而级数 $\sum_{n=1}^{\infty} \dfrac{1}{5^n}$ 收敛,由比较审敛法可知,级数 $\sum_{n=1}^{\infty} \dfrac{1}{3 + 5^n}$ 也收敛.

例 2 判别级数 $\sum_{n=1}^{\infty} \dfrac{1}{\sqrt{n(n+1)}}$ 的敛散性.

解 由于 $\dfrac{1}{\sqrt{n(n+1)}} > \dfrac{1}{n+1}$,而级数 $\sum_{n=1}^{\infty} \dfrac{1}{n+1}$ 发散,由比较审敛法可知,级数 $\sum_{n=1}^{\infty} \dfrac{1}{\sqrt{n(n+1)}}$ 发散.

例 3 讨论 p 级数

$$\sum_{n=1}^{\infty} \frac{1}{n^p} = 1 + \frac{1}{2^p} + \frac{1}{3^p} + \cdots + \frac{1}{n^p} + \cdots$$

的敛散性.

解 当 $p \leqslant 1$ 时,$\dfrac{1}{n} \leqslant \dfrac{1}{n^p}(n \in \mathbf{N}^+)$,而调和级数 $\sum_{n=1}^{\infty} \dfrac{1}{n}$ 发散,故 $\sum_{n=1}^{\infty} \dfrac{1}{n^p}$ 也发散.

当 $p > 1$ 时,顺次把给定的 p 级数的一项、两项、四项、八项……括在一起,得到

$$1 + \left(\frac{1}{2^p} + \frac{1}{3^p}\right) + \left(\frac{1}{4^p} + \frac{1}{5^p} + \frac{1}{6^p} + \frac{1}{7^p}\right) + \left(\frac{1}{8^p} + \frac{1}{9^p} + \cdots + \frac{1}{15^p}\right) + \cdots, \quad (12.7)$$

它的各项均不大于级数

$$1 + \left(\frac{1}{2^p} + \frac{1}{2^p}\right) + \left(\frac{1}{4^p} + \frac{1}{4^p} + \frac{1}{4^p} + \frac{1}{4^p}\right) + \left(\frac{1}{8^p} + \frac{1}{8^p} + \cdots + \frac{1}{8^p}\right) + \cdots \quad (12.8)$$

相应的各项,又级数(12.8)为等比级数

$$1 + \frac{1}{2^{p-1}} + \left(\frac{1}{2^{p-1}}\right)^2 + \left(\frac{1}{2^{p-1}}\right)^3 + \cdots,$$

其公比 $q = \dfrac{1}{2^{p-1}} < 1$,因而,当 $p > 1$ 时,级数(12.8)收敛,从而级数(12.7)收敛,又正项级数任意去括号后得到的新级数敛散性不变,所以当 $p > 1$ 时,p 级数 $\sum_{n=1}^{\infty} \dfrac{1}{n^p}$ 收敛.

综上所述,p 级数 $\sum_{n=1}^{\infty} \dfrac{1}{n^p}$,当 $p > 1$ 时收敛,$p \leqslant 1$ 时发散.

由此,级数 $\sum_{n=1}^{\infty} \dfrac{1}{n^2}$,$\sum_{n=1}^{\infty} \dfrac{1}{n\sqrt{n}}$ 均收敛,而级数 $\sum_{n=1}^{\infty} \dfrac{1}{\sqrt{n}}$,$\sum_{n=1}^{\infty} \dfrac{1}{\sqrt[4]{n^3}}$ 等都发散.

在比较审敛法的基础上还可得到使用更为方便的比较审敛法的极限形式.

定理 3 设有两个正项级数 $\sum_{n=1}^{\infty} u_n$ 和 $\sum_{n=1}^{\infty} v_n$，且 $\lim_{n \to \infty} \dfrac{u_n}{v_n} = l$，则

(1) 当 $0 < l < +\infty$ 时，级数 $\sum_{n=1}^{\infty} u_n$ 与 $\sum_{n=1}^{\infty} v_n$ 的敛散性相同；

(2) 当 $l = 0$ 时，若 $\sum_{n=1}^{\infty} v_n$ 收敛，则 $\sum_{n=1}^{\infty} u_n$ 也收敛；

(3) 当 $l = +\infty$ 时，若 $\sum_{n=1}^{\infty} v_n$ 发散，则 $\sum_{n=1}^{\infty} u_n$ 也发散.

证 （1）由于 $\lim_{n \to \infty} \dfrac{u_n}{v_n} = l$，当 $0 < l < +\infty$ 时，可取足够小的正数 ε_0，使 $l - \varepsilon_0 > 0$，则存在相应的正整数 N，当 $n > N$ 时，有

$$\left| \dfrac{u_n}{v_n} - l \right| < \varepsilon_0,$$

即

$$(l - \varepsilon_0) v_n < u_n < (l + \varepsilon_0) v_n,$$

由定理 2 可知，级数 $\sum_{n=1}^{\infty} u_n$ 与 $\sum_{n=1}^{\infty} v_n$ 有相同的敛散性.

（2）当 $l = 0$，由于 $\lim_{n \to \infty} \dfrac{u_n}{v_n} = l = 0$，取 $\varepsilon = 1$，则存在相应的正整数 N，当 $n > N$ 时，有

$$u_n < v_n,$$

当级数 $\sum_{n=1}^{\infty} v_n$ 收敛时，由定理 2 可知，$\sum_{n=1}^{\infty} u_n$ 也收敛.

（3）当 $l = +\infty$ 时，由于 $\lim_{n \to \infty} \dfrac{u_n}{v_n} = l = +\infty$，则 $\lim_{n \to \infty} \dfrac{v_n}{u_n} = 0$，则可知存在相应的正整数 N，当 $n > N$ 时，有

$$v_n < u_n,$$

当级数 $\sum_{n=1}^{\infty} v_n$ 发散时，由定理 2 可知，$\sum_{n=1}^{\infty} u_n$ 也发散.

例 4 判别下列级数的敛散性：

(1) $\sum_{n=1}^{\infty} \dfrac{1}{\sqrt{(2n+1)(n+1)}}$；   (2) $\sum_{n=1}^{\infty} \left(1 - \cos \dfrac{1}{n}\right)$.

解 （1）取 $v_n = \dfrac{1}{n}$，由于

$$\lim_{n\to\infty}\frac{u_n}{v_n}=\lim_{n\to\infty}\frac{n}{\sqrt{(2n+1)(n+1)}}=\frac{1}{\sqrt{2}},$$

因级数 $\sum_{n=1}^{\infty}\frac{1}{n}$ 发散,由定理 3 可知,级数 $\sum_{n=1}^{\infty}\frac{1}{\sqrt{(2n+1)(n+1)}}$ 也发散;

(2) 取 $v_n=\frac{1}{n^2}$,由于

$$\lim_{n\to\infty}\frac{u_n}{v_n}=\lim_{n\to\infty}n^2\left(1-\cos\frac{1}{n}\right)=\frac{1}{2},$$

因级数 $\sum_{n=1}^{\infty}\frac{1}{n^2}$ 收敛,由定理 3 可知,级数 $\sum_{n=1}^{\infty}\left(1-\cos\frac{1}{n}\right)$ 也收敛.

当 $\lim_{n\to\infty}u_n=\lim_{n\to\infty}v_n=0, l=1$,即 u_n 与 v_n 为等价无穷小量,$\sum_{n=1}^{\infty}u_n$ 与 $\sum_{n=1}^{\infty}v_n$ 有相同的敛散性.因此熟记一些常用的等价无穷小量在判别级数敛散性时比较方便.

为了顺利地使用比较审敛法及其极限形式,读者需记住一些已知敛散性的级数,如等比级数、p 级数等,将它们作为比较的标准.

例如级数 $\sum_{n=1}^{\infty}\frac{a_kn^k+\cdots+a_1n+a_0}{b_ln^l+\cdots+b_1n+b_0}$(其中 $a_k,b_l\neq 0$)收敛的充要条件为 $l-k>1$.

以等比级数为标准,又可以推出下面两种重要的正项级数审敛法(比值法和根值法).

2. 比值审敛法(达朗贝尔(D'Alembert)判别法)

定理4 设有正项级数 $\sum_{n=1}^{\infty}u_n$,若

$$\lim_{n\to\infty}\frac{u_{n+1}}{u_n}=\rho,$$

则

(1) 当 $\rho<1$ 时,级数 $\sum_{n=1}^{\infty}u_n$ 收敛;

(2) 当 $\rho>1$(或 $\rho=+\infty$) 时,级数 $\sum_{n=1}^{\infty}u_n$ 发散;

(3) 当 $\rho=1$ 时,级数 $\sum_{n=1}^{\infty}u_n$ 可能收敛也可能发散.

证 (1) 因 $\rho<1$,可取足够小的正数 ε,使 $0<\rho+\varepsilon<1$,令 $\rho+\varepsilon=r$,则 $r<1$,由 $\lim_{n\to\infty}\frac{u_{n+1}}{u_n}=\rho$,则必存在正整数 N,当 $n>N$ 时,

$$\frac{u_{n+1}}{u_n} < \rho + \varepsilon = r < 1,$$

即

$$\frac{u_{n+1}}{u_n} < r,$$

因此从第 N 项起,有

$$u_{N+1} < r u_N,$$
$$u_{N+2} < r u_{N+1} < r^2 u_N,$$
$$\cdots\cdots$$
$$u_{N+n} < r^n u_N,$$
$$\cdots\cdots$$

而级数 $\sum\limits_{n=1}^{\infty} r^n u_N (r<1)$ 收敛,根据定理 2 及基本性质 3 知级数 $\sum\limits_{n=1}^{\infty} u_n$ 也收敛.

(2) 因 $\lim\limits_{n\to\infty} \frac{u_{n+1}}{u_n} = \rho > 1$,可取很小正数 ε,使 $\rho - \varepsilon > 1$,由 $\lim\limits_{n\to\infty} \frac{u_{n+1}}{u_n} = \rho$,则必存在正整数 N,当 $n > N$ 时,

$$1 < r_1 = \rho - \varepsilon < \frac{u_{n+1}}{u_n},$$

即

$$u_{n+1} > r_1 u_n > u_n (n > N),$$

所以,级数 $\sum\limits_{n=1}^{\infty} u_n$ 从第 N 项开始,以后的项随着 n 的增大而增大,即当 $n \to \infty$ 时,u_n 不可能趋于 0,故级数 $\sum\limits_{n=1}^{\infty} u_n$ 发散.

同理可证,当 $\rho = +\infty$ 时,级数 $\sum\limits_{n=1}^{\infty} u_n$ 也发散.

(3) 当 $\rho = 1$ 时,级数可能收敛也可能发散.例如:p 级数 $\sum\limits_{n=1}^{\infty} \frac{1}{n^p}$,

$$\lim_{n\to\infty} \frac{u_{n+1}}{u_n} = \lim_{n\to\infty} \frac{\frac{1}{(n+1)^p}}{\frac{1}{n^p}} = \lim_{n\to\infty} \left(\frac{n}{n+1}\right)^p = 1,$$

但当 $p > 1$ 时收敛,$p \leq 1$ 时发散.

例 5 判别下列级数的敛散性:

(1) $\sum\limits_{n=1}^{\infty} \frac{3^n}{n!}$; (2) $\sum\limits_{n=1}^{\infty} \frac{2^n}{2n+1}$;

(3) $\sum\limits_{n=1}^{\infty} 3^n \tan \dfrac{\pi}{4^n}$；   (4) $\sum\limits_{n=1}^{\infty} \dfrac{4^n n!}{n^n}$.

解 (1) 因为

$$\rho = \lim_{n\to\infty} \dfrac{u_{n+1}}{u_n} = \lim_{n\to\infty} \dfrac{\dfrac{3^{n+1}}{(n+1)!}}{\dfrac{3^n}{n!}} = \lim_{n\to\infty} \dfrac{3}{n+1} = 0 < 1,$$

所以级数 $\sum\limits_{n=1}^{\infty} \dfrac{3^n}{n!}$ 收敛.

(2) 因为

$$\rho = \lim_{n\to\infty} \dfrac{u_{n+1}}{u_n} = \lim_{n\to\infty} \dfrac{\dfrac{2^{n+1}}{(2n+3)}}{\dfrac{2^n}{(2n+1)}} = \lim_{n\to\infty} \dfrac{2(2n+1)}{2n+3} = 2 > 1,$$

所以级数 $\sum\limits_{n=1}^{\infty} \dfrac{2^n}{2n+1}$ 发散.

(3) 因为

$$\rho = \lim_{n\to\infty} \dfrac{u_{n+1}}{u_n} = \lim_{n\to\infty} \dfrac{3^{n+1} \tan \dfrac{\pi}{4^{n+1}}}{3^n \tan \dfrac{\pi}{4^n}} = \lim_{n\to\infty} \dfrac{3 \dfrac{\pi}{4^{n+1}}}{\dfrac{\pi}{4^n}} = \dfrac{3}{4} < 1,$$

所以级数 $\sum\limits_{n=1}^{\infty} 3^n \tan \dfrac{\pi}{4^n}$ 收敛.

(4) 因

$$\rho = \lim_{n\to\infty} \dfrac{u_{n+1}}{u_n} = \lim_{n\to\infty} \dfrac{\dfrac{4^{n+1}(n+1)!}{(n+1)^{(n+1)}}}{\dfrac{4^n n!}{n^n}} = \lim_{n\to\infty} \dfrac{4n^n}{(n+1)^n} = \lim_{n\to\infty} \dfrac{4}{\left(1+\dfrac{1}{n}\right)^n} = \dfrac{4}{\mathrm{e}} > 1,$$

所以级数 $\sum\limits_{n=1}^{\infty} \dfrac{4^n n!}{n^n}$ 发散.

例 6 判别级数 $\sum\limits_{n=1}^{\infty} \dfrac{(n+1)\cos^2 \dfrac{n\pi}{3}}{5^n}$ 的敛散性.

解 由

$$\dfrac{(n+1)\cos^2 \dfrac{n\pi}{3}}{5^n} \leqslant \dfrac{(n+1)}{5^n},$$

先对级数 $\sum\limits_{n=1}^{\infty} \dfrac{n+1}{5^n}$ 用比值法，由

$$\rho = \lim_{n\to\infty} \dfrac{u_{n+1}}{u_n} = \lim_{n\to\infty} \dfrac{\dfrac{n+2}{5^{n+1}}}{\dfrac{n+1}{5^n}} = \dfrac{1}{5} < 1,$$

可知级数 $\sum\limits_{n=1}^{\infty} \dfrac{n+1}{5^n}$ 收敛，再由比较审敛法知，级数 $\sum\limits_{n=1}^{\infty} \dfrac{(n+1)\cos^2 \dfrac{n\pi}{3}}{5^n}$ 收敛.

3. 根值审敛法(柯西(Cauchy)判别法)

定理 5 设有正项级数 $\sum\limits_{n=1}^{\infty} u_n$，若

$$\lim_{n\to\infty} \sqrt[n]{u_n} = \rho,$$

则 (1) 当 $\rho < 1$ 时，级数 $\sum\limits_{n=1}^{\infty} u_n$ 收敛;

(2) 当 $\rho > 1$ (或 $\rho = +\infty$) 时，级数 $\sum\limits_{n=1}^{\infty} u_n$ 发散;

(3) 当 $\rho = 1$ 时，级数 $\sum\limits_{n=1}^{\infty} u_n$ 可能收敛也可能发散.

该定理的证明方法与定理 4 类似，请读者自证.

例 7 判别下列级数的敛散性:

(1) $\sum\limits_{n=1}^{\infty} \left(1 + \dfrac{1}{n}\right)^{n^2}$;   (2) $\sum\limits_{n=1}^{\infty} \left(1 - \dfrac{1}{n}\right)^{n^2}$.

解 (1) 因为

$$\rho = \lim_{n\to\infty} \sqrt[n]{u_n} = \lim_{n\to\infty} \left(1 + \dfrac{1}{n}\right)^n = e > 1,$$

由定理 5 可知，级数 $\sum\limits_{n=1}^{\infty} \left(1 + \dfrac{1}{n}\right)^{n^2}$ 发散.

(2) 因为

$$\rho = \lim_{n\to\infty} \sqrt[n]{u_n} = \lim_{n\to\infty} \left(1 - \dfrac{1}{n}\right)^n = \lim_{n\to\infty} \left(1 - \dfrac{1}{n}\right)^{-n \cdot (-1)} = \dfrac{1}{e} < 1,$$

由定理 5 可知，级数 $\sum\limits_{n=1}^{\infty} \left(1 - \dfrac{1}{n}\right)^{n^2}$ 收敛.

二、交错级数及其审敛法

上面讨论了正项级数及其审敛法，下面讨论各项依次正负号间隔出现的级数——交错级数及其敛散性.

定义 2 形如

$$\sum_{n=1}^{\infty}(-1)^{n-1}u_n = u_1 - u_2 + u_3 - u_4 + \cdots + (-1)^{n-1}u_n + \cdots \tag{12.9}$$

或

$$\sum_{n=1}^{\infty}(-1)^n u_n = -u_1 + u_2 - u_3 + u_4 - \cdots + (-1)^n u_n + \cdots \tag{12.10}$$

(其中 $u_n \geqslant 0, n=1,2,3,\cdots$) 的级数称为**交错级数**.

由于级数 $\sum_{n=1}^{\infty}(-1)^{n-1}u_n$ 与 $\sum_{n=1}^{\infty}(-1)^n u_n$ 的敛散性相同，下面仅讨论 $\sum_{n=1}^{\infty}(-1)^{n-1}u_n$ 的情形.

定理 6（莱布尼茨(Leibniz)判别法） 若交错级数 $\sum_{n=1}^{\infty}(-1)^{n-1}u_n (u_n \geqslant 0, n=1,2,3,\cdots)$ 满足条件：

(1) $u_n \geqslant u_{n+1}$；

(2) $\lim\limits_{n \to \infty} u_n = 0$.

则级数 $\sum_{n=1}^{\infty}(-1)^{n-1}u_n$ 收敛，其和 $s \leqslant u_1$，余项 r_n 的绝对值 $|r_n| \leqslant u_{n+1}$.

证 级数

$$\sum_{n=1}^{\infty}(-1)^{n-1}u_n = u_1 - u_2 + u_3 - u_4 + \cdots + u_{2k-1} - u_{2k} + \cdots$$

的前 $2k$ 项部分和为

$$s_{2k} = u_1 - (u_2 - u_3) - (u_4 - u_5) - \cdots - (u_{2k-2} - u_{2k-1}) - u_{2k},$$

由条件(1) $u_n \geqslant u_{n+1}$，则 $u_n - u_{n+1} \geqslant 0$，

故

$$s_{2k} \leqslant u_1,$$

又

$$s_{2k} = (u_1 - u_2) + (u_3 - u_4) + \cdots + (u_{2k-1} - u_{2k}),$$

故

$$s_{2k} \leqslant s_{2k+2},$$

因此数列 $\{s_{2k}\}$ 单调有界,故数列 $\{s_{2k}\}$ 有极限,设该极限为 s,即
$$\lim_{k\to\infty} s_{2k} = s,$$
再由条件(2)可知
$$\lim_{k\to\infty} u_{2k+1} = 0,$$
故
$$\lim_{k\to\infty} s_{2k+1} = \lim_{k\to\infty}(s_{2k} + u_{2k+1}) = s + 0 = s,$$
这样就证明了数列 $\{s_n\}$ 的两个子数列 $\{s_{2k}\}$ 与 $\{s_{2k+1}\}$ 的极限存在且相等,则部分和数列 $\{s_n\}$ 的极限也存在且为 s,即
$$\lim_{n\to\infty} s_n = s \quad (s \leqslant u_1),$$
从而级数 $\sum\limits_{n=1}^{\infty}(-1)^{n-1} u_n$ 收敛,且其和 $s \leqslant u_1$.

再考察级数 $\sum\limits_{n=1}^{\infty}(-1)^{n-1} u_n$ 的余项 r_n 的绝对值
$$|r_n| = |u_{n+1} - u_{n+2} + u_{n+3} - u_{n+4} + \cdots|,$$
显然绝对值符号内的级数
$$u_{n+1} - u_{n+2} + u_{n+3} - u_{n+4} + \cdots$$
也是满足定理 6 中的条件(1)、(2)的交错级数,故它的和不大于首项 u_{n+1},即
$$|r_n| \leqslant u_{n+1}.$$

例8 判别下列级数的敛散性:

(1) $\sum\limits_{n=1}^{\infty}(-1)^{n-1} \dfrac{1}{n^p}$ $(p>0)$;   (2) $\sum\limits_{n=1}^{\infty}(-1)^n \dfrac{1}{n-\ln n}$.

解 (1) $\sum\limits_{n=1}^{\infty}(-1)^{n-1} \dfrac{1}{n^p}$ 是交错级数,当 $p>0$ 时有
$$\frac{1}{(n+1)^p} \leqslant \frac{1}{n^p} \quad (n=1,2,\cdots)$$
且
$$\lim_{n\to\infty} \frac{1}{n^p} = 0.$$
根据定理 6 得,级数 $\sum\limits_{n=1}^{\infty}(-1)^{n-1} \dfrac{1}{n^p}(p>0)$ 收敛.

(2) 令 $u_n = \dfrac{1}{n-\ln n}$,取 $f(x) = x - \ln x$,则 $f'(x) = 1 - \dfrac{1}{x} > 0 (x>1)$,因此当 $x \geqslant 1$ 时,函数 $f(x) = x - \ln x$ 单调增加,因此
$$n+1 - \ln(n+1) \geqslant n - \ln n,$$
则

又

$$u_{n+1} \leqslant u_n,$$

$$\lim_{n\to\infty} u_n = \lim_{n\to\infty} \frac{1}{n-\ln n} = \lim_{n\to\infty} \frac{\frac{1}{n}}{1-\frac{\ln n}{n}} = 0,$$

根据定理 6 得,级数 $\sum_{n=1}^{\infty} (-1)^n \frac{1}{n-\ln n}$ 收敛.

三、任意项级数及其审敛法

观察级数 $\cos\alpha + \frac{\cos 2\alpha}{2} + \cdots + \frac{\cos n\alpha}{n} + \cdots = \sum_{n=1}^{\infty} \frac{\cos n\alpha}{n}$,其中 α 为某个确定的锐角,该级数中各项的符号没有一定的规律,称此类级数为**任意项级数**.

下面讨论一般的数项级数即任意项级数的审敛法.

设 $\sum_{n=1}^{\infty} u_n$ 为任意项级数,若将它的每一项取绝对值后就构成一个正项级数 $\sum_{n=1}^{\infty} |u_n|$,对于正项级数的敛散性,我们已讨论了一些判别法.下面通过研究正项级数 $\sum_{n=1}^{\infty} |u_n|$ 与任意项级数 $\sum_{n=1}^{\infty} u_n$ 的敛散性之间的关系,从而得出任意项级数 $\sum_{n=1}^{\infty} u_n$ 敛散性的判别法.

由例 8 的(1)可知,级数 $\sum_{n=1}^{\infty} (-1)^{n-1} \frac{1}{n}$ 与 $\sum_{n=1}^{\infty} (-1)^{n-1} \frac{1}{n^2}$ 均收敛,由它们的每一项取绝对值后构成的正项级数分别为 $\sum_{n=1}^{\infty} \frac{1}{n}$ 与 $\sum_{n=1}^{\infty} \frac{1}{n^2}$,而 $\sum_{n=1}^{\infty} \frac{1}{n}$ 发散,$\sum_{n=1}^{\infty} \frac{1}{n^2}$ 收敛.

由此可知,当级数 $\sum_{n=1}^{\infty} u_n$ 收敛时,$\sum_{n=1}^{\infty} |u_n|$ 可能收敛也可能发散.

定义 3 设 $\sum_{n=1}^{\infty} u_n$ 是任意项级数,若 $\sum_{n=1}^{\infty} |u_n|$ 收敛,则称级数 $\sum_{n=1}^{\infty} u_n$ **绝对收敛**;若 $\sum_{n=1}^{\infty} |u_n|$ 发散,而级数 $\sum_{n=1}^{\infty} u_n$ 收敛,则称级数 $\sum_{n=1}^{\infty} u_n$ **条件收敛**.

绝对收敛与条件收敛间有下列重要关系:

定理 7 若级数 $\sum_{n=1}^{\infty}|u_n|$ 收敛,则级数 $\sum_{n=1}^{\infty}u_n$ 必收敛.

证 构造一个辅助级数 $\sum_{n=1}^{\infty}v_n$,其中 $v_n=u_n+|u_n|$,易知 $v_n\geqslant 0$,且
$$v_n\leqslant 2|u_n| \quad (n=1,2,\cdots),$$
由题设可知 $\sum_{n=1}^{\infty}2|u_n|$ 收敛,则根据正项级数的比较审敛法可知,级数 $\sum_{n=1}^{\infty}v_n$ 收敛,又
$$u_n=v_n-|u_n|,$$
故级数 $\sum_{n=1}^{\infty}u_n$ 收敛.

注 当级数 $\sum_{n=1}^{\infty}u_n$ 收敛时,级数 $\sum_{n=1}^{\infty}|u_n|$ 未必收敛,例如 $\sum_{n=1}^{\infty}\frac{(-1)^n}{n}$.

一般地,判别任意项级数 $\sum_{n=1}^{\infty}u_n$ 是否收敛,可先考虑正项级数 $\sum_{n=1}^{\infty}|u_n|$,用正项级数的审敛法进行判别,若级数 $\sum_{n=1}^{\infty}|u_n|$ 收敛,则任意项级数 $\sum_{n=1}^{\infty}u_n$ 绝对收敛;若级数 $\sum_{n=1}^{\infty}|u_n|$ 发散,可用其他方法来判定级数 $\sum_{n=1}^{\infty}u_n$ 的敛散性.

例 9 证明级数 $\sum_{n=1}^{\infty}\frac{\sin nx}{n^{\alpha}}(\alpha>1)$ 绝对收敛.

证 由于
$$\left|\frac{\sin nx}{n^{\alpha}}\right|\leqslant\left|\frac{1}{n^{\alpha}}\right|,$$
由于当 $\alpha>1$ 时,$\sum_{n=1}^{\infty}\frac{1}{n^{\alpha}}$ 收敛,故 $\sum_{n=1}^{\infty}\left|\frac{\sin nx}{n^{\alpha}}\right|$ 收敛,从而 $\sum_{n=1}^{\infty}\frac{\sin nx}{n^{\alpha}}(\alpha>1)$ 绝对收敛.

例 10 判别下列级数的敛散性,若收敛,指出是绝对收敛还是条件收敛.

(1) $\sum_{n=2}^{\infty}\frac{n\cos n\pi}{n^2-1}$；

(2) $\sum_{n=1}^{\infty}\frac{(-1)^{\frac{n(n+1)}{2}}n^4}{5^n}$.

解 (1) 由于
$$\left|\frac{n\cos n\pi}{n^2-1}\right|=\frac{n}{n^2-1},$$
又

$$\lim_{n\to\infty}\frac{\frac{n}{n^2-1}}{\frac{1}{n}}=1,$$

而级数 $\sum\limits_{n=2}^{\infty}\frac{1}{n}$ 发散,由比较审敛法可知,级数 $\sum\limits_{n=2}^{\infty}\frac{n}{n^2-1}$ 发散,又由于 $\sum\limits_{n=2}^{\infty}\frac{n\cos n\pi}{n^2-1}=\sum\limits_{n=2}^{\infty}(-1)^n\frac{n}{n^2-1}$ 是交错级数,令 $u_n=\frac{n}{n^2-1}$,它满足定理 6 的两个条件:$u_n\geqslant u_{n+1}$ 及 $\lim\limits_{n\to\infty}u_n=0$,故原级数 $\sum\limits_{n=2}^{\infty}\frac{n\cos n\pi}{n^2-1}$ 收敛,且是条件收敛.

(2) 由于

$$\left|\frac{(-1)^{\frac{n(n+1)}{2}}n^4}{5^n}\right|=\frac{n^4}{5^n},$$

对级数 $\sum\limits_{n=1}^{\infty}\frac{n^4}{5^n}$ 用比值判别法,由

$$\rho=\lim_{n\to\infty}\frac{u_{n+1}}{u_n}=\lim_{n\to\infty}\frac{\frac{(n+1)^4}{5^{n+1}}}{\frac{n^4}{5^n}}=\frac{1}{5}<1,$$

级数 $\sum\limits_{n=1}^{\infty}\frac{n^4}{5^n}$ 收敛,因此级数 $\sum\limits_{n=1}^{\infty}\frac{(-1)^{\frac{n(n+1)}{2}}n^4}{5^n}$ 绝对收敛.

注 对于级数 $\sum\limits_{n=1}^{\infty}|u_n|$,若应用比值判别法,且

$$\lim_{n\to\infty}\frac{|u_{n+1}|}{|u_n|}=\rho>1,$$

由极限的保号性可知,$\exists N\in\mathbf{N}^+$,当 $n>N$ 时,有 $|u_{n+1}|>|u_n|$.因此,当 $n\to\infty$ 时,$|u_n|$ 不趋于零,即 $\lim\limits_{n\to\infty}|u_n|\neq 0$,从而 $\lim\limits_{n\to\infty}u_n\neq 0$,故级数 $\sum\limits_{n=1}^{\infty}u_n$ 发散.因此,得到任意项级数的比值判别法.

定理 8 对于级数 $\sum\limits_{n=1}^{\infty}|u_n|$,若应用比值判别法,则当

$$\lim_{n\to\infty}\frac{|u_{n+1}|}{|u_n|}=\rho$$

存在时,

(1) 若 $\rho < 1$, $\sum\limits_{n=1}^{\infty} |u_n|$ 收敛,则 $\sum\limits_{n=1}^{\infty} u_n$ 绝对收敛;

(2) 若 $\rho > 1$,则 $\sum\limits_{n=1}^{\infty} u_n$ 发散.

例 11 讨论级数 $\sum\limits_{n=1}^{\infty} \dfrac{(-1)^{n-1} x^n}{n}$ 的敛散性.

解 因为

$$\lim_{n \to \infty} \frac{|u_{n+1}|}{|u_n|} = \lim_{n \to \infty} \frac{\left|\dfrac{x^{n+1}}{n+1}\right|}{\left|\dfrac{x^n}{n}\right|} = \lim_{n \to \infty} \frac{n|x|}{n+1} = |x|.$$

(1) 当 $|x| < 1$ 时,级数 $\sum\limits_{n=1}^{\infty} \dfrac{(-1)^{n-1} x^n}{n}$ 绝对收敛;

(2) 当 $|x| > 1$ 时,级数 $\sum\limits_{n=1}^{\infty} \dfrac{(-1)^{n-1} x^n}{n}$ 发散;

(3) 当 $x = 1$ 时,原级数成为交错级数 $\sum\limits_{n=1}^{\infty} \dfrac{(-1)^{n-1}}{n}$,是收敛的,且条件收敛;

(4) 当 $x = -1$ 时,原级数成为级数 $\sum\limits_{n=1}^{\infty} \dfrac{-1}{n}$,是发散的.

综上可得,当 $-1 < x \leqslant 1$ 时级数 $\sum\limits_{n=1}^{\infty} \dfrac{(-1)^{n-1} x^n}{n}$ 收敛,x 取其他值时级数发散.

最后给出绝对收敛级数的两个性质(证明略).

性质 1 绝对收敛级数任意交换各项次序,级数的敛散性不变,和也不变(即绝对收敛级数具有可交换性).

在给出绝对收敛级数的另一个性质之前,先来讨论级数的乘法运算.

设级数 $\sum\limits_{n=1}^{\infty} u_n$ 和 $\sum\limits_{n=1}^{\infty} v_n$ 都收敛,仿照有限项之和相乘的规则,作出这两个级数的项所有可能乘积 $u_i v_k (i, k = 1, 2, 3, \cdots)$,这些乘积是

$$u_1v_1, u_1v_2, u_1v_3, \cdots, u_1v_i, \cdots,$$
$$u_2v_1, u_2v_2, u_2v_3, \cdots, u_2v_i, \cdots,$$
$$u_3v_1, u_3v_2, u_3v_3, \cdots, u_3v_i, \cdots,$$
$$\cdots\cdots$$
$$u_kv_1, u_kv_2, u_kv_3, \cdots, u_kv_i, \cdots,$$
$$\cdots\cdots$$

这些乘积可以用很多的方式将它们排列成一个数列. 例如可以按"对角线法"或按"正方形法"将它们排列成下面形状的数列(图 12.2)

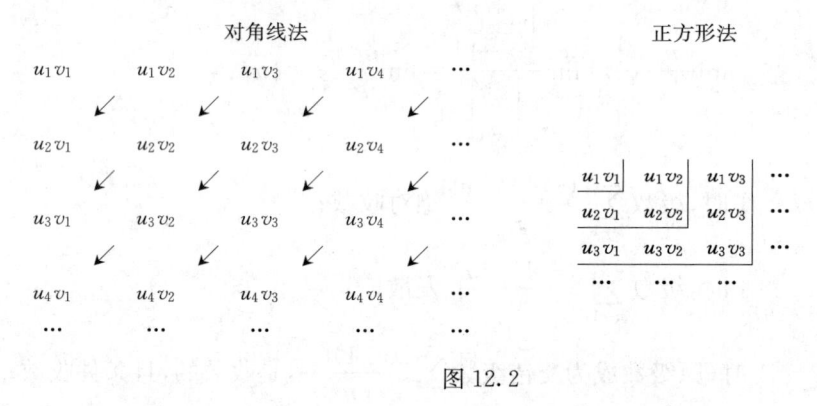

图 12.2

(对角线法)$u_1v_1; u_1v_2, u_2v_1; \cdots; u_1v_n, u_2v_{n-1}, \cdots, u_nv_1; \cdots$.

(正方形法)$u_1v_1; u_1v_2, u_2v_2, u_2v_1; \cdots; u_1v_n, u_2v_n, \cdots, u_nv_n, u_nv_{n-1}, \cdots, u_nv_1; \cdots$.

把上面排列好的数列用加号相连,就组成无穷级数. 我们称按"对角线法"排列组成的级数

$$u_1v_1 + (u_1v_2 + u_2v_1) + \cdots + (u_1v_n + u_2v_{n-1} + \cdots + u_nv_1) + \cdots$$

为两级数 $\sum\limits_{n=1}^{\infty} u_n$ 和 $\sum\limits_{n=1}^{\infty} v_n$ 的柯西乘积.

性质 2 若级数 $\sum\limits_{n=1}^{\infty} u_n$ 和 $\sum\limits_{n=1}^{\infty} v_n$ 都绝对收敛,它们的和分别为 s 和 t,则它们的柯西乘积

$$\left(\sum_{n=1}^{\infty} u_n\right)\left(\sum_{n=1}^{\infty} v_n\right) = (u_1v_1) + (u_2v_1 + u_1v_2) + \cdots + (u_1v_n + u_2v_{n-1} + \cdots + u_nv_1) + \cdots$$

也绝对收敛,且其和为 st.

习 题 12.2

(A)

1. 用比较法或其极限形式判别下列级数的敛散性：

(1) $\sum_{n=1}^{\infty} \sin \dfrac{\pi}{3^n}$；

(2) $\sum_{n=1}^{\infty} \dfrac{1}{\sqrt{4n^2-1}}$；

(3) $\sum_{n=1}^{\infty} \dfrac{2}{3^n-n}$；

(4) $\sum_{n=1}^{\infty} (\sqrt{n^3+1} - \sqrt{n^3})$；

(5) $\sum_{n=1}^{\infty} \dfrac{3+(-1)^n}{2^n}$；

(6) $\sum_{n=1}^{\infty} \tan \dfrac{\pi}{4n}$；

(7) $\sum_{n=1}^{\infty} \dfrac{1}{n\sqrt{n+1}}$；

(8) $\sum_{n=1}^{\infty} \dfrac{n+1}{n(n+3)}$；

(9) $\sum_{n=1}^{\infty} 2^n \sin \dfrac{\pi}{5^n}$；

(10) $\sum_{n=1}^{\infty} \dfrac{\pi \sin^2 \dfrac{n\pi}{3}}{3^n}$.

2. 用比值法或根值法判别下列级数的敛散性：

(1) $\sum_{n=1}^{\infty} \dfrac{2n-1}{2^n}$；

(2) $\sum_{n=1}^{\infty} n\left(\dfrac{3}{4}\right)^n$；

(3) $\sum_{n=1}^{\infty} \dfrac{n!}{2^n+1}$；

(4) $\sum_{n=1}^{\infty} \dfrac{(10)^n}{n!}$；

(5) $\sum_{n=1}^{\infty} \dfrac{1}{(2n-1)!}$；

(6) $\sum_{n=1}^{\infty} \dfrac{2^n n!}{n^n}$；

(7) $\sum_{n=1}^{\infty} \dfrac{3^n}{n \cdot 2^n}$；

(8) $\sum_{n=1}^{\infty} n \tan \dfrac{\pi}{2^n}$；

(9) $\sum_{n=1}^{\infty} \left(\dfrac{n}{2n+1}\right)^n$；

(10) $\sum_{n=1}^{\infty} \dfrac{1}{[\ln(n+1)]^n}$；

(11) $\sum_{n=1}^{\infty} \left(\dfrac{n}{3n+1}\right)^{2n}$；

(12) $\sum_{n=1}^{\infty} \dfrac{2}{n5^{n-1}}$.

3. 用适当的方法判别下列级数的敛散性：

(1) $\sum_{n=1}^{\infty} \dfrac{1}{\ln(10n-1)}$；

(2) $\sum_{n=1}^{\infty} \dfrac{3^n n!}{n^n}$；

(3) $\sum_{n=1}^{\infty} \dfrac{1}{1+a^n}$ $(a>0)$；

(4) $\sum_{n=1}^{\infty} \dfrac{a_n}{(10)^n}$ $(0<a_n<10)$；

(5) $\sum_{n=1}^{\infty} \dfrac{1}{1+x^{2n}}$；

(6) $\sum_{n=1}^{\infty} \dfrac{1}{\sqrt{n}} \ln\left(1+\dfrac{1}{n}\right)$；

(7) $\sum_{n=1}^{\infty} \dfrac{x^n}{\sqrt{n}}$ $(x>0)$；

(8) $\sum_{n=1}^{\infty} \dfrac{(n+1)\sin^2 \dfrac{n\pi}{5}}{a^n}$ $(a>0)$.

4. 判别下列级数的敛散性,如果收敛,指出是绝对收敛,还是条件收敛.

(1) $\sum_{n=1}^{\infty}(-1)^{n-1}\dfrac{n+1}{n}$;

(2) $\sum_{n=1}^{\infty}(-1)^{n+1}\dfrac{1}{\sqrt{n}}$;

(3) $\sum_{n=1}^{\infty}(-1)^n\left(\dfrac{2n+100}{3n+1}\right)^n$;

(4) $\sum_{n=1}^{\infty}\dfrac{\sin nx}{n^2}$;

(5) $\sum_{n=1}^{\infty}\dfrac{n\cos\dfrac{nx}{3}}{2^n}$;

(6) $\sum_{n=1}^{\infty}(-1)^{n-1}\dfrac{1}{(2n-1)^2}$;

(7) $\sum_{n=1}^{\infty}(-1)^n\dfrac{2^n}{n!}$;

(8) $\sum_{n=1}^{\infty}(-1)^{n-1}\dfrac{\ln n}{n}$;

(9) $\sum_{n=1}^{\infty}(-1)^{\frac{n(n+1)}{2}}\dfrac{n^n}{n!}$;

(10) $\sum_{n=1}^{\infty}\dfrac{k+n}{n^2}$.

(B)

1. 讨论下列级数的敛散性,如果收敛,指出是绝对收敛,还是条件收敛.

(1) $\sum_{n=1}^{\infty}\dfrac{(t-1)^n}{n}$;

(2) $\sum_{n=1}^{\infty}\dfrac{a^n}{n^s}$ $(s>0,a>0)$;

(3) $\sum_{n=1}^{\infty}\dfrac{\sin\dfrac{\pi}{n}}{n^p}$ $(p>-1)$;

(4) $\sum_{n=1}^{\infty}\dfrac{x^n}{(1+x^n)^2}$ $(x\neq -1)$.

2. 利用级数收敛的必要条件,证明下列极限:

(1) $\lim\limits_{n\to\infty}\dfrac{a^n}{n!}=0$;

(2) $\lim\limits_{n\to\infty}\dfrac{n^n}{(n!)^2}=0$.

3. 已知正项级数 $\sum_{n=1}^{\infty}u_n$ 收敛,证明

(1) $\sum_{n=1}^{\infty}\dfrac{\sqrt{u_n}}{n}$ 收敛 $\left(\text{提示}\sqrt{ab}<\dfrac{1}{2}(a+b)\right)$;

(2) $\sum_{n=1}^{\infty}u_n^2$ 收敛.

4. 若级数 $\sum_{n=1}^{\infty}a_n$ 和 $\sum_{n=1}^{\infty}b_n$ 都收敛,且 $a_n\leq c_n\leq b_n$,证明 $\sum_{n=1}^{\infty}c_n$ 收敛.

5. 设 $a_n>0(n=1,2,\cdots)$,$S_n=a_1+a_2+\cdots+a_n$. 判别级数 $\sum_{n=1}^{\infty}\dfrac{a_n}{S_n^2}$ 的敛散性.

12.3 幂 级 数

在前面常数项级数的概念、性质及审敛法则的基础上，下面将介绍函数项级数的基本概念，着重介绍两类简单而又重要的函数项级数：幂级数与傅里叶级数. 它们在函数表示、研究函数性质及进行数值计算等方面都具有重要作用. 本节和下节首先介绍最常用的幂级数，研究幂级数的收敛性、幂级数在收敛区间内的性质以及可导函数展开为幂级数等问题.

一、函数项级数的基本概念

定义 1 设 $u_1(x), u_2(x), \cdots, u_n(x), \cdots$ 是定义在区间 I 上的函数列，称表达式

$$u_1(x) + u_2(x) + \cdots + u_n(x) + \cdots \quad \text{或} \quad \sum_{n=1}^{\infty} u_n(x) \quad (12.11)$$

为定义在区间 I 上的函数项级数，简称为**函数项级数**，$u_n(x)$ 称为它的**通项**，前 n 项之和 $S_n(x) = \sum_{k=1}^{n} u_k(x)$ 称为它的**部分和函数**.

定义 2 若 $x_0 \in I$，且数项级数 $\sum_{n=1}^{\infty} u_n(x_0)$ 收敛，则称 x_0 为函数项级数 $\sum_{n=1}^{\infty} u_n(x)$ 的**收敛点**；若 $x_0 \in I$，且 $\sum_{n=1}^{\infty} u_n(x_0)$ 发散，则称 x_0 为级数 $\sum_{n=1}^{\infty} u_n(x)$ 的**发散点**. 由收敛点的全体所构成的集合称为级数 $\sum_{n=1}^{\infty} u_n(x)$ 的**收敛域**，由发散点的全体所构成的集合称为级数 $\sum_{n=1}^{\infty} u_n(x)$ 的**发散域**.

一般地，区间 I 上的一部分点使函数项级数 $\sum_{n=1}^{\infty} u_n(x)$ 收敛，而另一部分点使函数项级数 $\sum_{n=1}^{\infty} u_n(x)$ 发散. 对于收敛域上的任一个数 x，函数项级数 $\sum_{n=1}^{\infty} u_n(x)$ 都有一个确定的和 $s(x) = \sum_{n=1}^{\infty} u_n(x)$，因此 $s(x)$ 是定义在收敛域上的函数，称为**函数项级数** $\sum_{n=1}^{\infty} u_n(x)$ **的和函数**.

类似于对数项级数的讨论，在收敛域上有

$$\lim_{n\to\infty} s_n(x) = s(x),$$

称

$$r_n(x) = s(x) - s_n(x) = \sum_{k=n+1}^{\infty} u_k(x)$$

为**函数项级数** $\sum_{n=1}^{\infty} u_n(x)$ **的余项**(只是当 x 为收敛点时才有意义),并有

$$\lim_{n\to\infty} r_n(x) = 0.$$

例如,几何级数 $\sum_{n=0}^{\infty} x^n = 1 + x + x^2 + \cdots + x^n + \cdots$ 是定义在实轴上的函数项级数,我们已知,当 $|x| < 1$ 时,$\sum_{n=0}^{\infty} x^n$ 收敛;当 $|x| \geqslant 1$ 时,$\sum_{n=0}^{\infty} x^n$ 发散,所以,此级数的收敛域为实轴上的对称区间 $(-1, 1)$.

当 $|x| < 1$ 时,由于 $\lim_{n\to\infty} x^n = 0$,所以

$$\lim_{n\to\infty} s_n(x) = \lim_{n\to\infty} \frac{1-x^n}{1-x} = \frac{1}{1-x},$$

故此级数的和函数为 $s(x) = \frac{1}{1-x}$,即

$$\sum_{n=0}^{\infty} x^n = \frac{1}{1-x} \quad (|x| < 1).$$

例1 研究级数

$$x + (x^2 - x) + (x^3 - x^2) + \cdots + (x^n - x^{n-1}) + \cdots$$

的收敛性,并求其和函数.

解 由于

$$s_n(x) = x + (x^2 - x) + (x^3 - x^2) + \cdots + (x^n - x^{n-1}) = x^n,$$

故当 $|x| < 1$ 时,$\lim_{n\to\infty} s_n(x) = \lim_{n\to\infty} x^n = 0$;当 $x = 1$ 时,$\lim_{n\to\infty} s_n(1) = 1$;当 $x = -1$ 时,$s_n(-1) = (-1)^n$,显然 $\lim_{n\to\infty} s_n(-1) = \lim_{n\to\infty} (-1)^n$ 不存在;当 $|x| > 1$ 时,$\lim_{n\to\infty} s_n(x) = \lim_{n\to\infty} x^n = \infty$. 所以该级数的收敛域为 $(-1, 1]$,和函数为

$$s(x) = \begin{cases} 0, & |x| < 1, \\ 1, & x = 1. \end{cases}$$

二、幂级数及其收敛性

定义 3 形如
$$\sum_{n=0}^{\infty} a_n x^n = a_0 + a_1 x + a_2 x^2 + \cdots + a_n x^n + \cdots \tag{12.12}$$
或
$$\sum_{n=0}^{\infty} a_n (x-x_0)^n = a_0 + a_1 (x-x_0) + a_2 (x-x_0)^2 + \cdots + a_n (x-x_0)^n + \cdots \tag{12.13}$$
的函数项级数称为**幂级数**，其中 $a_0, a_1, \cdots, a_n, \cdots$ 称为**幂级数的系数**.

若令 $t = x - x_0$，级数 (12.13) 可转化成 (12.12) 的形式. 因此下面主要讨论形如式 (12.12) 的幂级数.

幂级数是一类常用的函数项级数. 由于它的通项是幂函数，因此它具有一些特殊的性质. 如幂级数 (12.12) 的部分和 $s_n(x) = \sum_{k=0}^{n-1} a_k x^k$ 是一个关于 x 的 $n-1$ 次多项式，如果在区间 D 上，$\{s_n(x)\}$ 处处收敛于和函数 $s(x)$，那么
$$\forall x \in D, \quad s(x) = \lim_{n \to \infty} s_n(x),$$
即可以用多项式函数 $s_n(x)$ 任意逼近和函数 $s(x)$.

首先讨论幂级数 $\sum_{n=0}^{\infty} a_n x^n$ 的收敛域.

定理 1（Abel 定理） 对于幂级数 $\sum_{n=0}^{\infty} a_n x^n$，下列命题成立：

(1) 若幂级数 $\sum_{n=0}^{\infty} a_n x^n$ 在 $x = x_0 (x_0 \neq 0)$ 处收敛，则对所有满足条件 $|x| < |x_0|$ 的 x，对应的级数都绝对收敛；

(2) 若幂级数 $\sum_{n=0}^{\infty} a_n x^n$ 在 $x = x_0$ 处发散，则对所有满足条件 $|x| > |x_0|$ 的 x，对应的级数都发散.

证 (1) 设 $\sum_{n=0}^{\infty} a_n x_0^n$ 收敛，根据级数收敛的必要条件，有
$$\lim_{n \to \infty} a_n x_0^n = 0,$$
则 $a_n x_0^n$ 有界，即存在正常数 M，使得

$$|a_n x_0^n| \leqslant M \quad (n=0,1,2,\cdots),$$

若 $|x|<|x_0|$，则 $\left|\dfrac{x}{x_0}\right|=q<1$，从而

$$|a_n x^n| = |a_n x_0^n| \left|\dfrac{x}{x_0}\right|^n \leqslant Mq^n,$$

由于等比级数 $\sum\limits_{n=0}^{\infty} Mq^n$ 当 $|q|<1$ 时收敛，所以由比较判别法知，对一切满足条件 $|x|<|x_0|$ 的 x，幂级数 $\sum\limits_{n=0}^{\infty} a_n x^n$ 绝对收敛。

(2) 用反证法。设点 x_1 满足条件 $|x_1|>|x_0|$，但幂级数 $\sum\limits_{n=0}^{\infty} a_n x^n$ 在 x_1 处收敛，根据(1)中的结论可知，幂级数 $\sum\limits_{n=0}^{\infty} a_n x^n$ 在 x_0 处绝对收敛，与已知条件矛盾，由此，定理得证。

利用 Abel 定理，可以进一步更具体地研究幂级数 $\sum\limits_{n=0}^{\infty} a_n x^n$ 收敛的情形。由于幂级数 $\sum\limits_{n=0}^{\infty} a_n x^n$ 在 $x=0$ 处收敛，因此它的收敛域非空。如果它在任何 $x \neq 0$ 处都发散，那么它的收敛域仅由原点 $x=0$ 组成；如果对任何的 x，级数都收敛，则它的收敛域为 $(-\infty,+\infty)$；如果收敛域既不是 $x=0$，也不是 $(-\infty,+\infty)$，那么一定存在 $x_0 \neq 0$，使该级数在 x_0 处收敛，则它在 $|x|<|x_0|$ 内绝对收敛，即在开区间 $(-|x_0|,|x_0|)$ 内绝对收敛。也一定存在 $x_1 \neq 0$，使该级数在 x_1 处发散，则它在 $|x|>|x_1|$ 时发散，即在区间 $[-|x_1|,|x_1|]$ 外发散。综上分析可知，当级数 $\sum\limits_{n=0}^{\infty} a_n x^n$ 既有收敛点，又有发散点时，我们从原点出发，沿 x 轴往两边走，开始经过的点必定都是收敛点，只要接触到发散点，则后面的点就全是发散点，且在原点的两侧收敛点与发散点的分界点关于原点对称。

由以上讨论，可得

定理 2 幂级数 $\sum\limits_{n=0}^{\infty} a_n x^n$ 的收敛性仅有三种可能：

(1) 对于任何 $x \in (-\infty,+\infty)$，幂级数 $\sum\limits_{n=0}^{\infty} a_n x^n$ 绝对收敛；

(2) 幂级数 $\sum\limits_{n=0}^{\infty} a_n x^n$ 仅在原点 $x=0$ 处收敛；

(3) 存在一个正数 R, 当 $|x|<R$ 时, 幂级数 $\sum_{n=0}^{\infty} a_n x^n$ 绝对收敛, 当 $|x|>R$ 时, 幂级数 $\sum_{n=0}^{\infty} a_n x^n$ 发散.

定理 2 中的正数 R 称为幂级数 $\sum_{n=0}^{\infty} a_n x^n$ 的**收敛半径**, 对于定理 2 中(1) 的情形, 规定 $R=+\infty$; 定理 2 中(2) 的情形, 规定 $R=0$. 开区间 $(-R,R)$ 称为幂级数 $\sum_{n=0}^{\infty} a_n x^n$ 的收敛区间. 由以上的讨论知道, 幂级数在收敛区间内绝对收敛; 在收敛区间外发散; 在收敛区间的端点上既可能收敛又可能发散, 对具体级数必须进行具体分析.

下面介绍求幂级数收敛半径的一个常用的方法.

定理 3 在幂级数 $\sum_{n=0}^{\infty} a_n x^n$ 中, 若 $a_n \neq 0 (n=0,1,2,\cdots)$, 且 $\lim\limits_{n\to\infty}\left|\dfrac{a_{n+1}}{a_n}\right|=\rho$, 则幂级数 $\sum_{n=0}^{\infty} a_n x^n$ 的收敛半径

$$R=\begin{cases} \dfrac{1}{\rho}, & 0<\rho<+\infty, \\ +\infty, & \rho=0, \\ 0, & \rho=+\infty. \end{cases}$$

证 (1) 若 $0<\rho<+\infty$, 利用正项级数的比值判别法, 得

$$\lim_{n\to\infty}\left|\dfrac{a_{n+1}x^{n+1}}{a_n x^n}\right|=\lim_{n\to\infty}\left|\dfrac{a_{n+1}}{a_n}\right||x|=\rho|x|,$$

当 $\rho|x|<1$, 即 $|x|<\dfrac{1}{\rho}$ 时, 级数 $\sum_{n=0}^{\infty} a_n x^n$ 绝对收敛; 当 $\rho|x|>1$, 即 $|x|>\dfrac{1}{\rho}$ 时, 级数 $\sum_{n=0}^{\infty} a_n x^n$ 发散, 故收敛半径 $R=\dfrac{1}{\rho}$.

(2) 若 $\rho=0$, 由于对任何 $x\neq 0$, 都有 $\lim\limits_{n\to\infty}\left|\dfrac{a_{n+1}x^{n+1}}{a_n x^n}\right|=\rho|x|=0<1$, 所以在整个实数轴上级数 $\sum_{n=0}^{\infty} a_n x^n$ 绝对收敛, 故收敛半径 $R=+\infty$.

(3) 若 $\rho=+\infty$, 由于对一切 $x\neq 0$, 都有

$$\lim_{n\to\infty}\left|\frac{a_{n+1}x^{n+1}}{a_n x^n}\right|=\lim_{n\to\infty}\left(\left|\frac{a_{n+1}}{a_n}\right||x|\right)=+\infty,$$

所以幂级数 $\sum_{n=0}^{\infty}a_n x^n$ 仅在 $x=0$ 处收敛，故收敛半径 $R=0$.

定理 3′ 对于幂级数 $\sum_{n=0}^{\infty}a_n x^n$，若 $\lim_{n\to\infty}\sqrt[n]{|a_n|}=\rho$，则幂级数 $\sum_{n=0}^{\infty}a_n x^n$ 的收敛半径

$$R=\begin{cases}\dfrac{1}{\rho}, & \text{当 } 0<\rho<+\infty,\\ +\infty, & \text{当 } \rho=0,\\ 0, & \text{当 } \rho=+\infty.\end{cases}$$

定理 3′ 的证明类似于定理 3，这里从略.

例 2 求下列幂级数的收敛半径和收敛域：

(1) $\sum_{n=0}^{\infty}(-1)^n\dfrac{x^n}{n!}$; (2) $\sum_{n=0}^{\infty}\dfrac{3^n}{n+1}x^n$.

解 (1) 因为 $\rho=\lim_{n\to\infty}\left|\dfrac{a_{n+1}}{a_n}\right|=\lim_{n\to\infty}\dfrac{\frac{1}{(n+1)!}}{\frac{1}{n!}}=\lim_{n\to\infty}\dfrac{1}{n+1}=0$，所以收敛半径 $R=+\infty$，即级数的收敛域为 $(-\infty,+\infty)$.

(2) 因为 $\rho=\lim_{n\to\infty}\left|\dfrac{a_{n+1}}{a_n}\right|=\lim_{n\to\infty}\dfrac{\frac{3^{n+1}}{n+2}}{\frac{3^n}{n+1}}=\lim_{n\to\infty}\dfrac{3(n+1)}{n+2}=3$，所以收敛半径 $R=\dfrac{1}{\rho}=\dfrac{1}{3}$，收敛区间为 $\left(-\dfrac{1}{3},\dfrac{1}{3}\right)$.

当 $x=-\dfrac{1}{3}$ 时，原级数化为 $\sum_{n=0}^{\infty}\dfrac{(-1)^n}{n+1}$，收敛；

当 $x=\dfrac{1}{3}$ 时，原级数化为 $\sum_{n=0}^{\infty}\dfrac{1}{n+1}$，发散.

从而，该幂级数的收敛域为 $\left[-\dfrac{1}{3},\dfrac{1}{3}\right)$.

例 3 求下列幂级数的收敛半径和收敛域：

(1) $\sum_{n=1}^{\infty}\dfrac{1}{n^2}(x-2)^n$; (2) $\sum_{n=1}^{\infty}\dfrac{1}{3^n}x^{2n}$.

解 （1）因为

$$\rho=\lim_{n\to\infty}\left|\frac{a_{n+1}}{a_n}\right|=\lim_{n\to\infty}\frac{n^2}{(n+1)^2}=1,$$

所以收敛半径 $R=1$，从而当 $|x-2|<1$，即 $x\in(1,3)$ 时，幂级数绝对收敛.

当 $x=1$ 时，级数 $\sum_{n=1}^{\infty}\frac{(-1)^n}{n^2}$ 收敛；

当 $x=3$ 时，级数 $\sum_{n=1}^{\infty}\frac{1}{n^2}$ 收敛，故该幂级数的收敛域为 $[1,3]$.

（2）这个幂级数只含 x 的偶数次幂，奇数次幂的系数全为零，称这类幂级数为**缺项幂级数**，不能直接应用定理 3 的公式，对此类幂级数常常直接用比值判别法讨论.

$$\lim_{n\to\infty}\left|\frac{u_{n+1}(x)}{u_n(x)}\right|=\lim_{n\to\infty}\frac{\frac{1}{3^{n+1}}|x|^{2n+2}}{\frac{1}{3^n}|x|^{2n}}=\lim_{n\to\infty}\frac{1}{3}|x|^2=\frac{1}{3}|x|^2,$$

由比值判别法可知：

当 $\frac{1}{3}|x|^2<1$，即当 $|x|<\sqrt{3}$ 时，级数绝对收敛；

当 $\frac{1}{3}|x|^2>1$，即当 $|x|>\sqrt{3}$ 时，级数发散.

所以该级数的收敛半径 $R=\sqrt{3}$，收敛区间为 $(-\sqrt{3},\sqrt{3})$，当 $x=\pm\sqrt{3}$ 时，原级数化为 $\sum_{n=1}^{\infty}1$，它是发散的，故幂级数的收敛域为 $(-\sqrt{3},\sqrt{3})$.

三、幂级数的运算与性质

1. 幂级数的运算

定理 4 设幂级数 $\sum_{n=0}^{\infty}a_n x^n$ 与 $\sum_{n=0}^{\infty}b_n x^n$ 的收敛半径分别为 R_1 与 R_2，令 $R=\min\{R_1,R_2\}$，则在它们公共的收敛区间 $(-R,R)$ 内，有

（1）幂级数 $\alpha\sum_{n=0}^{\infty}a_n x^n+\beta\sum_{n=0}^{\infty}b_n x^n$ 收敛，并且

$$\alpha\sum_{n=0}^{\infty}a_n x^n+\beta\sum_{n=0}^{\infty}b_n x^n=\sum_{n=0}^{\infty}(\alpha a_n+\beta b_n)x^n \quad (\text{其中 }\alpha,\beta\text{ 为任意常数});$$

(2) 它们的乘积级数收敛，并且

$$\left(\sum_{n=0}^{\infty}a_n x^n\right)\left(\sum_{n=0}^{\infty}b_n x^n\right) = \sum_{n=0}^{\infty}(a_0 b_n + a_1 b_{n-1} + \cdots + a_n b_0)x^n.$$

定理 4 中(1)的证明可直接从数项级数的性质 1 得到；(2)的证明从略.

注意 两个收敛的幂级数相加减或相乘所得到的新幂级数，其收敛半径 $R \geq \min\{R_1, R_2\}$. 例如，$\sum_{n=0}^{\infty}a_n x^n = \sum_{n=0}^{\infty}x^n$，$\sum_{n=0}^{\infty}b_n x^n = -\sum_{n=0}^{\infty}x^n$，则 $R_1 = R_2 = 1$，而 $\sum_{n=0}^{\infty}a_n x^n + \sum_{n=0}^{\infty}b_n x^n = \sum_{n=0}^{\infty}0 x^n$，则 $R = +\infty$.

一般地，当 $R_1 \neq R_2$ 时，$\sum_{n=0}^{\infty}a_n x^n \pm \sum_{n=0}^{\infty}b_n x^n$ 的收敛半径 $R = \min\{R_1, R_2\}$；

当 $R_1 = R_2$ 时，$\sum_{n=0}^{\infty}a_n x^n \pm \sum_{n=0}^{\infty}b_n x^n$ 的收敛半径 $R \geq \min\{R_1, R_2\}$.

2. 幂级数和函数的性质

幂级数的和函数具有下列重要性质(证明略).

定理 5 设幂级数 $\sum_{n=0}^{\infty}a_n x^n$ 的和函数为 $s(x)$，收敛半径 $R > 0$，收敛域为 I，则

(1) $s(x)$ 在收敛域 I 上连续；

(2) $s(x)$ 在收敛区间 $(-R, R)$ 内可导，且有逐项求导公式：

$$s'(x) = \left(\sum_{n=0}^{\infty}a_n x^n\right)' = \sum_{n=0}^{\infty}(a_n x^n)' = \sum_{n=1}^{\infty}n a_n x^{n-1}, \quad x \in (-R, R);$$

(3) $s(x)$ 在收敛域 I 上可积，并且有逐项积分公式：

$$\int_0^x s(t) dt = \int_0^x \left(\sum_{n=0}^{\infty}a_n t^n\right) dt = \sum_{n=0}^{\infty}\int_0^x a_n t^n dt = \sum_{n=0}^{\infty}\frac{a_n}{n+1}x^{n+1}, \quad x \in (-R, R).$$

并且逐项求导或逐项求积分后所得的幂级数与原幂级数有相同的收敛半径，但在收敛区间端点处的敛散性有可能改变.

由这些性质可推得幂级数 $\sum_{n=0}^{\infty}a_n x^n$ 的和函数 $s(x)$ 在收敛区间 $(-R, R)$ 内具有任意阶可导性，利用它们还可以求一些幂级数的和函数.

例 4 求幂级数 $\sum_{n=0}^{\infty}(-1)^n \dfrac{x^{n+1}}{n+1}$ 的和函数.

解 设

$$s(x) = \sum_{n=0}^{\infty}(-1)^n \frac{x^{n+1}}{n+1}, \tag{12.14}$$

则
$$\rho = \lim_{n \to \infty} \left| \frac{a_{n+1}}{a_n} \right| = \lim_{n \to \infty} \frac{n+1}{n+2} = 1,$$

所以幂级数的收敛半径为 $R=1$，又幂级数 $\sum_{n=0}^{\infty} (-1)^n \frac{x^{n+1}}{n+1}$ 在 $x=1$ 处化为 $\sum_{n=0}^{\infty} \frac{(-1)^n}{n+1}$，是收敛的；在 $x=-1$ 处化为 $\sum_{n=0}^{\infty} \frac{-1}{n+1}$，是发散的. 因此幂级数 $\sum_{n=0}^{\infty} (-1)^n \frac{x^{n+1}}{n+1}$ 的收敛域为 $(-1,1]$.

根据定理 5，对幂级数(12.14)在收敛区间$(-1,1)$内逐项求导，则 $\forall x \in (-1,1)$，有

$$s'(x) = \sum_{n=0}^{\infty} (-1)^n x^n = \frac{1}{1+x}, \qquad (12.15)$$

再对幂级数(12.15)的和函数 $s'(x)$ 在收敛区间$(-1,1)$内逐项积分，有

$$\int_0^x s'(t)\,dt = \int_0^x \frac{1}{1+t}\,dt.$$

得
$$s(x) = \ln(1+x),$$
故
$$\sum_{n=0}^{\infty} (-1)^n \frac{x^{n+1}}{n+1} = \ln(1+x), \quad x \in (-1,1).$$

再利用和函数 $s(x)$ 在收敛域$(-1,1]$上的连续性可得，
$$\sum_{n=0}^{\infty} (-1)^n \frac{x^{n+1}}{n+1} = \ln(1+x), \quad x \in (-1,1].$$

例 5 求幂级数 $\sum_{n=1}^{\infty} (-1)^n n x^n$ 的和函数，并求级数 $\sum_{n=1}^{\infty} (-1)^n \frac{n}{3^n}$ 的和.

解 用与例 4 同样的方法可求得该幂级数的收敛域为$(-1,1)$，设
$$s(x) = \sum_{n=1}^{\infty} (-1)^n n x^n, \quad x \in (-1,1),$$

则当 $x \neq 0$ 时，有
$$\frac{s(x)}{x} = \sum_{n=1}^{\infty} (-1)^n n x^{n-1},$$

对上式两端逐项积分，$\forall x \in (-1,0) \cup (0,1)$，有
$$\int_0^x \frac{s(t)}{t}\,dt = \sum_{n=1}^{\infty} \left(\int_0^x (-1)^n n t^{n-1}\,dt \right) = \sum_{n=1}^{\infty} (-1)^n x^n = -\frac{x}{1+x},$$

再对上式两端求 x 的导数，得

$$\frac{s(x)}{x} = \left(\frac{-x}{1+x}\right)' = \frac{-1}{(1+x)^2},$$

则

$$s(x) = \frac{-x}{(1+x)^2},$$

由题设 $s(0)=0$,故

$$s(x) = \frac{-x}{(1+x)^2}, \quad x \in (-1,1),$$

取 $x = \frac{1}{3}$,得

$$\sum_{n=1}^{\infty}(-1)^n \frac{n}{3^n} = s\left(\frac{1}{3}\right) = -\frac{3}{16}.$$

习 题 12.3

(A)

1. 设幂级数 $\sum_{n=0}^{\infty} a_n(x-2)^n$ 在 $x=0$ 处条件收敛,讨论该级数在 $x=-1$ 与 $x=1$ 处的收敛性.

2. 求下列幂级数的收敛半径及收敛域:

   (1) $\sum_{n=1}^{\infty} \frac{1}{2n-1} x^n$;

   (2) $\sum_{n=1}^{\infty} \frac{3^n}{n!} x^n$;

   (3) $\sum_{n=1}^{\infty} n^2 \left(x+\frac{1}{2}\right)^n$;

   (4) $\sum_{n=1}^{\infty} \left(\frac{1}{2^n}+3^n\right) x^n$;

   (5) $\sum_{n=1}^{\infty} \frac{3^n+(-2)^n}{n}(x-1)^n$;

   (6) $\sum_{n=1}^{\infty} \frac{n^2}{n!}(x+1)^n$;

   (7) $\sum_{n=1}^{\infty} \frac{n}{4^{n-1}} x^{2n}$;

   (8) $\sum_{n=1}^{\infty} \frac{1}{9^n} x^{2n-1}$.

3. 求下列幂级数的和函数:

   (1) $\sum_{n=1}^{\infty}(n+1)x^n$;

   (2) $\sum_{n=1}^{\infty} \frac{(-1)^n x^n}{n}$;

   (3) $\sum_{n=1}^{\infty}(-1)^{n+1} \frac{x^{2n-1}}{2n-1}$;

   (4) $1+\sum_{n=1}^{\infty} \frac{x^n}{n}$.

(B)

1. 设幂级数 $\sum_{n=0}^{\infty} a_n(x+1)^n$ 在 $x=-2$ 处条件收敛,求该幂级数的收敛半径.

2. 设幂级数 $\sum_{n=0}^{\infty} a_n x^n$ 的收敛半径为 R,求幂级数 $\sum_{n=0}^{\infty} a_n \left(\frac{x}{3}\right)^n$ 及 $\sum_{n=0}^{\infty} a_n x^{2n}$ 的收敛半径.

3. 求幂级数 $\sum_{n=1}^{\infty} \frac{x^{n-1}}{n 2^n}$ 的和函数.

4. 求幂级数 $\sum_{n=0}^{\infty}(n+1)x^{2n}$ 的和函数,并求 $\sum_{n=0}^{\infty}\dfrac{n+1}{2^{n+1}}$ 的和.

5. 求幂级数 $\sum_{n=1}^{\infty}\dfrac{2n-1}{2^n}x^{2(n-1)}$ 的和函数,并求 $\sum_{n=1}^{\infty}\dfrac{2n-1}{2^{n-1}}$ 的和.

6. 设幂级数 $\sum_{n=0}^{\infty}a_n x^n$ 在 $(-\infty,+\infty)$ 内收敛,其和函数 $y(x)$ 满足
$$y''-2xy'-4y=0,\quad y(0)=0,\quad y'(0)=1.$$
(1) 证明:$a_{n+2}=\dfrac{2}{n+1}a_n,n=1,2,\cdots$;

(2) 求 $y(x)$ 的表达式.

12.4 函数展开成幂级数

幂级数 $\sum_{n=0}^{\infty}a_n x^n$ 是以最简单的幂函数 $a_n x^n$ 为其通项的函数项级数,具有对称的收敛区间,并且具有可逐项求导、逐项求积等重要性质. 在实际应用中,更多地需要把一个函数 $f(x)$ 在某区间内表示为某幂级数的和函数,这时称函数 $f(x)$ 在某区间内可展开为幂级数,由此就可以用幂级数来表示函数并研究函数 $f(x)$.

现在的问题就是:假设在区间 $(-R,R)$ 内给定了一个具有任意阶导数的函数 $f(x)$,那么

(1) $f(x)$ 能否展开为一个幂级数,若能,这个幂级数是否唯一?

(2) 如何将一个函数展开为幂级数?

定理 1 设函数 $f(x)$ 在区间 (x_0-R,x_0+R) 内具有各阶导数,则 $f(x)$ 在 (x_0-R,x_0+R) 内可以展开成 $x-x_0$ 的幂级数

$$f(x)=\sum_{n=0}^{\infty}\dfrac{f^{(n)}(x_0)}{n!}(x-x_0)^n \tag{12.16}$$

的充分必要条件是 $\forall x\in(x_0-R,x_0+R)$($R$ 为该幂级数的收敛半径),$f(x)$ 在 $x=x_0$ 处的泰勒公式中的余项 $r_n(x)\to 0(n\to\infty)$,且展开式是唯一的.

证 设
$$f(x)=\sum_{n=0}^{\infty}a_n(x-x_0)^n,$$
R 为其收敛半径,根据幂级数在收敛区间内可逐项求导的特性,$\forall x\in(x_0-R,x_0+R)$,对上式逐项求导,得
$$f'(x)=a_1+2a_2(x-x_0)+3a_3(x-x_0)^2+\cdots+na_n(x-x_0)^{n-1}+\cdots,$$

$$f''(x)=2a_2+3\cdot 2a_3(x-x_0)+\cdots+n(n-1)a_n(x-x_0)^{n-2}+\cdots,$$
$$\cdots\cdots$$
$$f^{(n)}(x)=n!\,a_n+(n+1)!\,a_{n+1}(x-x_0)+\cdots \quad (n=1,2,\cdots),$$
$$\cdots\cdots$$

将 $x=x_0$ 代入上述各式,得
$$a_0=f(x_0),\quad a_1=f'(x_0),\quad f''(x_0)=2a_2,\quad \cdots,\quad f^{(n)}(x_0)=n!a_n,\cdots$$

于是
$$a_0=f(x_0),\quad a_1=f'(x_0),\quad a_2=\frac{f''(x_0)}{2!},\quad \cdots,\quad a_n=\frac{f^{(n)}(x_0)}{n!},\cdots$$

因此,若函数 $f(x)$ 能展开成 $x-x_0$ 的幂级数,则必有
$$f(x)=f(x_0)+f'(x_0)(x-x_0)+\frac{1}{2!}f''(x_0)(x-x_0)^2+\cdots+\frac{f^{(n)}(x_0)}{n!}(x-x_0)^n+\cdots,$$

上式称为 $f(x)$ **在点** x_0 **处的泰勒**(Taylor)**展开式**,右端的级数称为**泰勒级数**,它的系数可用
$$a_n=\frac{f^{(n)}(x_0)}{n!}\quad (n=0,1,2,\cdots)$$

来表示. 从推导的过程来看,$f(x)$ 的泰勒展开式是唯一的.

由
$$f(x)=\sum_{k=0}^{n-1}\frac{f^{(k)}(x_0)}{k!}(x-x_0)^k+r_n(x),$$

则
$$r_n(x)=f(x)-\sum_{k=0}^{n-1}\frac{f^{(k)}(x_0)}{k!}(x-x_0)^k,$$

所以,$\forall x\in(x_0-R,x_0+R)$,函数 $f(x)$ 能展开成泰勒级数的充分必要条件是
$$\lim_{n\to\infty}r_n(x)=0.$$

特别地,$f(x)$ 在 $x_0=0$ 处的 Taylor 展开式为
$$f(x)=\sum_{n=0}^{\infty}\frac{f^{(n)}(0)}{n!}x^n. \tag{12.17}$$

称上式为 $f(x)$ 的**麦克劳林**(Maclaurin)**展开式**,其中右端的级数称为 $f(x)$ 的**麦克劳林**(Maclaurin)**级数**,其系数表达式为
$$a_n=\frac{f^{(n)}(0)}{n!}\quad (n=0,1,2,\cdots).$$

下面给出判别 $\lim\limits_{n\to\infty}r_n(x)=0$ 的一个简便方法.

定理 2 定理 1 中 $\lim\limits_{n\to\infty}r_n(x)=0\,(x\in(x_0-R,x_0+R))$ 成立的充分条件为存在常数 M,使得 $\forall n\in\mathbf{N}^+$ 及 $\forall x\in(x_0-R,x_0+R)$,恒有 $|f^{(n)}(x)|\leqslant M$.

证　略.

由定理 2 可得当 $f^{(n)}(x)$ 有界时函数 $f(x)$ 可展开为幂级数,且展开式是唯一的.

一般地,函数展开成幂级数,有直接方法与间接方法.下面先用直接法给出几个常用初等函数的麦克劳林(Maclaurin)展开式,然后介绍利用这些麦克劳林展开式间接将给定函数展开为幂级数.

直接展开法　即直接计算 $f(x)$ 的 Taylor 系数,由此得到它的 Taylor 级数,并求出收敛半径,还需考察当 x 属于收敛域时,是否有 $\lim\limits_{n\to\infty} r_n(x)=0$,或是否满足使得 $\lim\limits_{n\to\infty} r_n(x)=0$ 成立的充分条件. 例如 e^x、$\sin x$ 等函数的展开式就用这种方法.

例 1　将函数 $f(x)=e^x$ 展开成麦克劳林级数.

解　由于 e^x 在实数域内处处具有任意阶导数,且
$$(e^x)^{(n)}=e^x, \quad (e^x)^{(n)}|_{x=0}=1, \quad n=0,1,2,\cdots,$$
则 e^x 的麦克劳林展开式为
$$1+x+\frac{x^2}{2!}+\cdots+\frac{x^n}{n!}+\cdots, \tag{12.18}$$
易求得该幂级数的收敛半径 $R=+\infty$,
$$\forall x\in(-\infty,+\infty), \exists M>0, 使得$$
$$|(e^x)^{(n)}|=|e^x|\leqslant e^{|x|}\leqslant e^M,$$
由定理 2 可知,幂级数(12.18)收敛于 e^x,即
$$e^x=1+x+\frac{x^2}{2!}+\cdots+\frac{x^n}{n!}+\cdots, \quad x\in(-\infty,+\infty). \tag{12.19}$$
特别地,当 $x=1$ 时,有
$$e=1+1+\frac{1}{2!}+\cdots+\frac{1}{n!}+\cdots.$$

例 2　求正弦函数 $f(x)=\sin x$ 的麦克劳林展开式.

解　$f^{(n)}(x)=\sin\left(x+\frac{n\pi}{2}\right), \quad (n=0,1,2,\cdots),$ \hfill (12.20)

$\forall x\in(-\infty,+\infty)$,有
$$|f^{(n)}(x)|=\left|\sin\left(x+\frac{n\pi}{2}\right)\right|\leqslant 1,$$
将 $x=0$ 代入式(12.20)中,得
$$f(0)=0, \quad f'(0)=1, \quad f''(0)=0, \quad f'''(0)=-1,$$
$$f^{(4)}(0)=0, \quad f^{(5)}(0)=1, \quad f^{(6)}(0)=0, \quad f^{(7)}(0)=-1,\cdots$$
即

$$f^{(n)}(0)=\sin\frac{n\pi}{2}=\begin{cases}0, & n=2k, \\ (-1)^k, & n=2k+1\end{cases}(k=0,1,2,\cdots),$$

得 $\sin x$ 的麦克劳林展开式为

$$\sin x = x - \frac{x^3}{3!} + \frac{x^5}{5!} - \frac{x^7}{7!} + \cdots + (-1)^n \frac{x^{2n+1}}{(2n+1)!} + \cdots, \quad x\in(-\infty,+\infty).$$

(12.21)

类似可求得 $\cos x$ 的麦克劳林展开式为

$$\cos x = 1 - \frac{x^2}{2!} + \frac{x^4}{4!} - \frac{x^6}{6!} + \cdots + (-1)^n \frac{x^{2n}}{(2n)!} + \cdots, \quad x\in(-\infty,+\infty).$$

(12.22)

间接展开法 当 $f(x)$ 比较复杂时,用直接展开法往往比较困难.根据函数展开为幂级数的唯一性,从某些已知的简单函数(例如 $e^x, \sin x, \cos x$ 等)的幂级数展开式,利用幂级数的四则运算、逐项求导、逐项积分及变量代换等,求得所给函数的泰勒级数或麦克劳林级数.这种利用某些已知函数的展开式求得所给函数的幂级数的方法称为间接展开法,间接展开法是求函数的幂级数展开式的常用方法.

例3 将函数 $f(x)=\ln(1+x)$ 展开成 x 的幂级数.

解 因为 $f'(x)=\dfrac{1}{1+x}$,而

$$\frac{1}{1+x} = 1 - x + x^2 - x^3 + \cdots + (-1)^{n-1}x^{n-1} + \cdots, \quad x\in(-1,1),$$

对上式两边积分,并考察积分后的级数在端点处的敛散性,可得

$$\ln(1+x) = x - \frac{x^2}{2} + \frac{x^3}{3} - \frac{x^4}{4} + \cdots + (-1)^{n-1}\frac{x^n}{n} + \cdots, \quad x\in(-1,1].$$

例4 将函数 $f(x)=(1+x)^\alpha (\alpha\in\mathbf{R})$ 展开成 x 的幂级数.

解 由 $f(x)=(1+x)^\alpha (\alpha\in\mathbf{R})$,连续求导得

$$f'(x)=\alpha(1+x)^{\alpha-1},$$
$$f''(x)=\alpha(\alpha-1)(1+x)^{\alpha-2},$$
$$\cdots\cdots$$
$$f^{(n)}(x)=\alpha(\alpha-1)(\alpha-2)\cdots(\alpha-n+1)(1+x)^{\alpha-n},$$
$$\cdots\cdots$$

将 $x=0$ 分别代入上面各式得

$$f(0)=1, \quad f'(0)=\alpha, \quad f''(0)=\alpha(\alpha-1), \quad \cdots, \quad f^{(n)}(0)=\alpha(\alpha-1)\cdots(\alpha-n+1), \cdots$$

于是 $f(x)$ 的麦克劳林级数为

$$1+\alpha x+\frac{\alpha(\alpha-1)}{2!}x^2+\cdots+\frac{\alpha(\alpha-1)\cdots(\alpha-n+1)}{n!}x^n+\cdots,$$

不难求出它的收敛半径 $R=1$,收敛区间为 $(-1,1)$.

为了避免直接研究余项,设在 $(-1,1)$ 内它的和函数为 $\varphi(x)$,即

$$\varphi(x)=1+\alpha x+\frac{\alpha(\alpha-1)}{2!}x^2+\cdots+\frac{\alpha(\alpha-1)\cdots(\alpha-n+1)}{n!}x^n+\cdots,\quad x\in(-1,1),$$

下面证明 $\varphi(x)=(1+x)^\alpha$ $(-1<x<1)$.

将上述级数逐项求导,得

$$\varphi'(x)=\alpha+\frac{\alpha(\alpha-1)}{1}x+\cdots+\frac{\alpha(\alpha-1)\cdots(\alpha-n+1)}{(n-1)!}x^{n-1}+\cdots$$
$$=\alpha\left(1+(\alpha-1)x+\cdots+\frac{(\alpha-1)\cdots(\alpha-n+1)}{(n-1)!}x^{n-1}+\cdots\right),$$

从而

$$(1+x)\varphi'(x)=\alpha\Big\{1+((\alpha-1)+1)x+\cdots$$
$$+\Big(\frac{(\alpha-1)\cdots(\alpha-n+1)}{(n-1)!}+\frac{(\alpha-1)\cdots(\alpha-n+1)}{n!}\Big)x^n+\cdots\Big\}$$
$$=\alpha\Big(1+\alpha x+\cdots+\frac{\alpha(\alpha-1)\cdots(\alpha-n+1)}{n!}x^n+\cdots\Big)=\alpha\varphi(x),$$

所以 $\varphi(x)$ 满足一阶微分方程 $\varphi'(x)=\dfrac{\alpha}{1+x}\varphi(x)$ 及初始条件 $\varphi(0)=1$,解得 $\varphi(x)=(1+x)^\alpha$,因此 $\varphi(x)$ 等于 $f(x)$,即

$$(1+x)^\alpha=1+\alpha x+\frac{\alpha(\alpha-1)}{2!}x^2+\cdots+\frac{\alpha(\alpha-1)\cdots(\alpha-n+1)}{n!}x^n+\cdots,x\in(-1,1).$$

(12.23)

公式(12.23)称为**二项式展开式**,当 α 是正整数时,它就是通常的二项式定理.在区间 $(-1,1)$ 的端点处,展开式是否收敛需要视 α 的值而定,情况较复杂,这里不作讨论.

取 α 为不同的实数值,可得到与之相对应的二项展开式,例如分别取 $\alpha=-1$,$\alpha=-\dfrac{1}{2}$,得

$$\frac{1}{1+x}=1-x+x^2-x^3+\cdots+(-1)^nx^n+\cdots,\quad x\in(-1,1),$$

$$\frac{1}{\sqrt{1+x}}=1-\frac{x}{2}+\frac{1\cdot 3}{2^2(2!)}x^2-\cdots+(-1)^n\frac{1\cdot 3\cdots(2n-1)}{2^n(n!)}x^n+\cdots,\quad x\in(-1,1],$$

再分别用 $-x$ 与 $-x^2$ 代入上面两式,有

$$\frac{1}{1-x}=1+x+x^2+x^3+\cdots+x^n+\cdots,\quad x\in(-1,1)$$

$$\frac{1}{\sqrt{1-x^2}} = 1 + \frac{x^2}{2} + \frac{1\cdot 3}{2^2(2!)}x^4 + \cdots + \frac{1\cdot 3\cdots(2n-1)}{2^n(n!)}x^{2n} + \cdots, \quad x\in(-1,1).$$

对上式两端积分,其中右端逐项积分,得

$$\arcsin x = x + \frac{1}{2}\cdot\frac{x^3}{3} + \frac{1\cdot 3}{2^2(2!)}\frac{x^5}{5} + \cdots + \frac{1\cdot 3\cdots(2n-1)}{2^n(n!)}\frac{x^{2n+1}}{2n+1} + \cdots, \quad x\in[-1,1].$$

例 5 将函数 $f(x)=\ln x$ 展开成 $x-2$ 的幂级数.

解 由于

$$\ln(1+x) = x - \frac{x^2}{2} + \frac{x^3}{3} - \cdots + \frac{(-1)^{n-1}}{n}x^n + \cdots, \quad x\in(-1,1],$$

所以有

$$\ln x = \ln(2+(x-2)) = \ln\left(2\left(1+\frac{x-2}{2}\right)\right) = \ln 2 + \ln\left(1+\frac{x-2}{2}\right)$$

$$= \ln 2 + \frac{x-2}{2} - \frac{1}{2}\left(\frac{x-2}{2}\right)^2 + \cdots + \frac{(-1)^{n-1}}{n}\left(\frac{x-2}{2}\right)^n + \cdots$$

$$= \ln 2 + \frac{1}{2}(x-2) - \frac{1}{2\cdot 2^2}(x-2)^2 + \cdots + \frac{(-1)^{n-1}}{n\cdot 2^n}(x-2)^n + \cdots, \quad 0<x\leqslant 4.$$

例 6 将函数 $f(x)=\cos x$ 展开成 $x-\frac{\pi}{3}$ 的幂级数.

解 由于

$$f(x) = \cos x = \cos\left[\left(x-\frac{\pi}{3}\right)+\frac{\pi}{3}\right] = \frac{1}{2}\cos\left(x-\frac{\pi}{3}\right) - \frac{\sqrt{3}}{2}\sin\left(x-\frac{\pi}{3}\right),$$

利用

$$\cos\left(x-\frac{\pi}{3}\right) = 1 - \frac{1}{2!}\left(x-\frac{\pi}{3}\right)^2 + \cdots + \frac{(-1)^n}{(2n)!}\left(x-\frac{\pi}{3}\right)^{2n}$$
$$+\cdots, \quad x\in(-\infty,+\infty),$$

$$\sin\left(x-\frac{\pi}{3}\right) = \left(x-\frac{\pi}{3}\right) - \frac{1}{3!}\left(x-\frac{\pi}{3}\right)^3 + \cdots$$
$$+ \frac{(-1)^n}{(2n+1)!}\left(x-\frac{\pi}{3}\right)^{2n+1} + \cdots, \quad x\in(-\infty,+\infty),$$

则得

$$\cos x = \frac{1}{2} - \frac{\sqrt{3}}{2}\left(x-\frac{\pi}{3}\right) - \frac{1}{2\cdot 2!}\left(x-\frac{\pi}{3}\right)^2 + \frac{\sqrt{3}}{2\cdot 3!}\left(x-\frac{\pi}{3}\right)^3 + \cdots, \quad x\in(-\infty,+\infty).$$

例 7 将函数 $f(x)=\dfrac{x}{x^2-2x-3}$ 展开成麦克劳林级数.

解 由于

$$f(x) = \frac{x}{(x-3)(x+1)} = \frac{1}{4}\left(\frac{1}{x+1} + \frac{3}{x-3}\right),$$

而

$$\frac{1}{1+x} = \sum_{n=0}^{\infty}(-1)^n x^n, \quad |x|<1,$$

$$\frac{3}{x-3} = \frac{-1}{1-\frac{x}{3}} = -\sum_{n=0}^{\infty}\left(\frac{x}{3}\right)^n, \quad |x|<3,$$

所以当 $|x|<1$ 时，上面两式同时成立，则有

$$f(x) = \frac{1}{4}\left[\sum_{n=0}^{\infty}(-1)^n x^n - \sum_{n=0}^{\infty}\left(\frac{x}{3}\right)^n\right] = \frac{1}{4}\sum_{n=0}^{\infty}\left[(-1)^n - \frac{1}{3^n}\right]x^n, \quad x\in(-1,1).$$

例 8 将 $f(x) = \dfrac{1}{(5-x)^2}$ 在点 $x_0 = 2$ 处展开成幂级数.

解 由于

$$\frac{1}{5-x} = \frac{1}{3-(x-2)} = \frac{1}{3}\cdot\frac{1}{1-\frac{x-2}{3}}$$

$$= \frac{1}{3}\sum_{n=0}^{\infty}\frac{1}{3^n}(x-2)^n = \sum_{n=0}^{\infty}\frac{1}{3^{n+1}}(x-2)^n, \quad -1<x<5.$$

故

$$f(x) = \frac{1}{(5-x)^2} = \left(\frac{1}{5-x}\right)' = \sum_{n=0}^{\infty}\left(\frac{1}{3^{n+1}}(x-2)^n\right)'$$

$$= \sum_{n=1}^{\infty}\frac{n}{3^{n+1}}(x-2)^{n-1}, \quad -1<x<5.$$

利用函数的幂级数展开式,可进行函数值的近似计算,下面通过例题来说明.

例 9 计算 $\ln 2$ 的近似值,使误差不超过 10^{-4}.

解 由于对数函数 $\ln(1+x)$ 的展开式在 $x=1$ 处也成立,所以有

$$\ln 2 = 1 - \frac{1}{2} + \frac{1}{3} - \cdots + (-1)^{n-1}\frac{1}{n} + \cdots,$$

如果用右端级数的前 n 项之和作 $\ln 2$ 的近似值,根据交错级数理论,为使绝对误差小于 10^{-4},需要计算一万项,计算量太大,这是由于这个级数的收敛速度太慢,而利用 $\ln\dfrac{1+x}{1-x}$ 的展开式计算可以加快收敛速度.

$$\ln\frac{1+x}{1-x} = \ln(1+x) - \ln(1-x) = \sum_{n=1}^{\infty}(-1)^{n-1}\frac{x^n}{n} + \sum_{n=1}^{\infty}\frac{x^n}{n}$$

$$= 2\sum_{n=1}^{\infty}\frac{x^{2n-1}}{2n-1}, \quad x\in(-1,1).$$

令 $\dfrac{1+x}{1-x}=2$，得 $x=\dfrac{1}{3}$，代入上式得

$$\ln 2=2\left[\dfrac{1}{3}+\dfrac{1}{3}\left(\dfrac{1}{3}\right)^3+\dfrac{1}{5}\left(\dfrac{1}{3}\right)^5+\dfrac{1}{7}\left(\dfrac{1}{3}\right)^7+\cdots+\dfrac{1}{2n-1}\left(\dfrac{1}{3}\right)^{2n-1}+\cdots\right],$$

由于

$$|r_n|=\sum_{k=n+1}^{\infty}\dfrac{2}{2k-1}\left(\dfrac{1}{3}\right)^{2k-1}=\dfrac{2}{3}\sum_{k=n+1}^{\infty}\dfrac{1}{2k-1}\left(\dfrac{1}{9}\right)^{k-1}<\dfrac{1}{3n}\sum_{k=n+1}^{\infty}\left(\dfrac{1}{9}\right)^{k-1}$$

$$<\dfrac{1}{3n}\dfrac{\left(\dfrac{1}{9}\right)^n}{1-\dfrac{1}{9}}=\dfrac{1}{24n9^{n-1}}<\dfrac{1}{n\cdot 9^n},$$

只要取 $n=4$，就有 $|R_n|<10^{-4}$，即达到所要求的精度，由此求得

$$\ln 2\approx 2\left[\dfrac{1}{3}+\dfrac{1}{3}\left(\dfrac{1}{3}\right)^3+\dfrac{1}{5}\left(\dfrac{1}{3}\right)^5+\dfrac{1}{7}\left(\dfrac{1}{3}\right)^7\right]\approx 0.6931.$$

最后利用幂级数证明一个今后常用的公式——欧拉公式

$$\mathrm{e}^{\mathrm{i}x}=\cos x+\mathrm{i}\sin x,$$

其中 $x\in\mathbf{R}$，$\mathrm{i}=\sqrt{-1}$ 是虚数单位. 它揭示了三角函数与复变量指数函数之间的一种联系.

为了证明欧拉公式需将前面介绍的级数理论推广到复数域中，由于篇幅所限，此处不作仔细讨论，有兴趣的读者可参阅复变函数方面的书.[①]

由于

$$\mathrm{e}^x=\sum_{n=0}^{\infty}\dfrac{x^n}{n!},\quad x\in(-\infty,+\infty),$$

将它推广到复数集内，我们定义

$$\mathrm{e}^z=\sum_{n=0}^{\infty}\dfrac{z^n}{n!},\quad |z|<+\infty.$$

右端幂级数在复平面内处处绝对收敛，令 $z=\mathrm{i}x$，则

$$\mathrm{e}^{\mathrm{i}x}=\sum_{n=0}^{\infty}\dfrac{(\mathrm{i}x)^n}{n!}=1+\mathrm{i}x+\dfrac{(\mathrm{i}x)^2}{2!}+\dfrac{(\mathrm{i}x)^3}{3!}+\cdots+\dfrac{(\mathrm{i}x)^n}{n!}+\cdots$$

$$=1+\mathrm{i}x-\dfrac{x^2}{2!}-\mathrm{i}\dfrac{x^3}{3!}+\dfrac{x^4}{4!}+\mathrm{i}\dfrac{x^5}{5!}-\dfrac{x^6}{6!}-\mathrm{i}\dfrac{x^7}{7!}+\cdots,$$

由于绝对收敛级数具有可交换性，故将上式右端重排得

$$\mathrm{e}^{\mathrm{i}x}=\left(1-\dfrac{x^2}{2!}+\dfrac{x^4}{4!}-\dfrac{x^6}{6!}+\cdots\right)+\mathrm{i}\left(x-\dfrac{x^3}{3!}+\dfrac{x^5}{5!}-\dfrac{x^7}{7!}+\cdots\right)$$

[①] 西安交通大学高等数学教研室编,《复变函数》(第四版),高等教育出版社,1996.

$$= \cos x + i\sin x.$$

欧拉公式得证. 类似地,

$$e^{-ix} = \cos x - i\sin x,$$

将它与原式相加(减),整理得欧拉公式的另一种形式:

$$\cos x = \frac{e^{ix} + e^{-ix}}{2}, \quad \sin x = \frac{e^{ix} - e^{-ix}}{2i}.$$

习 题 12.4

(A)

1. 将下列函数展开为麦克劳林级数,并指出展开式的收敛域:

(1) $\ln(4+x)$; (2) $\sin^2 x$;

(3) $\dfrac{1}{2-x}$; (4) $\dfrac{x}{1-x-2x^2}$;

(5) xe^{-x}; (6) $\dfrac{1}{(1+x)^2}$.

2. 将下列函数在指定点处展开成幂级数,并指出其收敛域:

(1) $\ln(1+x)$, $x_0 = 2$; (2) $\cos x$, $x_0 = -\dfrac{\pi}{3}$;

(3) $\dfrac{x-1}{x+1}$, $x_0 = 1$; (4) $\dfrac{1}{x^2+5x+6}$, $x_0 = -4$.

3. 求下列各数的近似值,精确到 10^{-4}:

(1) e; (2) $\sin 9°$.

(B)

1. 求下列函数的麦克劳林级数,并指出其收敛域:

(1) $(1+x^2)\arctan x$; (2) $\displaystyle\int_0^x \dfrac{\sin t}{t} dt$.

2. 利用函数展开成幂级数的唯一性,求下列函数在指定点处的导数值:

(1) $f(x) = \dfrac{x}{(x-1)(x+3)}$,求 $f^{(n)}(0)$;

(2) $f(x) = \dfrac{x+2}{x^2-x-2}$,求 $f^{(n)}(-2)$.

3. 利用已知的幂级数展开式,求级数 $\displaystyle\sum_{n=0}^{\infty} \dfrac{n^2+1}{n!}$ 的和.

4. 设 $f(x) = \begin{cases} \dfrac{1+x^2}{x}\arctan x, & x \neq 0, \\ 1, & x = 0, \end{cases}$ 试将 $f(x)$ 展开成 x 的幂级数,并求级数 $\displaystyle\sum_{n=1}^{\infty} \dfrac{(-1)^n}{1-4n^2}$

的和.

12.5 傅里叶级数

从幂级数的讨论中知道,研究一个比较复杂的函数时,可以将它化作一些简单函数的叠加. 幂级数就是最简单的函数——x 的各次幂函数:$1,x,x^2,x^3,\cdots$ 的叠加,但它条件较为苛刻,例如,它要求函数在展开点 x_0 的某一邻域具有任意阶导数. 事实上,实际问题中有很多函数不满足这个条件,甚至有的函数都不连续. 那么这类函数是否也能用一种比较简单的级数来代替呢? 这就是本节要讨论的问题.

在自然界中,有许多周而复始的现象,如物体的振动、声、光、电的波动等都是周期运动. 在数学上,常用周期函数来描述周期现象,描述简谐振动的周期函数是正弦型函数(也称为谐函数)$A\sin(\omega t+\varphi)$,其中 t 表示时间,A 为振幅,ω 为角频率,$T=\dfrac{2\pi}{\omega}$ 为周期,φ 为初相. 对比较复杂的周期现象,特别是在电子、自控、通信等领域中,为了掌握周期信号 $f(t)$(如脉冲)在传输过程中的变化规律,需要将它分解成一系列正弦波的叠加,即

$$f(t) = \sum_{k=0}^{\infty} A_k \sin(\omega_k t + \varphi_k),$$

这种方法在工程上通常称为**谐波分析**. 相应的数学工具就是**傅里叶**(Fourier)**级数**.

将这类现象化为数学问题,即设 $f(t)$ 是一个周期为 T 的函数,在一定条件下,将其表示成

$$\begin{aligned}f(t) &= A_0 + \sum_{n=1}^{\infty} A_n \sin(n\omega t + \varphi_n) \\ &= \frac{a_0}{2} + \sum_{n=1}^{\infty} (a_n \cos nx + b_n \sin nx),\end{aligned}$$

其中 $A_0 = \dfrac{a_0}{2}, A_n \sin\varphi_n = a_n, A_n \cos\varphi_n = b_n, \omega t = x, \omega = \dfrac{2\pi}{T}$,它是 x 的正弦函数和余弦函数:

$$\cos x, \sin x, \cos 2x, \sin 2x, \cdots, \cos nx, \sin nx, \cdots$$

的叠加

$$\frac{a_0}{2} + (a_1 \cos x + b_1 \sin x) + (a_2 \cos 2x + b_2 \sin 2x) + \cdots. \tag{12.24}$$

称这样的级数为**三角级数**. 它是研究具有周期性现象的问题时的重要数学工具. 本节着重讨论如何将一个已知函数表示为三角级数以及三角级数的收敛性问题.

一、以 2π 为周期的函数展开成傅里叶级数

1. 三角函数系的正交性

假设周期函数 $f(x)$ 能展开成三角级数(12.24),那么展开式中的系数 $a_0, a_n, b_n (n=1,2,\cdots)$ 如何计算?为此先介绍三角函数系的积分性质.

函数系
$$\{1, \cos x, \sin x, \cos 2x, \sin 2x, \cdots, \cos nx, \sin nx, \cdots\}$$

是由 1 和 x 的正弦函数与余弦函数构成的,通常称之为**三角函数系**.其中的每一个函数都以 2π 为周期.这个函数系有一个非常重要的性质:**其中任意两个不同函数的乘积在 $[-\pi, \pi]$ 上的积分都等于零**,即

$$\int_{-\pi}^{\pi} 1 \cdot \cos nx \, dx = 0,$$

$$\int_{-\pi}^{\pi} 1 \cdot \sin nx \, dx = 0,$$

$$\int_{-\pi}^{\pi} \cos mx \sin nx \, dx = 0,$$

$$\int_{-\pi}^{\pi} \cos mx \cos nx \, dx = 0 \quad (m \neq n, \text{且 } m, n \in \mathbf{N}^+),$$

$$\int_{-\pi}^{\pi} \sin mx \sin nx \, dx = 0 \quad (m \neq n, \text{且 } m, n \in \mathbf{N}^+),$$

$$m, n = 1, 2, \cdots.$$

而其中任一函数的平方在 $[-\pi, \pi]$ 上的积分都不等于零,有

$$\int_{-\pi}^{\pi} dx = 2\pi, \quad \int_{-\pi}^{\pi} \sin^2 nx \, dx = \pi, \quad \int_{-\pi}^{\pi} \cos^2 nx \, dx = \pi \quad (n \in \mathbf{N}^+).$$

这个性质称为**三角函数系的正交性**.读者不难通过计算直接验证上述等式.根据周期函数的积分性质:若 $f(x+2\pi) = f(x), \forall a \in \mathbf{R}, \int_a^{a+2\pi} f(x)dx = \int_0^{2\pi} f(x)dx$,故上述等式在任一长为 2π 的积分区间 $[a, a+2\pi]$ 上也成立.

2. 周期为 2π 的函数展开成傅里叶级数

与讨论函数展开成幂级数相类似,要将函数展开成三角级数(12.24),必须讨论下面两个问题:第一,如果 $f(x)$ 能展开成三角级数(12.24),展开式中的系数 a_0, $a_n, b_n (n \in \mathbf{N}^+)$ 如何确定?第二,$f(x)$ 满足什么条件时,才能保证三角级数(12.24)收敛于函数 $f(x)$?

利用三角函数系的正交性先解决第一个问题.设 $f(x)$ 是周期为 2π 的函数,且

能展开为三角级数

$$f(x) = \frac{a_0}{2} + \sum_{n=1}^{\infty}(a_n\cos nx + b_n\sin nx). \tag{12.25}$$

假设右端级数在$[-\pi,\pi]$上可以逐项积分,左端函数$f(x)$在$[-\pi,\pi]$上也可积.

对上式两端分别在$[-\pi,\pi]$上积分得

$$\int_{-\pi}^{\pi} f(x)\mathrm{d}x = \frac{a_0}{2}\int_{-\pi}^{\pi}\mathrm{d}x + \sum_{n=1}^{\infty}\int_{-\pi}^{\pi}(a_n\cos nx + b_n\sin nx)\mathrm{d}x,$$

由三角函数系的正交性,等式右端的积分除第一项外其余均为零,则

$$\int_{-\pi}^{\pi} f(x)\mathrm{d}x = a_0\pi,$$

即

$$a_0 = \frac{1}{\pi}\int_{-\pi}^{\pi} f(x)\mathrm{d}x.$$

在式(12.25)两端同乘以$\cos kx(k=1,2,\cdots)$后在区间$[-\pi,\pi]$上积分,利用逐项积分公式得

$$\int_{-\pi}^{\pi} f(x)\cos kx\,\mathrm{d}x = \frac{a_0}{2}\int_{-\pi}^{\pi}\cos kx\,\mathrm{d}x$$
$$+ \sum_{n=1}^{\infty}\left(a_n\int_{-\pi}^{\pi}\cos nx\cos kx\,\mathrm{d}x + b_n\int_{-\pi}^{\pi}\sin nx\cos kx\,\mathrm{d}x\right),$$

再由三角函数系的正交性得

$$\int_{-\pi}^{\pi} f(x)\cos kx\,\mathrm{d}x = a_k\int_{-\pi}^{\pi}\cos^2 kx\,\mathrm{d}x = \pi a_k,$$

从而

$$a_k = \frac{1}{\pi}\int_{-\pi}^{\pi} f(x)\cos kx\,\mathrm{d}x \quad (k=1,2,\cdots).$$

类似地,用$\sin kx$同乘以式(12.25)的两端,并在$[-\pi,\pi]$上逐项积分,再利用三角函数系的正交性可得

$$b_k = \frac{1}{\pi}\int_{-\pi}^{\pi} f(x)\sin kx\,\mathrm{d}x \quad (k=1,2,\cdots).$$

注意到求系数a_n的公式中,令$n=0$就得到a_0的表达式,a_n、b_n的系数公式可联立写成

$$\begin{cases} a_n = \dfrac{1}{\pi}\displaystyle\int_{-\pi}^{\pi} f(x)\cos nx\,\mathrm{d}x & (n=0,1,2,\cdots), \\ b_n = \dfrac{1}{\pi}\displaystyle\int_{-\pi}^{\pi} f(x)\sin nx\,\mathrm{d}x & (n=1,2,\cdots), \end{cases} \tag{12.26}$$

式(12.26)称为**欧拉-傅里叶公式**.按该公式算出的系数$a_0,a_n,b_n(n=1,2,\cdots)$称为

函数 $f(x)$ 的**傅里叶系数**，由傅里叶系数确定的三角级数

$$\frac{a_0}{2}+\sum_{n=1}^{\infty}(a_n\cos nx+b_n\sin nx)$$

称为函数 $f(x)$ 的**傅里叶级数**，记作

$$f(x)\sim\frac{a_0}{2}+\sum_{n=1}^{\infty}(a_n\cos nx+b_n\sin nx), \tag{12.27}$$

上式中不用"="号，而用"~"符号，是因为 $f(x)$ 的傅里叶级数是否收敛于 $f(x)$ 尚待考查．

傅里叶级数(12.27)中角频率 $\omega=\dfrac{2\pi}{2\pi}=1$，$\dfrac{a_0}{2}$ 称为**直流分量**，$a_1\cos x+b_1\sin x$ 称为**基波**，$a_n\cos nx+b_n\sin nx$ 称为**第 n 次谐波**．

下面来讨论第二个问题：函数 $f(x)$ 在什么条件下才能保证其傅里叶级数收敛？如果收敛，是否收敛于 $f(x)$？当证明了该级数收敛且收敛于 $f(x)$ 之后，就可以把符号"~"换成等号"="了．

函数的傅里叶级数的收敛性问题是一个相当复杂的理论问题，至今还没有便于应用的判别收敛性的充要条件．下面不加证明地给出一个应用比较广泛的充分条件．

> **定理**（狄利克雷（Dirichlet）收敛定理） 设 $f(x)$ 是以 2π 为周期的周期函数，它在 $[-\pi,\pi]$ 上满足：
> (1) 连续或只有有限个第一类间断点；
> (2) 至多只有有限个极值点．
> 则 $f(x)$ 的傅里叶级数收敛，且
> (1) 当 x 是 $f(x)$ 的连续点时，级数收敛于 $f(x)$；
> (2) 当 x 是 $f(x)$ 的间断点时，级数收敛于 $\dfrac{1}{2}[f(x^-)+f(x^+)]$．

收敛定理中的条件通常称为狄利克雷条件，对初等函数和实际问题中的分段函数一般都能满足，由此可见将函数展开为傅里叶级数的条件比展开成幂级数的条件要低得多，因此傅里叶级数具有广泛的应用．

若记 $C=\left\{x\mid f(x)=\dfrac{1}{2}[f(x^-)+f(x^+)]\right\}$，则根据收敛定理有

$$f(x)=\frac{a_0}{2}+\sum_{n=1}^{\infty}(a_n\cos nx+b_n\sin nx),\quad x\in C. \tag{12.28}$$

其中

$$a_n = \frac{1}{\pi}\int_{-\pi}^{\pi} f(x)\cos nx\,\mathrm{d}x \quad (n=0,1,2,\cdots),$$

$$b_n = \frac{1}{\pi}\int_{-\pi}^{\pi} f(x)\sin nx\,\mathrm{d}x \quad (n=1,2,\cdots).$$

式(12.28)称为函数 $f(x)$ 的傅里叶级数展开式,而 C 称为展开区域.

例1 设 $f(x)$ 是以 2π 为周期的周期函数,它在 $(-\pi,\pi]$ 上的定义为

$$f(x)=\begin{cases}0, & -\pi<x<0,\\ x, & 0\leqslant x\leqslant\pi,\end{cases}$$

将 $f(x)$ 展开成傅里叶级数.

解 函数 $f(x)$ 的图像如图 12.3 所示.根据系数公式(12.26),得

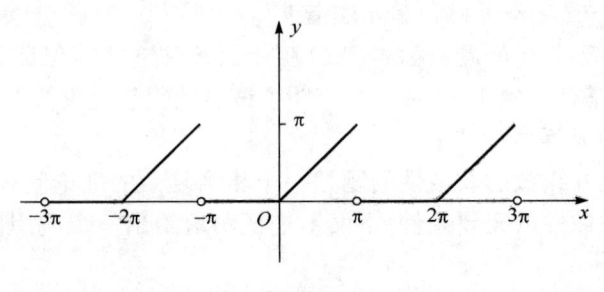

图 12.3

$$a_0 = \frac{1}{\pi}\int_{-\pi}^{\pi} f(x)\,\mathrm{d}x = \frac{1}{\pi}\int_0^{\pi} x\,\mathrm{d}x = \frac{\pi}{2},$$

$$a_n = \frac{1}{\pi}\int_{-\pi}^{\pi} f(x)\cos nx\,\mathrm{d}x = \frac{1}{\pi}\int_0^{\pi} x\cos nx\,\mathrm{d}x = \frac{(-1)^n-1}{n^2\pi} = \begin{cases}-\dfrac{2}{n^2\pi}, & n\text{ 为奇数},\\ 0, & n\text{ 为偶数},\end{cases}$$

$$b_n = \frac{1}{\pi}\int_{-\pi}^{\pi} f(x)\sin nx\,\mathrm{d}x = \frac{1}{\pi}\int_0^{\pi} x\sin nx\,\mathrm{d}x$$

$$= \frac{1}{\pi}\left[\left.\frac{-x\cos nx}{n}\right|_0^{\pi} + \frac{1}{n}\int_0^{\pi}\cos nx\,\mathrm{d}x\right] = \frac{(-1)^{n+1}}{n},$$

显然,$f(x)$ 满足狄利克雷条件,因此,根据狄利克雷定理,$f(x)$ 的傅里叶级数展开式为

$$f(x) = \frac{\pi}{4} + \sum_{n=1}^{\infty}\left[\frac{-2}{\pi(2n-1)^2}\cos(2n-1)x + \frac{(-1)^{n+1}}{n}\sin nx\right]$$

$$(-\infty < x < +\infty, x \neq \pm\pi, \pm 3\pi, \cdots),$$

当 $x = k\pi (k=\pm 1,\pm 3,\cdots)$ 时,$f(x)$ 的傅里叶级数均收敛于 $\dfrac{1}{2}[f(-\pi+0)+f(\pi-0)] = \dfrac{\pi}{2}$.

例 2 设函数 $f(x)$ 是以 2π 为周期的函数,在 $[-\pi,\pi)$ 上的表达式为
$$f(x)=\begin{cases} 0, & -\pi\leqslant x<0, \\ 1, & 0\leqslant x<\pi, \end{cases}$$
求 $f(x)$ 的傅里叶级数及其傅里叶级数的和函数 $s(x)$.

解 显然 $f(x)$ 满足狄利克雷条件,根据系数公式(12.26),有
$$a_0=\frac{1}{\pi}\int_{-\pi}^{\pi}f(x)\mathrm{d}x=\frac{1}{\pi}\int_0^{\pi}\mathrm{d}x=1,$$
$$a_n=\frac{1}{\pi}\int_{-\pi}^{\pi}f(x)\cos nx\,\mathrm{d}x=\frac{1}{\pi}\int_0^{\pi}\cos nx\,\mathrm{d}x=0 \quad (n=1,2,\cdots),$$
$$b_n=\frac{1}{\pi}\int_{-\pi}^{\pi}f(x)\sin nx\,\mathrm{d}x=\frac{1}{\pi}\int_0^{\pi}\sin nx\,\mathrm{d}x=\frac{1-(-1)^n}{n\pi}=\begin{cases}\dfrac{2}{n\pi}, & n\text{ 为奇数}, \\ 0, & n\text{ 为偶数},\end{cases}$$
因此
$$f(x)\sim\frac{1}{2}+\frac{2}{\pi}\sum_{n=1}^{\infty}\frac{1}{2n-1}\sin(2n-1)x,$$
根据狄利克雷收敛定理,$f(x)$ 的傅里叶级数的和函数 $s(x)$ 为
$$s(x)=\begin{cases}f(x), & -\infty<x<+\infty, x\neq k\pi \quad (k=0,\pm1,\pm2,\cdots) \\ \dfrac{1}{2}, & x=k\pi \quad (k=0,\pm1,\pm2,\cdots)\end{cases}.$$
$s(x)$ 在 $[-\pi,\pi]$ 上的表达式可写为
$$s(x)=\begin{cases}0, & -\pi<x<0, \\ 1, & 0<x<\pi, \\ \dfrac{1}{2}, & x=0,\pm\pi.\end{cases}$$

3. 奇、偶函数的傅里叶级数

特别地,如果 $f(x)$ 是以 2π 为周期的奇函数,那么由于 $f(x)\cos nx$ 也是奇函数,而 $f(x)\sin nx$ 是偶函数,根据奇、偶函数在对称区间上的积分性质可得,$f(x)$ 的傅里叶系数
$$a_n=\frac{1}{\pi}\int_{-\pi}^{\pi}f(x)\cos nx\,\mathrm{d}x=0 \quad (n=0,1,2,\cdots),$$
$$b_n=\frac{1}{\pi}\int_{-\pi}^{\pi}f(x)\sin nx\,\mathrm{d}x=\frac{2}{\pi}\int_0^{\pi}f(x)\sin nx\,\mathrm{d}x \quad (n=1,2,\cdots),$$
从而它的傅里叶级数化为
$$f(x)\sim\sum_{n=1}^{\infty}b_n\sin nx. \tag{12.29}$$
由此可见奇函数的傅里叶级数只含正弦项,称这类级数为 $f(x)$ 的**正弦级数**.

类似可知,如果 $f(x)$ 是以 2π 为周期的偶函数,那么 $f(x)\cos nx$ 是偶函数,而 $f(x)\sin nx$ 是奇函数,所以 $f(x)$ 的傅里叶系数

$$a_n = \frac{2}{\pi}\int_0^{\pi} f(x)\cos nx\, dx \quad (n=0,1,2,\cdots),$$

$$b_n = 0 (n=1,2,\cdots),$$

从而它的傅里叶级数化为

$$f(x) \sim \frac{a_0}{2} + \sum_{n=1}^{\infty} a_n \cos nx, \qquad (12.30)$$

它的傅里叶级数只含常数项与余弦项,称这类级数为 $f(x)$ 的**余弦级数**.

例 3 设函数 $f(x)$ 以 2π 为周期,在 $(-\pi,\pi]$ 上的表达式为 $f(x)=\dfrac{A}{\pi}|x|$,其中 A 为常数,试将 $f(x)$ 展开成傅里叶级数.

解 函数 $f(x)$ 的图像如图 12.4 所示,电子学中称之为三角波. 显然,$f(x)$ 在 $[-\pi,\pi]$ 上满足狄利克雷条件,由于 $f(x)$ 是偶函数,所以 $b_n=0(n=1,2,\cdots)$,而

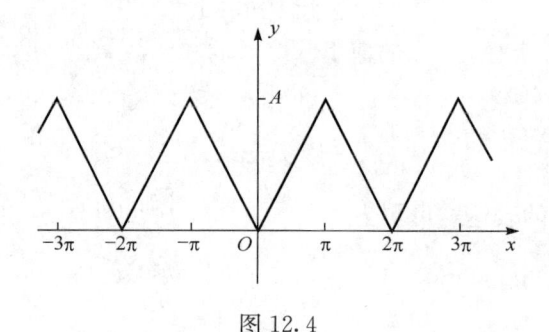

图 12.4

$$a_0 = \frac{2}{\pi}\int_0^{\pi} f(x)\,dx = \frac{2}{\pi}\int_0^{\pi} \frac{A}{\pi} x\,dx = A,$$

$$a_n = \frac{2}{\pi}\int_0^{\pi} f(x)\cos nx\,dx = \frac{2}{\pi}\int_0^{\pi} \frac{A}{\pi} x\cos nx\,dx$$

$$= \frac{2A}{n^2\pi^2}[(-1)^n - 1] = \begin{cases} 0, & n\text{ 为偶数}, \\ -\dfrac{4A}{n^2\pi^2}, & n\text{ 为奇数}, \end{cases}$$

从而得 $f(x)$ 的傅里叶展开式为

$$f(x) = \frac{A}{2} - \frac{4A}{\pi^2}\sum_{n=1}^{\infty}\frac{1}{(2n-1)^2}\cos(2n-1)x, \quad x\in(-\infty,+\infty).$$

例 4 设函数 $f(x)$ 以 2π 为周期,在 $[-\pi,\pi)$ 上的表达式为 $f(x)=x$,将 $f(x)$ 展开成傅里叶级数.

解 函数 $f(x)$ 的图像如图 12.5 所示,

图 12.5

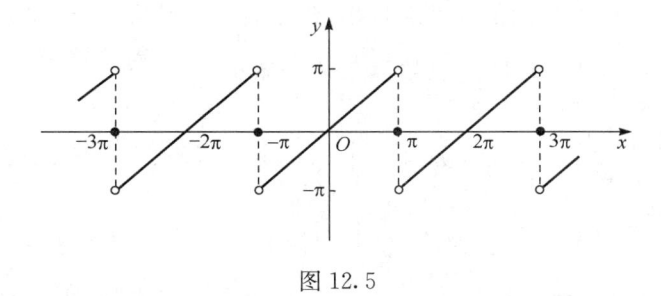

电子学中称之为锯齿波. 显然, 若不计点 $x=(2k+1)\pi(k=0,\pm 1,\pm 2,\cdots)$, 则 $f(x)$ 是周期为 2π 的奇函数, 且满足狄利克雷条件, 所以

$$a_n=0 \quad (n=0,1,2,\cdots),$$
$$b_n=\frac{2}{\pi}\int_0^\pi f(x)\sin nx\,\mathrm{d}x=\frac{2}{\pi}\int_0^\pi x\sin nx\,\mathrm{d}x$$
$$=-\frac{2}{n}\cos n\pi=(-1)^{n+1}\frac{2}{n} \quad (n=1,2,\cdots).$$

从而得 $f(x)$ 的傅里叶展开式为

$$f(x)=\sum_{n=1}^\infty b_n\sin nx$$
$$=2\left[\sin x-\frac{1}{2}\sin 2x+\frac{1}{3}\sin 3x-\cdots+\frac{(-1)^{n+1}}{n}\sin nx+\cdots\right],$$
$$(2k-1)\pi<x<(2k+1)\pi,\quad k=0,\pm 1,\pm 2,\cdots,$$

利用函数的傅里叶级数的收敛性, 可求出某些常数项级数的和. 例如在上面的展开式中, 若令 $x=\frac{\pi}{2}$, 则得

$$2\sum_{n=1}^\infty \frac{(-1)^{n+1}}{n}\sin\frac{n}{2}\pi=\frac{\pi}{2},$$

从而得

$$\sum_{n=1}^\infty \frac{(-1)^{n-1}}{2n-1}=\frac{\pi}{4}.$$

二、非周期函数的傅里叶级数

1. $[-\pi,\pi]$ 上的函数展开为傅里叶级数

在实际应用中, 常常需要把只在区间 $[-\pi,\pi]$(或 $(-\pi,\pi)$, $[-\pi,\pi)$, $(-\pi,\pi]$) 上有定义, 且满足狄利克雷条件的非周期函数 $f(x)$ 展开成傅里叶级数. 事实上, 我们可以将 $f(x)$ 延拓成以 2π 为周期的函数 $F(x)$, 即定义一个新的函数 $F(x)$, 使它

按 $f(x)$ 在 $[-\pi,\pi]$ 上的数值向两端延拓,延拓后的新函数 $F(x)$ 是以 2π 为周期的函数,而在 $[-\pi,\pi]$ 上, $F(x)=f(x)$, $F(x)$ 称为 $f(x)$ 的周期延拓. 将 $F(x)$ 展开成傅里叶级数,其傅里叶系数为

$$a_n = \frac{1}{\pi}\int_{-\pi}^{\pi} F(x)\cos nx\, dx = \frac{1}{\pi}\int_{-\pi}^{\pi} f(x)\cos nx\, dx \quad (n=0,1,2,\cdots),$$

$$b_n = \frac{1}{\pi}\int_{-\pi}^{\pi} F(x)\sin nx\, dx = \frac{1}{\pi}\int_{-\pi}^{\pi} f(x)\sin nx\, dx \quad (n=1,2,\cdots),$$

若将 $F(x)$ 的傅里叶级数限制在 $[-\pi,\pi]$ 上,即得定义在区间 $[-\pi,\pi]$ 上的函数 $f(x)$ 的傅里叶级数.

例 5 将函数 $f(x)=\begin{cases}\pi+x, & -\pi\leqslant x\leqslant 0,\\ \pi-x, & 0<x\leqslant\pi\end{cases}$ 展开成傅里叶级数.

解 因为 $f(x)$ 在 $[-\pi,\pi]$ 上为偶函数,对其进行周期延拓(图 12.6),计算其傅里叶系数

$$a_0 = \frac{2}{\pi}\int_0^{\pi}(\pi-x)\,dx = \pi,$$

$$a_n = \frac{2}{\pi}\int_0^{\pi}(\pi-x)\cos nx\,dx = \begin{cases}\dfrac{4}{\pi n^2}, & n\text{ 为奇数},\\ 0, & n\text{ 为偶数},\end{cases}$$

$$b_n = 0 \quad (n=1,2,\cdots),$$

根据狄利克雷收敛定理,得

$$f(x) = \frac{\pi}{2} + \frac{4}{\pi}\left(\cos x + \frac{\cos 3x}{9} + \frac{\cos 5x}{25} + \cdots\right) \quad (-\pi\leqslant x\leqslant\pi),$$

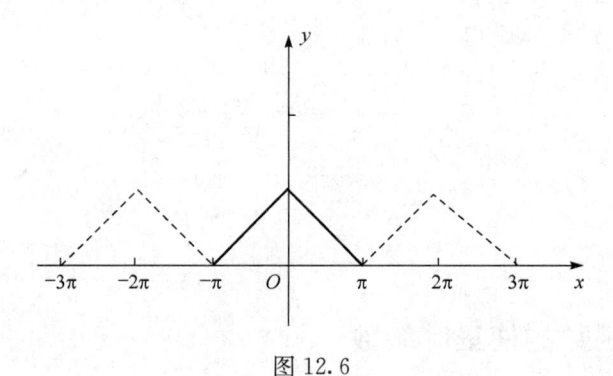

图 12.6

上式对 $[-\pi,\pi]$ 上的任意一点都成立. 如果取 $x=0$,即得

$$\pi = \frac{\pi}{2} + \frac{4}{\pi}\left(1 + \frac{1}{3^2} + \frac{1}{5^2} + \cdots\right),$$

即

$$\frac{\pi^2}{8} = 1 + \frac{1}{3^2} + \frac{1}{5^2} + \cdots.$$

2. 将$[0,\pi]$上的函数展开成正弦级数和余弦级数

在实际问题中还常遇到一些只定义在$[0,\pi]$上的非周期函数,例如自动调节系统的热电量,它只定义在$[0,\pi]$上. 我们仍可用延拓的方法,将此类非周期函数展开成傅里叶级数. 即先将函数补充定义在$[-\pi,\pi]$上,再延拓成以2π为周期的函数,就可求其傅里叶级数了. 在$[-\pi,0]$如何补充定义并没有什么限制,但若补充后成为奇函数或偶函数,则计算傅里叶系数可以简便很多. 由于奇函数与偶函数的傅里叶级数分别是正弦级数与余弦级数,因此下面来讨论将满足狄利克雷条件的$[0,\pi]$上的函数$f(x)$展开成正弦级数和余弦级数的具体方法.

(1) 偶延拓——函数展开为余弦级数.

如果要将$f(x)$在$[0,\pi]$上展开成余弦级数,可采用偶延拓的方式,即定义

$$F(x) = \begin{cases} f(x), & 0 \leqslant x \leqslant \pi, \\ f(-x), & -\pi \leqslant x \leqslant 0, \end{cases}$$

则$F(x)$是$[-\pi,\pi]$上的偶函数,再以2π为周期将$F(x)$延拓到$(-\infty,+\infty)$. 这样$F(x)$就成为一个以2π为周期的偶函数. 将$F(x)$展开为傅里叶级数,其傅里叶系数为

$$a_n = \frac{2}{\pi}\int_0^\pi f(x)\cos nx\, dx \quad (n=0,1,2,\cdots),$$
$$b_n = 0 \quad (n=1,2,\cdots).$$

在$(-\infty,+\infty)$内,

$$F(x) \sim \frac{a_0}{2} + \sum_{n=1}^\infty a_n \cos nx,$$

在$[0,\pi]$上,

$$f(x) \sim \frac{a_0}{2} + \sum_{n=1}^\infty a_n \cos nx.$$

再讨论该级数的收敛性,即得$f(x)$在$[0,\pi]$上的余弦级数.

(2) 奇延拓——展开函数为正弦级数.

如果要求将$f(x)$在$[0,\pi]$上展开为正弦级数,则采用奇延拓的方式,即定义

$$F(x) = \begin{cases} f(x), & 0 \leqslant x \leqslant \pi, \\ -f(-x), & -\pi \leqslant x < 0, \end{cases}$$

则$F(x)$是$[-\pi,\pi]$上的奇函数(补充$f(x)$的定义使它在$[-\pi,\pi]$为奇函数时,若$f(0) \neq 0$,则规定$F(0)=0$),再以2π为周期将$F(x)$延拓到$(-\infty,+\infty)$. 这样$F(x)$就成为一个以2π为周期的奇函数. 将$F(x)$展开为傅里叶级数. 其傅里叶系数为

$$a_n = 0 \quad (n=0,1,2,\cdots),$$
$$b_n = \frac{2}{\pi}\int_0^\pi f(x)\sin nx\,\mathrm{d}x \quad (n=1,2,\cdots).$$

在 $(-\infty,+\infty)$ 内,
$$F(x) \sim \sum_{n=1}^\infty b_n\sin nx,$$

在 $[0,\pi]$ 上,
$$f(x) \sim \sum_{n=1}^\infty b_n\sin nx.$$

再讨论级数的收敛性,即得 $f(x)$ 在 $[0,\pi]$ 上的正弦级数.

无论是偶延拓还是奇延拓,在计算傅里叶系数时,只用到 $f(x)$ 在 $[0,\pi]$ 上的表达式. 所以在解题过程中并不需要具体作出辅助函数 $F(x)$,只要指明采用哪一种延拓方式即可,然后将 x 限制在 $[0,\pi]$ 上,根据狄利克雷收敛定理,即得到 $[0,\pi]$ 上函数 $f(x)$ 的正弦级数或余弦级数.

例 6 将函数 $f(x)=x^2$ 在 $[0,\pi]$ 上展开成正弦级数.

解 对函数 $f(x)$ 在 $[-\pi,0)$ 作奇延拓,再作 $T=2\pi$ 周期延拓(图 12.7),则

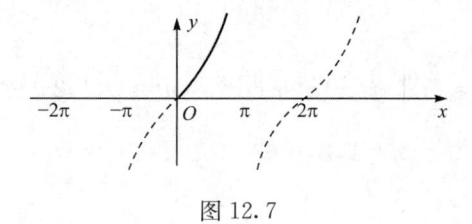

图 12.7

$$b_n = \frac{2}{\pi}\int_0^\pi x^2\sin nx\,\mathrm{d}x$$
$$= \frac{2}{\pi}\left[-\frac{x^2}{n}\cos nx + \frac{2x}{n^2}\sin nx + \frac{2}{n^3}\cos nx\right]_0^\pi$$
$$= (-1)^{n+1}\frac{2\pi}{n} + \frac{4}{n^3\pi}[(-1)^n-1],$$

$$f(x) = \left(2\pi-\frac{8}{\pi}\right)\sin x - \pi\sin 2x + \left(\frac{2\pi}{3}-\frac{8}{27\pi}\right)\sin 3x + \cdots, \quad x\in[0,\pi).$$

习 题 12.5

(A)

1. 什么叫正交函数系?证明函数系 $\{\sin\omega t,\sin 2\omega t,\cdots,\sin n\omega t,\cdots\}$, $t\in\left[0,\dfrac{T}{2}\right]$, $\omega=\dfrac{2\pi}{T}$ 是所

给区间上的正交函数系.

2. 下列函数 $f(x)$ 是以 2π 为周期的函数,它在 $[-\pi,\pi)$ 上的表达式如下,试将其展开成傅里叶级数.

(1) $f(x)=\begin{cases}-1, & -\pi\leqslant x<0,\\ 1, & 0\leqslant x<\pi;\end{cases}$

(2) $f(x)=\begin{cases}-\dfrac{\pi}{2}, & -\pi\leqslant x<-\dfrac{\pi}{2},\\ x, & -\dfrac{\pi}{2}\leqslant x<\dfrac{\pi}{2},\\ \dfrac{\pi}{2}, & \dfrac{\pi}{2}\leqslant x<\pi;\end{cases}$

(3) $f(x)=|\sin x|,\quad -\pi\leqslant x<\pi;$

(4) $f(x)=\cos\dfrac{x}{2},\quad -\pi\leqslant x<\pi.$

3. 将下列定义在 $[-\pi,\pi)$ 上的函数展开为傅里叶级数:

(1) $f(x)=2x^2;$ \qquad (2) $f(x)=2\sin\dfrac{x}{3}.$

4. 将下列函数展开为指定的傅里叶级数:

(1) $f(x)=\dfrac{1}{2}(\pi-x),\quad x\in(0,\pi]$,正弦级数;

(2) $f(x)=2x+3,\quad x\in[0,\pi]$,余弦级数.

(B)

1. 函数 $f(x)$ 是以 2π 为周期的函数,它在 $[-\pi,\pi)$ 上的表达式如下:

$$f(x)=\begin{cases}0, & -\pi\leqslant x<0,\\ e^x, & 0\leqslant x<\pi,\end{cases}$$

试将其展开成傅里叶级数.

2. 证明:当 $0\leqslant x\leqslant\pi$ 时,有

$$x(x-\pi)=-\dfrac{\pi^2}{6}+\sum_{n=1}^{\infty}\dfrac{1}{n^2}\cos 2nx,$$

并推证

$$\sum_{n=1}^{\infty}\dfrac{(-1)^{n-1}}{n^2}=\dfrac{\pi^2}{12}.$$

12.6 以 $2l$ 为周期的函数的傅里叶级数

对于以 $2l$ 为周期的函数,只要利用伸缩变换就可以将 $T=2l$ 的周期函数化为 $T=2\pi$ 的周期函数,再利用前面讨论的结果便可求得其傅里叶级数.

定理 设 $f(x)$ 是周期为 $2l$ 的函数,并且在 $[-l,l]$ 上满足狄利克雷条件,则它的傅里叶级数展开式为

$$f(x) = \frac{a_0}{2} + \sum_{n=1}^{\infty} \left(a_n \cos \frac{n\pi}{l} x + b_n \sin \frac{n\pi}{l} x \right) \quad (x \in C), \tag{12.31}$$

其中

$$a_n = \frac{1}{l} \int_{-l}^{l} f(x) \cos \frac{n\pi}{l} x \, dx \quad (n = 0, 1, 2, \cdots),$$

$$b_n = \frac{1}{l} \int_{-l}^{l} f(x) \sin \frac{n\pi}{l} x \, dx \quad (n = 1, 2, \cdots), \tag{12.32}$$

$$C = \left\{ x \mid f(x) = \frac{1}{2} [f(x^-) + f(x^+)] \right\}.$$

当 $f(x)$ 为奇函数时,

$$f(x) = \sum_{n=1}^{\infty} b_n \sin \frac{n\pi}{l} x \quad (x \in C), \tag{12.33}$$

其中

$$b_n = \frac{2}{l} \int_0^l f(x) \sin \frac{n\pi}{l} x \, dx \quad (n = 1, 2, \cdots); \tag{12.34}$$

当 $f(x)$ 为偶函数时,

$$f(x) = \frac{a_0}{2} + \sum_{n=1}^{\infty} a_n \cos \frac{n\pi}{l} x \quad (x \in C), \tag{12.35}$$

其中

$$a_n = \frac{2}{l} \int_0^l f(x) \cos \frac{n\pi}{l} x \, dx \quad (n = 0, 1, 2, \cdots). \tag{12.36}$$

证 作变量代换 $x = \frac{l}{\pi} t$,则 $f(x) = f\left(\frac{l}{\pi} t\right)$,记 $g(t) = f\left(\frac{l}{\pi} t\right)$,则 $g(t)$ 是一个周期为 2π 的函数,且在 $[-\pi, \pi]$ 上满足狄利克雷条件. 从而得到 $g(t)$ 的傅里叶级数为

$$\frac{a_0}{2} + \sum_{n=1}^{\infty} (a_n \cos nt + b_n \sin nt),$$

其中

$$a_n = \frac{1}{\pi} \int_{-\pi}^{\pi} f\left(\frac{l}{\pi} t\right) \cos nt \, dt \quad (n = 0, 1, 2, \cdots),$$

$$b_n = \frac{1}{\pi} \int_{-\pi}^{\pi} f\left(\frac{l}{\pi} t\right) \sin nt \, dt \quad (n = 1, 2, \cdots).$$

再将 $t=\dfrac{\pi}{l}x$ 代入上面各式,并注意到 $f\left(\dfrac{l}{\pi}t\right)=f(x)$,便得 $f(x)$ 在 $[-l,l]$ 上的傅里叶级数

$$f(x)=\frac{a_0}{2}+\sum_{n=1}^{\infty}\left(a_n\cos\frac{n\pi}{l}x+b_n\sin\frac{n\pi}{l}x\right)\quad(x\in C),$$

其中

$$a_n=\frac{1}{l}\int_{-l}^{l}f(x)\cos\frac{n\pi}{l}x\,\mathrm{d}x\quad(n=0,1,2,\cdots),$$

$$b_n=\frac{1}{l}\int_{-l}^{l}f(x)\sin\frac{n\pi}{l}x\,\mathrm{d}x\quad(n=1,2,\cdots).$$

应用收敛定理,易知,在 $f(x)$ 的连续点处,上述右端级数收敛于 $f(x)$;在 $f(x)$ 的间断点处,该级数收敛于 $f(x)$ 在该点左、右极限的平均值. 由此 $C=\left\{x\,\middle|\,f(x)=\dfrac{1}{2}[f(x^-)+f(x^+)]\right\}$ 为 $f(x)$ 展开式成立的区域.

类似地,可以证明定理的其余部分.

对于定义在 $[-l,l]$ 上的非周期函数 $f(x)$,用类似于定义在 $[-\pi,\pi]$ 上的函数的傅里叶级数的求法,只要对 $f(x)$ 作周期延拓,即可将 $f(x)$ 展开成形如式(12.31)的傅里叶级数.

对于定义在 $[0,l]$ 上的非周期函数 $f(x)$,用类似于定义在 $[0,\pi]$ 上的函数的傅里叶级数的求法,对函数 $f(x)$ 作奇或偶延拓,再作周期延拓,从而得到 $f(x)$ 的正弦级数或余弦级数,相应的傅里叶系数公式,请读者自己写出,这里不再赘述.

例1 设 $f(x)$ 以 4 为周期,其在 $[-2,2]$ 上的表达式为

$$f(x)=\begin{cases}\dfrac{1}{2\delta},&|x|<\delta,\\ 0,&\delta\leqslant|x|\leqslant 2,\end{cases}$$

其中 δ 为正常数. 试将 $f(x)$ 展开为傅里叶级数.

解 $f(x)$ 的图像如图 12.8 所示,电子学中称之为矩形脉冲. 由于它是偶函数,所以 $b_n=0\,(n=1,2,\cdots)$,而

$$a_0=\frac{2}{l}\int_0^l f(x)\,\mathrm{d}x=\int_0^{\delta}\frac{1}{2\delta}\mathrm{d}x=\frac{1}{2},$$

$$a_n=\frac{2}{l}\int_0^l f(x)\cos\frac{n\pi}{l}x\,\mathrm{d}x=\int_0^{\delta}\frac{1}{2\delta}\cos\frac{n\pi}{2}x\,\mathrm{d}x=\frac{1}{n\pi\delta}\sin\frac{n\pi\delta}{2}\quad(n=1,2,\cdots),$$

根据定理,

$$f(x)=\frac{1}{4}+\frac{1}{\pi\delta}\sum_{n=1}^{\infty}\frac{1}{n}\sin\frac{n\pi\delta}{2}\cos\frac{n\pi}{2}x,$$

$$(-\infty<x<+\infty, x\neq\pm\delta+4k, k=0,\pm 1,\pm 2,\cdots),$$

图 12.8

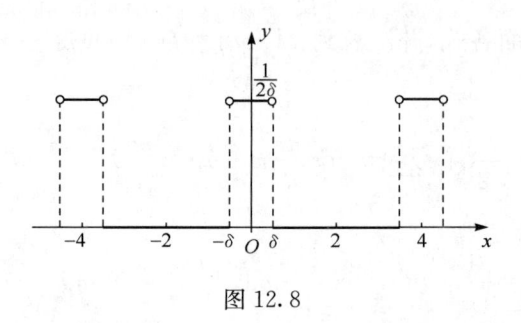

当 $x=\pm\delta+4k(k=0,\pm1,\pm2,\cdots)$ 时,$f(x)$ 的傅里叶级数收敛于 $\dfrac{1}{4\delta}$.

例 2 将函数 $f(x)=x+1(0\leqslant x\leqslant 2)$ 分别展开成正弦级数和余弦级数.

解 (1) 展开成正弦级数. 根据要求,应采用奇周期延拓. 因此有
$$a_n=0 \quad (n=0,1,2,\cdots),$$
$$b_n=\frac{2}{2}\int_0^2 f(x)\sin\frac{n\pi}{2}x\mathrm{d}x=\int_0^2(x+1)\sin\frac{n\pi}{2}x\mathrm{d}x=\frac{2}{n\pi}[1-3\cdot(-1)^n],$$
$$f(x)=\frac{2}{\pi}\sum_{n=1}^\infty\frac{1-3\cdot(-1)^n}{n}\sin\frac{n\pi}{2}x \quad (0<x<2),$$

当 $x=0,2$ 时,$f(x)$ 的傅里叶级数收敛于 0.

(2) 展开成余弦级数. 根据要求,应采用偶周期延拓. 因此有
$$b_n=0 \quad (n=1,2,\cdots),$$
$$a_0=\int_0^2(x+1)\mathrm{d}x=4,$$
$$a_n=\int_0^2(x+1)\cos\frac{n\pi}{2}x\mathrm{d}x=\frac{4}{n^2\pi^2}[(-1)^n-1]=\begin{cases}0, & n\text{ 为偶数},\\ -\dfrac{8}{n^2\pi^2}, & n\text{ 为奇数},\end{cases}$$
$$f(x)=2-\frac{8}{\pi^2}\sum_{n=1}^\infty\frac{1}{(2n-1)^2}\cos\frac{2n-1}{2}\pi x \quad (0\leqslant x\leqslant 2).$$

习 题 12.6

(A)

1. 下列函数 $f(x)$ 是以 $2l$ 为周期的函数,试将各函数展开成傅里叶级数:

(1) $f(x)=\begin{cases}-A, & -\dfrac{T}{2}\leqslant x<0,\\ A, & 0\leqslant x<\dfrac{T}{2};\end{cases}$

(2) $f(x)=x^2, \quad x\in[-1,1)$.

2. 将函数 $f(x)=\begin{cases} x, & 0\leqslant x<1, \\ 2-x, & 1\leqslant x\leqslant 2 \end{cases}$ 展开为正弦级数.

(B)

1. 函数 $f(x)$ 是以 2 为周期的函数：
$$f(x)=\begin{cases} 2, & -1<x<0, \\ x^3, & 0<x\leqslant 1, \end{cases}$$
则 $f(x)$ 的傅里叶级数在 $x=1$ 处收敛于_____.

2. 设函数 $f(x)=\begin{cases} x, & 0\leqslant x\leqslant\dfrac{1}{2}, \\ 2-2x, & \dfrac{1}{2}<x<1, \end{cases}$ $f(x)$ 的傅里叶级数为
$$\frac{a_0}{2}+\sum_{n=1}^{\infty}a_n\cos n\pi x=s(x), \quad x\in(-\infty,+\infty),$$
求 $s\left(-\dfrac{5}{2}\right)$.

小 结

无穷级数包括常数项级数与函数项级数,而在函数项级数中,幂级数与傅里叶级数是两种最常见,也是最重要的级数.

常数项级数中要掌握正项级数、交错级数及一般项级数的审敛法,幂级数部分要掌握幂级数的收敛性质,会求幂级数的收敛半径、收敛区间及收敛域;会求一些简单幂级数的和函数,并会将函数展开为幂级数. 会求周期函数与非周期函数的傅里叶级数,并会用狄利克雷收敛定理讨论其收敛性.

本章重点:正项级数的审敛法;幂级数的收敛性质、收敛半径、收敛域;将函数展开为幂级数;$T=2\pi$ 的周期函数展开为傅里叶级数、狄利克雷收敛定理.

本章学习中应注意以下问题:

1. 不同类型的常数项级数要用不同的方法判定其敛散性

判别数项级数 $\sum\limits_{n=1}^{\infty}u_n$ 的敛散性时首先考察 $\lim\limits_{n\to\infty}u_n$,若 $\lim\limits_{n\to\infty}u_n\neq 0$,则数项级数 $\sum\limits_{n=1}^{\infty}u_n$ 发散,若 $\lim\limits_{n\to\infty}u_n=0$,则需进一步判定其敛散性. 这时要先分辨级数 $\sum\limits_{n=1}^{\infty}u_n$ 的类型:正项级数的审敛法常用比较法、比值法与根值法,选择哪一种方法则要根据其一般项 u_n 的特点来确定,当 u_n 中含有关于 n 的两种以上的函数时常用比值法;当 u_n 只含有以 n 为指数幂的因子时常用根值法;当 u_n 只含有 n^α 或只含有 q^n 时常用比较法. 判别交错级数敛散性时常用莱布尼茨判别法来判别;一般的常数项级数的敛

散性则常用绝对收敛、条件收敛的概念来判别.

2. 幂级数的收敛区间与收敛域的区别

设幂级数的收敛半径为 R,则其收敛区间是指开区间 $(-R,R)$,它不包括两端点,收敛域则要在收敛区间 $(-R,R)$ 的基础上再讨论两个端点处的收敛性.

3. 幂级数求和与函数的幂级数展开

幂级数 $f(x) = \sum\limits_{n=0}^{\infty} a_n x^n$,若已知右端求左端,这是幂级数求和;若已知左端求右端,这是函数的幂级数展开. 这是两类相反的基本问题. 首先要熟悉几个常用函数 $\left(e^x, \sin x, \cos x, \dfrac{1}{1+x}, \ln(1+x)\right)$ 的幂级数展开式. 在求幂级数的和函数时,根据幂级数的特点,及它与已知幂级数之间的联系,利用逐项求导与逐项积分的方法求出所给幂级数的和函数;幂级数展开式的求法有两种——直接法与间接法,由于直接法通常比较复杂,所以幂级数展开常用间接法,即利用已知的幂级数展开式,并通过变量代换、四则运算、复合、逐项求导或逐项积分等方法,得到函数的幂级数展开式. 此外,用间接法展开时,要注意展开式成立区间的讨论.

4. 函数 f(x) 与其傅里叶级数的和函数

求函数 $f(x)$ 的傅里叶级数,实际上是计算傅里叶系数与判断其傅里叶级数的收敛性与和函数的问题. 若 $f(x)$ 满足狄利克雷条件,则 $f(x)$ 的傅里叶级数收敛,当 x 为 $f(x)$ 的连续点时,其傅里叶级数收敛于 $f(x)$;当 x 为 $f(x)$ 的间断点时,其傅里叶级数收敛于 $\dfrac{1}{2}[f(x-0)+f(x+0)]$,而 $C = \left\{x \mid f(x) = \dfrac{1}{2}[f(x^-)+f(x^+)]\right\}$ 为函数 $f(x)$ 的傅里叶级数展开区域.

第 12 章习题课　　　　第 12 章课件

复习练习题 12

1. 判别下列级数的敛散性:

   (1) $\sum\limits_{n=1}^{\infty} \dfrac{1}{1+a^n} \quad (a>0);$

   (2) $\sum\limits_{n=1}^{\infty} \dfrac{2+(-1)^n}{2^n};$

   (3) $\sum\limits_{n=1}^{\infty} \dfrac{1}{\sqrt{n+1}} \ln\left(1+\dfrac{1}{n}\right);$

   (4) $\sum\limits_{n=2}^{\infty} \dfrac{1}{(\ln n)^{10}}.$

2. 判别下列级数的敛散性,如果收敛,判定是条件收敛还是绝对收敛.

(1) $\sum_{n=1}^{\infty} \frac{n!2^n}{n^n} \sin\frac{n\pi}{3}$;

(2) $\sum_{n=1}^{\infty} \frac{(-1)^{n+1}}{n^{p+\frac{1}{n}}}$ (p 为常数).

3. 设函数 $f(x)$ 在点 $x=0$ 的某邻域内具有二阶连续的导数,且 $\lim\limits_{x\to 0}\frac{f(x)}{x}=0$,证明级数 $\sum\limits_{n=1}^{\infty} f\left(\frac{1}{n}\right)$ 绝对收敛.

4. 已知级数 $\sum\limits_{n=1}^{\infty}(-1)^n a_n 2^n$ 收敛,证明级数 $\sum\limits_{n=1}^{\infty} a_n$ 绝对收敛.

5. 设 $a_n=\int_0^1 \frac{x^n}{1+x}\mathrm{d}x, n=1,2,\cdots$,证明:

(1) $\lim\limits_{n\to\infty} a_n=0$;

(2) 级数 $\sum\limits_{n=1}^{\infty}(-1)^n a_n$ 条件收敛.

6. 求下列幂级数的收敛域:

(1) $\sum\limits_{n=1}^{\infty} \frac{(x+2)^n}{n\cdot 3^n}$;

(2) $\sum\limits_{n=0}^{\infty} \frac{n^2+1}{2^n\cdot n!}(x-1)^n$;

(3) $\sum\limits_{n=1}^{\infty} \frac{3^n-5^n}{n^2} x^n$;

(4) $\sum\limits_{n=1}^{\infty} \frac{n}{2^n} x^{3n}$.

7. 设幂级数 $\sum\limits_{n=0}^{\infty} a_n (x-x_0)^n (x_0\neq 0)$ 在 $x=0$ 处收敛,在 $x=2x_0$ 处发散,指出该幂级数的收敛半径与收敛域,并说明理由.

8. 求下列幂级数的和函数:

(1) $\sum\limits_{n=0}^{\infty} \frac{x^{2n}}{(2n)!}$;

(2) $\sum\limits_{n=1}^{\infty} n(x-1)^n$.

9. 求常数项级数 $\sum\limits_{n=1}^{\infty} \frac{1}{n!}$ 的和.

10. 将下列函数展开为麦克劳林级数,并指明它们的收敛域:

(1) $\ln\frac{1+x}{1-x}$;

(2) $\int_0^x \frac{\arctan t}{t}\mathrm{d}t$.

11. 将函数 $f(x)=\frac{x}{x+2}$ 在 $x=1$ 处展开成幂级数.

12. 设 $f(x)=\frac{1}{2x^2-3x+1}$,

(1) 求 $f^{(n)}(0)$;

(2) 证明 $\sum\limits_{n=1}^{\infty} \frac{f^{(n)}(0)}{n^n}$ 收敛.

13. 将 $f(x)=\frac{\pi-x}{2}(0<x<\pi)$ 展成正弦级数.

附录1　Mathematica数学软件简介(下)

1. 空间解析几何

向量的表示：

用 $a=\{x,y\}$ 表示二维向量，用 $a=\{x,y,z\}$ 表示三维向量.

用 a.b 或 Dot[a, b]表示向量 a 与 b 的数量积，用 Cross[a,b]表示向量 a 与 b 的向量积. 当我们输入

$$<< \text{LinearAlgebra `Orthogonalization`}$$

后就可以使用两个外部函数：Normalize[a] 表示将向量 a 单位化；Projection[a,b] 表示将向量 a 在向量 b 上的投影.

例1　设向量 $a=\{1,1,1\}$，$b=\{1,2,3\}$，求(1) a 与 b 的数量积，(2) a 与 b 的向量积，(3) 单位化向量 b，(4) a 在 b 上的投影向量(不是数量).

解　输入

```
<< LinearAlgebra `Orthogonalization`
a={1,1,1};b={1,2,3};
a.b
Cross[a,b]
Normalize[a]
Projection[a,b]
```

运行结果：

6

$\{1,-2,1\}$

$\left\{\dfrac{1}{\sqrt{3}},\dfrac{1}{\sqrt{3}},\dfrac{1}{\sqrt{3}}\right\}$

$\left\{\dfrac{3}{7},\dfrac{6}{7},\dfrac{9}{7}\right\}$

例 2 在 z 轴上求与点 $A=\{-4,1,7\}$ 和 $B=\{3,5,-2\}$ 等距离的点.

解 设所求点为 $Z=\{0,0,z\}$，输入

```
A={-4,1,7};B={3,5,-2};Z={0,0,z};
Solve[(A-Z).(A-Z)==(B-Z).(B-Z),Z]
```

运行结果：

$$\left\{\left\{z\to\frac{14}{9}\right\}\right\}$$

例 3 已知三角形 ABC 的顶点分别是 $A(1,2,3),B(3,4,5),C(2,4,7)$，求三角形 ABC 的面积.

解 输入

```
A={1,2,3};B={3,4,5};C={2,4,7};
S=Sqrt[Cross[(B-A),(C-A)].Cross[(B-A),(C-A)]];
1/2 S
```

运行结果：

$$\frac{\sqrt{5}}{2}$$

2. 多元函数微分法及其应用

2.1 求偏导数

$D[f, x_1, x_2, \cdots]$ 表示函数 f 对变量 x_1, x_2 求混合偏导数.

$D[f, \{x_1, n_1\}, \{x_2, n_2\}, \cdots]$ 表示函数 f 对变量 x_1, x_2 求指定阶数混合偏导数.

例 1 求 $f(x,y)=x^{\frac{y}{x}}$ 的偏导数 f'_x, f'_y, f''_{xy}.

解 输入

```
D[x^(y/x),x]
D[x^(y/x),y]
D[x^(y/x),x,y]
```

运行结果：

$$x^{\frac{y}{x}}\left(\frac{y}{x^2}-\frac{y\text{Log}[x]}{x^2}\right)$$

$$x^{-1+\frac{y}{x}}\text{Log}[x]$$

$$x^{\frac{y}{x}}\left(\frac{1}{x^2}-\frac{\text{Log}[x]}{x^2}\right)+x^{-1+\frac{y}{x}}\text{Log}[x]\left(\frac{y}{x^2}-\frac{y\text{Log}[x]}{x^2}\right)$$

2.2 求全微分和全导数

Dt[f]表示函数 f 的全微分,其中 Dt[x]=dx.

D[f, var]表示函数 f 对变量 var 的全导数,其中 f 的各自变量均为 var 的函数.

例 2 求 x^2y+y^2 的全微分.

解 输入

Dt[x²y+y²]

运行结果:

2xyDt[x]+x²Dt[y]+2yDt[y]

例 3 设 $z=uv+\sin t$,而 $u=e^t, v=\cos t$,求全导数 $\dfrac{dz}{dt}$.

解 输入

u=eᵗ;v=Cos[t];z=uv+Sin[t];

D[z,t]//Simplify

运行结果:

(1+eᵗ)Cos[t]-eᵗSin[t]

2.3 多元复合函数的求导法则

例 4 设 $w=f(x+y+z, xyz), f$ 具有二阶连续偏导数,求 $\dfrac{\partial w}{\partial x}, \dfrac{\partial^2 w}{\partial x \partial z}$.

解 输入

w=f[x+y+z,xyz];

Expand[D[w,x]]

Expand[D[w,x,z]]

运行结果:

yf⁽⁰'¹⁾[x+y+z,xyz]+

xy²zf⁽⁰'²⁾[x+y+z,xyz]+xyf⁽¹'¹⁾[x+y+z,xyz]+

yzf⁽¹'¹⁾[x+y+z,xyz]+f⁽²'⁰⁾[x+y+z,xyz]

其中 $f^{(i,j)}$ 表示分别对 x, y 求 i, j 混合偏导数.

例 5 设 $z=u^2\ln v$,而 $u=\dfrac{x}{y}, v=3x-2y$,求 $\dfrac{\partial z}{\partial x}, \dfrac{\partial z}{\partial y}$.

解 输入

u=$\dfrac{x}{y}$;v=3x-2y;z=u²Log[v];

Apart[D[z,x]]

```
Apart[D[z,y]]
```
运行结果：

$$\frac{3x^2}{(3x-2y)y^2}+\frac{2x\text{Log}[3x-2y]}{y^2}$$

$$-\frac{2x^2}{(3x-2y)y^2}-\frac{2x^2\text{Log}[3x-2y]}{y^3}$$

例 6 设 $z=\arctan\dfrac{x}{y}$，而 $x=u+v, y=u-v$，验证 $\dfrac{\partial z}{\partial u}+\dfrac{\partial z}{\partial v}=\dfrac{u-v}{u^2+v^2}$.

解 输入

```
x=u+v;y=u-v;z=ArcTan[x/y];
Simplify[D[z,u]+D[z,v]]
```

运行结果：

$$\frac{u-v}{u^2+v^2}$$

2.4 隐函数的求导公式

一个方程的情形：

1. 若 $F(x,y)=0$，则 $\dfrac{dy}{dx}=-\dfrac{F_x}{F_y}$，$\dfrac{d^2y}{dx^2}=-\dfrac{F_{xx}F_y^2-2F_{xy}F_xF_y+F_{yy}F_x^2}{F_y^3}$.

2. 若 $F(x,y,z)=0$，则 $\dfrac{\partial z}{\partial x}=-\dfrac{F_x}{F_z}$，$\dfrac{\partial z}{\partial y}=-\dfrac{F_y}{F_z}$，

$$\dfrac{\partial^2 z}{\partial x^2}=-\dfrac{F_{xx}F_z^2-2F_{xz}F_xF_z+F_{zz}F_x^2}{F_z^3},\quad \dfrac{\partial^2 z}{\partial y^2}=-\dfrac{F_{yy}F_z^2-2F_{yz}F_yF_z+F_{zz}F_y^2}{F_z^3}.$$

方程组情形：$\begin{cases} F(x,y,u,v)=0, \\ G(x,y,u,v)=0, \end{cases}$ J 为其 Jacobi 行列式且不为零，则

$$\dfrac{\partial u}{\partial x}=-\dfrac{1}{J}\dfrac{\partial(F,G)}{\partial(x,v)},\quad \dfrac{\partial u}{\partial y}=-\dfrac{1}{J}\dfrac{\partial(F,G)}{\partial(y,v)},\quad \dfrac{\partial v}{\partial x}=-\dfrac{1}{J}\dfrac{\partial(F,G)}{\partial(u,x)},\quad \dfrac{\partial v}{\partial y}=-\dfrac{1}{J}\dfrac{\partial(F,G)}{\partial(u,y)}.$$

在 Mathematica 中，$\text{Det}\begin{bmatrix} a_{11} & a_{12} \\ a_{21} & a_{22} \end{bmatrix}$ 表示二阶行列式.

例 7 设 $x^2+y^2+z^2-4z=0$，求 $\dfrac{\partial^2 z}{\partial x^2}$.

解 输入

```
F:=x^2+y^2+z^2-4z;
Print["∂²z/∂x²=",-FullSimplify[
```

$$\frac{D[F,x,x](D[F,z])^2 - 2D[F,x,z]D[F,x]D[F,z] + D[F,z,z](D[F,x])^2}{(D[F,z])^3}\Big]\Big]$$

运行结果：

$$\frac{\partial^2 z}{\partial x^2} = -\frac{x^2 + (-2+z)^2}{(-2+z)^3}$$

例 8 设 $xu - yv = 0, yu + xv = 1$，求 $\dfrac{\partial u}{\partial x}, \dfrac{\partial u}{\partial y}, \dfrac{\partial v}{\partial x}, \dfrac{\partial v}{\partial y}$.

解 输入

```
F:=xu-yv;G:=yu+xv-1;
J=Det[(D[F,u]  D[F,v]
       D[G,u]  D[G,v])];
Jux=Det[(D[F,x]  D[F,v]
         D[G,x]  D[G,v])];
Juy=Det[(D[F,y]  D[F,v]
         D[G,y]  D[G,v])];
Jvx=Det[(D[F,u]  D[F,x]
         D[G,u]  D[G,x])];
Jvy=Det[(D[F,u]  D[F,y]
         D[G,u]  D[G,y])];
Print["∂u/∂x=",-Simplify[Jux/J]]
Print["∂u/∂y=",-Simplify[Juy/J]]
Print["∂v/∂x=",-Simplify[Jvx/J]]
Print["∂v/∂y=",-Simplify[Jvy/J]]
```

运行结果：

$$\frac{\partial u}{\partial x} = -\frac{ux + vy}{x^2 + y^2}$$

$$\frac{\partial u}{\partial y} = -\frac{-vx + uy}{x^2 + y^2}$$

$$\frac{\partial v}{\partial x} = -\frac{vx - uy}{x^2 + y^2}$$

$$\frac{\partial v}{\partial y} = -\frac{ux+vy}{x^2+y^2}$$

2.5 多元函数的极值及其求法

例9 用 Mathematica 编写出求函数 $f(x,y)=x^3-y^3+3x^2+3y^2-9x$ 的极值的程序.

解 输入

```
F:=x³-y³+3x²+3y²-9x;    (*输入函数 F(x,y)*)
Print["解:"]
Print["∂F/∂x=",D[F,x]]    (*求偏导数 Fx*)
Print["∂F/∂y=",D[F,y]]    (*求偏导数 Fy*)
Fx:=D[F,x]
Fy:=D[F,y]
s={x,y}/.solve[{Fx==0,Fy==0},{x,y}];    (*有驻点的话,求驻点,假设电脑能解出*)
r=Length[s];
Print["设∂F/∂x=0,∂F/∂y=0,解得驻点为"]
For[i=1,i<=x,i=i+1,
 Print[s[[i,A11]]]
]
Fxx:=D[F,x,x];
Fxy:=D[F,x,y];
Fyy:=D[F,y,y];
Print["经过计算 AC-B²,A 得"]
For[i=0,i<r,i++
  {a11=Fxx/.{x→s[[i,1]],y→s[[i,2]]},
   a12=Fxy/.{x→s[[i,1]],y→s[[i,2]]},
   a22=Fyy/.{x→s[[i,1]],y→s[[i,2]]},
   If[Det[(a11 a12
          a12 a22)]>0 && a11<0,
     Print[s[[i,A11]],"是极大值点,极大值=",F/.{x→s[[i,1]],y→s[[i,2]]}]],
```

```
        If[Det[(a11  a12)
                (a12  a22)]>0 && a11>0,
         Print[s[[i,A11]],"是极小值点,极小值=",F/.{x→s[[i,1]],y→s[[i,2]]}]],
        If[Det[(a11  a12)
                (a12  a22)]< 0,Print[s[[i,A11]],"不是极值点"]],
    }
]
```

运行结果：

解：

$\dfrac{\partial F}{\partial x} = -9 + 6x + 3x^2$

$\dfrac{\partial F}{\partial y} = 6y - 3y^2$

设 $\dfrac{\partial F}{\partial x}=0, \dfrac{\partial F}{\partial y}=0$，解得驻点为

$\{-3, 0\}$

$\{-3, 2\}$

$\{1, 0\}$

$\{1, 2\}$

经过计算 $AC - B^2, A$ 得

$\{-3, 0\}$ 不是极值点

$\{-3, 2\}$ 是极大值点，极大值=31

$\{1, 0\}$ 是极小值小，极小值=−5

$\{1, 2\}$ 不是极值点

例 10 求函数 $f(x,y) = e^{2x}(x + y^2 + 2y)$ 的极值的程序.

解 把程序中的函数 $f(x,y)$ 换为 $e^{2x}(x+y^2+2y)$，则运行结果：

解：

$\dfrac{\partial F}{\partial x} = e^{2x} + 2e^{2x}(x + 2y + y^2)$

$\dfrac{\partial F}{\partial y} = e^{2x}(2 + 2y)$

设 $\dfrac{\partial F}{\partial x}=0, \dfrac{\partial F}{\partial y}=0$，解得驻点为

$\left\{\dfrac{1}{2}, -1\right\}$

经过计算 AC−B², A 得

$\left\{\dfrac{1}{2}, -1\right\}$ 是极小值点,极小值 $= -\dfrac{e}{2}$

3. 重积分

3.1 二重积分的计算

例1 计算 $\iint\limits_{D} xy\,d\sigma$,其中 D 是由直线 $y=1$、$x=2$ 及 $y=x$ 所围成的闭区域.

解 $\iint\limits_{D} xy\,d\sigma = \int_{1}^{2}\left[\int_{1}^{x} xy\,dy\right]dx$,输入

$\int_{1}^{2}\int_{1}^{x} xy\,dy\,dx$

运行结果:

$\dfrac{9}{8}$

例2 求两个底圆半径都等于 R 的直交圆柱面所围成的立体的体积.

解 首先利用 Mathematica 画出两曲面,输入

```
a=ParametricPlot3D[{2Cos[u],2Sin[u],v},
    {u,0,π/2},{v,0,2},
ViewPoint->{1.510,-4.000,1.500},DisplayFunction->Identity];
b=ParametricPlot3D[{2Cos[u],v,2Sin[u]},
    {u,0,π/2},{v,0,2},
ViewPoint->{1.510,-4.000,1.500},DisplayFunction->Identity];
c=ParametricPlot3D[{u,v,0},
    {u,0,2},{v,0,2},
    ViewPoint->{1.510,-4.000,1.500},DisplayFunction->Identity];
d=Graphics3D[{
    Text["x²+z²=R²",{1,0,1.8}],
    Text["x²+y²=R²",{0.5,1,0}],
    Text["Y",{0,1,0}]
    ,DisplayFunction->Identity];
Show[a,b,c,d,DisplayFunction->$DisplayFunction,AxesLabel->{"X","","Z"}]
```

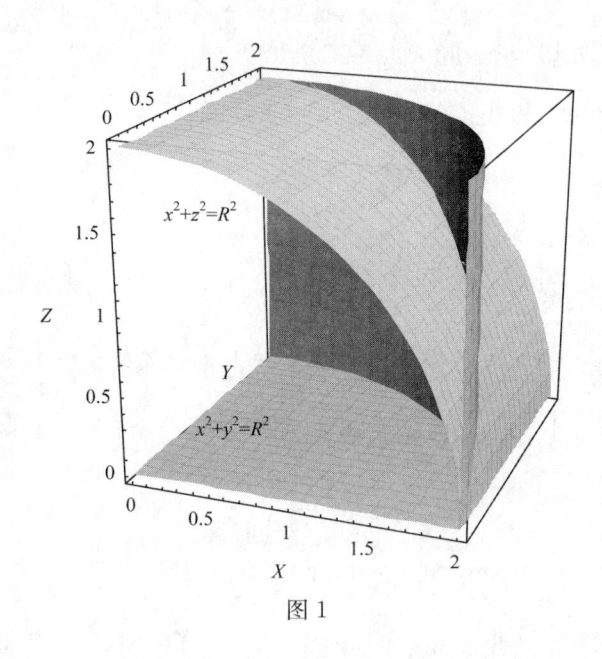

图1

输入

$$V = \int_0^R \int_0^{\sqrt{R^2-x^2}} \sqrt{R^2-x^2}\,dydx$$

运行结果：

$\dfrac{2R^3}{3}$

例3 求球体 $x^2+y^2+z^2 \leqslant 4a^2$ 被圆柱体 $x^2+y^2=2ax(a>0)$ 所截得的立体的体积.

解 首先利用 Mathematica 画出两曲面，输入

```
a=ParametricPlot3D[{2Cos[u]Cos[v],2Cos[u]Sin[v],2Sin[u]},
    {u,0,π/2},{v,0,π/2},ViewPoint->{2.700,-3.130,1.640},
    DisplayFunction→Identity];
b=ParametricPlot3D[{Cos[u]+1,Sin[u],v},
    {u,0,π},{v,0,2},ViewPoint->{2.700,-3.130,1.640},
    DisplayFunction→Identity];
c=ParametricPlot3D[{u,v,0},{u,0,2},{v,0,2},
    ViewPoint->{2.700,-3.130,1.640},DisplayFunction→Identity];
d=Graphics3D[{Text["x²+y²+z²=4a²",{1.3,0,1.5}],
    Text["x²+y²=2ax",{1,0,0}]},
    DisplayFunction→Identity];
```

Show[a,b,c,d,DisplayFunction→$ DisplayFunction,AxesLabel→{"X","Y","Z"}]

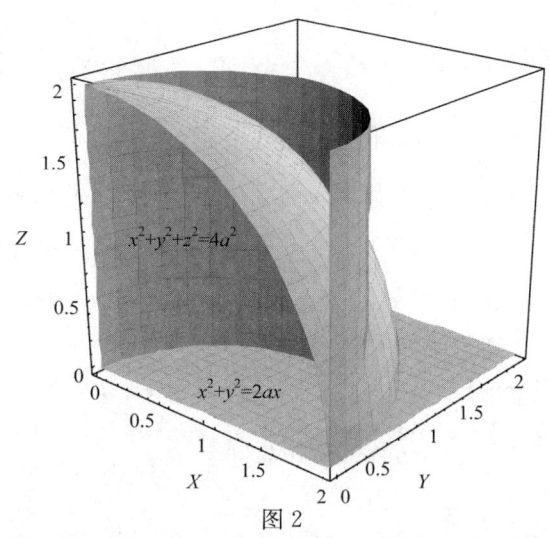

图 2

由图 2 可知，立体以区域 $D=\{(x,y):0\leqslant x\leqslant 2a,0\leqslant y\leqslant \sqrt{2ax-x^2}\}$ 为底面，曲顶为 $z=\sqrt{(2a)^2-x^2-y^2}$．由对称性得

$$V=4\iint_D \sqrt{(2a)^2-x^2-y^2}\,\mathrm{d}\sigma=4\int_0^{2a}\left[\int_0^{\sqrt{2ax-x^2}}\sqrt{(2a)^2-x^2-y^2}\,\mathrm{d}y\right]\mathrm{d}x.$$

输入

FullSimplify$\left[4\int_0^{2a}\int_0^{\sqrt{2ax-x^2}}\sqrt{4a^2-x^2-y^2}\,\mathrm{dydx}\right]$

运行结果：

$\dfrac{16}{9}a^3(-4+3\pi)$

则 $V=\dfrac{16}{9}a^3(3\pi-4)$.

3.2 计算三重积分

例 4 计算 $\int_0^{2\pi}\mathrm{d}\theta\int_0^{\alpha}\mathrm{d}\varphi\int_0^{2a\cos\varphi}r^2\sin\varphi\,\mathrm{d}r$.

解 输入

Simplify$\left[\int_0^{2\pi}\int_0^{\alpha}\int_0^{2a\cos[\varphi]}r^2\mathrm{Sin}[\varphi]\mathrm{drd}\varphi\mathrm{d}\theta\right]$

运行结果：

$$\frac{2}{3}a^3\pi(3+\text{Cos}[2\alpha])\text{Sin}[\alpha]^2$$

4. 曲线积分与曲面积分

4.1 曲线积分

例1 计算 $\int_L \sqrt{y}\,\mathrm{d}s$，其中 L 是抛物线 $y=x^2$ 上点 $O(0,0)$ 与点 $B(1,1)$ 之间的一段弧.

解 输入

f[x_,y_]:=√y;　(*被积函数*)
L[x_]:=x²;　(*积分曲线*)
s=√1+D[L[x],x]²;
t=∫₀¹ f[x,L[x]]sdx;　(*化成定积分*)
Print["曲线积分值=",t]

运行结果：

曲线积分值$=-\dfrac{1}{12}+\dfrac{5\sqrt{5}}{12}$

例2 计算 $\int_L xy\,\mathrm{d}x$，其中 L 是抛物线 $y=x^2$ 上点 $O(0,0)$ 与点 $B(1,1)$ 之间的一段弧.

解 输入

f[x_,y_]:=xy;　(*被积函数*)
L[y_]:=y²;　(*积分曲线*)
s=∫₋₁¹ f[L[y],y]D[L[y],y]dy;　(*化成定积分*)
Print["曲线积分值=",s]

运行结果：

曲线积分值$=\dfrac{4}{5}$

4.2 格林公式及其应用

例3 利用格林公式，计算积分

$$\oint_L (x^2y\cos x + 2xy\sin x - y^2 e^x + y)\mathrm{d}x + (x^2\sin x - 2ye^x)\mathrm{d}y.$$

解 首先输入

P=x^2 yCos[x]+2xySin[x]-y^2 e^x+y;
Q=x^2 Sin[x]-2ye^x;
Simplify[D[Q,x]-D[P,y]]
-1

利用格林公式,再输入

x=a Cos[t]^3;
y=a Sin[t]^3;
p=D[x,t];
q=D[y,t];
$-\dfrac{1}{2}\int_0^{2\pi}$FullSimplify[x q-y p]dt

运行结果：

$-\dfrac{3a^2\pi}{8}$

4.3 曲面积分与高斯公式

例 4 计算曲面积分 $\iint\limits_{\Sigma}\dfrac{dS}{z}$,其中 Σ 是球面 $x^2+y^2+z^2=a^2$ 被平面 $z=h(0<h<a)$ 截出的顶部.

解 输入

f[x_,y_,z_]:=$\dfrac{1}{z}$;　(*输入被积函数*)
z=$\sqrt{a^2-x^2-y^2}$;
s=Simplify[$\sqrt{1+D[z,x]^2+D[z,y]^2}$,a>0];
L=Simplify[f[x,y,z]s,x^2+y^2<a^2];　(*化为二重积分的被积函数*)
t=Simplify[L/.{x→r Cos[θ],y→r Sin[θ]}];　(*化为极坐标*)
R=$\sqrt{a^2-h^2}$;
FullSimplify[$\int_0^{2\pi}\int_0^R$trdrdθ,a>0 && h>0]

运行结果：

2aπLog$\left[\dfrac{a}{h}\right]$

例 5 利用高斯公式计算曲面积分 $\oiint\limits_{\Sigma}(x-y)dxdy+(y-z)xdydz$,其中 Σ 为柱

面 $x^2+y^2=1$ 及平面 $z=0$、$z=3$ 所围成的空间闭区域 Ω 的整个边界曲面的外侧.

解 输入

```
P=(y-z)x;Q=0;R=x-y;     (*输入 P,Q,R*)
s=D[P,x]+D[Q,y]+D[R,z]; (*计算 ∂P/∂x+∂Q/∂y+∂R/∂z*)
t=s/.{x→r Cos[θ],y→r Sin[θ],z→z};  (*换为柱坐标*)
∫₀²π∫₀¹∫₀³ trdzdrdθ   (*计算三重积分*)
```

运行结果：

$-\dfrac{9\pi}{2}$

5. 无穷级数

5.1 部分和及级数

$\text{Sum}[f(i),\{i,1,n\}]$ 或 $\sum\limits_{i=1}^{n}f(i)$ 表示 $f(i)$ 的前 n 项的和；

$\text{Sum}[f(i),\{i,1,\infty\}]$ 或 $\sum\limits_{i=1}^{\infty}f(i)$ 表示 $f(i)$ 产生的级数；

例1 求 $1+2+\cdots+n, 1^2+2^2+\cdots+n^2, 1^3+2^3+\cdots+n^3$.

解 输入

$\sum\limits_{i=1}^{n}i$

$\sum\limits_{i=1}^{n}i^2$

$\sum\limits_{i=1}^{n}i^3$

运行结果：

$\dfrac{1}{2}n(1+n)$

$\dfrac{1}{6}n(1+n)(1+2n)$

$\dfrac{1}{4}n^2(1+n)^2$

例2 求和 $\sum\limits_{n=1}^{\infty}\dfrac{1}{n(n+1)}$.

解 输入

$$\sum_{n=1}^{\infty} \frac{1}{n(n+1)}$$

运行结果：

1

例 3 求和 $\sum_{n=1}^{\infty} \frac{1}{n}$.

解 输入

$$\sum_{n=1}^{\infty} \frac{1}{n}$$

运行结果：

Sum::div:Sum does not converge.

说明 $\sum_{n=1}^{\infty} \frac{1}{n}$ 发散.

例 4 求和 $\sum_{n=1}^{\infty} \frac{1}{n^2}, \sum_{n=1}^{\infty} \frac{1}{n^4}$.

解 输入

$$\sum_{n=1}^{\infty} \frac{1}{n^2}$$

$$\sum_{n=1}^{\infty} \frac{1}{n^4}$$

运行结果：

$\frac{\pi^2}{6}$

$\frac{\pi^4}{90}$

例 5 判别级数 $\sum_{n=1}^{\infty} \frac{3^n n!}{n^n}$ 是否收敛.

解 输入

$$\sum_{n=1}^{\infty} \frac{3^n n!}{n^n}$$

运行结果：

Sum::div:Sum does not converge.

5.2 正项级数的判别法

例 6 判别级数 $\sum\limits_{n=1}^{\infty}\dfrac{2^n n!}{n^n}$、$\sum\limits_{n=1}^{\infty}\dfrac{e^n n!}{n^n}$ 是否收敛.

解 输入

```
u[n_]:=(2^n n!)/n^n;
s=FullSimplify[u[n+1]/u[n]];
ρ=Limit[s,n->∞];
Print["解:ρ=",lim_{n→∞} u_{n+1}/u_n,"=","lim",s,"=",ρ]
If[ρ>1,Print["级数发散"]]
If[ρ<1,Print["级数收敛"]]
If[ρ==1,Print["比值判别法失效,用拉贝判别法."];
  t=Limit[FullSimplify[n(s-1)],n→∞];
  If[Abs[t]>1,Print["级数收敛"]];
  If[Abs[t]<1,Print["级数发散"]];
  If[Abs[t]==1,Print["拉贝判别法失效"]];
]
```

运行结果：

解：$\rho=\lim\limits_{n\to\infty}\dfrac{u_{n+1}}{u_n}=\lim\limits_{n\to\infty}2\left(\dfrac{n}{1+n}\right)^n=\dfrac{2}{e}$

级数收敛

解：$\rho=\lim\limits_{n\to\infty}\dfrac{u_{n+1}}{u_n}=\lim\limits_{n\to\infty}e\left(\dfrac{n}{1+n}\right)^n=1$

比值判别法失效,用拉贝判别法

级数发散

5.3 幂级数

幂级数的收敛半径与收敛区间.

例 7 求幂级数 $\sum\limits_{n=1}^{\infty}\dfrac{(-1)^{n-1}}{n}x^n$ 的收敛半径与收敛区间.

解 输入

$a[n\_]:=(-1)^{n-1}\dfrac{1}{n};$

```
S=FullSimplify[Abs[a[n]/a[n+1]]];
s=Limit[Abs[S],n->∞];
Print["解:R=lim(n->∞)|a_n/a_{n+1}|=","lim",S,"=",s]
Print["幂级数的收敛半径等于",s]
Print[" 当 x = ",s,"时,级数为","∑(n=1,∞)",a[n],s^n]
```

$\sum_{n=1}^{\infty} a[n]s^n$

```
Print[" 当 x = ",-s,"时,级数为","∑(n=1,∞)",a[n],(-s)^n]
```

$\sum_{n=1}^{\infty} a[n](-s)^n$

```
Print["收敛区间为","(",-s,",",s,"]"]
```

运行结果:

解:$R = \lim_{n\to\infty} \left|\dfrac{a_n}{a_{n+1}}\right| = \lim_{n\to\infty} \text{Abs}\left[1 + \dfrac{1}{n}\right] = 1$

幂级数的收敛半径等于 1

当 x = 1 时,级数为 $\sum_{n=1}^{\infty} \dfrac{(-1)^{-1+n}}{n} 1$

Log[2]

当 x = -1 时,级数为 $\sum_{n=1}^{\infty} \dfrac{(-1)^{-1+n}}{n}(-1)^n$

Sum::div:Sum does not converge

$\sum_{n=1}^{\infty} a[n](-s)^n$

收敛区间为 (-1,1]

例 8 在区间 $(-1,1)$ 内求幂级数 $\sum_{n=0}^{\infty} \dfrac{x^n}{n+1}$ 的和函数.

解 输入

$\sum_{n=0}^{\infty} \dfrac{x^n}{n+1}$

运行结果:

$-\dfrac{\text{Log}[1-x]}{x}$

5.4 函数展开成幂级数

格式是 Series[f(x),{x,x₀,n}]，将函数 $f(x)$ 展开成 $x-x_0$ 的幂级数，阶数为 n. 例如输入

```
M=3;
Print["1/(1-x)=",Series[1/(1-x),{x,0,M}]]
Print["eˣ=",Series[Exp[x],{x,0,M}]]
Print["sinx=",Series[Sin[x],{x,0,M}]]
Print["cosx=",Series[Cos[x],{x,0,M}]]
Print["tanx=",Series[Tan[x],{x,0,M}]]
Print["cotx=",Series[Cot[x],{x,0,M}]]
Print["arcsin[x]=",Series[ArcSin[x],{x,0,M}]]
Print["arccos[x]=",Series[ArcCos[x],{x,0,M}]]
Print["arctan[x]=",Series[ArcTan[x],{x,0,M}]]
Print["arccot[x]=",Series[ArcCot[x],{x,0,M}]]
Print["ln(1+x)=",Series[Log[1+x],{x,0,M}]]
Print["(1+x)ᵅ=",Series[Exp[α Log[1+x]],{x,0,M}]]
```

运行结果：

$\dfrac{1}{1-x}=1+x+x^2+x^3+O[x]^4$

$e^x=1+x+\dfrac{x^2}{2}+\dfrac{x^3}{6}+O[x]^4$

$\sin x=x-\dfrac{x^3}{6}+O[x]^4$

$\cos x=1-\dfrac{x^2}{2}+O[x]^4$

$\tan=x+\dfrac{x^3}{3}+O[x]^4$

$\cot x=\dfrac{1}{x}-\dfrac{x}{3}-\dfrac{x^3}{45}+O[x]^4$

$\arcsin[x]=x+\dfrac{x^3}{6}+O[x]^4$

$\arccos[x]=\dfrac{\pi}{2}-x-\dfrac{x^3}{6}+O[x]^4$

$\arctan[x]=x-\dfrac{x^3}{3}+O[x]^4$

$$\text{arccot}[x] = \frac{\pi}{2} - x + \frac{x^3}{3} + O[x]^4$$

$$\ln(1+x) = x - \frac{x^2}{2} + \frac{x^3}{3} + O[x]^4$$

$$(1+x)^\alpha = 1 + \alpha x + \frac{1}{2}(-1+\alpha)\alpha x^2 + \frac{1}{6}(-2+\alpha)(-1+\alpha)\alpha x^3 + O[x]^4$$

例9 将函数 $f(x) = \dfrac{1}{x^2+4x+3}$ 展开成 $x-1$ 的幂级数.

解 输入

$$\text{Print}\left["\frac{1}{x^2+4x+3}=", \text{Series}\left[\frac{1}{x^2+4x+3}, \{x,1,4\}\right]\right]$$

运行结果：

$$\frac{1}{x^2+4x+3} = \frac{1}{8} - \frac{3(x-1)}{32} + \frac{7}{128}(x-1)^2 - \frac{15}{512}(x-1)^3 + \frac{31(x-1)^4}{2048} + O[x-1]^5$$

5.5 幂级数的应用

例10 计算 $\ln 2, \ln 3, \cdots$

解 输入

```
rea=Input["Please input a positive real number x="];
m=Input["Please input the number of sum terms n="];
a=x/.Solve[(1+x)/(1-x)==rea,x];
L[x_,m_]:=2*Sum[x^(2n+1)/(2*n+1),{n,0,m}];
For[i=0,i≤m,i=i+1,Print["ln",rea,"≈s[",i,"]=",N[L[a[[1]],i],20]]]
```

运行结果：

ln2≈s[0]=0.66666666666666666667
ln2≈s[1]=0.69135802469135802469
ln2≈s[2]=0.69300411522633744856
ln2≈s[3]=0.69313475733228819649
ln2≈s[4]=0.69314604739082715001
ln2≈s[5]=0.69314707375978523669
ln2≈s[6]=0.69314717025601206536
ln2≈s[7]=0.69314717954824131552
ln2≈s[8]=0.69314718045924418319
ln2≈s[9]=0.69314718054981171974

ln2≈s[10]=0.69314718055891639273

例 11 计算 π 的值,利用 $\pi=4\left(\arctan\dfrac{1}{2}+\arctan\dfrac{1}{3}\right)$ 或 $\pi=4\left(4\arctan\dfrac{1}{5}-\arctan\dfrac{1}{239}\right)$.

解 输入

$$M = \text{Input}["M = "]; f[x\_, n\_] := \sum_{i=0}^{n} (-1)^i \frac{x^{2i+1}}{2i+1}; a = \frac{1}{2}; b = \frac{1}{3};$$

For[i=0,i<M,i=i+1,
　Print["π≈S[",i,"]=",N[4(f[a,i]+f[b,i]),20]]
　　]

运行结果:

π≈S[0]=3.3333333333333333333
π≈S[1]=3.1172839506172839506
π≈S[2]=3.1455761316872427984
π≈S[3]=3.1408505617610555882
π≈S[4]=3.1417411974336890508
π≈S[5]=3.1415615878775910593
π≈S[6]=3.1415993409661985627
π≈S[7]=3.1415911843609067291
π≈S[8]=3.1415929813345668762
π≈S[9]=3.1415925796063512110

或

$$M = \text{Input}["M = "]; f[x\_, n\_] := \sum_{i=0}^{n} (-1)^i \frac{x^{2i+1}}{2i+1}; a = \frac{1}{5}; b = \frac{1}{239};$$

For[i=0,i<M,i=i+1,
　Print["π≈S[",i,"]=",N[16f[a,i]-4f[b,i],20]]
　　]
Print["The accurate value of π=",N[π,50]]

运行结果:

π≈S[0]=3.1832635983263598326
π≈S[1]=3.1405970293260603143
π≈S[2]=3.1416210293250344250
π≈S[3]=3.1415917721821772950
π≈S[4]=3.1415926824043995172

$\pi \approx S[5] = 3.1415926526153086081$
$\pi \approx S[6] = 3.1415926536235547620$
$\pi \approx S[7] = 3.1415926535886022287$
$\pi \approx S[8] = 3.1415926535898358475$
$\pi \approx S[9] = 3.1415926535897916969$

6. 全微分方程

例1 求 $(5x^4+3xy^2-y^3)dx+(3x^2y-3xy^2+y^2)dy=0$ 的通解.

例2 求 $dx-(x+y)dy=0$ 的通解.

输入通用程序为(求解结果基本达到人工解题的水平):

P=Input["P="];Q=Input["Q="];　　(*输入微分方程 Pdx+Qdy=0 中的函数 P,Q*)

Print["解:"];Print["$\frac{\partial P}{\partial y}$=",D[P,y]];Print["$\frac{\partial Q}{\partial x}$=",D[Q,x]];　(*求偏导数*)

S=Simplify[D[P,y]-D[Q,x]];

If[SameQ[S,0],　(*判断是否为全微分方程*)

  Print["它是全微分方程"];

  x0=Input["x0="]; y0=Input["y0="];　(*输入起点*)

  Q1=Q/.{x->x0};

  Print[" 通解为 U(x,y) = ",$\int_{x_0}^{x}$Pdx + $\int_{y_0}^{y}$Q1dy//Simplify," = C"];　(*输出通解*)

  Exit[];]　(*退出程序*)

Print["它不是全微分方程,需要积分因子"];

If[!FreeQ[$\frac{S}{Q}$,y]&&!FreeQ[$\frac{S}{P}$,x],　(*判断积分因子 μ 是否为一元函数*)

  Print["很难求出积分因子,用其它方法解方程."];

  Exit[];]　(*退出程序*)

If[FreeQ[$\frac{S}{Q}$,y],μ=Exp[Integrate[$\frac{S}{Q}$,x]]];　(*求出一元函数积分因子μ(x)*)

If[FreeQ[$\frac{S}{P}$,x],μ=Exp[Integrate[-$\frac{S}{P}$,y]]];　(*求出一元函数积分因子 μ(y)*)

Print["所需要的积分因子为",μ];

  x0=Input["x0="];y0=Input["y0="];　(*输入起点*)

Q1=Q/.{x->x0};μ1=μ/.{x->x0};

Print["通解为 U(x,y) = ",$\int_{x0}^{x}$μPdx+$\int_{y0}^{y}$μ1Q1dy//Simplify,"=C."];   (*输出通解*)

运行结果(例1):

解:

$\dfrac{\partial P}{\partial y}=6xy-3y^2$

$\dfrac{\partial Q}{\partial x}=6xy-3y^2$

它是全微分方程

通解为 $U(x,y)=x^5+\dfrac{3x^2y^2}{2}+\dfrac{y^3}{3}-xy^3=C$

运行结果(例2):

解:

$\dfrac{\partial P}{\partial y}=0$

$\dfrac{\partial Q}{\partial x}=-1$

它不是全微分方程,需要积分因子

所需要的积分因子为 e^{-y},通解为 $U(x,y)=e^{-y}(1-e^y+x+y)=C$.

附录 2　常见曲面

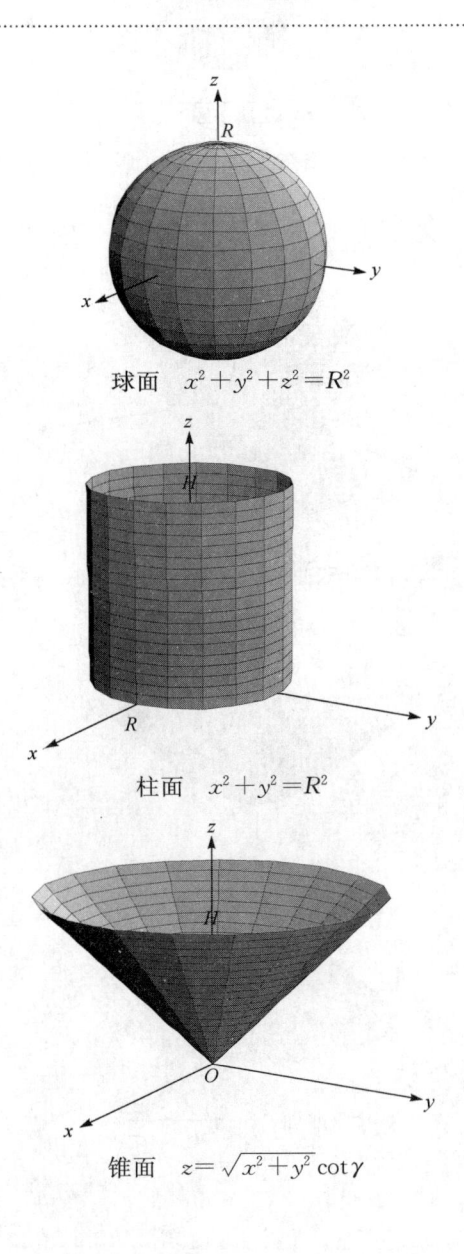

球面　$x^2+y^2+z^2=R^2$

柱面　$x^2+y^2=R^2$

锥面　$z=\sqrt{x^2+y^2}\cot\gamma$

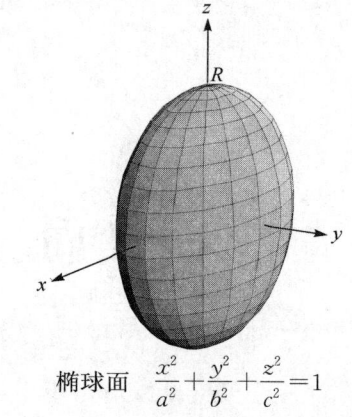

椭球面 $\dfrac{x^2}{a^2}+\dfrac{y^2}{b^2}+\dfrac{z^2}{c^2}=1$

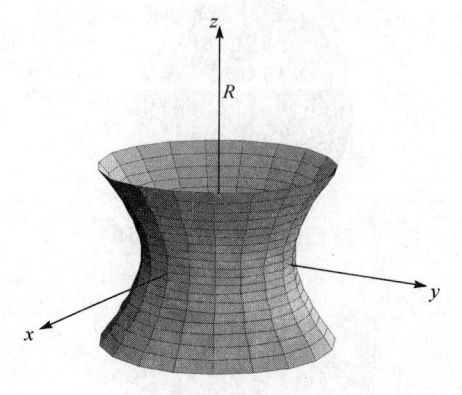

单叶双曲面 $\dfrac{x^2}{a^2}+\dfrac{y^2}{b^2}-\dfrac{z^2}{c^2}=1$

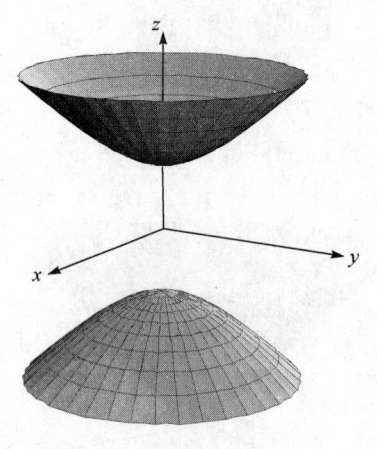

双叶双曲面 $\dfrac{x^2}{a^2}+\dfrac{y^2}{b^2}-\dfrac{z^2}{c^2}=-1$

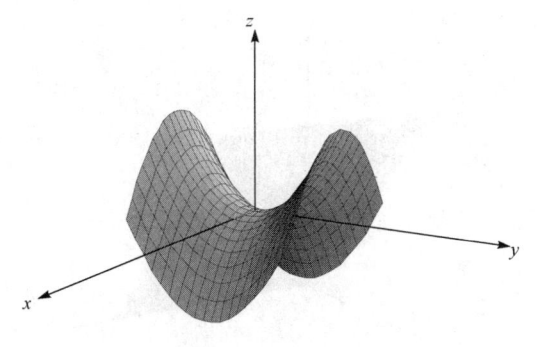

马鞍面 $\dfrac{x^2}{p} - \dfrac{y^2}{q} = 2z$

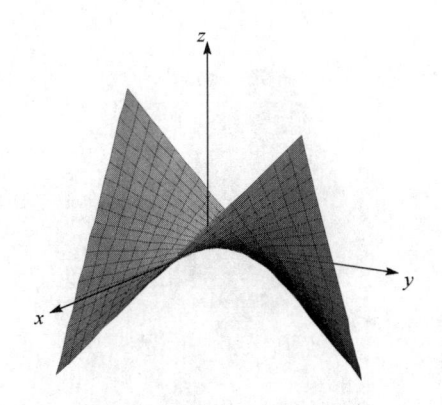

马鞍面 $z = xy$

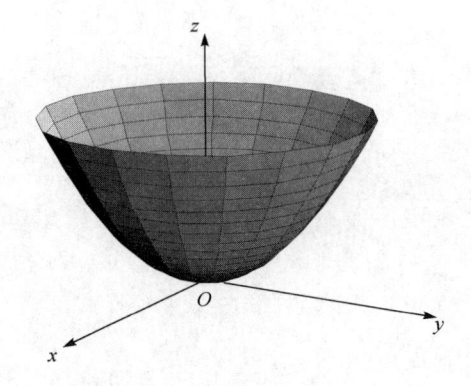

旋转抛物面 $z = k(x^2 + y^2), k > 0$

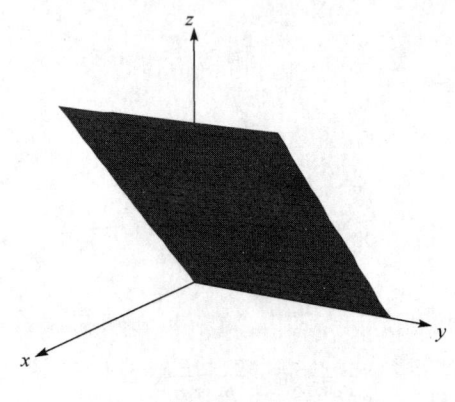

平面 $z=x$

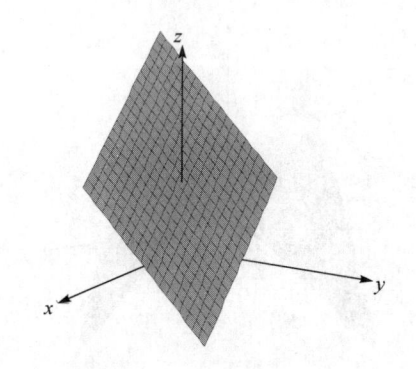

平面 $Ax+By+Cz+D=0$

习题答案与提示

第8章 向量代数与空间解析几何

习题 8.1

(A)

1. $2\boldsymbol{a}+17\boldsymbol{b}-23\boldsymbol{c}$.

2. $\overrightarrow{MA}=-\dfrac{1}{2}(\boldsymbol{a}+\boldsymbol{b})$, $\overrightarrow{MC}=\dfrac{1}{2}(\boldsymbol{a}+\boldsymbol{b})$, $\overrightarrow{MB}=\dfrac{1}{2}(\boldsymbol{a}-\boldsymbol{b})$, $\overrightarrow{MD}=\dfrac{1}{2}(\boldsymbol{b}-\boldsymbol{a})$.

3. 点 A 在第 Ⅰ 卦限,点 B 在第 Ⅵ 卦限,点 C 在第 Ⅳ 卦限,点 D 在第 Ⅷ 卦限,点 E 在第 Ⅶ 卦限.

4. (1) 关于 x 轴,y 轴,z 轴对称的点的坐标分别为 $(x_0,-y_0,-z_0)$, $(-x_0,y_0,-z_0)$, $(-x_0,-y_0,z_0)$;

(2) 关于 xOy 面,yOz 面,xOz 面对称的点的坐标分别为 $(x_0,y_0,-z_0)$, $(-x_0,y_0,z_0)$, $(x_0,-y_0,z_0)$;

(3) 关于坐标原点对称的点的坐标为 $(-x_0,-y_0,-z_0)$.

5. $5\sqrt{2}$.

6. $2\sqrt{6}$.

7. $(0,0,-2)$.

8. $12\boldsymbol{i}-7\boldsymbol{j}$, $4\boldsymbol{i}-3\boldsymbol{j}-4\boldsymbol{k}$, $-\dfrac{4}{3}\boldsymbol{i}+\dfrac{1}{3}\boldsymbol{j}-\dfrac{2}{3}\boldsymbol{k}$.

9. $M_2(3,3,7)$.

10. 2; $-\dfrac{1}{2},-\dfrac{\sqrt{2}}{2},\dfrac{1}{2}$; $\dfrac{2}{3}\pi,\dfrac{3}{4}\pi,\dfrac{\pi}{3}$.

11. -8.

12. $\pm\left(\dfrac{1}{3}\boldsymbol{i}-\dfrac{2}{3}\boldsymbol{j}+\dfrac{2}{3}\boldsymbol{k}\right)$.

13. 略.

(B)

1. 略.

2. $\overrightarrow{CD}=\dfrac{2}{3}\boldsymbol{b}-\dfrac{1}{3}\boldsymbol{a}$, $\overrightarrow{CE}=\dfrac{1}{3}\boldsymbol{b}-\dfrac{2}{3}\boldsymbol{a}$.

3. 点 M 关于 x 轴、y 轴、z 轴的垂足坐标分别为 $(1,0,0)$、$(0,6,0)$、$(0,0,8)$；点 M 关于 xOy 面、yOz 面、xOz 面的垂足坐标分别为 $(1,6,0)$、$(0,6,8)$、$(1,0,8)$.

4. 略.

5. $\pm\dfrac{1}{\sqrt{6}}(2\boldsymbol{i}+\boldsymbol{j}+\boldsymbol{k})$.

6. $M\left(\dfrac{4}{3},-\dfrac{4}{3},-1\right)$.

习题 8.2

(A)

1. $(|\boldsymbol{a}||\boldsymbol{b}|)^2$.

2. (1) -8； (2) -120； (3) -1； (4) $\dfrac{-4}{9\sqrt{5}}$； (5) $\dfrac{-8}{\sqrt{30}}$； (6) $\dfrac{-8}{3\sqrt{6}}$.

3. $-\dfrac{5}{2}$.

4. $\dfrac{\pi}{4}$.

5. 22.

6. $\sqrt{14}$.

7. (1) $\lambda>-\dfrac{10}{3}$； (2) $\lambda<-\dfrac{10}{3}$； (3) $\lambda=-\dfrac{10}{3}$； (4) $\lambda=6$； (5) $\lambda=6$.

8. $\boldsymbol{b}=(-4,2,-4)$.

9. $(0,-8,-24)$.

10. $\dfrac{5}{3}$.

(B)

1. (1) $\sqrt{186}$, $\sqrt{234}$； (2) $\sqrt{4481}$； (3) $\pm\dfrac{1}{\sqrt{4481}}(52\boldsymbol{i}-16\boldsymbol{j}-39\boldsymbol{k})$.

2. 略.

3. $\boldsymbol{c}=\pm\sqrt{\dfrac{3}{106}}(\boldsymbol{i}+14\boldsymbol{j}-11\boldsymbol{k})$.

4. $\boldsymbol{c}=(-3,15,12)$ 或 $\boldsymbol{c}=(3,-15,-12)$.

5. 6.

习题 8.3

(A)

1. $3x-2y+z=0$.

2. $x-2y+z-3=0$.

3. $4x-5y-z=0$.

4. $\dfrac{1}{3}, \dfrac{2}{3}, \dfrac{2}{3}$.

5. $x+y-3z-4=0$.

6. (1) $y+5=0$; (2) $x+3y=0$; (3) $9y-z-2=0$; (4) $x+y+z\pm 3\sqrt{3}=0$.

7. $\sqrt{3}$.

(B)

1. $\left(\dfrac{4}{5}, \dfrac{14}{5}, \dfrac{2}{5}\right)$; $\theta_1=\arccos\sqrt{\dfrac{3}{11}}$, $\theta_2=\arccos\dfrac{\sqrt{2}}{3}$, $\theta_3=\dfrac{\pi}{2}$.

2. $\sqrt{14}$, $2x-3y+z+1=0$.

3. $2x+y+2z\pm 2\sqrt[3]{3}=0$.

4. $x+2y+2z-10=0$ 或 $4y+3z-16=0$.

习题 8.4

(A)

1. $\dfrac{x-1}{2}=\dfrac{y+1}{-1}=\dfrac{z-3}{1}$.

2. $\dfrac{x-4}{2}=\dfrac{y+1}{1}=\dfrac{z-3}{5}$.

3. 略.

4. $\dfrac{x-1}{-2}=\dfrac{y-1}{1}=\dfrac{z-1}{3}$; $x=1-2t, y=1+t, z=1+3t$.

5. $\begin{cases} x+3y-1=0, \\ 4y-z+2=0, \end{cases}$ $\begin{cases} x=-3t-2, \\ y=t+1, \\ z=4t+6. \end{cases}$

6. $\dfrac{\pi}{4}$.

7. $x-1=y=\dfrac{z-2}{2}$.

8. $\sqrt{\dfrac{61}{14}}$.

9. $\dfrac{x}{6}=\dfrac{y-1}{3}=\dfrac{z}{-1}$.

10. $x+20y+7z-12=0$ 或 $x-z+4=0$.

(B)

1. $\left(\dfrac{9}{7}, -\dfrac{13}{7}, \dfrac{17}{7}\right)$.

2. $(-3, 8, -2)$.

3. $\begin{cases} 4x-y+z-1=0, \\ x-4z+9=0. \end{cases}$

4. $4x+3y-6z+18=0$.

5. $\dfrac{\sqrt{42}}{3}$.

6. $(0,2,7)$.

习题 8.5

(A)

1. $x^2-2x-4y+5=0$.

2. 以点 $\left(1,-\dfrac{3}{2},-\dfrac{1}{2}\right)$ 为球心,半径为 $\dfrac{\sqrt{14}}{2}$ 的球面.

3. $x^2+y^2+z^2-2x=0$.

4. (1) $y^2+z^2=5x$；(2) $4x^2-16y^2-16z^2=100$；$4x^2+4z^2-16y^2=100$.

5. (1) 旋转椭球面:由 $\dfrac{x^2}{9}+\dfrac{y^2}{4}=1$ 或 $\dfrac{y^2}{4}+\dfrac{z^2}{9}=1$ 绕 y 轴旋转而得；

   (2) 单叶双曲面；

   (3) 锥面:由 $z-a=x$ 或 $z-a=y$ 绕 z 轴旋转一周而得；

   (4) 旋转抛物面:由 $x^2=2z$ 或 $y^2=2z$ 绕 z 轴旋转一周而得.

6. (1) $y=kx$ 在平面直角坐标系中表示过原点的直线,在空间直角坐标系中表示过 z 轴的平面；

   (2) $\dfrac{x^2}{9}+\dfrac{y^2}{16}=1$ 在平面直角坐标系中表示椭圆,在空间直角坐标系中表示椭圆柱面；

   (3) $y^2=4x$ 在平面直角坐标系中表示抛物线,在空间直角坐标系中表示抛物柱面；

   (4) $16y^2-4z^2=9$ 在平面直角坐标系中表示双曲线,在空间直角坐标系中表示双曲柱面；

7. (1) 椭圆抛物面(图略); (2) 椭球面(图略); (3) 单叶双曲面(图略);

   (4) 双叶双曲面(图略).

8. 略.

(B)

1. $x^2+y^2=8(2-z)$.

2. $M\left(\dfrac{11}{7},-\dfrac{13}{7},\dfrac{26}{7}\right)$,半径 $2\sqrt{3}$.

3. $(x-2)^2+(y-3)^2+(z+1)^2=9$ 或 $x^2+(y+1)^2+(z+5)^2=9$.

4. $(x-1)^2+(y-2)^2+(z-3)^2=3$.

5. $(x-2)^2+(y-3)^2=13z^2+18z+10$.

习题 8.6

(A)

1. (1) 表示平面 $y=3$ 上的抛物线 $3x^2+9=z$; (2) 表示平面 $z=1$ 上的椭圆 $x^2+4y^2=27$;

   (3) 表示平面 $x=-2$ 上的双曲线 $-4y^2+z^2=12$; (4) 表示平面 $y=2$ 上的圆 $x^2+z^2=32$.

2. (1) $\begin{cases} x^2+y^2-x-1=0, \\ z=0; \end{cases}$ (2) $\begin{cases} x^2+2y^2-2y=0, \\ z=0; \end{cases}$ (3) $\begin{cases} x^2+2y^2=16, \\ z=0. \end{cases}$

3. $x=\sqrt{5}\cos t+1$, $y=\sqrt{5}\sin t-2$, $z=5$.

4. $\begin{cases} x+y=a, \\ 4xy=z^2. \end{cases}$

5. $\begin{cases} x^2+y^2\leqslant 2, \\ z=0. \end{cases}$

6. $\begin{cases} x^2+y^2\leqslant 1, \\ z=0. \end{cases}$

(B)

1. $x=\cos t$, $y=\sin t$, $z=\sin^2 t$ ($0\leqslant t\leqslant 2\pi$).

2. $\begin{cases} x^2+y^2=a^2, \\ z=0; \end{cases}$ $\begin{cases} y=a\sin\dfrac{z}{b}, \\ x=0; \end{cases}$ $\begin{cases} x=a\cos\dfrac{z}{b}, \\ y=0. \end{cases}$

3. $3y^2-z^2=16$; $3x^2+2z^2=16$.

4. (1) $\begin{cases} (x-1)^2+y^2\leqslant 1, \\ z=0; \end{cases}$ (2) $\begin{cases} \left(\dfrac{z^2}{2}-1\right)^2+y^2\leqslant 1, \\ x=0 \end{cases}$ ($z\geqslant 0$); (3) $\begin{cases} x\leqslant z\leqslant\sqrt{2x}, \\ y=0. \end{cases}$

复习练习题 8

1. (1) $9\boldsymbol{j}$; (2) $\dfrac{3}{2}\sqrt{10}$; (3) ± 2.

2. 1.

3. $\arccos\dfrac{\sqrt{21}}{7}$.

4. (1) $A(1,7,-6)$; (2) $\dfrac{2}{\sqrt{78}},\dfrac{-5}{\sqrt{78}},\dfrac{7}{\sqrt{78}}$; (3) $\left(\dfrac{2}{\sqrt{78}},-\dfrac{5}{\sqrt{78}},\dfrac{7}{\sqrt{78}}\right)$; (4) $-\dfrac{2}{3}$.

5. $\boldsymbol{p}=(2,-3,0)$.

6. $x+2y+2z-10=0$ 和 $4y+3z-16=0$.

7. $B(-12,-4,18)$.

8. $\dfrac{x}{6}=\dfrac{y}{-2}=\dfrac{z-3}{-5}$.

9. $x-4y+3z-3=0$.

10. $\dfrac{x}{-2}=\dfrac{y-2}{3}=\dfrac{z-4}{1}$.

11. $\dfrac{x+7}{3}=\dfrac{y+5}{1}=\dfrac{z}{-4}$.

12. 略.

第 9 章 多元函数微分学

习题 9.1

(A)

1. $t^3 f(x,y)$.

2. (1) $\{(x,y) \mid y^2-2x+1>0\}$;　　(2) $\{(x,y) \mid |y| \leqslant |x|, x \neq 0\}$;
   (3) $\{(x,y) \mid y>x \geqslant 0, 且\ x^2+y^2<1\}$;　　(4) $\{(x,y,z) \mid x^2+y^2<z^2\}$;
   (5) $\{(x,y,z) \mid r^2<x^2+y^2+z^2 \leqslant R^2\}$.

3. (1) 2;　(2) 2.

4. (1) ln2;　(2) 1.

5. 略.

6. 不连续.

7. (1) $(0,0)$;　(2) $\{(x,y) \mid x+y=0, x^2+y^2>1\}$.

(B)

1. $(xy)^{x+y}$.

2. 略.

3. (1) $+\infty$;　(2) 0.

4. 略.

5. 略.

习题 9.2

(A)

1. 0, 0.

2. $\dfrac{\pi}{4}$.

3. (1) $z_x(1,0)=0, z_y(0,1)=0$;　(2) $z_y(1,2)=e^3(\sin 4+4\cos 4)$.

4. (1) $z_x=3x^2y-y^3, z_y=x^3-3xy^2$;　(2) $z_x=-\dfrac{y}{x^2+y^2}, z_y=\dfrac{x}{x^2+y^2}$;
   (3) $z_x=y[\cos(xy)-\sin(2xy)], z_y=x[\cos(xy)-\sin(2xy)]$.

5. 略.

6. 略.

7. (1) $\dfrac{\partial^2 z}{\partial x^2}=\dfrac{xy^3}{(1-x^2y^2)^{\frac{3}{2}}}, \dfrac{\partial^2 z}{\partial x \partial y}=\dfrac{1}{(1-x^2y^2)^{\frac{3}{2}}}, \dfrac{\partial^2 z}{\partial y^2}=\dfrac{x^3y}{(1-x^2y^2)^{\frac{3}{2}}}$;
   (2) $\dfrac{\partial^2 z}{\partial x^2}=\dfrac{y^2-x^2}{(x^2+y^2)^2}, \dfrac{\partial^2 z}{\partial x \partial y}=\dfrac{-2xy}{(x^2+y^2)^2}, \dfrac{\partial^2 z}{\partial y^2}=\dfrac{x^2-y^2}{(x^2+y^2)^2}$;
   (3) $\dfrac{\partial^2 z}{\partial x^2}=\dfrac{2xy}{(x^2+y^2)^2}, \dfrac{\partial^2 z}{\partial y^2}=-\dfrac{2xy}{(x^2+y^2)^2}, \dfrac{\partial^2 z}{\partial x \partial y}=\dfrac{y^2-x^2}{(x^2+y^2)^2}$;
   (4) $\dfrac{\partial^2 z}{\partial x^2}=y(y-1)x^{y-2}, \dfrac{\partial^2 z}{\partial y^2}=x^y\ln^2 x, \dfrac{\partial^2 z}{\partial x \partial y}=x^{y-1}(1+y\ln x)$.

8. 略.

9. $\dfrac{\partial^3 z}{\partial x^2 \partial y}=0, \dfrac{\partial^3 z}{\partial x \partial y^2}=-\dfrac{1}{y^2}$.

(B)

1. 连续, 0, 0, 不连续.

2. (1) $z_x=\dfrac{2x}{y}\sec^2\dfrac{x^2}{y}, z_y=-\dfrac{x^2}{y^2}\sec^2\dfrac{x^2}{y}$;

(2) $u_x = \dfrac{z}{y}\left(\dfrac{x}{y}\right)^{z-1}$, $u_y = -\dfrac{z}{y}\left(\dfrac{x}{y}\right)^{z}$, $u_z = \left(\dfrac{x}{y}\right)^{z}\ln\dfrac{x}{y}$;

(3) $u_x = yz^{xy}\ln z$, $u_y = xz^{xy}\ln z$, $u_z = xyz^{xy-1}$.

3. 略. 4. 略.

5. $a=1$.

习题 9.3

(A)

1. (1) $\dfrac{1}{y^2}(y\mathrm{d}x - x\mathrm{d}y)$; (2) $2x\cos(x^2+y^2)\mathrm{d}x + 2y\cos(x^2+y^2)\mathrm{d}y$;

(3) $\dfrac{2(x\mathrm{d}y - y\mathrm{d}x)}{(x-y)^2}$; (4) $-\dfrac{1}{x}\mathrm{e}^{\frac{y}{x}}\left(\dfrac{y}{x}\mathrm{d}x - \mathrm{d}y\right)$;

(5) $\dfrac{x\mathrm{d}x + y\mathrm{d}y + z\mathrm{d}z}{x^2+y^2+z^2}$; (6) $yzx^{yz-1}\mathrm{d}x + zx^{yz}\ln x\mathrm{d}y + yx^{yz}\ln x\mathrm{d}z$.

2. $\mathrm{d}z\Big|_{(1,1)} = \left(1 + \dfrac{1}{\sqrt{2}}\right)\mathrm{d}x + \dfrac{1}{\sqrt{2}}\mathrm{d}y$.

3. (1) 0.1; (2) 0.

*4. (1) 0.97; (2) 0.5023.

5. 略.

(B)

1. 略.

2. 2.95.

3. 约 $14.8\mathrm{m}^3$.

4. $3.25\pi, 13\%$.

习题 9.4

(A)

1. (1) $\dfrac{\mathrm{d}z}{\mathrm{d}t} = -(\mathrm{e}^t + \mathrm{e}^{-t})$; (2) $\dfrac{\mathrm{d}z}{\mathrm{d}x} = \dfrac{\mathrm{e}^x}{1 + x^2\mathrm{e}^{2x}}(1+x)$.

2. $\dfrac{\mathrm{d}y}{\mathrm{d}x} = \dfrac{t + xy\mathrm{e}^{ty}}{t + (y^2 - t^2)\mathrm{e}^{ty}}$.

3. 略.

4. (1) $\dfrac{\partial z}{\partial u} = 3u^2 \sin v\cos v(\cos v - \sin v)$,

$\dfrac{\partial z}{\partial v} = -2u^3 \sin v\cos v(\sin v + \cos v) + u^3(\sin^3 v + \cos^3 v)$;

(2) $\dfrac{\partial z}{\partial x} = 2(2x+y)^{2x+y}[\ln(2x+y) + 1]$, $\dfrac{\partial z}{\partial y} = (2x+y)^{2x+y}[\ln(2x+y) + 1]$;

(3) $\dfrac{\partial z}{\partial x} = \dfrac{2x}{y^2}\ln(3x-2y) + \dfrac{3x^2}{(3x-2y)y^2}$, $\dfrac{\partial z}{\partial y} = -\dfrac{2x^2}{y^3}\ln(3x-2y) - \dfrac{2x^2}{(3x-2y)y^2}$;

(4) $\dfrac{\partial u}{\partial x}=2xf'_1+ye^{xy}f'_2$, $\dfrac{\partial u}{\partial y}=-2yf'_1+xe^{xy}f'_2$;

(5) $\dfrac{\partial u}{\partial x}=f'_1+yf'_2+yzf'_3$, $\dfrac{\partial u}{\partial y}=xf'_2+xzf'_3$, $\dfrac{\partial u}{\partial z}=xyf'_3$.

5. $u_x=2xf'$, $u_{xx}=4x^2f''+2f'$, $u_{xy}=4xyf''$.

6. $\dfrac{\partial^2 u}{\partial s^2}=e^{2s}\cos^2 t f''_{11}+e^{2s}\sin 2t f''_{12}+e^s\cos t f'_1+e^s\sin t f'_2+e^{2s}\sin^2 t f''_{22}$,

$\dfrac{\partial^2 u}{\partial t^2}=-e^s(f'_1\cos t+f'_2\sin t)+e^{2s}(\sin^2 t f''_{11}-f''_{12}\sin 2t+\cos^2 t f''_{22})$.

7. 略.   8. 略.

(B)

1. 略.

2. $\dfrac{\partial^2 z}{\partial x\partial y}=\dfrac{\partial^2 f}{\partial x\partial u}+x\dfrac{\partial^2 f}{\partial x\partial v}+(2x+y)\dfrac{\partial^2 f}{\partial u\partial v}+xy\dfrac{\partial^2 f}{\partial v^2}+2\dfrac{\partial^2 f}{\partial u^2}+\dfrac{\partial f}{\partial v}$.

3. 略.   4. 略.

习题 9.5

(A)

1. $\dfrac{dy}{dx}=-\dfrac{e^y+ye^x}{xe^y+e^x}$.

2. $\dfrac{dy}{dx}=\dfrac{y^2-xy\ln y}{x^2-xy\ln x}$.

3. $\dfrac{dy}{dx}=-\dfrac{y\cos x F'_1+\sin y F'_2}{\sin x F'_1+x\cos y F'_2}$.

4. $\dfrac{\partial z}{\partial x}=\dfrac{yz}{e^z-xy}$.

5. $dz=-\dfrac{z}{x}dx+\dfrac{3xyz^2-z}{2xyz+y-3xy^2z}dy$.

6. $\dfrac{\partial^2 z}{\partial x\partial y}=\dfrac{(z\cos z+xyz)(\cos z-xy)+xyz^2\sin z}{(\cos z-xy)^3}$.

7. $\dfrac{\partial z}{\partial x}=\dfrac{ye^{-xy}}{e^z-2}$, $\dfrac{\partial z}{\partial y}=\dfrac{xe^{-xy}}{e^z-2}$, $\dfrac{\partial^2 z}{\partial x^2}=-\dfrac{y^2e^{-xy}[(e^z-2)^2+e^{z-xy}]}{(e^z-2)^3}$.

8. $\dfrac{\partial z}{\partial x}=-\dfrac{F'_1-\dfrac{z}{x^2}F'_2}{\dfrac{1}{y}F'_1+\dfrac{1}{x}F'_2}$, $\dfrac{\partial z}{\partial y}=-\dfrac{-\dfrac{z}{y^2}F'_1+F'_2}{\dfrac{1}{y}F'_1+\dfrac{1}{x}F'_2}$.

9. 略.

10. $0,-1$.

(B)

1. $\dfrac{du}{dx}=f_x+f_y\cos x-\dfrac{(2x\varphi'_1+e^y\cos x\varphi'_2)f_z}{\varphi'_3}$.

2. $\dfrac{xy}{(2-z)^3}$.

3. 略.

4. $\dfrac{\partial u}{\partial x}=\dfrac{\cos x+4xzu}{1-2x^2z}$, $\dfrac{\partial u}{\partial y}=\dfrac{y\cos x-4xuv}{y+2x^2v}$.

5. $\dfrac{\partial u}{\partial x}=\dfrac{\sin v}{\mathrm{e}^u(\sin v-\cos v)+1}$, $\dfrac{\partial u}{\partial y}=\dfrac{-\cos v}{\mathrm{e}^u(\sin v-\cos v)+1}$,

   $\dfrac{\partial v}{\partial x}=\dfrac{\cos v-\mathrm{e}^u}{u(\mathrm{e}^u(\sin v-\cos v)+1)}$, $\dfrac{\partial v}{\partial y}=\dfrac{\sin v+\mathrm{e}^u}{u(\mathrm{e}^u(\sin v-\cos v)+1)}$.

习题 9.6

(A)

1. (1) 切线：$\begin{cases}\dfrac{x}{a}+\dfrac{z}{c}=1,\\ y=\dfrac{b}{2},\end{cases}$ 法平面：$ax-cz=\dfrac{1}{2}(a^2-c^2)$.

   (2) 切线：$\dfrac{x-\dfrac{1}{2}}{1}=\dfrac{y-2}{-4}=\dfrac{z-1}{8}$，法平面：$2x-8y+16z-1=0$.

2. 切线：$\dfrac{x-1}{1}=\dfrac{y-1}{1}=\dfrac{z-1}{2}$，法平面：$x+y+2z=4$.

3. 切线：$\dfrac{x-1}{1}=\dfrac{y+2}{0}=\dfrac{z-1}{-1}$，法平面：$x-z=0$.

4. (1) 切平面：$x+2y-4=0$，法线：$\dfrac{x-2}{1}=\dfrac{y-1}{2}=\dfrac{z}{0}$；

   (2) 切平面：$2x+4y-z=5$，法线：$\dfrac{x-1}{2}=\dfrac{y-2}{4}=\dfrac{z-5}{-1}$.

5. $6x-\mathrm{e}y+z-6+2\mathrm{e}=0$.

6. $x+4y+6z=\pm 21$.

7. 切平面方程为 $\dfrac{x}{a}+\dfrac{y}{b}+\dfrac{z}{c}=3$，常数为 $\dfrac{9}{2}$.

(B)

1. 略.

2. $\cos\gamma=\dfrac{3}{\sqrt{22}}$.

3. 略.

4. 定点为 $M(a,b,c)$.

习题 9.7

(A)

1. $y\cos\alpha+x\cos\beta$.

2. $\sqrt{3}$.

3. 最大值为 $\sqrt{2}$,最小值为 $-\sqrt{2}$.

4. $\dfrac{\sqrt{2}}{3}$.

5. $\dfrac{6}{7}\sqrt{14}$.

6. $(2,4)$, $1+2\sqrt{3}$.

7. $\mathbf{grad}\, r=\dfrac{1}{r}\{x,y,z\}$, $\mathbf{grad}\,\dfrac{1}{r}=-\dfrac{1}{r^3}\{x,y,z\}$.

8. 曲面 $z^2=xy$ 上; 直线 $x=y=0$ 上,除去原点;直线 $x=y=z$ 上.

(B)

1. $\cos\alpha+\cos\beta$; (1) $\left(\dfrac{\sqrt{2}}{2},\dfrac{\sqrt{2}}{2}\right)$; (2) $\left(-\dfrac{\sqrt{2}}{2},-\dfrac{\sqrt{2}}{2}\right)$; (3) $\left(-\dfrac{\sqrt{2}}{2},\dfrac{\sqrt{2}}{2}\right)$, $\left(\dfrac{\sqrt{2}}{2},-\dfrac{\sqrt{2}}{2}\right)$;

   (4) $(1,1)$.

2. 当 $|a|=|b|=|c|$ 时,$\dfrac{\partial u}{\partial r}$ 最大.

3. $\arccos\left(-\dfrac{8}{9}\right)$.

4. 略.

习题 9.8

(A)

1. (1) 极小值 $f(1,1)=-1$; (2) 极大值 $f\left(\dfrac{\pi}{3},\dfrac{\pi}{6}\right)=\dfrac{3}{2}\sqrt{3}$;

   (3) 极小值 $f\left(\dfrac{1}{2},-1\right)=-\dfrac{e}{2}$; (4) 极大值 $f(a,b)=a^2b^2$.

2. 极小值 $f\left(\dfrac{ab^2}{a^2+b^2},\dfrac{a^2b}{a^2+b^2}\right)=\dfrac{a^2b^2}{a^2+b^2}$.

3. 最大值为 $\dfrac{1}{3\sqrt{6}}$, 最小值为 $-\dfrac{1}{3\sqrt{6}}$.

4. $\left(\dfrac{8}{5},\dfrac{16}{5}\right)$.

5. 当两直角边之长均为 $\dfrac{l}{\sqrt{2}}$ 时,可得最大周长.

6. 当长、宽、高均为 $\dfrac{2a}{\sqrt{3}}$ 时,可得最大体积的长方体.

(B)

1. $z_{极大}=6$, $z_{极小}=-2$.

2. 最近点为 $\left(9,\dfrac{1}{8},\dfrac{3}{8}\right)$, 最远点为 $\left(-9,-\dfrac{1}{8},-\dfrac{3}{8}\right)$.

3. 最大值为 $z=25$, 最小值为 $z=0$.

4. $\left(\dfrac{1}{2}, -\dfrac{1}{2}, 0\right)$.

5. $z_{\max}=5$, $z_{\min}=-5$.

* 习题 9.9

1. $f(x,y)=-4-3(x-1)-6(y-1)+2(x-1)^2-(x-1)(y-1)-(y-1)^2$.

2. (1) $f(x,y)=\dfrac{\pi}{4}+x-xy+o(\rho^2)$ $(\rho\to 0)$;

   (2) $f(x,y)=y+\dfrac{1}{2!}(2xy-y^2)+o(\rho^2)$ $(\rho\to 0)$.

3. $f(x,y)=\dfrac{1}{2}+\dfrac{1}{2}\left(x-\dfrac{\pi}{4}\right)+\dfrac{1}{2}\left(y-\dfrac{\pi}{4}\right)-\dfrac{1}{4}\cdot\left[\left(x-\dfrac{\pi}{4}\right)^2\right.$

   $-2\left(x-\dfrac{\pi}{4}\right)\left(y-\dfrac{\pi}{4}\right)+\left(y-\dfrac{\pi}{4}\right)^2\Bigg]-\dfrac{1}{6}\Bigg[\cos\xi\sin\eta\cdot\left(x-\dfrac{\pi}{4}\right)^3$

   $+3\sin\xi\cos\eta\cdot\left(x-\dfrac{\pi}{4}\right)^2\left(y-\dfrac{\pi}{4}\right)+3\cos\xi\sin\eta\cdot\left(x-\dfrac{\pi}{4}\right)\left(y-\dfrac{\pi}{4}\right)^2$

   $+\sin\xi\cos\eta\cdot\left(y-\dfrac{\pi}{4}\right)^3\Bigg]$.

   其中 $\xi=\dfrac{\pi}{4}+\theta\left(x-\dfrac{\pi}{4}\right)$, $\eta=\dfrac{\pi}{4}+\theta\left(y-\dfrac{\pi}{4}\right)$ $(0<\theta<1)$.

4. $1.1^{1.02}\approx 1.1021$.

复习练习题 9

1. (1) $\dfrac{1}{2}$; (2) $\dfrac{2}{9}(1,2,-2)$; (3) $\dfrac{c}{\ln^2 t}(\ln t-1)$.

2. (1) (B); (2) (B).

3. $\dfrac{\partial^2 z}{\partial x\partial y}=\dfrac{xz^2}{y(x+z)^3}$.

4. $\dfrac{1}{2}$, 1.

5. $(2-x^2)\sin(x+y)+4x\cos(x+y)$, $2x\cos(x+y)-x^2\sin(x+y)$.

6. 略.

7. $x+2y-4=0$, $\begin{cases}2x-y-3=0,\\ z=0.\end{cases}$

8. $\dfrac{x-1}{16}=\dfrac{y-1}{9}=\dfrac{z-1}{-1}$, $16x+9y-z-24=0$.

9. $(-1,1,-1)$ 或 $\left(-\dfrac{1}{3},\dfrac{1}{9},-\dfrac{1}{27}\right)$.

10. $(2,-1,-2)$, $x-2y+z=2$, $\dfrac{x-2}{1}=\dfrac{y+1}{-2}=\dfrac{z+2}{1}$.

11. 方向为梯度方向 $(2,-4,1)$，最大值为 $\sqrt{21}$.

12. 长、宽均为 $\dfrac{2a}{\sqrt{3}}$，高为 $\dfrac{a}{\sqrt{3}}$，最大体积为 $\dfrac{4}{9}\sqrt{3}a^3$.

第 10 章 重 积 分

习题 10.1

(A)

1. $V = \iint\limits_{D: x^2+y^2 \leqslant 4} \sqrt{8-x^2-y^2}\,d\sigma$.

2. $I_1 = 4I_2$.

3. (1) $I_1 > I_2$； (2) $I_1 < I_2$； (3) $I_1 > I_2$.

4. (1) $0 \leqslant I \leqslant \pi^2$； (2) $4\pi e^{-1} \leqslant I \leqslant 4\pi e$； (3) $0 \leqslant I \leqslant 2\sqrt{5}$.

5. (1) 1； (2) $\dfrac{4\sqrt{2}}{3}\pi$.

(B)

1. $I_1 < I_2$.

2. (1) $36\pi \leqslant I \leqslant 100\pi$； (2) $\dfrac{2}{5} \leqslant I \leqslant \dfrac{1}{2}$.

3. "—" 号.

习题 10.2

(A)

1. (1) 1； (2) $\dfrac{76}{3}$； (3) $\dfrac{6}{55}$； (4) 1；

   (5) $\dfrac{5}{2} - 4\ln 2$； (6) $\dfrac{1}{2}\left(1-\dfrac{1}{e}\right)$； (7) $\ln 2$； (8) $\dfrac{13}{6}$.

2. 证略.

3. (1) $\int_0^1 dy \int_{2-y}^{1+\sqrt{1-y^2}} f(x,y)\,dx$； (2) $\int_0^4 dx \int_{x/2}^{\sqrt{x}} f(x,y)\,dy$；

   (3) $\int_0^2 dy \int_{\sqrt{2y}}^{\sqrt{8-y^2}} f(x,y)\,dx$； (4) $\int_0^{\pi/4} dx \int_{x^2}^{x} f(x,y)\,dy$.

4. (1) $\dfrac{9}{4}$； (2) $\dfrac{1}{3}(1-\cos 1)$； (3) $\dfrac{1}{2}(e^4-1)$； (4) $\dfrac{4}{\pi^3}(\pi+2)$.

5. (1) $\pi(e^{b^2} - e^{a^2})$； (2) $\dfrac{a^3}{3}\left(\pi - \dfrac{4}{3}\right)$； (3) $\dfrac{3}{64}\pi^2$；

   (4) $\pi e^2(3e^2-1)$； (5) $\dfrac{\pi R^3}{6}$.

6. (1) $\dfrac{1}{6}a^3(\sqrt{2}+\ln(1+\sqrt{2}))$； (2) $\sqrt{2}-1$；

(3) $\dfrac{3}{4}\pi R^4$; (4) $\dfrac{\pi}{8}(1-e^{-a^2})$.

7. (1) $\dfrac{\pi}{8}(\pi-2)$; (2) $14a^4$;

   (3) $\dfrac{4\pi}{3}-\dfrac{16}{9}$; (4) $1-\sin 1$.

8. (1) $\dfrac{17}{6}$; (2) $\dfrac{3}{32}\pi a^4$.

(B)

1. (1) $\dfrac{4}{\pi^3}(\pi+2)$; (2) $\dfrac{11}{15}$; (3) $\dfrac{3}{8}e-\dfrac{1}{2}\sqrt{e}$; (4) $\dfrac{5\pi}{2}$.

2. $\int_0^2 dx \int_{\frac{1}{2}x}^{3-x} f(x,y)dy$.

3. $-\dfrac{2}{5}$.

4. $\dfrac{5}{2}\pi a^3$.

5. 略.

6. $\dfrac{3}{4}\pi a^2$.

7. $(b-c)\pi a^3$.

8. $\dfrac{2\pi}{3}f'(0)$.

习题 10.3

(A)

1. $\dfrac{3}{2}$.

2. 略.

3. (1) $\dfrac{1}{48}$; (2) $\dfrac{\pi}{4}+\dfrac{1}{2}$; (3) $\dfrac{1}{2}\left(\ln 2-\dfrac{5}{8}\right)$; (4) $\dfrac{\pi}{4}$;

   (5) $\dfrac{59}{480}\pi R^5$; (6) $\dfrac{13}{4}\pi$.

4. (1) 0 ; (2) $\dfrac{16\pi}{3}$; (3) $\dfrac{32\pi}{3}$; (4) 336π.

5. $I=\int_0^{2\pi}d\theta\int_0^{\pi}d\varphi\int_0^a f(r\sin\varphi\cos\theta, r\sin\varphi\sin\theta, r\cos\varphi)r^2\sin\varphi dr$.

6. (1) $\dfrac{\pi}{10}$; (2) $\dfrac{7}{6}\pi a^4$; (3) $\dfrac{\pi}{2}$.

7. (1) 8π ; (2) $\dfrac{7\pi}{12}$.

8. (1) $\dfrac{\pi}{2}$; (2) $\dfrac{2}{3}\pi(5\sqrt{5}-4)$; (3) $\dfrac{\pi}{3}(b^3-a^3)(2-\sqrt{2})$.

(B)

1. (1) $\dfrac{512\pi}{3}$； (2) $\dfrac{\sqrt{2}-1}{6}\pi$； (3) $\dfrac{4}{15}\pi abc(a^2+b^2+c^2)$.

2. (1) 略； (2) $\dfrac{4\pi}{105}(3a_4+7a_2+35a_0)$.

3. $4\pi t^2 f(t^2)$.

4. $\dfrac{8}{\pi}$ cm.

习题 10.4

(A)

1. (1) $2a^2(\pi-2)$； (2) $16R^2$； (3) $\dfrac{\pi}{6}(5\sqrt{5}-1)a^2$.

2. (1) $(\bar{x},\bar{y})=\left(0,\dfrac{3a}{2\pi}\right)$； (2) $\left(\dfrac{5}{6},0\right)$； (3) $\left(0,0,\dfrac{2}{3}\right)$； (4) $\left(0,0,\dfrac{5}{4}R\right)$.

3. (1) $I_x=\dfrac{72}{5}, I_y=\dfrac{96}{7}$； (2) $I=\dfrac{75}{4}\pi$； (3) $I_z=\dfrac{8}{15}\pi R^5$.

4. (1) $\boldsymbol{F}=\left\{0,0,2\pi Ga\mu\left(\dfrac{1}{\sqrt{R^2+a^2}}-\dfrac{1}{\sqrt{r^2+a^2}}\right)\right\}$, G 为引力常数；

   (2) $\boldsymbol{F}=\left\{0,0,2\pi G\left(R+H-\sqrt{R^2+H^2}\right)\right\}$, G 为引力常数.

(B)

1. $\sqrt{2}\pi$.

2. $R=\dfrac{4}{3}a$.

3. $\left(\dfrac{a}{3(\pi-1)},0\right)$.

4. $\left(\dfrac{1}{5},\dfrac{2}{5},\dfrac{1}{5}\right)$.

5. $I_{\min}=\dfrac{4}{15}\mu$； $I_{\max}=\dfrac{4}{7}\mu$.

6. (1) $\dfrac{8}{3}a^4$； (2) $\bar{x}=\bar{y}=0$, $\bar{z}=\dfrac{7}{15}a^2$； (3) $\dfrac{112}{45}a^6\rho$.

7. $\boldsymbol{F}=\{0,0,2\pi m\mu G[H-\sqrt{R^2+(a+H)^2}+\sqrt{R^2+a^2}]\}$.

复习练习题 10

1. (1) C； (2) D； (3) C.

2. (1) 24； (2) $\dfrac{2\pi}{3}$.

3. (1) $\dfrac{1}{2}$； (2) $-6\pi^2$； (3) $-\dfrac{2}{5}$（提示：利用对称性计算）；

   (4) $\dfrac{11}{280}$； (5) $\dfrac{\pi}{6}(7-4\sqrt{2})$； (6) 336π.

4. $\dfrac{1}{6}\pi a^2(6\sqrt{2}+5\sqrt{5}-1)$.

5. $a=-1$, $b=1$, $\varphi_1(x)=1-\sqrt{1-x^2}$, $\varphi_2(x)=1+\sqrt{1-x^2}$.

6. $2\pi ht\left[\dfrac{h^3}{3}+f(t^2)\right]$, $\pi h\left[\dfrac{h^2}{3}+f(0)\right]$.

7. 略.

第 11 章　曲线积分与曲面积分

习题 11.1

(A)

1. (1) $\displaystyle\int_\Gamma \mu(x,y,z)\mathrm{d}s$;

   (2) $I_x=\displaystyle\int_\Gamma (y^2+z^2)\mu(x,y,z)\mathrm{d}s$, $I_y=\displaystyle\int_\Gamma (z^2+x^2)\mu(x,y,z)\mathrm{d}s$.

2. (1) $\dfrac{17\sqrt{17}-1}{48}$;　　(2) $2a^2$;

   (3) $1+\sqrt{2}$;　　(4) $16\sqrt{2}$;

   (5) $\dfrac{256}{15}a^3$;　　(6) $2\pi^2 a^3(1+2\pi^2)$;

   (7) $e^a\left(2+\dfrac{\pi}{4}a\right)-2$;　　(8) $\dfrac{\sqrt{3}}{2}(1-e^{-2})$.

3. $\left(\dfrac{4}{3}a,\dfrac{4}{3}a\right)$.

4. $R^3(\alpha-\sin\alpha\cos\alpha)$.

(B)

1. $4\sqrt{2}$.

2. $2\pi a^5$.

3. (1) $M=\dfrac{2}{3}\pi\sqrt{a^2+k^2}(3a^2+4\pi^2 k^2)$;

   (2) $I_z=\dfrac{2}{3}\pi a^2\sqrt{a^2+k^2}(3a^2+4\pi^2 k^2)$;

   (3) $\bar{x}=\dfrac{6ak^2}{3a^2+4\pi^2 k^2}$, $\bar{y}=\dfrac{-6\pi ak^2}{3a^2+4\pi^2 k^2}$, $\bar{z}=\dfrac{3k(\pi a^2+2\pi^3 k^2)}{3a^2+4\pi^2 k^2}$.

4. $\boldsymbol{F}=\left(-\dfrac{2Gam}{R},\dfrac{Gma\pi}{R}\right)$, 这里 G 为引力常数.

习题 11.2

(A)

1. 略.

2. (1) $-\dfrac{14}{15}$;　　(2) $-\dfrac{\pi}{2}a^3$;　　(3) 0;　　(4) $-2\pi ab$;

(5) -2π;　　(6) 13;　　(7) $-\pi a^2$.

3. (1) $\dfrac{34}{3}$;　(2) 14;　(3) $\dfrac{32}{3}$.

4. $-\dfrac{13}{15}$.

5. (1) $\displaystyle\int_L \dfrac{P(x,y)+Q(x,y)}{\sqrt{2}}\mathrm{d}s$;　(2) $\displaystyle\int_L \dfrac{P(x,y)+2xQ(x,y)}{\sqrt{1+4x^2}}\mathrm{d}s$;

(3) $\displaystyle\int_L [\sqrt{2x-x^2}\,P(x,y)+(1-x)Q(x,y)]\mathrm{d}s$.

(B)

1. (1) $\dfrac{3\pi}{16}a^{\frac{4}{3}}$;　(2) $-\pi$.

2. (1) $-\pi$;　(2) π.

3. $W=\xi\eta\zeta$.

4. $a=1$ 时,积分 I 最小;所求曲线 L 为 $y=\sin x$ $(0\leqslant x\leqslant \pi)$.

5. $\displaystyle\int_\Gamma \dfrac{P+2xQ+3yR}{\sqrt{1+4x^2+9y^2}}\mathrm{d}s$.

习题 11.3

(A)

1. (1) $\dfrac{1}{2}$;　(2) $\dfrac{\pi}{2}a^4$;　(3) $-2\pi ab$;

(4) 0;　(5) πa^2;　(6) -8.

2. $\dfrac{3}{8}\pi a^2$.

3. (1) $\dfrac{1}{3}x^3+x^2y-xy^2-\dfrac{1}{3}y^3$;　(2) $x^3y+\mathrm{e}^x(x-1)+y\cos y-\sin y$;

(3) $x^2+x\sin y$.

4. (1) $9\cos 2+4\cos 3$;　(2) 12;　(3) 4;　(4) $\mathrm{e}^a\cos b-1$.

5. (1) $xy^2-x^2-y=C$;　(2) $\cos x\sin 2y=C$;　(3) $x\mathrm{e}^y-y^2=C$;

(4) $x^3+3x^2y^2+\dfrac{4}{3}y^3=C$;　(5) $(\sqrt{1+x^2}+x^2-\ln x)y=C$;

(6) $\rho(1+\mathrm{e}^{2\theta})=C$.

6. $\dfrac{\pi^2}{4}$ (功的单位).

(B)

1. $\dfrac{3}{4}\pi^2 a^2$.　2. (1) 0;　(2) -2π.　3. 略.

4. $\dfrac{\pi m}{8}a^2$.　5. 9.　6. $\lambda=-\dfrac{1}{2}$,　$u(x,y)=\dfrac{r}{y}$.

习题 11.4

(A)

1. (1) 0;　　(2) $\dfrac{\sqrt{3}}{120}$;　　(3) $\dfrac{111}{30}\pi$;　　(4) $\pi a(a^2-h^2)$;

(5) $2\pi RH\left(R^2+\dfrac{H^2}{3}\right)$;　　(6) 16π;　　(7) $\sqrt{2}\pi$;

(8) $\dfrac{64}{15}\sqrt{2}a^4$;　　(9) $2\pi\arctan\dfrac{H}{R}$;　　(10) $\dfrac{125\sqrt{5}-1}{420}$.

2. $\dfrac{2}{15}\pi(6\sqrt{3}+1)$.

3. $\left(0,0,\dfrac{R}{2}\right)$.

4. $(\overline{x},\overline{y},\overline{z})=\left(0,0,\dfrac{a}{2}\right)$, $I_z=\dfrac{4}{3}\pi a^4\mu$.

(B)

1. (1) $\left(\sqrt{2}+\dfrac{3}{2}\right)\pi a^3$;　　(2) $\pi a(a^2-h^2)$;　　(3) $\dfrac{64\sqrt{2}}{15}$.

2. $\dfrac{5\sqrt{5}}{6}+\dfrac{1}{30}$.

3. $\left(0,0,\dfrac{3}{4}a\right)$.

4. 略.

习题 11.5

(A)

1. (1) $-\dfrac{\pi}{2}R^4$;　　(2) $\dfrac{16\pi}{3}$;　　(3) $-\dfrac{2\pi}{105}R^7$;

(4) $-\dfrac{2\pi}{3}$;　　(5) $\dfrac{1}{8}$;　　(6) $4R^3$.

2. (1) 2π;　　(2) $\dfrac{\pi}{4}$.

3. (1) 0;　　(2) 0.

4. 8π.

5. $\displaystyle\iint_{\Sigma}\left(\dfrac{3}{5}P+\dfrac{2}{5}Q+\dfrac{2\sqrt{3}}{5}R\right)dS$.

(B)

1. (1) -3π;　　(2) $2\pi e^2$;　　(3) $\dfrac{1}{2}$.

2. π.

3. $\dfrac{\pi}{2}$.

习题 11.6

(A)

1. (1) $\dfrac{1}{2}$；　(2) 6π；　(3) $\dfrac{32}{15}\pi R^5$；　(4) $\dfrac{\pi}{2}h^4$；　(5) $\dfrac{12}{5}\pi a^5$；

   (6) 81π；　(7) $\dfrac{\pi}{4}R^4$；　(8) $-\dfrac{3}{2}\pi$；　(9) $-\dfrac{\pi}{3}$.　(10) 34π.

2. 提示：用高斯公式.

3. (1) $y-x\sin(xy)-x\sin(xz)$；　(2) 8.

4. 0.

(B)

1. $V=\dfrac{\pi a^4}{2}$.

2. $\dfrac{4\pi}{5}a^2$.

3. 4π.

4. 略.

5. $a^3\left(2-\dfrac{a^2}{6}\right)$.

6. $\mathrm{div}\boldsymbol{A}=y\mathrm{e}^{xy}-x\sin(xy)-2xz\sin(xz^2)$.

习题 11.7

(A)

1. (1) $\dfrac{3}{2}$；　(2) $-\sqrt{3}\pi$；　(3) $3a^2$；　(4) -2；

   (5) -20π；　(6) $-\dfrac{\pi}{4}a^3$.

2. (1) 2π；　(2) -2π.

3. (1) **0**；　(2) **0**；　(3) $(2,4,6)$.

(B)

1. -24.

2. (1) $\mathrm{div}\boldsymbol{A}=3(x^2+y^2+z^2)$，$\mathrm{rot}\boldsymbol{A}=2(x,y,z)$，　(2) $\Phi=\dfrac{28}{5}\pi R^5$，　(3) $\Gamma=\dfrac{1}{4}\pi R^3$.

3. 0.

4. 0.

复习练习题 11

1. (1) C；　(2) D；　(3) D.

2. (1) $\dfrac{8-2\sqrt{2}}{3}$；　(2) $y\cos(xy)+\dfrac{1}{x+y}+4yz^3$；　(3) 0.

3. (1) $\dfrac{\sqrt{2}}{8}k\pi^2$;　　(2) π ;　　　　　　(3) π ;

　(4) $\dfrac{2}{3}$;　　　(5) 0 ;　　　　　　(6) $\dfrac{\pi}{2}$;

　(7) 34π ;　　(8) 12π ;　　　　　(9) $-\dfrac{\pi}{4}a^3$.

4. $Q(x,y)=x^2+2y-1$.

5. 略.

第 12 章　无穷级数

习题 12.1

(A)

1. 4.

2. 发散.

3. 当 $\sum\limits_{n=1}^{\infty}u_n$ 收敛时, $\sum\limits_{n=1}^{\infty}(u_n-0.001)$ 发散;当 $\sum\limits_{n=1}^{\infty}u_n$ 发散时, $\sum\limits_{n=1}^{\infty}(u_n-0.001)$ 的敛散性不能确定.

4. (1) $\dfrac{2+(-1)^n}{2^n}$;　(2) $\dfrac{-1}{3n+1}$.

5. (1) 发散；(2) 收敛；(3) 发散；(4) 发散；(5) 收敛；(6) 发散.

(B)

1. (1) 收敛；(2) 发散；(3) 发散；(4) 发散.

2. 略.

习题 12.2

(A)

1. (1) 收敛；(2) 发散；(3) 收敛；(4) 收敛；(5) 收敛；(6) 发散；(7) 收敛；
   (8) 发散；(9) 收敛；(10) 收敛.

2. (1) 收敛；(2) 发散；(3) 发散；(4) 收敛；(5) 收敛；(6) 收敛；(7) 发散；
   (8) 收敛；(9) 收敛；(10) 收敛；(11) 收敛；(12) 收敛.

3. (1) 发散；(2) 发散；(3) 当 $a>1$ 时收敛,当 $0<a\leqslant 1$ 时发散；(4) 收敛；
   (5) 当 $|x|>1$ 时收敛,当 $|x|\leqslant 1$ 时发散；　(6) 收敛；
   (7) 当 $0<x<1$ 时收敛,当 $x\geqslant 1$ 时发散；(8) 当 $a>1$ 时收敛,当 $0<a\leqslant 1$ 时发散.

4. (1) 发散；(2) 条件收敛；(3) 绝对收敛；(4) 绝对收敛；(5) 绝对收敛；
   (6) 绝对收敛；(7) 绝对收敛；(8) 条件收敛；(9) 发散；(10) 发散.

(B)

1. (1) $0\leqslant t<2$ 时收敛,$0<t<2$ 时绝对收敛;$t=0$ 时条件收敛,$t<0$ 或 $t\geqslant 2$ 时发散.
   (2) $a<1$ 或 $a=1$ 且 $s>1$ 时绝对收敛;$a>1$ 或 $a=1$ 且 $s\leqslant 1$ 时发散.
   (3) $p>0$ 时收敛;$-1<p\leqslant 0$ 时发散.

(4) 当 $|x| \neq 1$ 时绝对收敛,当 $x=1$ 时发散.

2. 略. 3. 略. 4. 略.

5. 记 $b_n = \dfrac{a_n}{S_n^2}$,因为 S_n 严格单调增加,即 $S_{n-1} < S_n$,故有 $b_n = \dfrac{a_n}{S_n^2} < \dfrac{S_n - S_{n-1}}{S_{n-1}S_n} = \dfrac{1}{S_{n-1}} - \dfrac{1}{S_n}$,

记 $u_n = \dfrac{1}{S_{n-1}} - \dfrac{1}{S_n}$,级数 $\sum\limits_{n=1}^{\infty} u_n$ 的部分和数列为 σ_n,则

$$\sigma_n = u_1 + u_2 + \cdots + u_n = \dfrac{1}{S_1} - \dfrac{1}{S_n} < \dfrac{1}{a_1}.$$

这表明正项级数 $\sum\limits_{n=1}^{\infty} u_n$ 的部分和数列 $\{\sigma_n\}$ 有上界,故级数 $\sum\limits_{n=1}^{\infty} u_n$ 收敛.

因此由正项级数的比较判别法得 $\sum\limits_{n=1}^{\infty} b_n$ 收敛,即级数 $\sum\limits_{n=1}^{\infty} \dfrac{a_n}{S_n^2}$ 收敛.

习题 12.3

(A)

1. $x = -1$ 处发散,$x = 1$ 处收敛.

2. (1) $R=1$, $[-1,1)$; (2) $R=+\infty$, $(-\infty, +\infty)$;

　(3) $R=1$, $\left(-\dfrac{3}{2}, \dfrac{1}{2}\right)$; (4) $R=\dfrac{1}{3}$, $\left(-\dfrac{1}{3}, \dfrac{1}{3}\right)$;

　(5) $R=\dfrac{1}{3}$, $\left[\dfrac{2}{3}, \dfrac{4}{3}\right)$; (6) $R=+\infty$, $(-\infty, +\infty)$;

　(7) $R=2$, $(-2,2)$; (8) $R=3$, $(-3,3)$.

3. (1) $s(x) = \dfrac{2x - x^2}{(1-x)^2}$, $x \in (-1, 1)$;

　(2) $s(x) = -\ln(1+x)$, $-1 < x \leqslant 1$;

　(3) $s(x) = \arctan x$, $-1 \leqslant x \leqslant 1$;

　(4) $s(x) = 1 - \ln(1-x)$, $-1 \leqslant x < 1$.

(B)

1. $R = 1$.

2. $3R, \sqrt{R}$.

3. $s(x) = \begin{cases} \dfrac{-1}{x} \ln\left(1 - \dfrac{x}{2}\right), & -2 \leqslant x < 0 \text{ 或 } 0 < x < 2, \\ \dfrac{1}{2}, & x = 0. \end{cases}$

4. $s(x) = \dfrac{1}{(1-x^2)^2}$, $x \in (-1, 1)$; 2.

5. $s(x) = \dfrac{2 + x^2}{(2 - x^2)^2}$, $x \in (-\sqrt{2}, \sqrt{2})$; 6.

6. (1) 对 $y = \sum\limits_{n=0}^{\infty} a_n x^n$ 求一阶和二阶导数,得

$$y' = \sum_{n=1}^{\infty} na_n x^{n-1}, \quad y'' = \sum_{n=2}^{\infty} n(n-1)a_n x^{n-2},$$

代入 $y'' - 2xy' - 4y = 0$,得

$$\sum_{n=2}^{\infty} n(n-1)a_n x^{n-2} - 2x \sum_{n=1}^{\infty} na_n x^{n-1} - 4 \sum_{n=0}^{\infty} a_n x^n = 0,$$

即

$$\sum_{n=0}^{\infty} (n+1)(n+2)a_{n+2} x^n - \sum_{n=1}^{\infty} 2na_n x^n - \sum_{n=0}^{\infty} 4a_n x^n = 0,$$

于是

$$\begin{cases} 2a_2 - 4a_0 = 0, \\ (n+1)a_{n+2} - 2a_n = 0, \end{cases} n = 1, 2, \cdots,$$

从而 $a_{n+2} = \dfrac{2}{n+1} a_n, n = 1, 2, \cdots$.

(2) 由于 $a_{n+2} = \dfrac{2}{n+1} a_n, n = 1, 2, \cdots, a_2 = 2a_0$,且根据题设中条件 $a_0 = y(0) = 0, a_1 = y'(0) = 1$,

所以

$$a_{2n} = 0, n = 1, 2, \cdots;$$

$$a_{2n+1} = \frac{2}{2n} a_{2n-1} = \cdots = \frac{2^n}{2n(2n-2)\cdots 4 \cdot 2} a_1 = \frac{1}{n!}, \quad n = 0, 1, 2, \cdots,$$

从而

$$y(x) = \sum_{n=0}^{\infty} a_n x^n = \sum_{n=0}^{\infty} a_{2n+1} x^{2n+1} = \sum_{n=0}^{\infty} \frac{1}{n!} x^{2n+1} = x \sum_{n=0}^{\infty} \frac{(x^2)^n}{n!} = x e^{x^2}.$$

习题 12.4

(A)

1. (1) $2\ln 2 + \sum_{n=1}^{\infty} (-1)^{n-1} \dfrac{x^n}{n \cdot 4^n}, \quad -4 < x \leqslant 4$;

(2) $\sum_{n=1}^{\infty} (-1)^{n-1} \dfrac{2^{2n-1}}{(2n)!} x^{2n}, \quad x \in (-\infty, +\infty)$;

(3) $\sum_{n=0}^{\infty} \dfrac{x^n}{2^{n+1}}, \quad -2 < x < 2$;

(4) $\dfrac{1}{3} \sum_{n=0}^{\infty} [2^n + (-1)^{n+1}] x^n, \quad -\dfrac{1}{2} < x < \dfrac{1}{2}$;

(5) $\sum_{n=0}^{\infty} (-1)^n \dfrac{x^{n+1}}{n!}, \quad x \in (-\infty, +\infty)$;

(6) $\sum_{n=1}^{\infty} (-1)^{n-1} n x^{n-1}, \quad -1 < x < 1$.

2. (1) $\ln(1+x) = \ln 3 + \sum_{n=1}^{\infty} (-1)^{n-1} \dfrac{(x-2)^n}{n \cdot 3^n}, \quad -1 < x \leqslant 5$;

(2) $\cos x = \dfrac{1}{2}\sum\limits_{n=0}^{\infty}(-1)^n\left[\dfrac{\left(x+\dfrac{\pi}{3}\right)^{2n}}{(2n)!}+\sqrt{3}\,\dfrac{\left(x+\dfrac{\pi}{3}\right)^{2n+1}}{(2n+1)!}\right],\quad x\in(-\infty,+\infty);$

(3) $\dfrac{x-1}{x+1}=\sum\limits_{n=0}^{\infty}(-1)^n\dfrac{(x-1)^{n+1}}{2^{n+1}},\quad -1<x<3;$

(4) $\dfrac{1}{x^2+5x+6}=\sum\limits_{n=0}^{\infty}\left(1-\dfrac{1}{2^{n+1}}\right)(x+4)^n,\quad -5<x<-3.$

3. (1) $e\approx 2.7183$; (2) $\sin 9°\approx 0.1564.$

(B)

1. (1) $x+2\sum\limits_{n=0}^{\infty}\dfrac{(-1)^{n+1}}{4n^2-1}x^{2n+1},\quad -1\leqslant x\leqslant 1;$

(2) $\displaystyle\int_0^x\dfrac{\sin t}{t}dt=\sum\limits_{n=0}^{\infty}\dfrac{(-1)^n}{(2n+1)(2n+1)!}x^{2n+1},\quad x\in(-\infty,+\infty).$

2. (1) $\dfrac{1}{4}\left[-1+\left(-\dfrac{1}{3}\right)^n\right]n!$ （提示：$f^{(n)}(0)=a_n\cdot n!$）；

(2) $\dfrac{1}{3}\left(1-\dfrac{1}{4^n}\right)n!$ （提示：$f^{(n)}(-2)=a_n\cdot n!$）.

3. $3e.$

4. $f(x)=1+\sum\limits_{n=1}^{\infty}\dfrac{(-1)^n 2}{1-4n^2}x^{2n},\quad x\in[-1,1]$，变形得

$$\sum\limits_{n=1}^{\infty}\dfrac{(-1)^n}{1-4n^2}x^{2n}=\dfrac{f(x)-1}{2},$$

因此，

$$\sum\limits_{n=1}^{\infty}\dfrac{(-1)^n}{1-4n^2}=\sum\limits_{n=1}^{\infty}\dfrac{(-1)^n}{1-4n^2}\cdot 1^{2n}=\dfrac{1}{2}[f(1)-1]=\dfrac{1}{2}\cdot\left(\dfrac{\pi}{2}-1\right)=\dfrac{\pi}{4}-\dfrac{1}{2}.$$

习题 12.5

(A)

1. 略.

2. (1) $\dfrac{4}{\pi}\sum\limits_{n=1}^{\infty}\dfrac{\sin(2n-1)x}{(2n-1)}=\begin{cases}-1,&-\pi<x<0,\\1,&0<x<\pi,\\0,&x=0,x=\pm\pi;\end{cases}$

(2) $f(x)=\dfrac{2}{\pi}\sum\limits_{n=1}^{\infty}\left[\dfrac{1}{n^2}\sin\dfrac{n\pi}{2}-(-1)^n\dfrac{\pi}{2n}\right]\sin nx,\quad (x\neq\pm\pi,\pm 3\pi,\cdots);$

(3) $|\sin x|=\dfrac{2}{\pi}-\dfrac{4}{\pi}\sum\limits_{n=1}^{\infty}\dfrac{\cos 2nx}{(2n)^2-1},\quad -\infty<x<+\infty;$

(4) $\cos\dfrac{x}{2}=\dfrac{2}{\pi}+\dfrac{4}{\pi}\sum\limits_{n=1}^{\infty}\dfrac{(-1)^{n-1}}{4n^2-1}\cos nx,\quad -\infty<x<+\infty.$

3. (1) $2x^2=\dfrac{2\pi^2}{3}+8\sum\limits_{n=1}^{\infty}\dfrac{(-1)^n}{n^2}\cos nx,\quad -\pi\leqslant x\leqslant\pi;$

(2) $2\sin\dfrac{x}{3} = \dfrac{18\sqrt{3}}{\pi}\sum_{n=1}^{\infty}(-1)^{n-1}\dfrac{n}{9n^2-1}\sin nx$, $-\pi < x < \pi$.

4. (1) $\sum_{n=1}^{\infty}\dfrac{1}{n}\sin nx = \dfrac{1}{2}(\pi-x)$, $x\in(0,\pi]$;

(2) $\pi+3-\dfrac{8}{\pi}\sum_{n=1}^{\infty}\dfrac{\cos(2n-1)x}{(2n-1)^2} = 2x+3$, $x\in[0,\pi]$.

(B)

1. $f(x)=\dfrac{e^{\pi}-1}{2\pi}+\dfrac{1}{\pi}\sum_{n=1}^{\infty}\left[\dfrac{(-1)^{n}e^{\pi}-1}{n^2+1}\cos nx+\dfrac{n[(-1)^{n+1}e^{\pi}+1]}{n^2+1}\sin nx\right]$
$(-\infty<x<+\infty,$ 且 $x\neq n\pi, n=0,\pm1,\pm2,\cdots)$.

2. 略.

习题 12.6

(A)

1. (1) $\dfrac{4A}{\pi}\sum_{n=1}^{\infty}\dfrac{1}{2n-1}\sin\dfrac{2(2n-1)\pi x}{T} = \begin{cases} f(x), & x\in\mathbf{R}, x\neq\dfrac{nT}{2}, \\ 0, & x=\dfrac{nT}{2} \end{cases}$ $(n\in\mathbf{Z})$;

(2) $x^2 = \dfrac{1}{3}+\dfrac{4}{\pi^2}\sum_{n=1}^{\infty}\dfrac{(-1)^n}{n^2}\cos n\pi x$, $-\infty<x<+\infty$.

2. $f(x)=\dfrac{8}{\pi^2}\sum_{n=1}^{\infty}(-1)^{n-1}\dfrac{1}{(2n-1)^2}\sin\dfrac{2n-1}{2}\pi x$, $0\leqslant x\leqslant 2$.

(B)

1. $\dfrac{3}{2}$.

2. $s\left(-\dfrac{5}{2}\right)=\dfrac{3}{4}$.

复习练习题 12

1. (1) $0<a\leqslant 1$ 时发散, $a>1$ 时收敛; (2) 收敛; (3) 收敛; (4) 发散.

2. (1) 绝对收敛; (2) $p\leqslant 0$ 时发散, $0<p\leqslant 1$ 时条件收敛, $p>1$ 时绝对收敛.

3. 略. 4. 略. 5. 略.

6. (1) $[-5,1)$; (2) $(-\infty,+\infty)$; (3) $\left[-\dfrac{1}{5},\dfrac{1}{5}\right]$; (4) $(-\sqrt[3]{2},\sqrt[3]{2})$.

7. $R=|x_0|, x_0>0$ 时, $I=[0,2x_0), x_0<0$ 时, $I=(2x_0,0]$.

8. (1) $s(x)=\dfrac{1}{2}(e^x+e^{-x}), x\in(-\infty,+\infty)$; (2) $s(x)=\dfrac{x-1}{(2-x)^2}, x\in(0,2)$.

9. $e-1$.

10. (1) $\ln\dfrac{1+x}{1-x} = 2\sum_{n=1}^{\infty}\dfrac{x^{2n-1}}{2n-1}$, $-1<x<1$;

(2) $\int_0^x \dfrac{\arctan t}{t} dt = \sum_{n=1}^{\infty} \dfrac{(-1)^n}{(2n-1)^2} x^{2n-1}$, $-1 \leqslant x \leqslant 1$.

11. $\dfrac{x}{x+2} = \dfrac{1}{3} - \dfrac{2}{3} \sum_{n=1}^{\infty} (-1)^n \dfrac{(x-1)^n}{3^n}$, $-2 < x < 4$.

12. (1) $f^{(n)}(0) = n!\,(2^{n+1}-1)$; (2) 略.

13. $\dfrac{\pi - x}{2} = \sum_{n=1}^{\infty} \dfrac{1}{n} \sin nx$ $(0 < x < \pi)$.